交替式移动床生物膜反应器原理与应用研究

杨文焕　李卫平 等　著

中国水利水电出版社
www.waterpub.com.cn
·北京·

内 容 提 要

本书以移动床生物膜反应器为基础，通过对悬浮生物载体和反应器构造等方面的升级创新，提出了一种交替式移动床生物膜反应器污废水处理新技术，系统地介绍了反应器的工作原理和优化调控，对城市生活污水、焦化废水、发酵制药废水、农药含酚废水等典型污废水处理的提质增效，以及与其他技术的耦合应用，并分析了重金属对反应器处理性能的影响，介绍了一种污水深度处理技术——生态沟渠。

本书既可供市政工程、环境科学、环境工程、环境化学等专业的研究人员参考，也可供大专院校师生以及市政、环境、自然资源等管理部门的管理人员学习。

图书在版编目（CIP）数据

交替式移动床生物膜反应器原理与应用研究 / 杨文焕等著. -- 北京 : 中国水利水电出版社, 2022.6
ISBN 978-7-5226-0754-2

Ⅰ. ①交… Ⅱ. ①杨… Ⅲ. ①生物膜反应器－研究 Ⅳ. ①X7

中国版本图书馆CIP数据核字(2022)第095995号

书名	**交替式移动床生物膜反应器原理与应用研究** JIAOTISHI YIDONGCHUANG SHENGWUMO FANYINGQI YUANLI YU YINGYONG YANJIU
作者	杨文焕　李卫平　等　著
出版发行	中国水利水电出版社 （北京市海淀区玉渊潭南路1号D座　100038） 网址：www.waterpub.com.cn E-mail：sales@mwr.gov.cn 电话：（010）68545888（营销中心）
经售	北京科水图书销售有限公司 电话：（010）68545874、63202643 全国各地新华书店和相关出版物销售网点
排版	中国水利水电出版社微机排版中心
印刷	清淞永业（天津）印刷有限公司
规格	184mm×260mm　16开本　16.25印张　395千字
版次	2022年6月第1版　2022年6月第1次印刷
印数	0001—1200册
定价	**88.00**元

符 号 对 照 表

MBBR	移动床生物膜反应器
AMBBR	交替式移动床生物膜反应器
DS	溶解固体
SS	悬浮固体（悬浮物）
TS	总固体
BOD	生物化学需氧量（生化需氧量）
COD	化学需氧量
TOD	总需氧量
TOC	总有机碳
TN	总氮
KN	凯氏氮
DO	溶解氧
EPS	胞外聚合物
HRT	水力停留时间
DOP	邻苯二甲酸二辛酯
SBR	序批式活性污泥法
CASS	周期循环活性污泥工艺
AF	厌氧生物滤池

前　言

随着我国污废水排放量逐渐增多、水质复杂化，而原有污水处理厂的设计标准偏低，许多污水处理厂出现了污染物排放量超标、污水处理效率低、处理成本过高等问题，在乡镇、工业园区污水处理厂中尤为突出。许多未经处理或处理不达标的污废水直接排入水体，导致水环境不断恶化。2017 年，习近平总书记在党的十九大报告中明确指出，要“加快水污染防治，提高污染排放标准”。2021 年，习近平总书记参加了十三届全国人大四次会议内蒙古代表团的审议时强调要保护好内蒙古生态环境，筑牢祖国北方生态安全屏障，污水的有效处理是水污染防治中的关键环节。因此，研究高效低耗的污水处理技术来强化或替代现有污水生物处理技术，成为水处理领域中亟待解决的焦点问题。

近年来，移动床生物膜反应器（Moving－Bed Biofilm Reactor，MBBR）因其占地面积小、污泥产量低和低温耐受性强等优点，被广泛应用于强化活性污泥污水处理工艺中。生物悬浮载体作为 MBBR 工艺的核心部分，其性能对生物膜生长、污水处理效果及处理成本起着至关重要的作用。目前市场上出售的悬浮生物载体一般以聚乙烯、聚丙烯及聚氨酯等塑料为原材料，通过挤塑/注塑工艺加工成型。但高分子材料本身存在一定的局限（如表面疏水性、电负性），导致制备的载体生物亲和性差、挂膜速度慢、挂膜量少，从而影响了反应器的启动时间及处理效果，限制了 MBBR 工艺在实际工程中的应用。

课题组通过对生物悬浮载体的改性研究，制备出多种高度亲水型悬浮载体、磁性悬浮载体，并基于新型载体研发了交替式移动床生物膜反应器（Alternate Moving－Bed Biofilm Reactor，AMBBR）。多年来，课题组通过开展实验室小试研究，确定了新型载体的改性方法，掌握了反应器在不同影响条件下运行工况的调试方法，对反应器进行了优化调控。随后开展了现场应用研究，分别在四川旺苍县城镇污水厂、内蒙古托克托县化工厂、天津大港石化分公司炼油废水中水回用部等基地进行了中试，并在安徽富田农化、山东日照经济开发区绿源废水处理二期等工程中投产运行，积累了大量的监测数据及现场运行参数。目前，《SMBBR 在污废水处理中的应用》已通过内蒙古科技厅组织的技术鉴定，鉴定结果为技术水平居国内领先地位。《AMBBR 工艺在工业废水处理中的应用》被列为内蒙古自治区节水与水污染防治先进适用技术。

本书为课题组多年来研究成果的整理和提炼，系统介绍了新型移动床生物膜反应器的工作原理及实际应用情况。旨在提供一种高效率、低成本的污废水处理工艺，对传统污废水生物处理技术进行有益补充。全书共分为7章，其中：第1章主要论述了城市污水、工业废水处理技术，MBBR工艺及其发展机遇挑战；第2章介绍了改性载体的制备方法、交替式移动床生物膜反应器运行工况、生物膜菌群结构及污染物降解动力学；第3章介绍了交替式移动床生物膜反应器对不同污废水的处理情况；第4章介绍了交替式移动床生物膜反应器对已有污水生物处理工艺的提质增效；第5章介绍了交替式移动床生物膜反应器与其他污水处理技术的耦合应用；第6章介绍了重金属及金属氧化物对交替式移动床生物膜反应器性能的影响；第7章介绍了生态沟渠对交替式移动床生物膜反应器二级出水的深度处理。

本书的编著力求做到理论与实践、基本原理与应用的有机结合，突出新型移动床生物膜反应器的实用性，选取一些成功运行的中试设备和工程实例进行介绍，可供市政工程、环境科学、环境工程、环境化学等专业的研究人员、大专院校师生以及市政、环境、自然资源等管理部门的管理人员和工程技术人员参考。

全书由内蒙古科技大学杨文焕副教授、李卫平教授设计，由敬双怡副教授、高静湉老师等共同执笔。其中李卫平参与了第1章、第4章的撰写，敬双怡参与了第2章的撰写，杨文焕参与了第3章的撰写，甄玉、刘超参与了第5章的撰写，高静湉参与了第6章的撰写，宋子洋、邓子威参与了第7章的撰写。感谢贾晓硕、李海洋、张敬朝、隋秀斌、李岩、郝梦影、王战、李奇、胡鹏、蔡怡婷、马杰、王树超、于淼、郑颖慧等团队成员在资料收集、整理、后期的校稿工作中付出了辛勤的劳动。

本书由国家重点研发项目（2019YFC0409204），内蒙古科技成果转化项目（2019CG075），内蒙古自然科学基金（2019MS02020）等项目联合资助。

由于作者水平有限，本书还存在许多不足之处，诚恳希望广大读者批评指正，提出宝贵意见。

作者

2022年2月

于内蒙古科技大学

目　录

第1章　绪　　论

1.1　城市污水处理技术现状

1.1.1　城市污水排放现状

城市污水主要包括城市居民生活污水，机关、学校、医院、商业服务机构及各种公共设施排水，以及允许排入城市污水收集系统的工业废水和初期雨水等。随着城市人口的增加、经济的快速发展和人们生活水平的提高，全国城市污水排放量也逐年增加。根据国家统计局数据显示，2010—2019年我国污水排放量和处理量均呈现上升趋势。2019年全国城市污水排放总量高达554.64亿 m^3，污水处理总量为536.93亿 m^3，污水处理率为96.81%（图1-1）。2019年全国已建成运行污水处理厂2471座，污水日处理量为1.79亿 m^3/d（图1-2）。

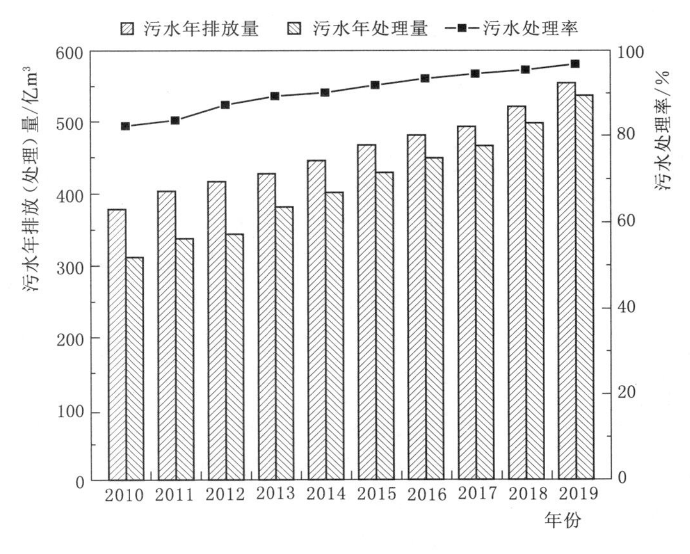

图1-1　全国城市污水年排放量和年处理量

污水经过净化处理后，可有3个用途：①排放水体，作为水体的补给水；②灌溉农田；③重复使用。排放水体是污水的自然归宿，由于水体具有一定的稀释与净化能力，使污水得到进一步净化，因此是最常用的排放方式，同时也是可能会造成水体遭受污染的原因之一；灌溉农田可使污水得到充分利用，但必须符合灌溉的相关规定，避免土壤与农作物遭受污染；重复使用是最合理的方法，可分为直接复用与间接复用两种。

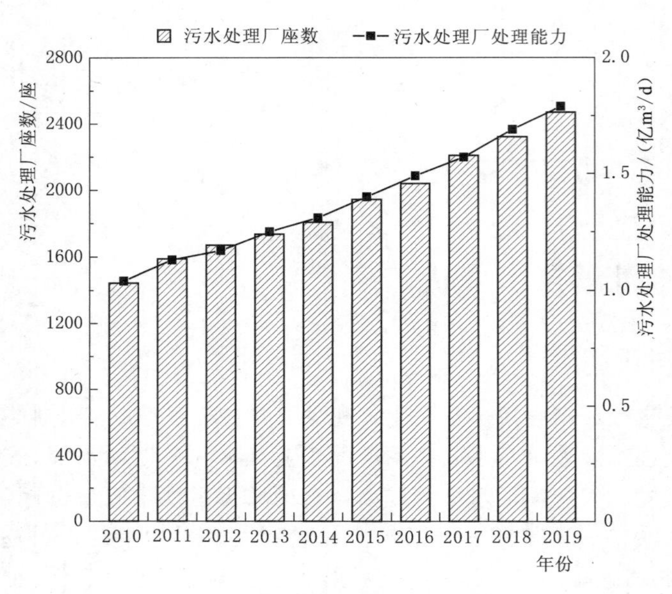

图 1-2　我国污水处理厂座数和处理能力

1.1.2　城市污水特征及污染指标

城市污水水质特征主要与人们的生活习惯、当地的气候条件、排入污水处理厂的工业废水量和水质特征以及所采用的排水体制等有关。根据对环境造成危害的不同，污水中的污染物大致分为物理性污染物、化学性污染物和生物性污染物 3 种。

污水的物理性污染物主要包括固体污染物和感官污染物。固体污染物在常温下呈固态，可分为无机物和有机物两大类。在水处理中把固体物质又分成两部分：①能透过滤膜或滤纸（3～10μm）的称为溶解固体（DS）；②不能透过的称为悬浮固体或悬浮物（SS），两者合称为总固体（TS）。感官污染物是指能够引起人们感官上不快的污染物，主要包括色度、臭味、浊度、水温及泡沫等。当污水中的有机物腐烂，生活污水的颜色将由灰色转变为黑褐色并产生臭味。

污水的化学性污染物可分为无机物和有机物，按污染物的危害可分为需氧污染物、营养污染物、毒性污染物、酸碱污染物等。需氧有机物是指能通过生物化学、化学作用而消耗水中溶解氧的化学物质。无机的需氧污染物为数不多，主要有 Fe^{2+}、NH_4^+、S^{2-}、CN^- 等。虽然绝大多数有机物为需氧有机物，但也有一部分有机物不是需氧的，前者称为可生化有机物，后者称为非生化有机物。可生化有机物被微生物利用的难易程度不同，因而分为难降解有机物和易降解有机物。其测定指标有：生物化学需氧量或生化需氧量（Bio-Chemical Oxygen Demand，BOD）、化学需氧量（Chemical Oxygen Demand，COD）、总需氧量（Total Organic Demand，TOD）、总有机碳（Total Organic Carbon，TOC）。

营养污染物是指污水中的含氮化合物和含磷化合物。氮、磷是植物的重要营养物质，也是污水进行生物处理时，微生物所必需的营养物质，主要来源于人类排泄物及某些工业废水。当氮和磷的浓度达到 0.2mg/L 和 0.02mg/L 时，会造成藻类大量繁殖，在水面上聚集成大片的水华（湖泊）或赤潮（海洋）。污水中含氮化合物有 4 种：有机氮、氨氮、亚硝态氮和硝态氮。这 4 种含氮化合物的总和称为总氮（TN），有机氮与氨氮之和称为凯氏氮（KN），生活污水中的凯氏氮含量约为 40mg/L；污水中含磷化合物可分为有机磷与无机磷两类，生活污水中有机磷含量约为 3mg/L，无机磷含量约为 7mg/L。我国部分城市污水中氮、磷含量见表 1-1。

表 1-1　　我国部分城市污水中氮、磷含量

城市	TN/(mg/L)	氨氮/(mg/L)	TP/(mg/L)
北京	49.2～70.3	34.7～54.2	5.3～9.4
上海	30.1～82.8	22.3～58.1	2.0～13.6
天津	53.5～79.3	44.6～69.4	4.2～12.7
重庆	47.4～77.1	33.5～59.2	5.3～9.1
武汉	28.7～47.5	25.2～40.3	3.3～11.2
广州	29.2～34.9	22.4～28.6	4.5～6.1
哈尔滨	36.2～58.3	22.3～43.9	3.9～9.4

毒性污染物主要来源于排入管网中的工业废水，少量来源于人类排泄物。污水中的毒物有无机化学毒物和有机化学毒物两大类。其中无机化学毒物分为金属毒物和非金属毒物两类。金属毒物主要为汞、铬、铅、锰、钛、钼、钴等，非金属毒物有砷、硒、氰等。需指出的是许多毒物元素往往是生物体所必须的微量元素，只是在超过规定标准后才会致毒。水质标准中规定的有机化学毒物有挥发酚、取代苯类化合物、有机磷农药等。

污水的生物性污染物主要是指水中的致病性微生物。如生活污水中可能含有能引起肝炎、伤寒、痢疾、脑炎的病毒和细菌以及蛔虫卵等；而医院和生物研究所排出的污水中则含有致病体。水质标准中的卫生学指标有细菌总数和总大肠菌群，后者反映水体中受到动物粪便污染的状况。除致病体外，污水中的铁菌、硫菌、藻类、水草或者贝壳类动物也会堵塞管道和用水设备等，有时还会腐蚀金属引起水质恶化，这也属于生物污染的一部分。

1.1.3 城市污水处理技术发展历程

社会发展必然会造成水体污染，而污水处理行业的诞生及兴起与各个历史时期的环境保护需求密切相连。早期污水处理主要是通过水体自然净化和稀释使受污染的水体变污为清。随着工业化发展和人们生活水平日益提高，污水的排放量在逐年增大，其成分也变得更为复杂，超出自然界中水体有限的环境容量与自净化能力范围，进而导致水环境质量恶化，严重制约了社会的健康可持续发展。因此，开展污水治理工程，已成为改善人居生活环境、保护有限水资源的重大举措之一。

截至目前，城市污水处理已经发展了数百年，从最初利用简单的消毒沉淀去除有机物，到去除氮磷等营养物的二级生物处理，再到污水深度处理回用。在明代晚期，我国就已经出现使用石灰、明矾等方法进行污染物的沉淀或用漂白粉进行消毒的净化污水装置。1762年，利用石灰及金属盐类等处理污水的方法在英国开始使用。

18世纪中期，以有机物去除为主的城市生活污水处理成为重点。英国最早开发了利用生物膜上的微生物来降解污水中有机物而使污水得到净化的一种污水处理技术，该污水处理技术就是如今被称为生物膜法的污水处理技术，就此拉开了污水生物法处理工艺百年发展和变革的序幕，其历程如图1-3所示。1914年，Arden和Lokett开发了一种活性污泥法用来去除污水中的有机物。后期，随着活性污泥法的不断革新和在实际中的广泛应用与研究，在构型上从推流式逐渐演变出全混式等不同模式，氧化沟等工艺相继出现。活性污泥法开始替代生物膜法成为污水处理行业的主流工艺。到了20世纪50年代，随着全球水体富营养化的问题凸显，污水中氮磷的综合去除成了污水治理的另一主要诉求，研究人员以传统活性污泥法为依据，又衍生了A/O、A^2/O等脱氮除磷工艺。为进一步提高脱氮除磷效果，出现了多级A/O、分段进水A^2/O等改良型工艺。进入21世纪后，水资源短缺推动了基于污水深度处理的水回用需求。膜技术与活性污泥法结合，形成了MBR以及NEwater双膜法等工艺。与此同时，基于不同运行模式和反应池构型的氧化沟工艺、SBR工艺也经历了长期演变。此外，早期以生物滤池为代表的生物膜法也基于填料、生物载体等材料领域的发展得到广泛应用。

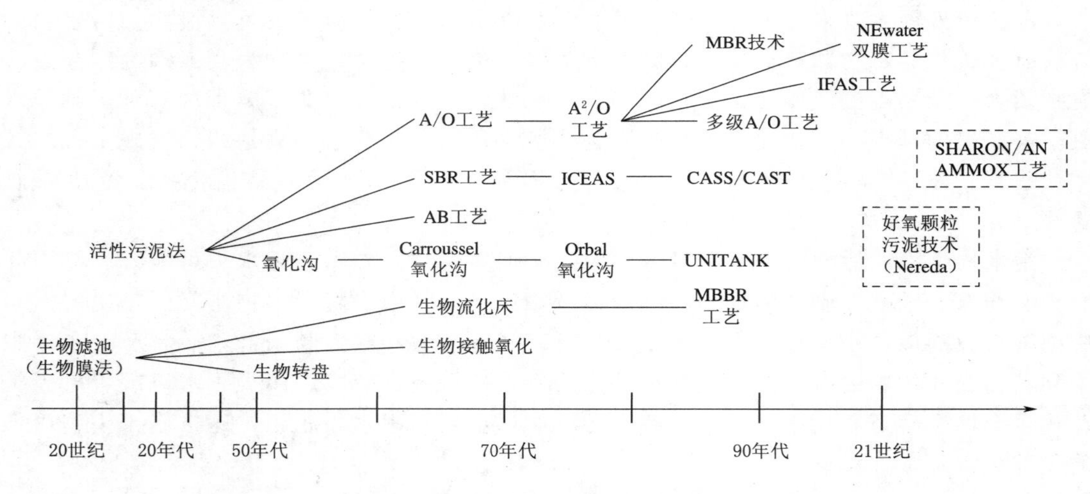

图1-3 污水生物处理工艺演变示意图

我国城市污水处理技术的研究和应用起步都较晚。20世纪70年代，由于出现了几起重大环境污染事件，我国才真正开始意识到城市污水处理的重要性，并采取了一系列处理方法和措施，但重点仍集中放在工业源的分散处理上。直到20世纪80年代，原国家环保总局成立，天津建成首座处理能力为26万m^3/d的大型污水处理厂，采用了标准的活性污泥工艺，我国才真正进入到水污染综合防治阶段。随后的几十年，我国研究人员一直在认真总结国内外经验，结合国情，通过自主研发和国外引进相结合的形式，因地制宜地发展我国城市污水处理技术。“七五”期间以土地处理和氧化塘为代表的工艺成为主流；“八五”期间业界对高负荷活性污泥、高负荷生物膜、一体化氧化沟等技术进行了深入研究；“九五”期间研究重点为中小城市高效污水处理成套技术，解决自然占地大、人工处理能耗高等问题；“十五”期间，大量污水处理厂引进国外污水处理技术。到了21世纪，随着脱氮除磷、升级改造、污水回用诉求的提出，如A/O、A^2/O、SBR、MBR、MBBR等工艺也逐渐成为主流工艺，被应用到城市污水处理中。

1.1.4　典型污水生物处理工艺

目前，我国城市污水处理厂的生物处理工艺仍是主要基于传统的生物脱氮除磷机制来对其结构和性能进行的设计，利用厌氧、好氧及缺氧3个阶段组合最终实现氮、磷的同步有效去除。2020年我国城市污水处理工艺类型及应用占比如图1-4所示。

1. A^2/O及其改良工艺

厌氧/缺氧/好氧（Anaerobic/Anoxic/Oxic）生物脱氮除磷工艺是通过将厌氧、缺氧和好氧单元以及不同污泥回流方式进行各种结合，实现有机物、氮磷等污染物同步去除的一种活性污泥法污水处理工艺，简称A^2/O工艺，基本流程图如图1-5所示。

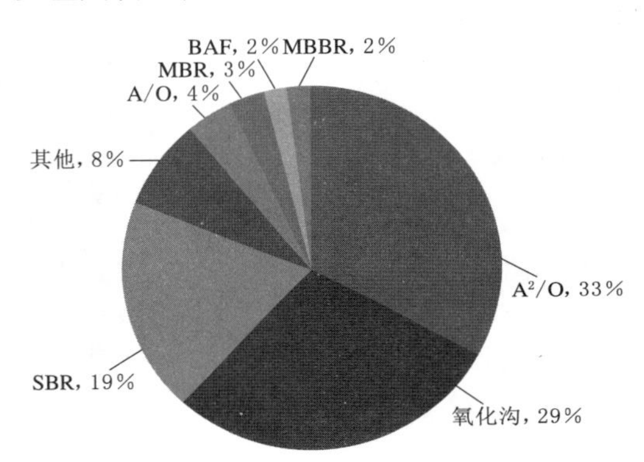

图1-4　2020年我国城市污水处理工艺类型及应用占比

传统A^2/O工艺是将厌氧区、缺氧区和好氧区顺序排开的单一污泥悬浮生长系统。针对其在实际运行中存在的问题，近年来，改良的A^2/O工艺也被不断地开发。针对NO_3^--N影响厌氧段释磷性能的问题，开发了UCT、JHB、MUCT等工艺；针对活性污泥中聚磷菌和反硝化菌在厌氧阶段对有限碳源竞争性的问题，开发了BCFS工艺和倒置A^2/O工艺等；针对硝化和除磷之间污泥龄的矛盾，开发了双污泥脱氮除磷工艺（PASF）。针对传统A^2/O工艺中存在的一些问题和诉求而进行革新的上述工艺，在技术开发研究和实际应用中均已经取得了一定的进展和成效，但因其结构相对复杂、建设费用和运营成本都比较高，使其在大范围推广应用中仍受到制约。

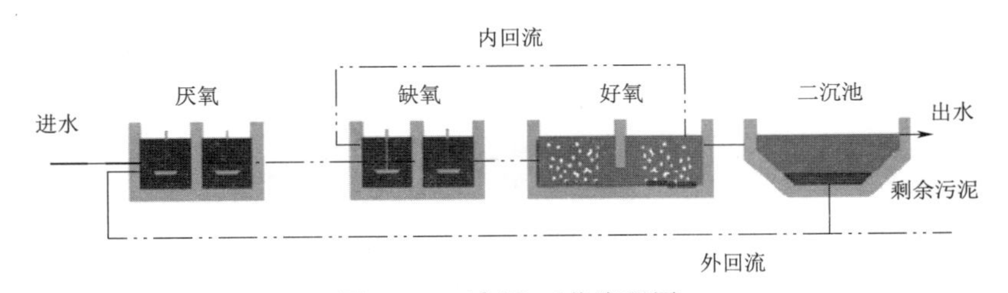

图1-5　A^2/O工艺流程图

不同改良A^2/O工艺功能特点见表1-2，倒置A^2/O、UCT、MUCT、JHB及Bardenpho 5种改进工艺不仅能有效克服传统A^2/O工艺的缺陷，同时能够减少能源和药剂消耗，降低工程投资和运行成本。

表1-2　　不同改良 A^2/O 工艺功能特点

工艺名称	克　服　难　点	工　艺　不　足
倒置 A^2/O	无硝酸盐的干扰；提高碳源利用率，缓解碳源竞争；取消内回流，消除内回流的限制	厌氧释磷阶段得不到优质碳源使总磷的去除效果不高
UCT	避免内回流限制，提高脱氮效率；降低厌氧段硝酸盐含量，改善低C/N污水除磷效率	因内回流交叉不能完全消除溶解氧对厌氧释放磷的影响
MUCT	避免内回流交叉过程中的溶解氧对厌氧释磷的限制，提高除磷效果；独立控制内回流和污泥回流，改善污泥龄矛盾的问题	操作较为复杂；需要增设独立的回流系统
JHB	降低回流污泥硝酸盐含量过高的影响；充分利用内部碳源，提高脱氮效果	总磷去除效果不高，需要额外补充碳源
Bardenpho	避免硝酸盐的影响；提高内部碳源利用率	处理低C/N污水，需要额外投加碳源以提高TN去除率

(1) 倒置 A^2/O 工艺。倒置 A^2/O 工艺是将传统的 A^2/O 的厌氧池定位在缺氧池之后，使反硝化细菌更好地利用进水中的碳源进行反硝化作用，提高碳源利用率，同时，因取消内回流而节省了部分能耗。研究者对传统与倒置 A^2/O 工艺对磷的释放和吸收的影响实验，分析比较得出倒置 A^2/O 工艺通过取消内循环和调换厌氧区与缺氧区位置，可以保留更多PAOs种群，表现出较好的除磷性能。

(2) UCT工艺。UCT工艺在传统 A^2/O 工艺基础上，额外增加了一条从缺氧区至厌氧区的混合液回流，并将污泥回留位置改到缺氧池。这种改进可以避免由于内回流限制导致系统脱氮能力低的问题，从而有效提高缺氧池的脱氮效率。UCT工艺流程如图1-6所示。

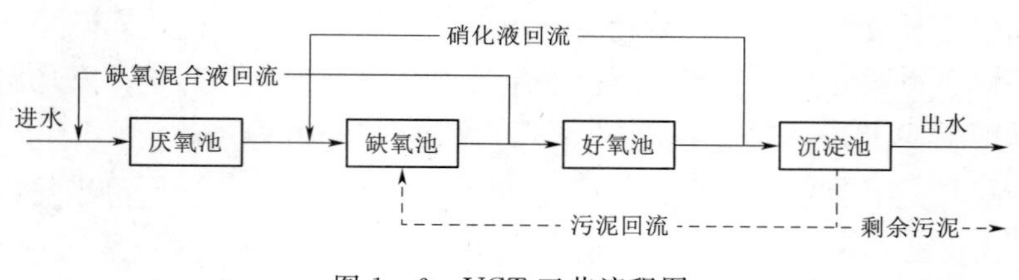

图1-6　UCT工艺流程图

(3) MUCT工艺。MUCT工艺将UCT工艺的缺氧区分成两部分，能够分别控制污泥回流和混合液回流，弥补UCT工艺中缺氧区的停留时间由于缺氧区混合液回流与硝化液回流相交而不便控制的缺陷。这一改进避免回流中的溶解氧对厌氧释磷的影响，表现出较好的脱氮除磷性能。

(4) JHB工艺。为了避免传统 A^2/O 工艺中因回流引入过量硝酸盐使系统除磷效果受抑制的问题，JHB工艺前端增加了一个预缺氧池，一部分原水流进预缺氧池，另一部分流入厌氧池，沉淀池的一部分污泥返回预缺氧池。这种改进使污泥中的微生物利用流入的营养物质进行反硝化，从而减少污泥中的硝酸盐含量。JHB工艺流程如图1-7所示。

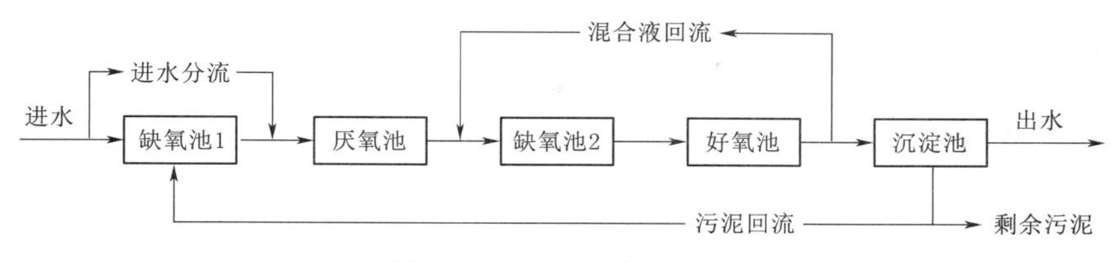

图 1-7 JHB工艺流程图

（5）Bardenpho 工艺。Bardenpho 工艺是在 A^2/O 工艺基础上增设一个缺氧段和一个好氧段，第二缺氧段利用第一好氧段产生的硝酸盐和剩余碳源进行反硝化脱氮。在低 C/N 废水处理过程中，可以有效避免硝酸盐限制的问题。

2. 氧化沟及其改良工艺

传统的氧化沟（Oxidation ditch）工艺是 20 世纪 50 年代早期由荷兰学者研发的，当时被称为 Pasveer 氧化沟。它主要是对传统的活性污泥法进行的改进，池内布置呈环状的沟渠，混合液在曝气和推进装置的作用下，在渠内循环流动，并形成好氧、缺氧交替环境，实现有机物、氮磷的同步去除。氧化沟工艺流程如图 1-8 所示。

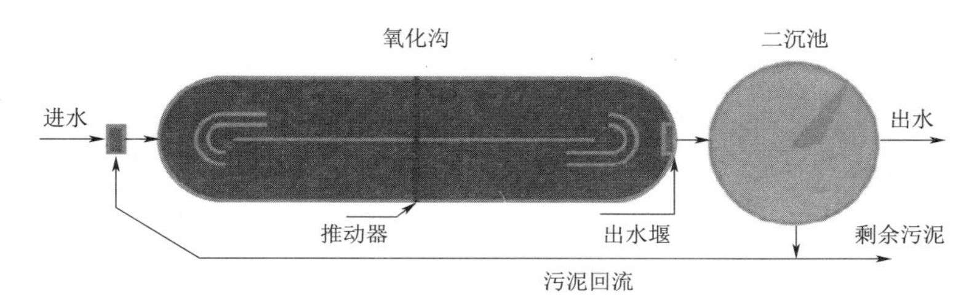

图 1-8 氧化沟工艺流程图

早期的氧化沟工艺只是去除污水中的有机物，如 Passveer 氧化沟和 A 型、D 型、VR 型氧化沟等；随着污水氮磷处理需求，发展到当前典型的具有有机物、氮磷同时去除功能的氧化沟工艺，如 Orbal 氧化沟、Carrousel 氧化沟和一体氧化沟等。我国自 20 世纪 80 年代开始研究引进氧化沟工艺，在对引进工艺的研究与应用基础上，我国还开发了一系列改良型工艺，如改良型 Orbal 氧化沟、改良型 Carrousel 氧化沟、A^2/O 氧化沟和倒置 A^2/O 氧化沟等。

（1）改良型 Orbal 氧化沟。对现状氧化沟进行内部分隔，增加缺氧区至厌氧区内回流泵及好氧区至缺氧区内回流泵，污泥从新建 MBR 膜池回流至好氧区。改造后增加了厌氧、缺氧池池容，保障生物厌氧除磷和缺氧脱氮有足够的 HRT 及生物量，同时工程配套化学除磷和反硝化碳源投加装置。改良型 Orbal 氧化沟平面如图 1-9 所示。

（2）改良型 Carrousel 氧化沟。对传统 Carrousel 氧化沟进行了改良，增加了特殊的预反硝化区，在原传统氧化沟出水段与曝气区之间增设内回流渠，在不明显增加设备与土建投资，且不增加额外的动力提升装置的条件下实现了硝化液的回流，且可保证高达 400% 甚至更高的内回流比，从而使反硝化反应顺利进行，获得理想的硝化-反硝化效果，提高总氮去除率。改良型 Carrousel 氧化沟平面如图 1-10 所示。

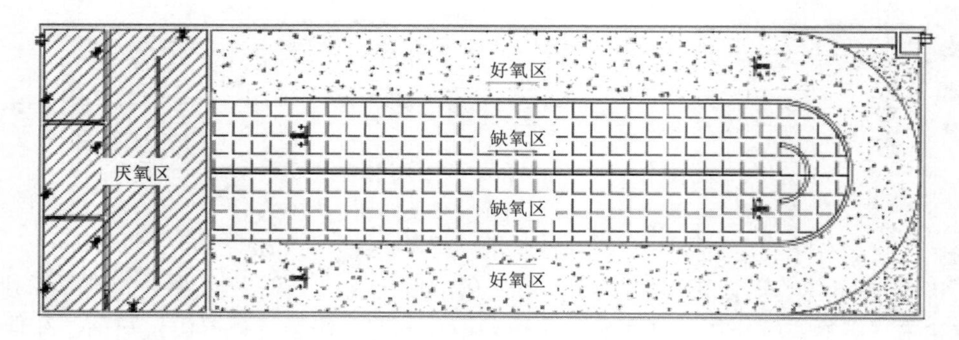

图1-9　改良型Orbal氧化沟平面布置图

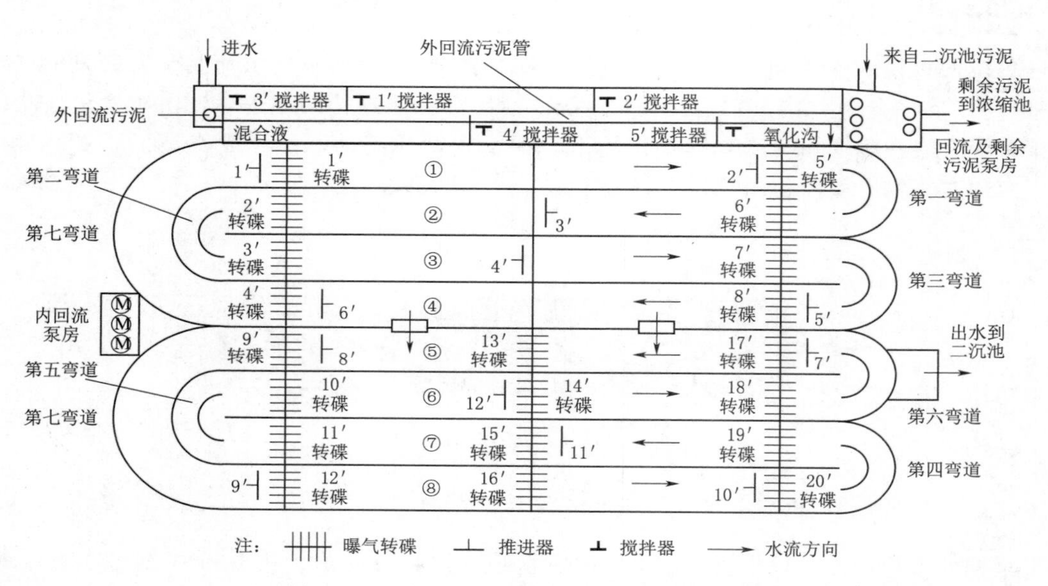

图1-10　改良型Carrousel氧化沟平面示意图

3. SBR工艺及其改良工艺

序批式活性污泥法（Sequencing Batch Reactor，SBR）是20世纪70年代由美国R. L. Irvine教授提出。SBR工艺是指在同一个反应池（器）中，将进水、曝气、沉淀、排水和待机5个基本工序按时间顺序进行排列完成污水处理的一种活性污泥法工艺。SBR工艺流程如图1-11所示。

为了追求更高的工艺污染物去除效率和运行稳定性，以及克服传统SBR工艺的部分不足之处，研究人员相继开发出了一系列SBR改良工艺。最早是在20世纪80年代，由澳大利亚新南威尔士大学与美国ABJ公司联合研究开发的间歇式循环延时曝气活性污泥工艺（Intermittent Cyclic Extended Aeration System，ICEAS），该工艺最大的优势是实现了连续进水、间歇排水的运行模式。随后Goranzy教授在ICEAS工艺的基础上，开发了周期循环活性污泥工艺（Cyclic Activated Sludge System，CASS），该工艺最大限度地提升了生化反应推动力和抗冲击负荷能力。到了20世纪90年代，针对传统SBR工艺不能连续进出水的不足之处，SEGHERS公司设计研发了UNITANK工艺。近年来，C. Q. Yang

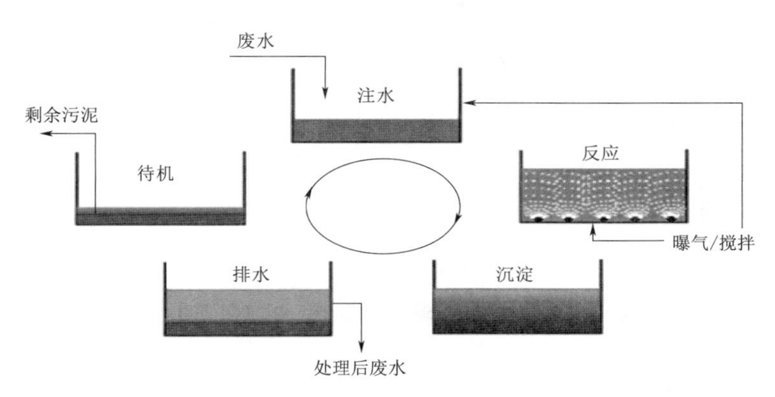

图 1-11 SBR 工艺流程图

等又开发设计了改良式序列间歇反应器（Modified Sequencing Batch Reactor，MSBR）。20 世纪 80 年代中期，我国才开始研究 SBR 工艺，由于 SBR 及其改良工艺还存在设备闲置率较高、占地面积较大等问题，因此，目前还不适合大规模的污水处理项目使用。

4. AMAO 工艺

AMAO（Anaerobic-oxic Multilevel Anaerobic-oxic）工艺是由两级或两级以上A/O池串联组合而成。该工艺出现较晚，是近年来国内外广泛研究的高效生物脱氮工艺之一。AMAO 工艺基本无需内回流装置，通过对进水进行分流可以充分利用原水中的碳源，从而达到减少甚至无需外加碳源的目的。同时，该工艺可以通过灵活地对进水流量分配以及好氧区的 DO 控制，以适应不同的进水水质。近年来，随着研究的深入，人们发现 AMAO 工艺不仅可以解决低碳氮比城市污水难以达标排放的问题，同时相较于传统 A/O 工艺还具有稳定性高、抗冲击负荷能力强等优点。随着 AMAO 工艺的逐步探索以及其节能减排的巨大优势，自 20 世纪以来，该工艺在国内外的城市污水厂的中得到了广泛的应用，并取得了良好的效果。AMAO 工艺流程如图 1-12 所示。

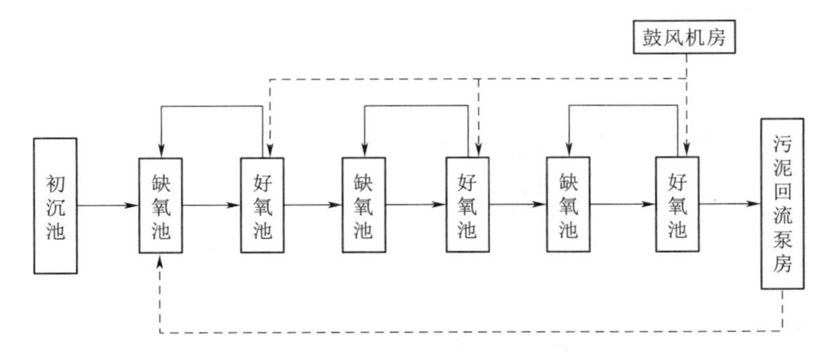

图 1-12 AMAO 工艺流程图

5. A/O-MBR 工艺

A/O-MBR 工艺具有传统 A/O 活性污泥法和膜分离技术的特点，是一种新型水处理工艺，该工艺把膜组件浸没在传统 A/O 活性污泥工艺的曝气池，将生化处理与固液分离两个步骤在同一个反应器实现。A/O-MBR 工艺流程如图 1-13 所示。

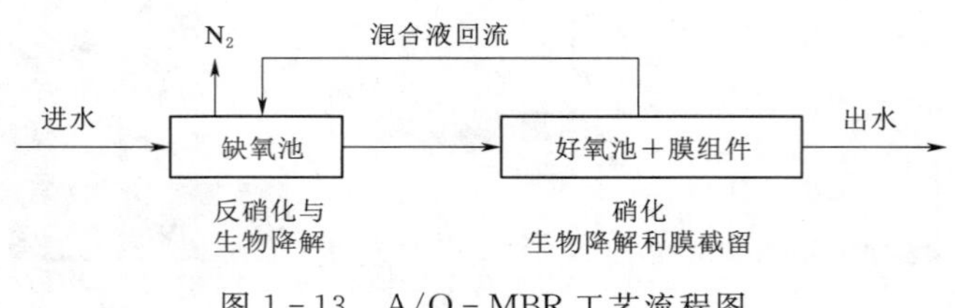

图 1-13　A/O-MBR 工艺流程图

A/O-MBR 工艺对水中有机物的去除是缺氧池和好氧池内污泥的生物降解以及膜组件截留共同作用的结果，其中大部分有机物是通过异养微生物自身新陈代谢作用分解转化成 CO_2 和 H_2O。同传统活性污泥法相比，A/O-MBR 工艺拥有许多优势。首先，A/O-MBR 工艺不但存在微生物高效降解有机物的过程，而且反应器内膜组件能截留废水中粒径尺寸较大的有机物，增加微生物与有机物的接触时间，提高有机物的去除效能。同时，膜组件能对反应器污泥进行有效截留，提高好氧池活性微生物的数量，有利于改善微生物对有机物的去除效果，较高的污泥浓度会促进反应器局部缺氧环境的形成，提供反硝化条件，再加上 A/O-MBR 工艺存在缺氧段，使其在去除有机物的同时具有一定的脱氮功效。此外，膜组件的存在使 A/O-MBR 工艺生化过程和泥水分离过程能在同一反应器内进行，代替了传统活性污泥工艺的二沉池。最后，A/O-MBR 工艺具有较高的污泥浓度，在进水底物浓度相同的情况下，污泥负荷更低，依据活性污泥反应动力学，当处于基质不足的环境时，活性污泥增殖速率变慢，污泥产量降低。然而，A/O-MBR 工艺膜污染问题是其大规模应用的主要技术瓶颈。

我国作为一个发展中国家，在当前水资源短缺且污染严重的情况下，只有坚持研究开发具有高效率、低耗能、低成本、占地面积小、可持续发展的污水处理新技术和新工艺，才能确保推动我国城市污水处理事业的长久发展。此外，已建成的污水处理厂由于设计标准低，会出现污水处理效率低、达标率不高、污染物排放量超标等问题，同时面临着提标改造的任务。因此，如何在不对原污水生物处理工艺做较大改动的前提下，研究出高效率低能耗的污水处理技术对解决水环境污染问题具有重要的意义。

1.2　工业废水处理技术现状

1.2.1　工业废水排放现状

随着我国经济的快速发展，工业废水的排放量居高不下，同时由于我国水资源短缺和污染问题严重，工业废水处理问题亟待改善，“节水减排”在国家发展过程中具有重要战略地位。根据国家统计局数据显示，全国工业废水排放量如图 1-14 所示，2015—2019 年全国工业废水排放量一直处于高位波动状态，2019 年我国的工业废水排放量为 252 亿 t，主要来源于石油工业、纺织工业、造纸工业、钢铁工业和电镀工业等。同时工业废水具有成分复杂、处理难度大、危害大等特点。不同行业甚至同一行业不同企业之间排放的废水成分差异很大，污染物主要包括有机物、氨氮、总氮、总磷、废水重金属、石油类、挥发酚和氰化物，其中 COD 是排放量最多的污染物，广泛存在于各种工业废水中，且大多数具有很强的生物毒性甚至对人类有致癌、致畸作用。2016—2019年全国工业废水污染物排放量见表1-3。

表1-3　　2016—2019年全国工业废水污染物排放量　　单位：万t

污染物指标	年份			
	2016	2017	2018	2019
COD	122.8	91.0	81.4	77.2
氨氮	6.5	4.4	4.0	3.5
TN	18.4	15.6	14.4	13.4
TP	1.7	0.8	0.7	0.8
废水重金属	0.0163	0.0176	0.0125	0.0117
石油类	1.2	0.8	0.7	0.6
挥发酚	0.0272	0.0244	0.0174	0.0147
氰化物	0.0058	0.0054	0.0046	0.0038

高浓度有机废水是指COD含量高于2000mg/L的废水，有些废水甚至高达10^5mg/L，典型的高浓度有机废水包括煤化工废水、药厂废水、农药废水、化工厂废水和制革废水等。高浓度有机废水毒性大、难降解，如不通过相关工艺处置达到排放标准，则会对环境造成严重污染，危害水体安全。我国对有机废水的排放标准越来越严格，根据中华人民共和国GB 8978—2002要求，工业污水排放的一级标准为COD≤50mg/L，BOD≤10mg/L，因此采取有效的处理方式使工业废水达到安全排放标准成为目前环境工作者面临的重要挑战。

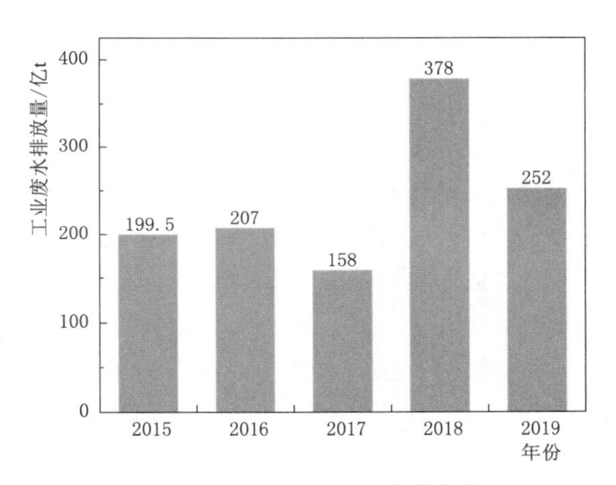

图1-14　全国工业废水排放量

1.2.2　工业废水处理技术简介

我国工业废水处理行业经历了4个发展阶段。在20世纪60—70年代，我国开始自行投资兴建了一批工业废水处理设施和工业废水处理厂；到了20世纪80—90年代，随着城市排水设施建设的快速发展，一大批城市工业废水处理设施得以兴建；在2002—2014年期间，我国污废水处理设施无论在数量上还是质量上都得到了迅速发展；2015年以后，随着“水十条”在全国各地的贯彻落实，水环境综合治理需求开始释放，我国各类涉水企业加快安装废水处理设施。根据生态环境部公布的数据显示，2019年全国环境统计重点调查的78447家涉水企业中，58047家企业共安装废水处理设施69200套，废水治理设施处理能力17195万t/d。

目前国内外对有机废水的处理方式主要有物理化学分离技术、化学氧化技术、生物降解技术以及多技术耦合联用等技术。其中物理化学分离技术主要通过物理或化学的方式将有机物从水体中分离出来，但分离技术仅仅是将污染物从一种介质转移到另一种介质，并没有从根本上消除污染物，还需对污染物进行二次处理，如与化学氧化技术相结合，通过氧化剂将污染物矿化成无毒害作用的无机物，从而达到最终净化目的。化学氧化技术能将绝大部分有机物分解或完全矿化，提高废水的可生化性。生物降解技术因其成本较低的优势在实际废水处理过程中常常作为首选，但生物技术在处理一些具有生物毒性的有机废水时难以奏效。因此，物理化学分离技术和化学氧化技术通常用于废水的预处理和深度处理回用，生物法则用于废水处理的主体工艺。

物理化学分离技术包括吸附、膜分离、絮凝、萃取等技术。其中吸附分离是利用具有较大比表面积的多孔材料，通过吸附的方式去除污染物，应用最多的吸附材料是活性炭。近年来，研究人员开发出不同性质的树脂、分子筛用于吸附去除废水中的有机污染物，但这些材料对水溶性有机物的吸附量明显低于活性炭，因此活性炭仍是应用最多的吸附剂。然而大量的研究表明活性炭吸附对有机污染物去除效果有限。龚莉惠等人比较了不同活性炭对双唑杂环的吸附效果，最终筛选出一种吸附量为 914mg/g 的活性炭材料，但该活性炭吸附材料存在成本高、再生效率低的问题，难以实现工业应用。近年来膜分离技术被不断开发应用于工业废水处理，通过微滤、纳滤、超滤、电渗析或反渗透等方式实现高效分离，从而实现污水净化的目的。但是膜在使用过程中存在易污染、难再生、使用寿命短的不足，使膜分离技术的投资和运行成本均很高。

化学氧化技术是利用化学氧化剂将有机污染物转化为生物毒性较低的物质，提高污染物的可生化性，或将污染物直接矿化成二氧化碳、水等最终产物。氯氧化剂（次氯酸盐、氯气、二氧化氯）是化学氧化中应用较早的一类氧化剂，但氯氧化剂氧化处理污染物时易生成含氯有机物，如与芳香类污染物反应生成难以生化降解的氯代芳烃，增加生化处理难度。因氯氧化处理后水体中氯含量过高，影响生化处理，故氯氧化法逐渐被臭氧（O_3）、过氧化氢（H_2O_2）、氧气（O_2）等氧化剂替代。臭氧、过氧化氢、氧气等氧化剂被活化后可产生强氧化性羟基自由基（·OH，$E_0=2.8V$），能快速、无选择性地氧化降解有机污染物。除·OH外，过硫酸盐或过硫酸氢盐活化后产生的硫酸根自由基（SO_4^-·）的氧化性也非常强，该自由基主要通过电子转移的方式使有机物快速氧化，在氧化某些特定结构的有机物时（富电子有机物），SO_4^-·的氧化活性与·OH相近，因而近几年越来越多的研究者关注SO_4^-·氧化技术。在溶液中产生具有高活性的氧化性物种（·OH和SO_4^-·），通过加成、取代、电子转移等方式使目标污染物发生断键、开环等反应，将结构稳定的有机分子氧化降解为短链羧酸、二氧化碳、水及其他无机离子等产物的过程，被称为高级氧化技术。高级氧化过程产生了强氧化性自由基，反应速率快，在有机污染废水处理中具有非常重要的作用。根据产生强氧化性自由基的氧化剂来源不同，高级氧化技术可分为4种方法：①基于臭氧产生羟基自由基的氧化方法；②以过氧化氢为氧化剂产生羟基自由基的芬顿或类芬顿方法；③以空气或氧气为氧化剂产生活性自由基的（催化）湿式氧化方法；④基于过硫酸（氢）盐产生硫酸根自由基的氧化方法。

生物处理技术是指利用微生物的新陈代谢除去污水中有机污染物的一种方法。该方法具有成本低、规模大等优势，是一种最常见的处理高浓度有机废水的方法。但是生物处理技术处理周期长，对难生化降解或具有生物毒性的有机物污染物的处理效果非常差。如杂环污染物往往具有较强的生物毒性，杂环上的氮、硫、氧等原子易与生物细胞里的酶形成螯合物，抑制微生物的活性，直接采用生物降解技术难以起到好效果。所以需要其他技术进行预处理，降低毒性提高可生化性；或者对可适应废水水质的特定菌株进行富集培养。生物处理技术分为好氧生物法和厌氧生物法，其中好氧生物法在上一节已经介绍，本节重点介绍厌氧生物法。

为了克服单一废水处理技术运行成本高或处理效果差的不足，通常将多种水处理技术结合，优势互补，实现更经济、高效处理高难度降解废水的目的。Suarez 等将湿式氧化技术与生化降解相结合，考察了酚及其取代物经湿式氧化预处理后废水的可生化性，对比了不同的取代基团对氧化效果及可生化性的影响，实验表明不同取代基的酚类物质经湿式氧化处理后，其可生化性有明显区别，其中邻甲酚及邻氯代酚的 TOC 去除率达到 86%，但其生物毒性仍然较强。向反应中加入催化剂后，催化湿式氧化有效提高了邻甲酚的可生化性，与好氧生物降解结合后，COD 去除率达到 98%。Gergo 等将催化湿式氧化技术与生物降解技术结合处理双酚 A，双酚 A 在催化湿式氧化过程中被氧化成乙酸、甲酸及少量的对羟基苯乙酮后，经 7.2h 微生物处理后达到排放标准。Pariente 等将高级氧化技术与生化降解技术相结合处理农药废水，难降解的农药废水经催化过氧化氢氧化处理后再用微生物降解处理，直接达到排放标准。

1.2.3 厌氧生物处理技术原理

厌氧生物处理法也被称为厌氧消化，最早用于处理污泥，后来用于处理高浓度有机废水。污水厌氧消化是一个极其复杂的过程，根据所含微生物的种属及其反应特征的不同，可分为几个主要阶段，每个阶段的微生物种群不完全相同，有着各自的明显特征。根据微生物生理类群的代谢差异，Zeikus 提出的“三段四菌群”学说是目前普遍被人接受的观点，它提出厌氧消化是在 4 个微生物菌群（水解菌群、产氢产乙酸菌群、同型产乙酸菌群、产甲烷菌群）的作用下完成的。其过程如图 1-15 所示。

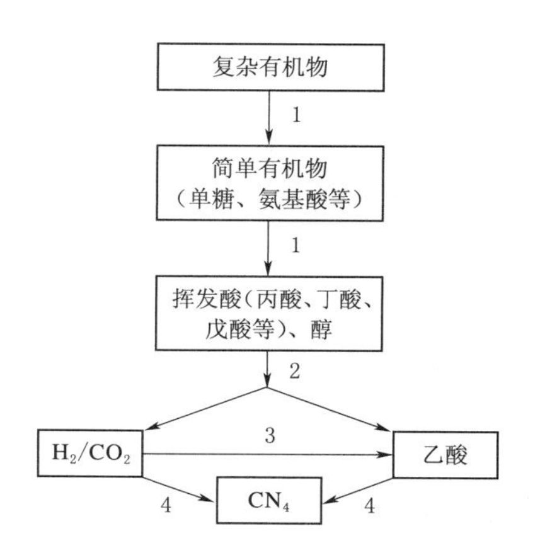

图 1-15　有机物厌氧发酵步骤

1—发酵细菌；2—产氢产乙酸菌；3—同型产乙酸菌；4—产甲烷菌

（1）第一阶段为水解发酵阶段（也称酸化）。该阶段通过产酸菌的代谢活动，将复杂有机物水解发酵成为有机酸、醇类、CO_2、H_2、NH_3和 H_2S 等。

（2）第二阶段为产氢产乙酸阶段。该阶段主要通过专性厌氧的产氢产乙酸菌的生理活动，将第一阶段细菌的代谢产物丙酸及其他脂肪酸、醇类和某些芳香族酸转化为乙酸、CO_2、H_2。

（3）第三阶段为产甲烷阶段。该阶段主要是由产甲烷菌利用第一阶段、第二阶段产生的乙酸、CO_2、H_2等主要基质，最终转化为 CH_4 和 CO_2。产甲烷菌包括两种特异性很强的细菌：一种产甲烷菌主要利用 H_2 把 CO_2 还原为 CH_4（也可利用甲酸）；另一种产甲烷菌主要以乙酸为基质（也可以利用甲烷和甲胺），把它分解为 CH_4 和 CO_2。在这一阶段中，据研究还有一种同型产乙酸菌可把 CH_4 和 CO_2 合成为乙酸。

1.2.4 厌氧生物处理技术发展历程

厌氧生物技术已有一百多年的历史，先后经历了化粪池、厌氧消化池、上流式厌氧污泥床反应器（UASB）、膨胀颗粒污泥反应器（EGSB）以及内循环厌氧反应器（IC）等。特别是近半个世纪来的厌氧生物处理技术研发和改进，厌氧生物处理技术的应用更为广泛。厌氧生物处理技术发展历程如图 1－16 所示。

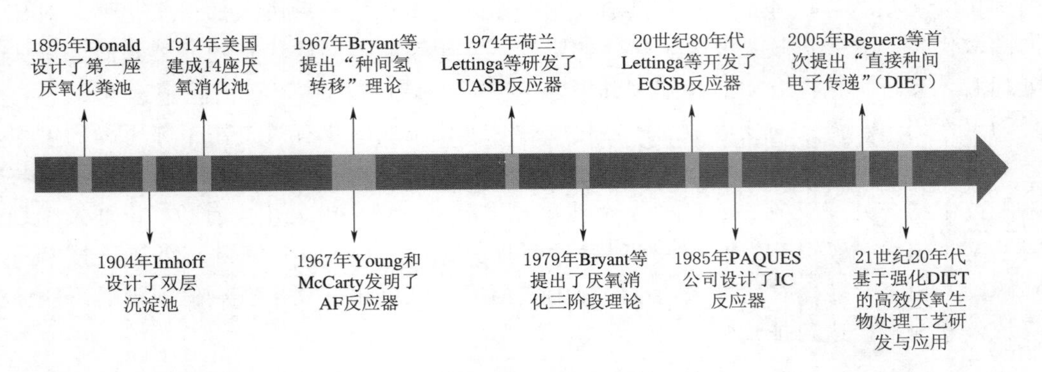

图 1－16 厌氧生物处理技术发展历程

厌氧生物处理技术的发展起源于欧洲。早在 1860 年法国工程师 Mouras 就成功将沉淀池改为废水厌氧处理构筑物，该设施于 1881 年被法国杂志称为自动净化器（Automatic Scasenger）。1895 年英国 Donald 设计了第一座用于处理生活污水的化粪池，1904 年德国 Imhoff 进一步将其发展为 Imhoff 双层沉淀池（腐化池）。截至 1914 年，美国有 14 座城市建立了厌氧消化池。以化粪池为主的第一代厌氧反应器主要通过污泥（厌氧微生物）与废水混合进行反应，反应器中污泥停留时间（Sludge Retention Time，SRT）和水力停留时间（Hydraulic Retention Time，HRT）相同。由于厌氧微生物生长缓慢，而简易化粪池无法实现将 SRT 和 HRT 分离，污泥容易随出水流失，从而导致第一代厌氧反应器污泥浓度低、处理效果较差。

随着生物发酵工程技术的改进，人们认识到提高反应器微生物浓度的重要性，于是基于微生物固定化原理的厌氧生物技术得以发展。1967 年，Young 和 McCarty 发明了第一个基于微生物固定化原理的厌氧反应器—厌氧生物滤池（AF），其特点在于在反应器中加入了沙砾等固体填料，可为厌氧微生物提供附着点，以避免水力冲刷而流失，实现了 SRT 和 HRT 的分离，提高了反应器的有机负荷。1974 年，荷兰 Wagningen 农业大学的 Lettinga 教授开发了上流式厌氧污泥床（UASB）反应器，其最大特点是反应器底部进水使污泥床层发生膨胀，大部分情况下污泥床层都能形成颗粒污泥。该技术由于厌氧微生物形成紧密的团聚体，具有良好的泥水分离效果与较高的生物活性，同时耐毒物、负荷冲击。以 AF 和 UASB 反应器为代表的第二代厌氧生物反应器主要特点为：①反应器内可以持留大量的活性厌氧污泥；②反应器进水与微生物保持良好的接触。目前，全球将近80%的厌氧生物处理均采用UASB技术，不仅实现较高的有机负荷［5～20kg COD/(m^3·d)］，而且因较短的HRT大幅缩短处理周期。此外，UASB反应器无需填料、无污泥回流搅拌装置，显著降低了工程成本和运行费用。但是，UASB反应器存在的最大问题是会出现短流现象，导致泥水混合不均、影响处理性能，而且当进水悬浮物浓度过高时会引起堵塞。UASB反应器示意图如图1-17所示。

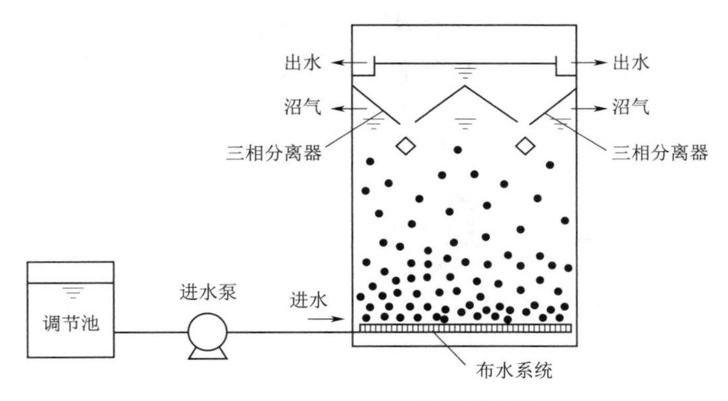

图1-17 UASB反应器示意图

第三代厌氧反应器的典型代表为20世纪90年代初Lettinga教授等开发的厌氧膨胀颗粒污泥床（EGSB）反应器和荷兰PAQUES公司推出的内循环反应器（IC）等。相比于第二代厌氧反应器，第三代厌氧反应器具有较高的上升流速（EGSB2.5～10m/h，UASB 0.5～1.5m/h），利于颗粒污泥的形成，同时可实现更高的有机负荷［5～35kg COD/(m^3·d)］，运行性能也更加稳定。由于EGSB和IC反应需要进行回流，所以造价和运行维护成本较UASB更高一些。尽管如此，以UASB为基础的EGSB反应器已占厌氧工艺应用总数的11%以上，可见第三代厌氧反应器发展十分迅速。此外，国际上不断研发出其他新型高效厌氧反应器，包括厌氧折流式反应器（ABR）、厌氧迁移式污泥床反应器（AMBR）以及厌氧序批式反应器（ASBR）。

目前，厌氧颗粒污泥工艺最主要问题为厌氧菌生长缓慢，导致工艺启动时间过长，通常需要3～6个月才能形成厌氧颗粒污泥。如何加快污泥颗粒化、强化体系处理性能是一个值得研究的方向。

1. EGSB反应器

EGSB反应器由布水区（Ⅰ）、反应区（Ⅱ）、分离区（Ⅲ）和循环区（Ⅳ）4部分组成。EGSB反应器运行时，进水与回流水混合一起进入布水区，通过布水系统均匀地分配到反应器底部，产生较高的上升流速，也有文献报道，Biothane公司专利产品Biobed® EGSB反应器在稳定运行的情况下能达到10～15m/h，使废水与颗粒污泥充分接触，在反应区有机物被降解，产生沼气能源。混合的气、液、固三相在分离区内通过三相分离器进行混合液脱气与固液分离，部分沉降性能较好的污泥自然回落到污泥床层上，出水夹带部分沉降性较差的污泥洗出反应器，沼气继续向上流动进入集气室后排出反应器，一部分出水经循环回流至反应器底部与废水混合，有稀释进水与回收碱度的作用。EGSB反应器结构示意如图1-18所示。

2. IC反应器

IC反应器的构造原理如图1-19所示，从下往上主要分为混合区、污泥膨胀床区、精处理室、沉淀区和气液分离区5个部分。进水通过泵从配水系统进入反应器，在混合区与循环回流的废水和厌氧颗粒污泥充分混合。反应器第一个反应区为厌氧颗粒污泥膨胀床，在该反应室内废水中大部分有机物被转化成沼气，大量的沼气在下部三相分离器被收集，并产生气提作用携带泥水混合液经上升管至反应器顶部的气液分离器，沼气在此被分离并通过管道离开反应器，泥水混合液将通过下降管回到反应器底部与颗粒污泥和进水充分混合，形成了内部循环。

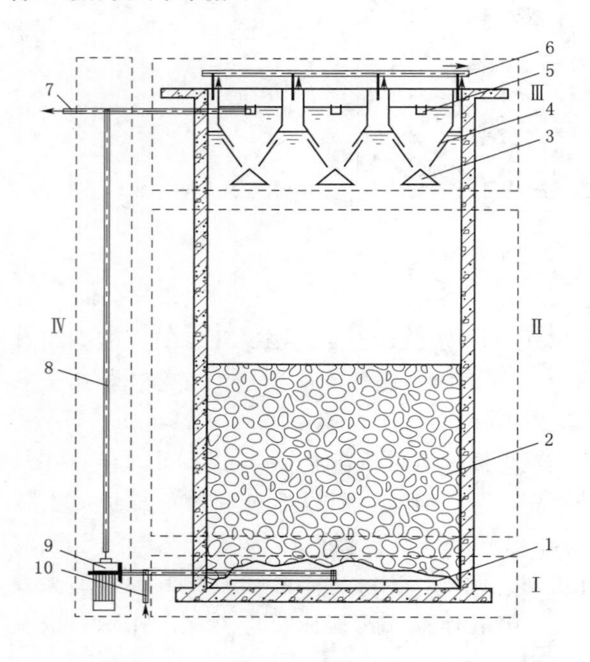

图1-18　EGSB反应器结构示意图
Ⅰ—布水区；Ⅱ—反应区；Ⅲ—分离区；Ⅳ—循环区；
1—布水器；2—污泥床层；3—气封；4—三相分离器；
5—溢流堰；6—集气总管；7—出水口；8—回流管；
9—回流泵；10—进水管

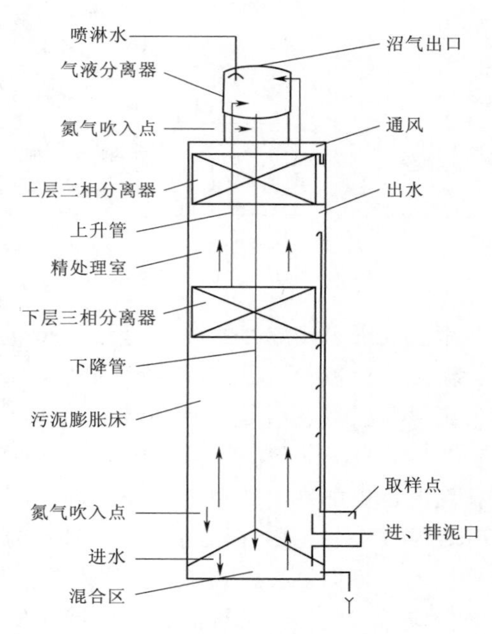

图1-19　IC反应器构造原理图

经污泥膨胀床处理过的废水进入精处理室继续进行处理。在精处理室产生的沼气由上部三相分离器收集夹带部分泥水混合液进入气液分离器，参与内循环；剩余的泥水混合液进入沉淀区进行固液分离，处理后出水经溢流堰离开反应器，沉淀下来的颗粒污泥留在精处理室。这样，废水就完成了在IC反应器内处理全过程。

3. ABR反应器

厌氧氨氧化（Anammox）在处理高氨氮、低碳氮比废水中具有显著效果，但由于自养型厌氧氨氧化细菌（AnAOB）倍增时间长、生长缓慢且比增长率较低，故导致Anammox启动周期较长，往往需要几个月甚至更长时间才能达到预期的脱氮效果。通过Anammox工艺实现污水脱氮的前提是 AnAOB 的有效富集，但 AnAOB 对环境温度条件有一定要求，在某种程度上制约了 Anammox 工艺广泛应用。有研究表明，AnAOB 适宜生长温度为 30～37℃。然而，世界各地污水处理厂的水温变化较大，往往低于 30℃，甚至低于 25℃，抑制了 AnAOB 的生长速度和活性，影响了 Anammox 工艺运行稳定性，限制了 Anammox 工艺的广泛应用和工业推广。

厌氧折流板反应器（ABR）易于固液分离，易于形成颗粒污泥，具有良好的生物截留能力，能耐受较高的负荷冲击，适合富集生长缓慢的功能菌，故 ABR 是一种适用于快速启动及稳定运行 Anammox 工艺的反应器。ABR 反应器构造原理如图 1-20 所示。

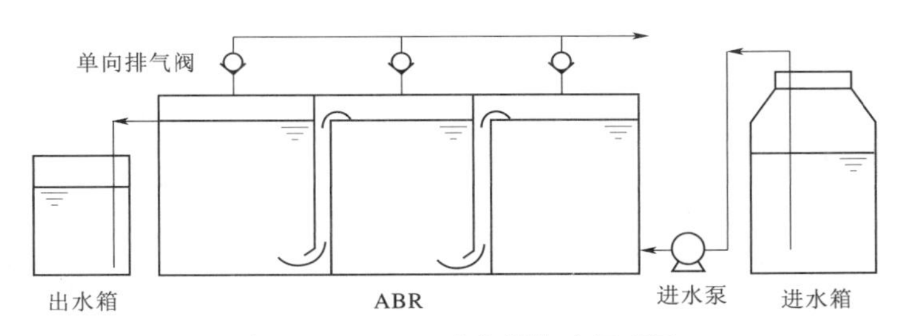

图 1-20 ABR 反应器构造原理图

1.3 移动床生物膜反应器介绍

1987 年，北海周边国家政府就北海的污染物排放量问题达成一致，当时的协定中规定“自 1985 年到 1995 年内需要将排入到北海的污染物排放总量消减 50%”。为了完成协定中规定的目标，挪威等国家现有的污水处理工艺由于设计标准低、不具备脱氮功能因而需要对原工艺进行升级，并且需要新建一批污水处理厂。在当时，最经济有效的脱氮方法是结构相对紧凑的生物膜工艺，其中以淹没式生物滤池为主。但是，淹没式生物滤池中的填料极易在系统中堆积形成堵塞，增加水头损失，需要定期进行反冲洗。针对这一问题，基于既要保证生物滤池中填料的高比表面积、又要克服堵塞问题的设计思想，挪威的 Kaldnes Miljøteknologi 公司与斯堪的纳维亚科技工业研究院于 1988 年联合开发了一种新型高效低能耗的生物膜法污水处理工艺——移动床生物膜反应器（Moving - Bed Biofilm Reactor，MBBR）。MBBR 工艺如图 1-21 所示。

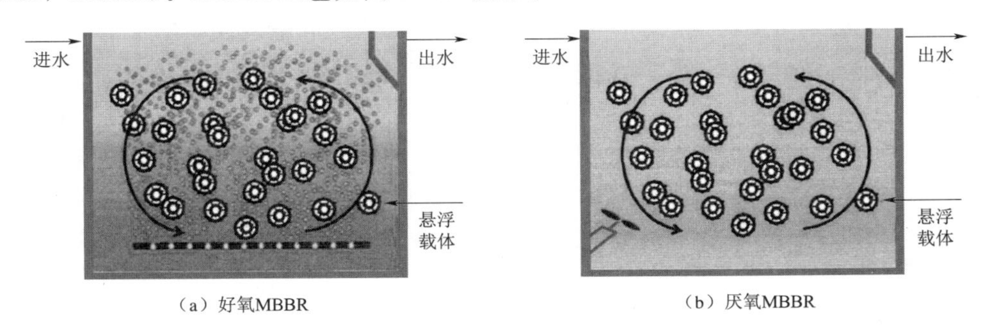

图 1-21 MBBR 工艺示意图

1.3.1　MBBR 的工艺原理

MBBR 工艺是在反应器中投加比重接近于水的悬浮生物载体。这些载体在反应器内随着混合液的回旋翻转而自由移动。运行一段时间后，载体表面逐渐被微生物覆盖，生物膜逐渐形成。同时，在好氧 MBBR 中，污水相中氧分子通过液膜传递到生物膜表面，这些氧分子在浓度差的作用条件扩散进入生物膜内，在扩散过程被生物膜中的好氧微生物呼吸作用所利用，导致氧浓度沿生物膜厚度方向逐渐降低；当生物膜厚度达到一定厚度时氧浓度被消耗完，因此根据氧浓度的分布可将生物膜划分为好氧层和兼性厌氧层。首先这些营养物质被吸附在生物膜表面，被水解成低分子量物质；其次通过液膜扩散到生物膜的内部，利用好氧层和兼性厌氧层微生物代谢功能，实现有机物、氮和磷等物质的代谢，达到污水中污染物处理的目的。氧浓度扩散及物质扩散降解过程如图 1 - 22 所示。当生物膜生长到一定阶段，载体表面老化的生物膜中分泌的胞外聚合物量减少，与载体的附着能力降低。经水流、气流的冲击和载体间的互相摩擦碰撞，老化的生物膜会逐渐脱落，新的生物膜则再次形成，保证了载体表面较高的生物膜活性。此外，厌氧 MBBR 工艺中的悬浮载体通过机械搅拌的作用为载体提供动力而移动。

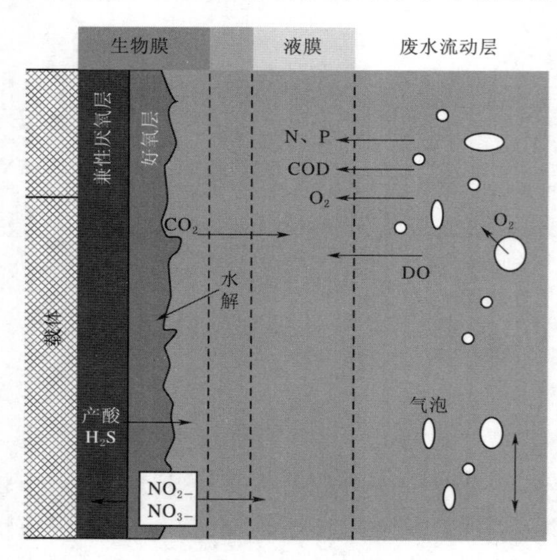

图 1 - 22　好氧生物膜传输机制

1.3.2　MBBR 的工艺特点

与固定床生物膜工艺相比，MBBR 工艺中的生物膜附着于悬浮载体表面，并能够充分利用反应器的有效空间自由移动，更有助于提高反应器的降解能力和抗负荷能力。同时克服了固定式填料不宜安装、易堵塞等缺点。与活性污泥工艺相比，MBBR 工艺与一般的生物膜工艺类似，不设置污泥回流，系统中的生物量是通过附着于悬浮载体表面的生物膜量提供，因而产生的剩余污泥量低。同时，由于载体表面更有利于世代周期较长的硝化细菌固着生长，避免了其从系统中流失，因而具有更好的硝化性能。

此外，MBBR 工艺也可以形成一种活性污泥法与生物膜法相结合的复合工艺，有些学者也将这种复合工艺称为 IFAS 工艺（Integrated Fixed - film Activated Sludge），工艺形式如图 1 - 23 所示。其兼具活性污泥法高效灵活和生物膜法污泥龄长、污泥产率小的优点。同时 MBBR 工艺并非是这两种方法简单的叠加，同单独的活性污泥法或是生物膜法相比，其还具有一些独特的优点：①单位容积的生物量大，空间利用率高；②泥膜共存缓解泥龄矛盾，能够兼顾脱氮除磷；③适用于污水厂的升级改造。自 MBBR 工艺出现以来，因其操作灵活，管理方便，同时能够兼顾脱氮除磷，因而得到了较为广泛应用和发展。

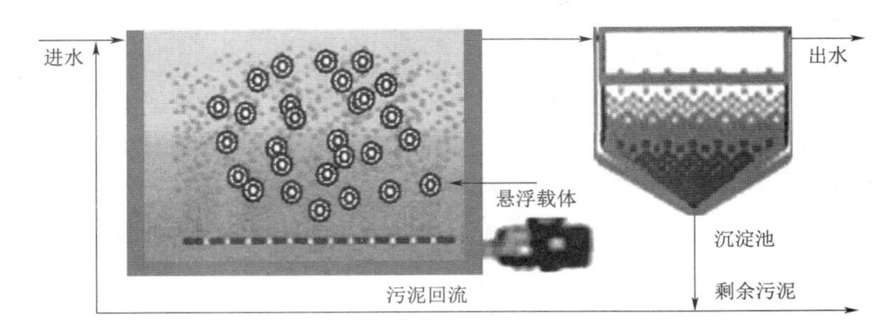

图 1-23 移动床生物膜与活性污泥复合工艺

1.3.3 MBBR 工艺的研究与应用

经过 30 多年的应用与改进，MBBR 工艺已经在生活污水以及各种工业废水的处理中表现出良好的有机物以及氮、磷的去除性能。起初，MBBR 工艺主要应用于提高污水处理工艺的硝化性能以及氮的去除。后来，由于 MBBR 工艺具有更好地适应水质、水量变化的能力，因此在有机物的去除方面也得到了广泛的应用。

MBBR 工艺的硝化性能主要受有机负荷、溶解氧（Dissolve Oxygen，DO）以及进水氨氮浓度的影响。此外，有研究表明，当 DO 浓度保持在 2mg/L 以上时有利于 MBBR 工艺同步硝化-反硝化作用的发生；MBBR 工艺中脱氮主要是在厌氧和好氧条件的交替作用下实现的，主要包括前置反硝化、后置反硝化以及 SBBR 工艺（Sequencing Biofilm Batch Reactor，SBBR）。其中 SBBR 工艺灵活稳定，而且能够高效脱氮，适用于城市污水的处理；在有机物的去除方面，MBBR 工艺适用于不同的进水负荷。当进水负荷较低时，硝化作用效果较好；当中等进水负荷 [$5\sim10$g $BOD_5/(m^2 \cdot d)$]时，MBBR 工艺也可以取得较好的有机物去除效果；当较高的进水负荷时，需要在 MBBR 工艺后增加液—固分离装置。同时 MBBR 在处理高浓度污水时，污泥产率较低，沉淀性能良好，降低了污泥处理费用。

1. MBBR 工艺处理城市污水

张鹏等采用 MBBR 工艺对城市生活污水的处理进行了小试研究，考察了 HRT、pH 值、填充率、冲击负荷对处理效果的影响，结果表明，在 HRT 为 6h，进水氨氮和 COD 浓度分别为 15mg/L、300mg/L，填充率为 30%，pH 值在 7 左右时，COD、氨氮、TN 的去除率分别为 83.4%、80.1%、49.7%。沈雁群等应用 MBBR 工艺对低碳氮比生活污水的处理进行了研究，结果表明，在填料填充率为 30%，水力停留时间为 6h，DO 浓度控制在（3.0±0.25）mg/L 的条件下，COD、氨氮、TN、TP 的平均去除率分别为 92.4%、85.8%、70.4%和 40.1%。汪传新等采用 MBBR 工艺研究了低温下低 C/N 生活污水的同步硝化-反硝化，实验结果表明，通过延长 HRT 可以较好地适应季节性降温，出水 COD 和氨氮分别达到了一级 B 和一级 A 标准。黄崇等在传统活性污泥法装置中投入生物载体，分别比较了投入生物载体前后的处理效果，实验结果表明，投加了生物载体的传统活性污泥装置氨氮和TN浓度分别降低了0.44～1.29mg/L、4.93～5.60mg/L，COD去除率达到了92%以上，与脱氮相关的数十种微生物丰度增加。Kristi Biswas等在两个MBBR系统中研究了在两个不同季节处理生活污水时生物膜中微生物群落的演替变化。用16S rRNA基因测序和克隆库描述了微生物群落，研究数据表明，建立的有氧微生物群落的优势菌属为*Gammaproteobacteria*，占比52%。随着时间的推移，这个微生物群落中的厌氧生物*Deltaproteobacteria*和*Clostridiales*转向主导地位。两个系统中的显著差异，主要是其中一个系统中*Epsilonproteobacteria*的大量存在。生物膜形成初期的古生菌包括*Euryarchaeota*和*Crenarchaeota*。相比之下，成熟的生物膜完全由*Methanosarcinaceae*组成。这项研究对全面开发生物膜的微生物群落结构提出了新见解，为优化MBBR启动和运行参数提供了微观依据。

2. MBBR工艺处理工业废水

裴烨青等应用膜生物膜工艺对含盐工业废水的处理进行了研究，结果表明，HRT为5～15d，COD有机负荷平均为1.6kg/(m^3·d)左右时，生物膜对COD的去除率可达90%，生物膜表现出了很好的盐耐受性和降解效率，膜元件也表现出了稳定的固液分离效率。王欲晓等利用MBBR工艺对某化工厂废水处理生化单元进行了改造，分别考察了高浓度、低浓度进水时的系统出水水质，结果表明，改造后的MBBR生化系统出水COD浓度达到了试验的预期要求。在控制原水COD的条件下，MBBR工艺可以在不增加建筑物的基础上，有效提升化工厂废水生化单元的COD去除能力，稳定达到较高的排放标准。张铁等采用A/O与MBBR的组合工艺对炼油废水的处理进行了中试研究，结果表明，MBBR应用于炼油废水的处理能够取得理想的处理效果，中试装置出水COD≤60mg/L、氨氮≤3mg/L、SS≤70mg/L，表明MBBR工艺可以提高A/O工艺的容积负荷率和处理效率。Jahren等将好氧MBBR工艺应用于热力机械造纸废水的处理，装置运行107d，水温控制在55℃，反应器中悬浮载体的投加量占有效体积的58%，在进水溶解性COD为2.5～3.5kg/(m^3·d)、HRT为13～22h的条件下，可去除60%～65%的SCOD。Li等将复合MBBR工艺应用于某工业园区的污水处理。该工业园区内产生的污水可生化性差，主要含有酚类、苯并噻唑以及胆固醇等难降解物质。工艺对COD、氨氮及TN的去除效果稳定，其去除率分别为74%、93%和76%。PCR-DGGE分析结果表明，生物膜与活性污泥中变形菌门为优势菌群，而反硝化菌则主要集中在悬浮载体表面的生物膜上，有利于强化该复合工艺的脱氮性能。

1.4 生物载体介绍

1.4.1 生物载体的发展历程

生物载体是生物膜法污水处理工艺的核心组成，载体的性质直接影响和制约着工艺的污水处理效果。生物载体的发展已从自然界中选取的材料逐渐扩展到高分子有机材料。最早是以黏土颗粒作为生物膜载体得到应用。1893年，第一座喷嘴式布水装置的生物滤池在索尔福德建成。当时对载体的要求主要是需要具备一定的机械强度、物理化学性质稳定的能力。在当时普遍应用的生物载体为无机颗粒材料，如花岗岩、安山岩等较硬的岩石制成的碎石、无烟煤渣或炉渣等。到20世纪30年代，生物滤池工艺发展迅速，出现了多种高负荷生物滤池，如高效生物滤池、加速生物滤池等。当时普遍应用的载体为卵石、石英石等无机颗粒材料。载体的粒径通常为40～70mm。

20世纪60年代初期，生物转盘工艺在欧洲得到推广。转盘作为生物载体，对其材料的要求是来源广泛、廉价、机械强度高、轻质并具有较强的抗腐蚀性，转盘厚度一般为0.5～2.00mm。生物转盘工艺应用初期，转盘材料一般为金属材料，而目前常用的材料主要为聚乙烯、聚丙烯等。

20世纪70年代初期，随着新型合成材料的不断涌现，许多高效率的生物载体应运而生，同时也促进了生物接触氧化工艺的发展。作为生物接触氧化工艺的生物载体，对生物量、氧气利用率、水力条件以及污水与生物的接触情况等起到关键作用。早期的生物载体材料主要有碎石、石棉板或塑料波纹板等。目前在生物接触氧化工艺中广泛应用的生物载体形式多样，通常分为硬性、软性及半软性生物载体3类。硬性生物载体是由玻璃钢或塑料制成的波状板或蜂窝状载体。软性生物载体则常以纤维束状，主要由尼龙、涤纶、维纶及腈纶等化纤编结成束并用中心绳连接而成。半软性生物载体通常为变性聚乙烯、聚氯乙烯等有机塑料。另外，作为新型生物接触氧化工艺——生物流化床工艺的生物载体材料主要包括砂粒、焦炭、活性炭、陶粒、无烟煤等，其粒径一般为0.2～2.0mm，密度为1.3～3.0g/mL。

20世纪90年代中期，随着塑料工业的飞速发展，以聚乙烯、聚丙烯、聚氨酯等材料为主制成的密度接近于水的悬浮载体应用于生物膜处理系统中，衍生出了MBBR工艺，显著提高了生物膜工艺的污水处理能力及系统运行的稳定性，给生物膜法的广泛应用赋予了新的生机。此类载体的形状多为球状、圆筒状或粒状，载体不结团、堵塞易于流化；比表面积大，附着在载体表面生长的微生物数量大、种群丰富；悬浮载体由于受到气流及水流的剪切力作用，促进了新陈代谢，有利于生物膜的更新，保证生物膜较高的活性；无需固定的支架，安装和更换方便。并且生产过程为连续性挤出生产，载体制备方便，操作简单。目前，市场上常见的悬浮载体如图1-24所示。

1.4.2 悬浮生物载体的作用及设计要求

悬浮生物载体是MBBR工艺中的核心部分，载体的性能直接影响和制约着工艺的污水处理效率。其主要作用如下：

（1）吸附并固定微生物，为生物膜的形成提供稳定的生长环境。载体丰富的比表面积，为微生物附着提供表面及内部空间，使系统保持更高的生物量。

（2）生物载体随着搅拌或者曝气在水中处于流化状态，促进携带污染物的水分子与载体充分接触，通过载体无规律的碰撞、反转等运动，加速了载体上的生物膜与污水中的污染物的传质，有助于提高出水效率。

（3）附着在悬浮生物载体上的生物膜通过大量的生长繁殖逐渐增厚，当生物膜达到一定的厚度时，生物膜在微观角度由内到外划分成了厌氧-缺氧-好氧这样的微环境，生长在生物膜不同位置的微生物由于不同环境的影响优势菌群也各有不同，多种脱氮功能性微生物在不同膜位置上协同生长，增强了反应系统的脱氮性能。

（a）空心圆柱型载体

（b）泡沫型载体

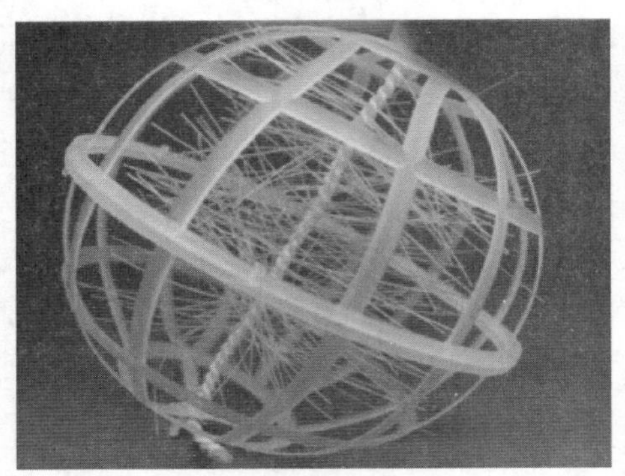
（c）球状载体

图 1-24　常见的悬浮载体

（4）利用生物载体特有的表面积，在单位体积下增加反应装置的生物量，有利于反应装置提高容积负荷。

（5）处于流化状态的悬浮生物载体可以起到一定的截留作用，降低了出水中悬浮污染物的浓度。

综上所述，MBBR 反应装置运行的前提就是微生物的挂膜，挂膜效果决定了系统的启动时间长短和膜厚度及生物膜中微生物的多样性和丰富度，最终决定了污染物去除效果的好坏，所以保证悬浮生物载体具有良好的性能是系统稳定高效运行的一个重要前提。悬浮生物载体应具有如下性能：

（1）良好的结构设计。在保证较大的比表面积的同时应尽可能地增加其粗糙度，不仅使微生物有足够的空间生长而且使其紧密地附着在悬浮载体上；在机械外力的作用下能够充分流化，保证微生物膜和水中污染物充分接触。

（2）较高的机械强度。悬浮生物载体投加到反应装置中，随后要承受来自机械曝气、搅拌、相互碰撞、水流冲刷等众多外力，为保证悬浮生物载体在各种外力作用下不发生形变，悬浮生物载体应具有较高的机械强度。

（3）密度。悬浮生物载体应用在水中流化，过小的密度会使其漂浮在水面上，过大的密度则会使其沉淀到池底，不利于水处理，所以悬浮生物载体的密度应尽可能地接近 $1g/cm^3$，最好为 0.95～0.97g/cm^3。

（4）有良好的生物亲和性。投加悬浮生物载体的目的就是使微生物附着生长，保证载体的亲生物性即载体必须对微生物没有毒害且有利于微生物生长。

（5）经济效益。在 MBBR 工程中，悬浮生物载体的费用约占总工程的 30％以上，确保悬浮生物载体的经济性是确保整体工程经济性的根本。为将经济效益最大化，应选取价格较低廉的材料作为原料，其制备方法一般采用固定模具头挤出成型的方法制成，简便的自动机械化连续制作流程，减少人工费用。

1.4.3 悬浮生物载体上生物膜形成过程

生物膜的形成和生长是生物膜法实现污水有效处理的前提和基础，其在载体上形成过程主要包括 5 个阶段：可逆黏附、不可逆黏附、菌落形成、生物膜成熟和老化脱落。具体过程描述如下：

（1）可逆黏附阶段。在胞外细胞器（如鞭毛、纤毛）的运动以及微生物与载体之间的静电引力、氢键作用下，微生物可逆黏附在载体表面，此黏附是可逆的，在外力的作用下，微生物易于脱落。

（2）不可逆黏附阶段。微生物可逆黏附在载体表面后，利用自身分泌的胞外聚合物（Extracellular Polymeric Substance，EPS）来增强与载体之间的黏附作用，由此转变为不可逆黏附。

（3）菌落形成阶段。不可逆黏附阶段后，附着于载体表面的微生物开始增殖，小菌落逐渐形成。随着微生物菌落不断增大，菌落外层的 EPS 分泌量增多并形成一层水凝胶状物将其包裹其中，同时通过微生物细胞之间的群体效应，以保障细胞之间的各项功能能够正常进行。

（4）生物膜成熟阶段。微生物细胞与细胞之间，以及与载体之间主要借助表面生成的 EPS 粘连在一起，附着于载体表面的小菌落逐渐变成三维结构。生物膜进入成熟阶段，具有抵抗外力、毒性的能力。

（5）老化脱落阶段。老化的微生物因 EPS 分泌量的减少以及代谢能力的降低，会在外力的作用下逐渐脱落，从而推动生物膜的繁殖和更新，有利于生物膜活性保持在较高水平。

生物膜在悬浮载体上的形成和生长，不仅受到工艺运行工况（如载体填充率、DO、HRT 等）的影响，还与悬浮载体表面的物理化学性质和附着微生物的自身性质有关。污水处理中微生物通常是亲水性、带负电位的。所以，悬浮载体的亲水性、亲电性会增强微生物在载体表面的可逆黏附；悬浮载体具有更大的粗糙度和比表面积会提供更多的微生物附着位点；悬浮载体具有营养缓释能力，可利用微生物共代谢，促进微生物对难降解有机物的降解。悬浮载体具有磁性，利用微生物的磁效应可以提高微生物的活性及其酶的活性，促进 EPS 的分泌，增强微生物与载体之间、微生物与微生物之间的黏附。根据这些特点和性质，国内外学者对悬浮生物载体的改性进行了很多研究。

1.4.4 悬浮生物载体的研究进展

在污水处理领域，悬浮生物载体主要由聚烯烃和聚氨酯等高分子材料制备而成。针对材料本身固有的缺陷，对载体进行相应的改性是很有必要的。目前，悬浮生物载体的改性方法包括物理改性和化学改性，主要从载体的亲水性、亲电性、营养缓释性、磁性及表面粗糙度等方面进行改性。

悬浮生物载体的化学改性是指通过化学反应在高分子聚合物的分子链上引入其他支链和功能基团以改变其表面性质。主要包括液相化学氧化法、接枝改性法、共聚改性法等。杨东方等利用氧化处理、酸处理和碱处理3种方法对聚丙烯载体进行亲水改性，改性后3种载体的接触角分别为41°、62°和75°，较普通聚丙烯载体（接触角为87°）亲水性均得到提高。并对比研究不同载体对模拟船舶生活废水的处理效果，结果显示，载体的亲水性越强，挂膜量越多，膜结构越紧密，但过多的挂膜量会影响传质效果，不利于COD和氨氮的去除，其中酸处理后载体的污水处理效果最好。李春梅通过液相氧化、液相氧化—水浴—丙烯酸接枝、液相氧化—超声波—丙烯酸接枝对聚乙烯载体进行改性并对污水处理厂尾水进行脱氮研究，研究表明，改性后3种载体的含氧极性官能团均增加，亲水性得到改善，投加3种改性载体的MBBR比投加未改性载体的MBBR启动时间分别缩短2d、8d、8d。以液相氧化—超声波—丙烯酸接枝改性后的载体对尾水的处理效果最好，其硝态氮、TN及COD的去除率分别为98.1%、77.4%和68.3%。化学改性主要针对悬浮载体的亲水性和粗糙度改性，目前只停留在实验室水平，还不能实现工业化应用。

悬浮生物载体的物理改性是在高分子聚合物中添加其他功能料，但不改变聚合物原有的化学性质的改性方法，主要包括表面涂覆改性和共混改性等。表面涂覆改性是在载体成型后，通过偶联剂将功能料黏结在载体的表面。Chen等通过在环状聚乙烯悬浮载体表面涂覆厚度分别为（0mm、2mm、4mm、6mm）孔径为（17ppi、45ppi、85ppi）的海绵增强载体的亲水性，结果表明：经过表面涂覆改性的载体可加快MBBR的启动，且表面涂覆厚度为4mm，孔径为45ppi的载体比未经表面涂覆改性的载体系统启动稳定后，COD和氨氮的去除率分别提高24.5%、53.6%。但该方法存在涂覆不均匀、涂覆有效期短等缺点。

共混改性是在载体加工制作之前，将聚乙烯/聚丙烯在熔融状态下与功能料混合，并通过挤出工艺挤出成型。因为载体的共混改性操作简单、易于生产加工、更有利于实现改性载体的工业化生产与应用，所以共混改性成为国内外学者研究悬浮生物载体改性的热门方法。Mao等采用聚季铵盐-10（PQAS-10）和阳离子聚丙烯酰胺（CPAM）两种不同电荷强度的正电荷聚合物对高密度聚乙烯悬浮载体进行共混改性，实验结果表明，PQAS-10改性载体和CPAM改性载体表面Zeta电位均带正电，且前者表面的正电荷高于后者。应用于MBBR时，相比于未改性载体，投加PQAS-10改性载体和CPAM改性载体的反应器启动时间分别缩短了14d、8d，对氨氮的去除率分别提高15.8%、6.9%，对TN的去除率分别提高23%、14%，但3种载体对COD去除效果无较大差异。Jing等通过添加一定量PQAS-10、Fe_2O_3、滑石粉和斜发沸石对聚乙烯悬浮载体进行共混改性，制作出一种硝化强化型悬浮载体。实验结果表明，改性载体较未改性载体的亲电性、亲水性均得到改善，投加硝化强化型载体的IFAS反应器具有更好的硝化性能，相较于活性污泥反应器和投加聚乙烯载体的IFAS反应器，硝化效率分别提高近18%和15%。同时，Liu等进一步对该硝化强化型悬浮载体进行了同步硝化反硝化性能研究，结果表明，在低DO水平

(0.5～1.0mg/L)、C/N (>7) 和 HRT (8h) 条件下，投加改性载体反应器对 COD、氨氮、TN 的去除率分别为 90.5%、88.6%和 76.6%，都达到国家一级 A 标准，但投加普通载体反应器不能达到一级标准。李倩通过添加淀粉、硅藻土对高密度聚乙烯悬浮载体进行共混改性，制备出了淀粉改性载体、硅藻土改性载体、淀粉/硅藻土复合改性载体，对比试验结果表明，淀粉/硅藻土复合改性载体同时具有亲水性和营养缓释性，更好地促进生物膜的生长和 EPS 的分泌，相较于投加普通载体，投加复合改性载体的 MBBR 的启动时间缩短了 12d。程江等向聚丙烯中添加一定量聚乙烯醇、硬脂酸、磁粉和活性炭，通过注塑成型工艺得到改性载体，使载体具有良好的亲水性的同时，还具有了磁性。该载体能诱导微生物的活性和提高酶的活性，缩短了挂膜时间，提高了对 COD 的处理效果。

1.5 移动床生物膜反应器工艺发展机遇与挑战

"十四五"时期，是我国全面建设小康社会、实现第一个百年奋斗目标之后，乘势而上开启全面建设社会主义现代化国家新征程、向第二个百年奋斗目标进军的第一个五年，是进入新发展阶段、推动高质量发展的重要时期。污水收集处理及资源化利用设施是城镇环境基础设施的核心组成，是深入打好污染防治攻坚战的重要抓手，对于改善城镇人居环境，推进城市治理体系和治理能力现代化，加快生态文明建设，推动高质量发展具有重要作用。在国家发展改革委、住房城乡建设部印发的《"十四五"城镇污水处理及资源化利用发展规划》中明确，"十四五"期间，将新增污水处理能力 2000 万 m^3/d；到 2025 年，基本消除城市建成区生活污水直排口和收集处理设施空白区，全国城市生活污水集中收集率力争达到 70%以上；城市和县城污水处理能力基本满足经济社会发展需要，县城污水处理率达到 95%以上；水环境敏感地区污水处理基本达到一级 A 排放标准；城市污泥无害化处置率达到 90%以上。此外，《"十四五"黄河流域城镇污水垃圾处理实施方案》明确了黄河流域城镇污水处理发展目标，"十四五"期间，黄河流域新增城镇污水处理能力约为 350 万 m^3/d；县城污水处理率达到 95%以上，建制镇污水处理能力明显提升；上游地级及以上缺水城市再生水利用率达到 25%以上，中下游力争达到 30%；城市污泥无害化处理率达到 90%以上，城镇污泥资源化利用率明显提升。

我国地域辽阔，各区域的地理环境和生活习惯等存在较大差异，污水的水质、水量及水温等因素的变化也不尽相同。此外，污染物浓度高、难生化处理的工业废水排放量日益增多，大量工业废水汇入城市污水处理厂，势必会增大污水厂的处理难度。这些因素都限制了传统 MBBR 工艺的推广应用。因此，研发适用性强、高效低耗能的新型 MBBR 工艺是水污染防治和控制技术领域发展的必然趋势。目前，MBBR 工艺所面临的挑战可总结如下。

1. 悬浮生物载体性能不佳问题

悬浮生物载体对生物膜的附着、增殖与更新，对水处理系统的正常运行以及能耗等具有重要的影响作用。目前，悬浮生物载体主要由聚烯烃和聚氨酯等高分子材料制备而成。由于聚氨酯 (Polyurethane，PU) 所制备的泡沫载体成本高，其表面形成的生物膜较厚、易老化，内部孔隙易堵塞、传质效果差，因此在实际应用中受到限制。而以聚乙烯（Polyethylene，PE）、聚丙烯（Polypropylene，PP）等聚烯烃制备而成的载体，成本低、产量大、流化效果好、机械强度高且传质效果好，在污水处理中得到广泛的推广与应用。但聚乙烯、聚丙烯等高分子材料本身存在一定的局限（如表面疏水性、带负电），导致制备的载体生物亲和性差、挂膜速度慢、挂膜量较少，从而影响了MBBR工艺的启动时间及处理效果，制约了MBBR工艺在实际工程中的应用。

2. 低温问题

在我国北方地区，冬季气候寒冷，且持续时间长，已经成为城市污水处理厂出水水质不达标的重要原因。低温会使微生物的生理特性发生变化，体内酶活性下降，对基质的降解效率减缓，微生物活性降低，同时生物量也随之减少。低温对硝化菌活性和硝化菌比增长速率均有较大影响。有研究表明，当污水水温低于15℃，硝化细菌的新陈代谢能力和硝化速率都会开始出现急剧下降；当污水水温降到接近5℃时，硝化细菌的活性几乎完全丧失，这也是造成我国寒冷地区冬季污水处理厂脱氮效果不佳的主要原因。MBBR工艺强化低温污水生物处理的主要原理是通过悬浮载体富集微生物形成生物膜，提高系统内的生物量。但低温仍然会抑制微生物的代谢活性（尤其是硝化细菌），导致生物膜的硝化性能不理想。有城市污水厂中生物膜的强化效果研究，结果表明，生物膜的硝化贡献率仅为5.5%，而活性污泥为94.5%。

3. 碳源不足问题

随着国民经济的快速发展和城市居民物质生活水平的变化，城市生活污水水质成分出现了有机物减少，氮含量增加的巨大转变，这种低C/N成为目前城市污水的主要特点，在很多情况下，城市污水进水BOD/N比小于3。传统生物脱氮除磷技术已广泛应用于城市污水处理厂中，用于去除有机物、氮、磷。然而，城市污水中有机物的缺乏无法满足传统的生物脱氮除磷工艺中反硝化细菌和聚磷菌对碳源需求，给生物处理工艺性能提升带来了严重的障碍。有研究认为，C/N大于10时才能够确保脱氮效率；C/N小于3时，反硝化作用基本停止。面对我国城市污水中碳源不足的现象，许多污水处理厂都通过外加化学有机物，例如醋酸、甲醇和乙醇等，来提供碳源，进而提升脱氮除磷效率。事实上，额外投加药剂产生的费用给城市污水处理厂带来了较大的经济负担。因此，要进一步提高MBBR工艺在低碳源需求下实现高效脱氮除磷的效果。

4. 对氮磷去除效率提出更高要求

目前，国内大多数城市污水处理厂均采用以硝化-反硝化脱氮技术和强化除磷技术耦合为核心的传统生物脱氮除磷工艺。基于传统脱氮除磷理论，在城市污水处理厂工艺中，系统内硝化细菌与聚磷菌（Phosphate - Accumulating Organisms，PAOs）生长条件存在矛盾、硝化反应产物对PAOs活性的抑制、进水低C/N和低温环境，都是导致城市污水氮磷去除效率不高的原因。目前我国城市污水处理厂污染物处理的重点已由有机物的去除转向了氮磷等营养物的去除，如何提升氮、磷等营养物去除效率已成为当今城市污水处理厂亟待解决的主要技术课题。

5. 运行能耗较高

污水处理是一个能源密集型产业，尽管城市污水处理厂普遍采用活性污泥处理技术实现污染物消减，但能源消耗不容忽视。不同生化处理技术的二级处理厂平均能耗不同，延时曝气工艺 0.340kW·h/m^3，SBR 工艺 0.336kW·h/m^3，生物膜工艺 0.330kW·h/m^3，氧化沟 0.302kW·h/m^3，A/O 工艺 0.2883kW·h/m^3，A^2/O 工艺 0.267kW·h/m^3。能源消耗是一些小型污水处理厂在正常运行与管理中需要解决的主要困难之一。污水处理厂能耗主要包括用于曝气系统、泵系统和其他机械系统运行所需要的电能，以及投加的药剂。总能耗的 90%用于曝气系统、污水推流、污泥回流等的生化处理以及污水提升和污泥处理等，其中曝气能耗占污水处理厂总能耗的 50%。城市污水处理厂作为城市可持续发展不可或缺的一部分，在满足城市的快速发展过程中面临着许多挑战，其中巨大的能源消耗正成为解决城市污水处理厂管理和运行问题的瓶颈，并且随着满足人口迅速增长的需要和更严格的排放限制，能源消耗也相应增加。未来采用先进的低能耗污水处理工艺是污水处理厂在满足严格的排放标准的同时降低运行成本的有效途径。

6. 温室气体排放

CO_2、CH_4、N_2O 是污水处理中产生的 3 种最主要的温室气体，会在污水生物处理过程中随着有机物和总氮的转化、去除过程产生并排放，其中 CO_2产生的最多。污水生物处理主要是将污水中的有机物通过微生物的消耗代谢，转化为 CO_2排放到大气中，同时依靠微生物之间的协同作用完成脱氮除磷。每消耗 1g COD 可以产生 0.7L 的 CO_2。根据报道，中国的污水处理厂对污水中 COD 的去除率在 88%以上，全国范围内污水 COD 浓度波动较大，假设平均 COD 浓度为 300mg/L，则每天因为污水处理排放的 CO_2达 $33.06\times10^6 m^3$（基于 2017 年的数据），加快了全球变暖。

参 考 文 献

[1] 中华人民共和国住房和城乡建设部. 中国城乡建设统计年鉴 [M]. 北京：中国统计出版社，2021.

[2] 艾胜书. 基于气升式微压双循环多生物相反应器的寒区城市污水处理性能及机理研究 [D]. 长春：吉林大学，2021.

[3] 汪彩琴. 磁铁矿对废水厌氧生物处理过程直接种间电子传递（DIET）的调控机理研究 [D]. 杭州：浙江大学，2020.

[4] 耿淑英，付伟章，王静，等. SBR 系统外加磁场对微生物群落多样性和处理效果的影响 [J]. 环境科学，2017，38（11）：4715-4724.

[5] 毛彦俊. 亲电型与氧化还原介体型悬浮生物载体的制备及其在污水处理中的应用研究 [D]. 大连：大连理工大学，2018.

[6] 李韧，于莉芳，张兴秀，等. 硝化生物膜系统对低温的适应特性：MBBR 和 IFAS [J]. 环境科学，2020，41（8）：3691-3698.

第2章　交替式移动床生物膜反应器工艺及运行优化

2.1　改性悬浮生物载体

2.1.1　高度亲水性生物载体

高度亲水性生物载体采用发明专利《一种甘蔗渣基生物膜的制备方法》（专利号：201010141466）的制备方法，其主要性能指标如下：直径30mm，高10mm，壁厚1mm，密度0.91～0.94g/cm^3，比表面积900m^2/m^3，磨损率小于0.1%，使用寿命10年。

高度亲水性生物载体具有以下优势：

（1）耐磨损、造价低。亲水性生物载体是引进国外先进设计的六边构型，由天然高分子材料（甘蔗渣）对不可降解的聚烯烃塑料进行改性制得的含有亲水性羟基的可降解塑料生物膜载体，强度高、抗挤压性强，相较于传统载体每年0.5%的磨损率而言，该载体每年磨损率小于0.1%，使用寿命长达10年。

（2）先进的表面处理技术和配方更有利于微生物的附着生长。该载体的配方来源于美国专利技术，亲水性高分子材料经改性而成，抗冲击能力强，其较为粗糙的内表面为微生物的附着与生长提供了有利场所。

（3）载体内的微生物量大，利于处理污水。具有巨大的有效比表面积，其独特的结构和几何尺寸提高了系统的传质效率。

2.1.2　高度亲水性载体应用现状

市政污水方面：2013年3月，经内蒙古科技大学能源与环境学院介绍，课题组选择了与包头市某污水站作为应用实验点。先后制作了2套载体模具和6种载体配方进行挂膜实验和生物膜测试实验，历经8个月，形成了一套成熟的挂膜方案和污水厂提标改造方案，对污水站各项指标的去除率均达到要求。

工业废水方面：2014年5月，在某污水厂二期工程扩建中，针对原厂水质指标不稳定，经过采用亲水性载体和交替式移动床生物膜反应器的组合工艺，水质指标达到《城镇污水处理厂污染物排放标准》（GB 18918—2002）的一级A标准，且具有较大的抗冲击能力；其他工业废水的处理目前正在北京、四川德阳、安徽安庆、江苏南京等地安排实验。

2.1.3　磁性载体

磁性能在各领域都有广泛的应用，近年来越来越多的学者对磁性能与微生物的响应展开了重点研究。磁性对微生物具有分离、抑制作用，但在微磁场的作用下其能促进微生物代谢并在微磁力的作用下改变微生物的运动途径。因此，向聚乙烯基材中投加了60目的钕铁硼磁粉为载体提供弱磁性，加入羟基磷灰石粉末改善载体的亲水性，通过共混技术将磁性载体制备完成后进行充磁，合成了新型的磁性载体。

磁性载体具备以下优势：

（1）磁性载体在水处理领域的应用前景较好。一方面磁性可以促进微生物的代谢活动及运动途径；另一方面其对氨氮、重金属等废水中的污染物具有吸附作用，在生物膜法处理污废水领域具有广阔的应用前景。

（2）对比普通载体，磁性载体的效果及效益更优。以填充率45%为参照，相同时间内磁性载体较普通载体处理废水量多2.67%，启动周期快23.1%，成本贵50%。在启动期相同时间内应用磁性载体处理废水量较普通载体多，可为磁性载体投入应用提供参考。

2.1.4 磁性载体填料研究现状

敬双怡等采用MBBR研究了磁性载体在低温下对微生物硝化性能的影响，结果表明：在整个低温运行阶段（0～60d），投加磁性载体的反应器对COD和氨氮去除效果均优于商用载体。特别在9℃±1℃时，商用载体和磁性载体出水氨氮平均浓度分别为11.94mg/L、7.60mg/L，磁性载体对氨氮平均去除率比商用载体提高了16.2%。低温下，磁性载体明显提高了生物膜硝化活性；促进了EPS分泌，维持和改善了生物膜的形貌结构。磁性载体富集了更多的硝化菌属，其氨氧化细菌（AOB）和亚硝酸盐氧化细菌（NOB）的相对丰度比商用载体分别提高了1.82倍和1.05倍，并且驯化富集了*MND1*和*Candidatus _ Nitrotoga*两种特有硝化菌属。从效果来看，低温下磁性载体MBBR具有更好的硝化性能，可进一步开发应用。

2.2 交替式移动床生物膜反应器

2.2.1 工作原理

交替式移动床生物膜反应器是基于MBBR工艺基础上的一种改进装置，在设计方面各功能反应器串联与并联结合，厌氧与好氧交替，向好氧反应器和厌氧反应器加入生物载体填料，使悬浮填料表面形成致密生物膜，与现有的其他污水处理工艺相比，生物膜工艺具有较强的耐冲击负荷能力、大量且致密的生物膜量、污泥产量小、处理效果好、占地面积小、投资费用省等优点。交替式移动床生物膜反应器装置如图2-1所示。

该工艺好氧反应器中，微生物在悬浮的填料上附着，在充氧的作用下，附着有微生物的填料将会在反应池中不规则地匀速运动，在充分地接触污水时填料上的微生物便会利用污水中的有机物来满足自身的生长代谢，从而使污水得到净化。当生物膜生长到一定厚度时，其内层将呈现缺氧或厌氧状态，这是由于氧气扩散受到厚度的限制，但表层仍是好氧状态，此时便形成厌氧-好氧的处理机制。厌氧池是在搅拌桨以一定的速度搅拌下形成兼厌氧和流化状态，从而强化了生物膜与污水之间的相互接触，加快了它们之间的相对运动，提高了生物膜与污水之间的传质效率，并且由于微生物附着在填料上形成生物膜，池内污泥量便会减少，微生物将会与废水充分混合，所以不存在污泥堵塞和短路问题，从而

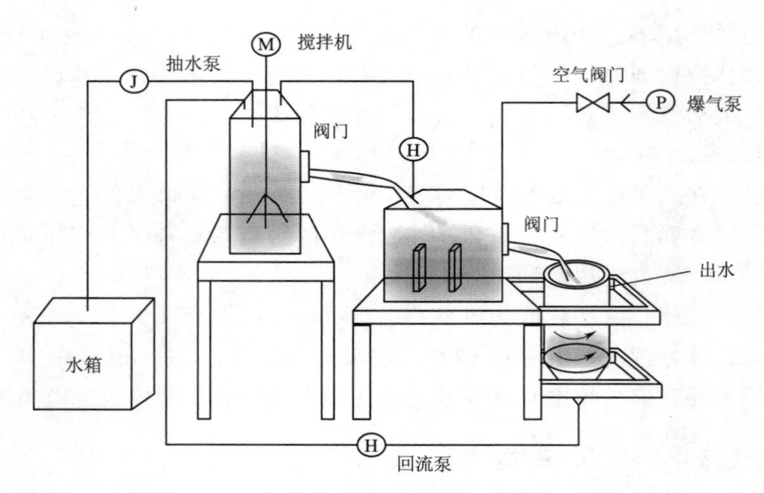

图 2-1　交替式移动床生物膜反应器装置图

降低了污泥负荷。

2.2.2　技术特点

交替式移动床生物膜反应器在设计方面串联与并联结合，厌氧与好氧交替，实现全方位的灵活、高效运行。通过投加具有高度亲水性填料和高效反硝化菌剂，利用反硝化菌膜和硝化菌膜在同一载体上的特点，实现同步硝化-反硝化反应，有效降低系统内部的碳、氮含量，克服了活性污泥法已发生污泥膨胀以及污泥流失的特点，同时具备膜法处理效率高、增效微生物的使用方法得到根本改变的优点，也克服了动力消耗过大的缺点，还可在 A/O、A^2/O 等活性污泥法的基础上进行简单改造便可实现。反应池可按设计要求改变其池体的厌氧与好氧反应器部分比例，工艺中厌氧污泥浓度为 500～1000mg/L，好氧污泥浓度为 4000～6000mg/L，COD 容积负荷为 0.2～0.6kg/(m^3 · d)，出水可达到国家一级 A 排放标准和各类行业废水排放标准。

2.2.3　适用范围

本技术可根据不同的水质特点和污染物特征，在池体结构形式、功能区分融合、运行工艺参数设定、工艺设备选型等方面进行优化，使系统具有耐冲击高、稳定性强、可操作性好等特点，有效去除水中的有机物、TN、TP 等污染物，适用于市政污水、工业废水、制药及化工等生产废水，应用范围广，运行成本低。

2.3　挂膜启动方式

2.3.1　好氧生物膜反应器的挂膜启动

1. 挂膜启动方案

采用闷曝排泥的方法来挂膜，首先将填充率为 45%的载体加入反应设备中，然后将载体在水中浸泡24h，再加入新鲜污泥闷曝24h，排掉1/3的上清液，然后进水闷曝12h后连续进水。控制进水流量为60mL/min，挂膜启动过程中每2d排掉1/3底泥，并加入新鲜的污泥，保证好氧生物膜反应器中MLSS为500～1000mg/L。试验期间控制反应器中DO浓度范围在4～6mg/L，HRT为5d，温度为20～35℃，pH值为7.5～8.5，硝化液回流比为1∶2。

2. 挂膜启动结果

载体挂膜情况如图2-2所示，实验15d时载体开始出现黄褐色菌斑，30d时载体内表面附着大量絮状微生物，此时反应器挂膜启动完成。

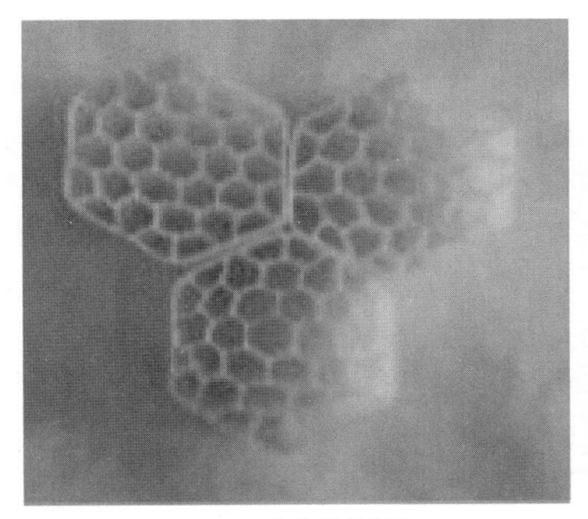

（a）实验前载体

（b）实验15d

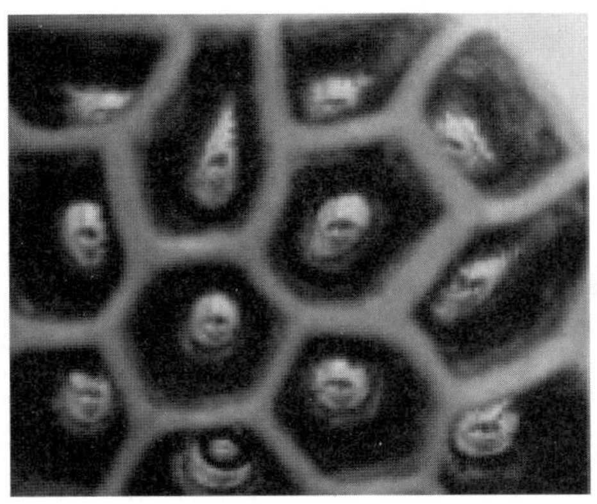

（c）实验30d

图2-2 载体挂膜情况

由于实验初期污泥浓度较大，接种的污泥还未适应新的环境，污泥的驯化周期较长，微生物生长缓慢，15d时载体内壁只附着一层淡黄色薄膜，如图2-2（b）可知。实验30d时可以明显观察到载体内表面附着大量絮状微生物，如图2-2（c）所示，说明此时微生物已完全适应新环境并快速代谢繁殖，亲水性载体能够为微生物提供理想的生存环境。

2.3.2　交替式移动床生物膜反应器挂膜启动

交替式移动床生物膜反应器挂膜启动时，先采用间歇培养方法保证污泥和载体接触充分，然后装置进行连续进水。试验接种的活性污泥取自包头市某污水处理厂生化池，污泥的 MLSS 为 4500mg/L，MLVSS/MLSS 为 0.56。污泥浓度较高时不利于载体挂膜，因此加入污水稀释活性污泥浓度为 2000mg/L 左右。其启动过程如下：

（1）将接种的活性污泥和污水分别注入各级反应装置中，然后加入亲水性载体，通过充氧曝气 1h 将污泥、污水和载体充分混合，之后关闭曝气在静止状态混合 12h，随后再闷曝 48h，使活性污泥与悬浮载体混合更加均匀，然后排放掉总体积一半的泥水混合物并注入污水厂初沉池出水。

（2）间歇培养后，反应器内生物载体上会出现一些菌斑，然后装置开始连续进水和不间断曝气。最初以小流量进初沉池出水，待装置出水效果好转且出现少量的生物膜时再改为较大流量进水，按 2L/h 的幅度增加，进水流量从 22L/h 逐渐增加到 36L/h；好氧反应器曝气量不能过高，可以方便生物载体挂膜，厌氧反应器通过搅拌机使载体处于运动状态。

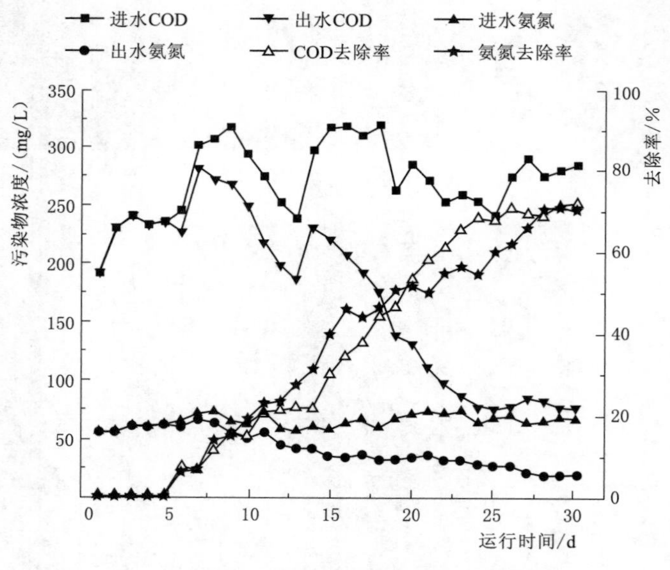

图 2-3　载体挂膜启动期 COD、氨氮变化曲线

（3）连续运行第 10d 可观察到载体上有黄色絮状生物膜生长，第 15d 载体内部有一层相对均匀但较薄的淡黄色生物膜，并且生物膜的厚度不断增加；利用生物显微镜观察生物膜，发现载体上微生物种类很多，不仅有很多数量的丝状菌，而且可以观察到许多累枝虫、钟虫等原生动物，同时也会出现数量不多的后生动物如轮虫和颗体虫，说明反应器内的生物膜正在不断成熟。同时随着营养物质的不断丰富，生物膜数量越来越多，通过生物显微镜观察到载体上生物膜的厚度为 0.2～0.3mm；工艺运行后开始连续检测进出水，装置挂膜阶段的进出水 COD 和氨氮浓度和去除率的变化曲线如图 2-3 所示。随着装置的运

行和生物膜的生长，由图可知在第 27d 时，出水 COD 和氨氮的平均去除率均达到 70%左右，综合生物膜表观及镜检结果如图 2-4 所示，综合可知反应器挂膜成功。

图 2-4 生物膜表观及镜检

2.4 载体投加方式

交替式移动床生物膜反应器通过投加高度亲水悬浮载体来使微生物附着在载体表面形成生物膜，微生物密集的膜中好氧菌、厌氧菌、兼性菌、真菌、原生动物以及藻类等组成了一个生态系统，实现了硝化-反硝化在好氧环境中同时进行的可能，而且，参与污水净化的微生物种类繁多，进而使水中的污染物得到去除。这种技术的特点体现在它具有与 MBBR 同样的优势：吸收了传统的流化床和生物接触氧化法两者的特点，有机地结合了 MBBR 和活性污泥的工艺优点，耐冲击性强、不堵塞、载体灵活、运行简便、无需反冲洗等优点，同时又具有比 MBBR 更好的 COD 去除效果和脱氮效果。

分别采用两种不同的载体，设定不同的 HRT 和填充率，考察交替式移动床生物膜反应器对氨氮和 COD 的去除效果，实验地点是内蒙古包头市某污水处理厂，该污水处理厂采用循环活性污泥系统（CASS）工艺。不设一沉池，在 CASS 生物池前设置一个预反应区，运行周期 4h，曝气 3h，沉淀 1h。污水处理厂进水 BOD_5浓度为 70～210mg/L，COD 浓度为 70～220mg/L，TN、氨氮、TP 的质量浓度分别为 42～66mg/L、40～60mg/L、1.9～2.9mg/L。

2.4.1 载体类别和填充率

实验采用载体：亲水性载体-1，体积比 38%，圆柱状，多孔结构，高 6mm；亲水性载体-2，体积比 30%，六棱柱状，多孔结构，高 10mm，有红、白、蓝 3 种颜色材料，外观一致，但是材料的配方不同，属于混合载体。

实验采用 4 个反应器，反应容积均为 600L。进水经过污水污物潜水泵从粗格栅直接抽取至反应器中。其中 1 号、3 号反应器填充亲水性载体-2，填充率分别为 60%和 30%；2 号反应器填充亲水性载体-1，填充率为 30%。通过 2 号、3 号反应器来研究相同填充率下不同载体的脱氮效果，1 号、3 号反应器来研究相同载体不同填充率下的脱氮效果。CASS 作为研究的对照组，污泥的质量浓度控制在 5g/L 左右，运行周期 4h，曝气 3h、沉淀 1h。其他操作均与 1 号、2 号、3 号反应器相同。

2.4.2　实验装置及运行方式

实验采用中试驻厂的方式，实验装置图如图 2-5 所示。

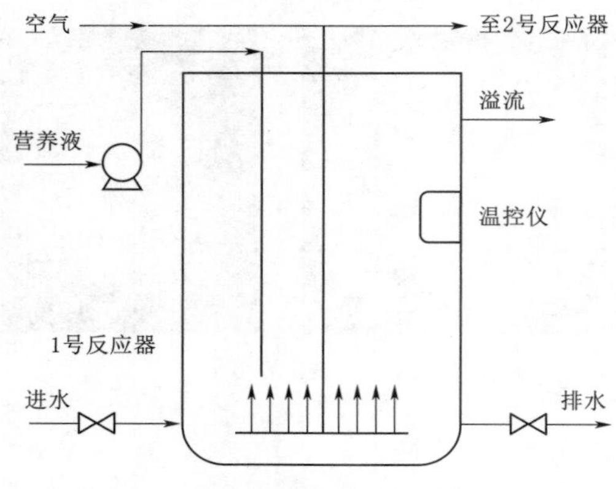

图 2-5　好氧生物膜反应器装置图

实验共分两个阶段，即挂膜阶段、运行及检测阶段。

(1) 挂膜阶段。对反应器进行闷曝 1d 进入挂膜阶段，每日添加高效菌保证反硝化菌含量为 2000CFU/mL，控制 DO 的质量浓度保持在 1.5mg/L 左右，运行 30d 后由间歇进水改为连续进水，进水体积流量控制在 1.5L/min。

(2) 运行及检测阶段。第 1～7d 的 HRT 为 25h，白天每周期进水 85L，每日周期结束后改为连续进水，进水体积流量调节为 350mL/min；第 8～14d 的 HRT 为 13h，白天每周期进水 156L，每日周期结束后改为连续进水，进水体积流量调节为 700mL/min；第 15～21d 的 HRT 为 9h，1 号、2 号白天每周期进水 216L，3 号白天每周期进水 85L，周期结束后改为连续进水，1 号、2 号进水体积流量调为 900mL/min，3 号进水体积流量调节为 350mL/min。

2.4.3　运行效果

1. 对 COD 的去除效果

不同负荷下所得的 COD 的去除情况如图 2-6 所示。污水处理厂进水 COD 浓度为 100～200mg/L，偶尔会出现低于 100mg/L 的情况。第 1～7d，CASS 的出水 COD 浓度基本稳定在 60mg/L 以下，符合 GB 18918—2002 的一级 B 标准，1 号和 2 号的出水 COD 浓度都在 50mg/L 以下，已达到 GB 18918—2002 作为回用水的基本要求；而 3 号的 COD 浓度波动大。第 8～15d，1 号的 COD 去除效果已经明显优于其他，2 号的出水 COD 浓度也稳定在 50mg/L 以下。相比 CASS 出水，1 号、2 号都要比 3 号稳定。而加大负荷后，3 号的波动依然很大，尤其第 9～11d，3 号的 COD 去除率甚至连 50%都达不到。造成 3 号水质不如 1 号、2 号的原因可能是：3 号的膜还没有长成熟，它的抗水力冲击能力比较弱，加大负荷后，3 号中的生物量难以承受。第 15～21d，1 号、2 号继续加大负荷后，得到的数据都符合 GB 18918—2002 中水回用的标准，同时 1 号还是去除效果最优的，3 号降低负荷后，去除效果迅速稳定下来。相比之前同样负荷下，3 号的出水 COD 浓度均低于 50mg/L，COD 平均去除率可以达到 76%，这也高于实验前 7d 的平均去除率（57%）。这说明，随着时间的推移，3 号的生物膜越来越成熟，也证实了实验初期 3 号的生物膜确实不够稳定。1 号和 2 号挂膜成功后，在加大水力负荷的条件下，对 COD 的去除率最高可以达到 95%，COD 平均去除率分别为 89%和 82%，出水 COD 浓度基本都在 30mg/L 以下。这些稳定的处理效果表明，生物膜为生长缓慢的硝化细菌提供了非常有利的条件，膜上的生物量很大，可以高达活性污泥的5～20 倍。所以它的抗冲击能力强，不会因为强烈的水力冲击而发生致命的影响。

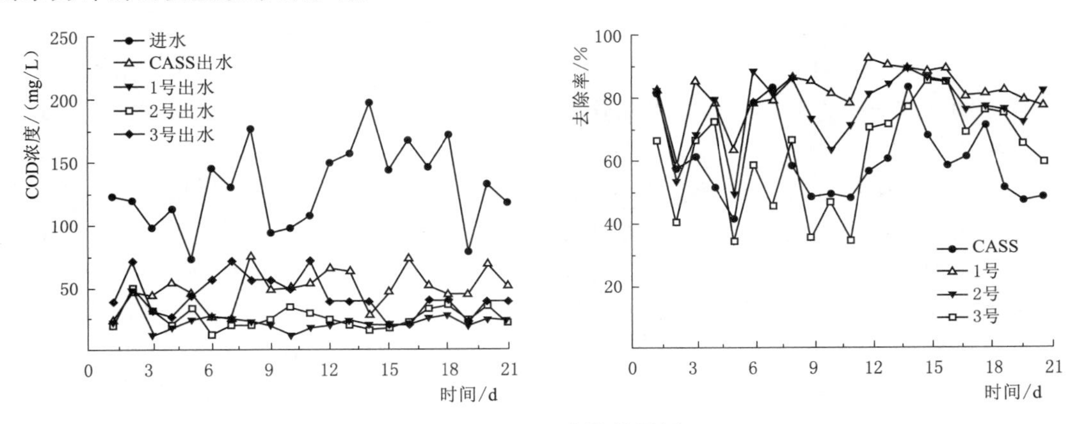

图 2-6　COD 去除效果图

2. 对氨氮的去除效果

11 月水温已降至 11℃左右。不同负荷下所得的氨氮的去除情况如图 2-7 所示。如图所示，进水的氨氮的质量浓度多在 30～50mg/L 波动。实验的前 7d，1 号、2 号和 CASS 出水氨氮的质量浓度都在 8mg/L 以下，但是 1 号和 2 号曲线比相同负荷下 CASS 平缓稳定。三者的去除率分别为 83%、83%和 70%。需要强调的是，第 3d 左右，污水厂的进水水质差，实验测得的氨氮含量以及 COD 都要明显高于平时的进水。这一天 CASS 池在投加了碳酸氢钠后的出水氨氮含量仍然很高。但是，1 号和 2 号仍能保持良好的出水水质。

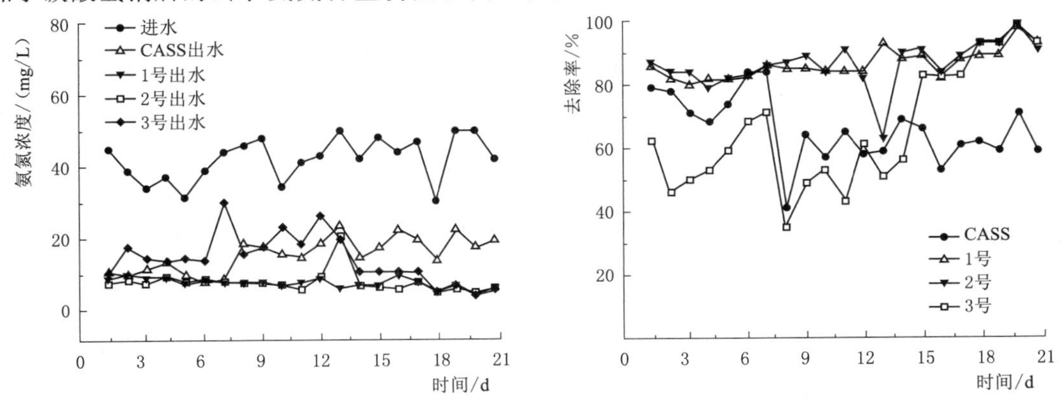

图 2-7　氨氮去除效果图

HRT 为 13h 时，增加负荷之后，1 号和 2 号的优势更加明显，前期它们的出水氨氮含量基本保持一致，出水氨氮质量浓度都在 6mg/L 以下，最低分别可以达到 0.72mg/L 和 1.49mg/L。但是第 13d，2 号的氨氮含量急剧上升，质量浓度达到 18.96mg/L，2 号的去除率也降到了 62%。

分析原因可能是，DO 含量过低，3 号的 DO 的质量浓度只有 4.6mg/L，而硝化细菌是好氧性细菌，硝化反应必须要有氧的参与，低 DO 含量有利于亚硝酸细菌的生长，但是同时抑制硝酸细菌的生长，过低的 DO 含量还会导致生物发生氨化作用，用显微镜检测到污泥中出现了线虫。调整 DO 含量后，第 14d 时，2 号的氨氮的质量浓度降低到 8mg/L 以下。自加大负荷之后，CASS 的出水波动较大，可知 CASS 工艺抗水力冲击能力不如交替式移动床生物膜反应器。同时前期 3 号的氨氮含量一直在升高，从第 15d 开始降低负荷后，氨氮的处理效果也基本达标，去除效果最高可以达到 99%，1 号、2 号和 3 号平均去除率分别为 90%、90%和 89%。

这种极好的硝化效果，与高亲水性质的悬浮填料有着密切关系，投加填料有利于增加池中微生物的数量和富集脱氮细菌，大量聚集的硝化细菌减缓了低温对微生物活性的抑制作用，硝化细菌属于中温细菌，它的最适生长温度为 25℃左右。在低温的条件下，交替式移动床生物膜反应器硝化效果十分稳定，而且与生物流化床相比，在达到同样传质的条件下，悬浮填料生物膜工艺能大大降低能耗，它在去除氨氮的过程中体现出了明显的优势。

综上所述，亲水性载体-2 在填充率为 60%时对有机物和氨氮的去除效果和填充率为 30%的亲水性载体-1 基本相同。无论是挂膜速率还是处理效果，亲水性载体-1 都要比亲水性载体-2 载体更优，但是前提是生物膜成熟稳定。

工程实际中，将交替式移动床生物膜反应器与 CASS 工艺相结合可以有效提高氨氮的去除率，而且投资小、费用低、运行方式简单灵活，对于污水厂工艺的优化和改造方面很经济适用。交替式移动床生物膜反应器作为一种改进的污水处理技术，能够在好氧环境中实现同步硝化-反硝化作用，彻底解决了生活污水氨氮含量高、难去除的特点。相比传统活性污泥法，交替式移动床生物膜反应器的抗水力冲击性能更强。

2.5　污染物降解动力学

建立完善的数学模型不仅对废水生物处理过程的设计、运行、管理有着重要的意义，而且对于控制策略的设计有很大的借鉴空间。目前广泛应用的污水处理数学模型大多是针对活性污泥法导出的，其基本点是从表示细胞生长动力学 Monod 方程出发，结合化工领域的反应器理论、微生物学理论和流体力学理论等内容，对机制降解、微生物生长、污染物浓度分布与各参数之间的关系用模型表示出来，进行定量描述，加深人们对生物处理过程的了解。

2.5.1　实验装置及运行方式

实验用水采用实验室自配的生活污水，TN 约为 40mg/L，TP 约为 5mg/L。实验启动阶段采用排泥法挂膜，闷曝 24h 静置 12h，然后排除 1/3 混合液继续进水，使反应器处于满水状态，共经过2次闷曝、静置。实验装置如图2-8所示。

运行检测阶段为连续进水，根据设备自身的体积及水质，HRT需随实验需求进行调整，整个过程中DO含量为2～5mg/L，温度为25℃，pH值为6.8～7.6。分别在不同的HRT下对有机污染物、TN、TP进行动力学常数测定。

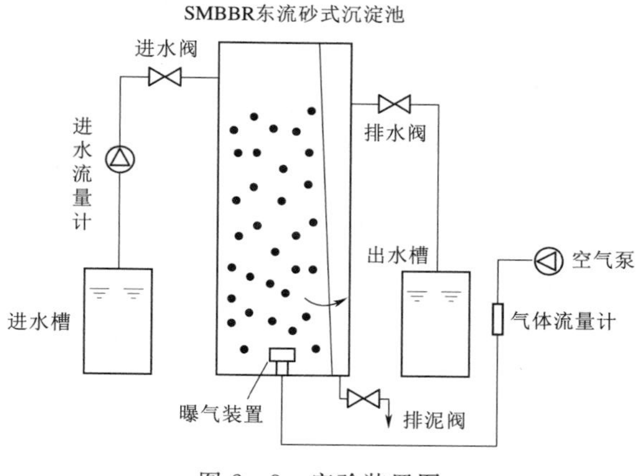

图2-8 实验装置图

2.5.2 基质降解动力学模型建立

关于以Monod方程建立MBBR系统中有机物、TN、TP等的降解动力学模型已有较多实例应用，但针对好氧生物膜反应器处理生活污水的基质降解动力学方面的研究还处于初级阶段。针对好氧生物膜反应器在此方面的空白，有人研究采用好氧生物膜反应器处理模拟城市生活污水，并根据实验结果建立该工艺的污染物降解动力学方程，验证得出系统中有机物、TN和TP的最大比降解速率与饱和常数。该项研究可为好氧生物膜反应器后期的工程应用、工艺设计及操作过程提供参考。

Monod方程描述的是微生物比增值速率和底物浓度之间的关系。在污水处理中，由Monod方程推出

$$v=\frac{v_{\max}S}{K_S+S} \tag{2-1}$$

其中

$$v=-\frac{1}{X}\frac{dS}{dt} \tag{2-2}$$

式中 S——基质质量浓度，mg/L；

K_S——饱和常数，mg/L；

v——底物比降解速度，d^{-1}；

$v_{\max}$——最大底物比降解速度，d^{-1}；

X——反应器内微生物的平均质量浓度，mg/L；

$\frac{dS}{dt}$——底物降解速率，mg/(L·d)。

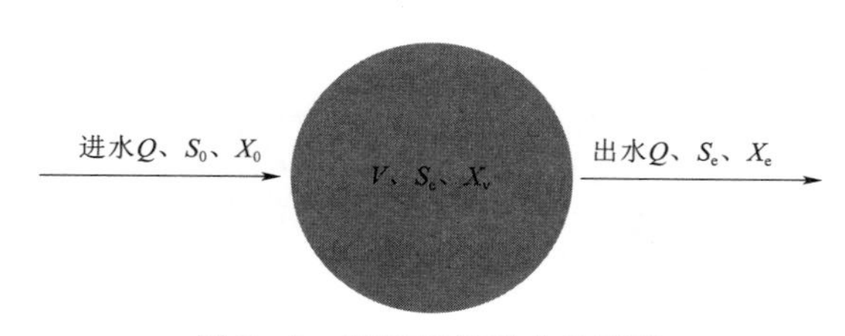

图2-9 基质降解动力学模型

好氧生物膜反应器的基质降解动力学模型如图2-9所示。

其中，Q为进水流量，m^3/h；S_0为进水中污染物质量浓度，mg/L；S_e为出水中污染物质量浓度，mg/L；X_0为进水中挥发性污泥质量浓度，mg/L；X_e为出

水中挥发性污泥质量浓度，mg/L；X_v为反应器内微生物质量浓度，mg/L。在实验中保持 X 和 S_0不变，即认为 X_0的值约为 0，X_e的值也约为 0，$X=X_v$。通过改变水力停留时间 T，d，逐一测其相应的 S_e。

根据式（2-2）求出底物比去除速度为

$$v=\frac{S_0-S_e}{XT} \tag{2-3}$$

根据式（2-1）可以推出方程

$$\frac{1}{v}=\frac{K_S}{v_{max}}\left(\frac{1}{S}\right)+\frac{1}{v_{max}} \tag{2-4}$$

HRT 分别选定为 0.167d、0.25d、0.333d、0.417d、0.5d，在每个 HRT 下运行 10d 左右。由于反应器中各指标的基质浓度变化不大，故取多次数据的平均值。有机污染物降解动力学常数测定结果见表 2-1。

表 2-1 有机污染物降解动力学常数测定结果

T/d	S_0/(mg/L)	S_e/(mg/L)	X_v/(mg/L)	$(1/S_e)$/(mg/L)	$(1/v)$/d
0.167	394.42	127.11	226.8	0.008	0.142
0.250	395.00	82.21	226.8	0.012	0.181
0.333	398.46	59.35	226.8	0.017	0.223
0.417	400.08	40.11	226.8	0.024	0.263
0.500	400.31	30.26	226.8	0.003	0.306

根据 $1/S_e(x)$ 与 $1/v(y)$ 的数值得到线性回归方程 $y=6.3722x+0.1021$，相关系数 R^2 为 0.9804。同理，得出 TN 和 TP 的线性回归方程 $y=23.406x+1.9509$ 和 $y=31.311x+4.4179$，其相关系数 R^2 分别为 0.945 和 0.976。根据有机污染物、TN、TP 的线性回归方程，得出其最大比降解速度 v_{max}分别为 9.79/d、0.513/d、0.226/d，饱和常数分别为 62.41mg/L、11.998mg/L、7.087mg/L。

将 v_{max}和 K_S代入式（2-4）可得有机污染物、TN、TP 的降解动力学方程。

有机污染物降解动力学方程为

$$\frac{1}{v}=\frac{62.41}{9.79}\left(\frac{1}{S}\right)+\frac{1}{9.79} \tag{2-5}$$

TN 降解动力学方程为

$$\frac{1}{v}=\frac{11.998}{0.513}\left(\frac{1}{S}\right)+\frac{1}{0.513} \tag{2-6}$$

TP 降解动力学方程为

$$\frac{1}{v}=\frac{7.087}{0.226}\left(\frac{1}{S}\right)+\frac{1}{0.226} \tag{2-7}$$

2.5.3 污染物降解动力学方程性验证

为了对上述式（2－5）、式（2－6）、式（2－7）3个方程的可行性进行验证，在HRT为0.5d，其他条件不变的情况下，分别改变配水中的COD、TN、TP浓度进行实验。待其稳定运行后，对相应的出水水质进行监测，并取多次监测数据的平均值与模拟值进行对比，结果见表2－2。由表可知，COD－S_e、TN－S_e、TP－S_e的测量值与其相应的模拟值间的误差分别为0.18～0.27mg/L、0.06～0.26mg/L、0.09～0.43mg/L。实验结果表明，有机污染物和TN的模拟情况与TP相比较好，一致度较高，说明在外界条件不变的情况下，有机污染物和TN的降解动力学方程可以较准确地预测污染物质的去除状况。三者的模拟值均在实际值之上，因此在实际工程中有一定的指导性意义。

表2－2　污染物出水水质的模拟值与测量值对比

项　目	进水COD/(mg/L)			进水TN/(mg/L)			进水TP/(mg/L)		
	300	350	450	35	45	50	3	5	5.2
出水模拟值/(mg/L)	24.74	30.53	44.74	9.43	13.85	14.42	0.498	0.923	1.078
出水平均测量/(mg/L)	24.47	30.35	44.55	9.37	13.68	14.16	0.489	0.673	0.648
误差/(mg/L)	0.27	0.18	0.19	0.06	0.17	0.26	0.09	0.25	0.43

2.6 磁性载体交替式移动床生物膜反应器

2.6.1 磁性载体的原料

以聚乙烯为基材，将羟基磷灰石、钕铁硼磁粉通过共混技术制备磁性载体，所需材料见表2－3。

表2－3　磁性载体所需材料及比例

原　材　料	聚　乙　烯	羟基磷灰石	钕铁硼磁粉
质量分数/%	96	1	3

（1）羟基磷灰石这种无机材料应用较为广泛，具有较好的组织相容性，易与聚乙烯结合并混合均匀。有研究证明其具有负载基因、蛋白等作用，可促进挂膜效果。其微观结构为棒状，具有较大的比表面积，对多种金属离子具有容纳性。

（2）钕铁硼磁粉，是目前磁体中性能最强的永磁体，它的主要原料有稀土金属钕、金属元素铁、非金属元素硼，以及少量添加的镝、铌、铜等元素。

2.6.2 磁性载体制备方法

将钕铁硼研磨至60目后与羟基磷灰石混合拌匀，通过在180℃的条件下密炼10min，随后加入少量润滑剂润湿与聚乙烯充分混合，再将混合物投入注塑机的进料漏斗中，通过单螺杆挤出机的模具头挤出成形，切段成 1cm 高。充磁机对载体进行充磁即可。磁性载体制备过程如图 2－10 所示。

图 2－10　磁性载体制备过程

2.6.3　磁性载体填料的性能测试

1. 磁性载体的扫描电镜

载体 SEM 图如图 2－11 所示，A、B、C 为普通载体的 SEM 图，a、b、c 为磁性载体的 SEM 图。由图 a、b 可以明显看到经过共混技术将聚乙烯、羟基磷灰石以及钕铁硼磁粉混匀加工，载体表面较为平整，与普通载体 A、B 形貌差异不大，说明各成分混合均匀，没有沉聚现象。c 与 C 为生物载体高倍数放大图，可以明显看到 c 表面布满波纹状凹凸结构，并有明显的大颗粒钕铁硼材料镶嵌在表面，形成凹凸不平的表面，增加了比表面积以及表面粗糙度，有利于微生物附着生长。而普通载体表面较为平滑，没有明显的凹凸结构。

2. 磁性载体的能谱检测

磁性载体 EDS 能谱图如图 2－12 所示，可以明显地看到磁性载体中主要含有的成分所对应的能谱峰值，证明了通过共混技术挤出成型的原料均成功且均匀地添加到了磁性载体中。其中：含量最高的 C 元素，主要来源于聚乙烯；O 元素，主要来源于共混制备所添加的润湿剂；Si、Ca 元素，主要来源于羟基磷灰石；Al、Fe、Nd 元素，为钕铁硼成分。

3. 静态接触角测试

载体接触角视图如图 2－13 所示，接触角越小说明其亲水性能越好，其中：图 2－13（a）是普通生物载体的接触角视图，其接触角范围为 94.1°±3.2°，图 2－13（b）是磁性载体接触角视图，接触角范围为 75.5°±2.5°。磁性载体亲水性能显著高于普通生物载体，提高了载体的生物亲和性，有利于微生物的附着生长。

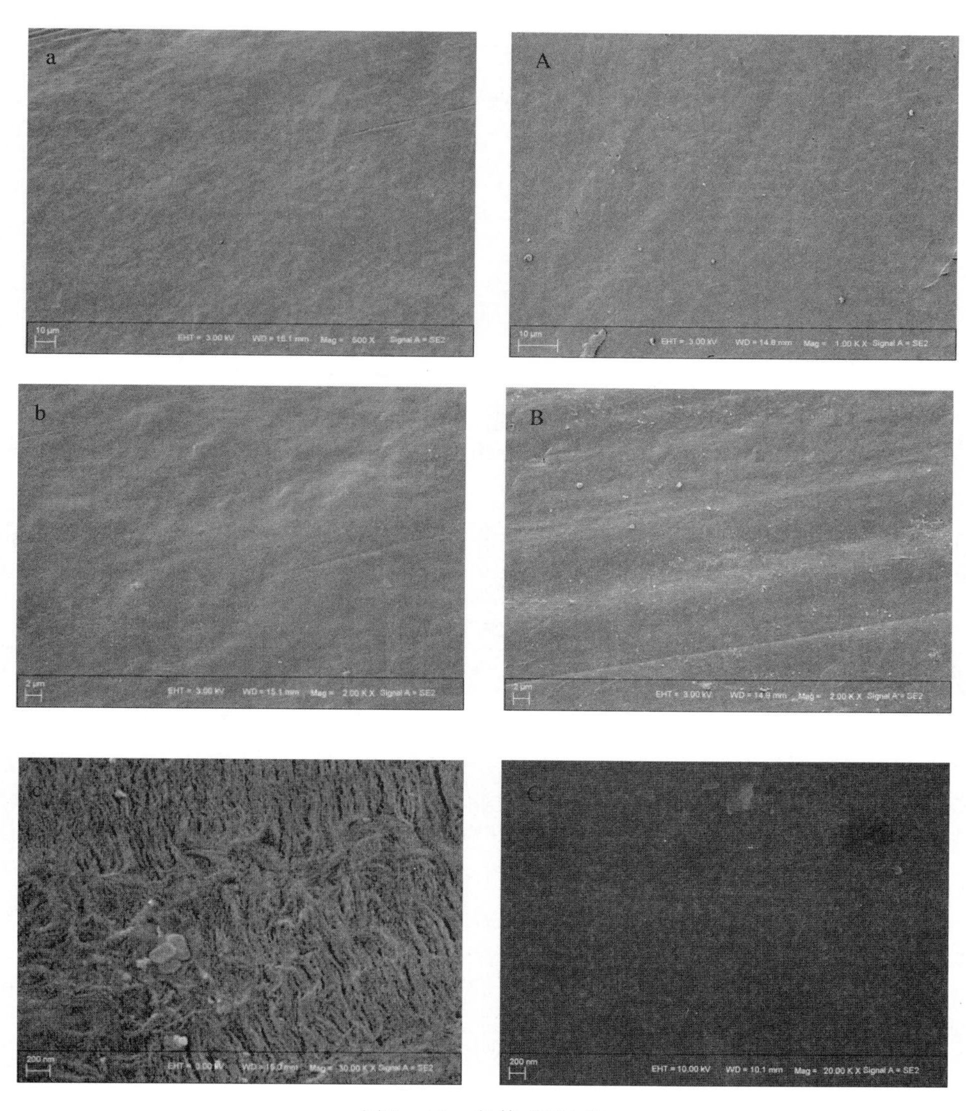

图 2-11 载体 SEM 图

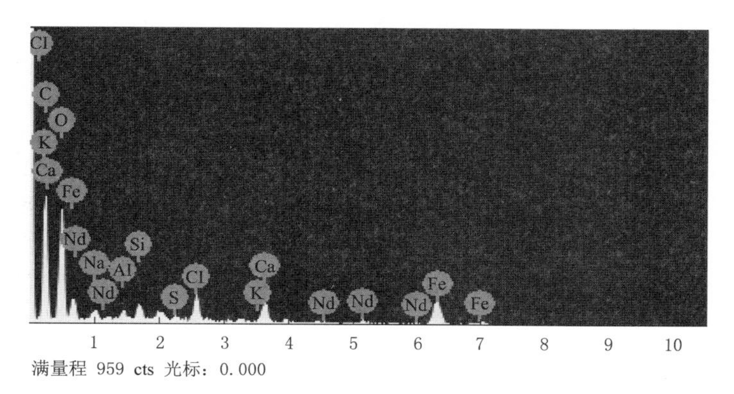

图 2-12 磁性载体 EDS 能谱图

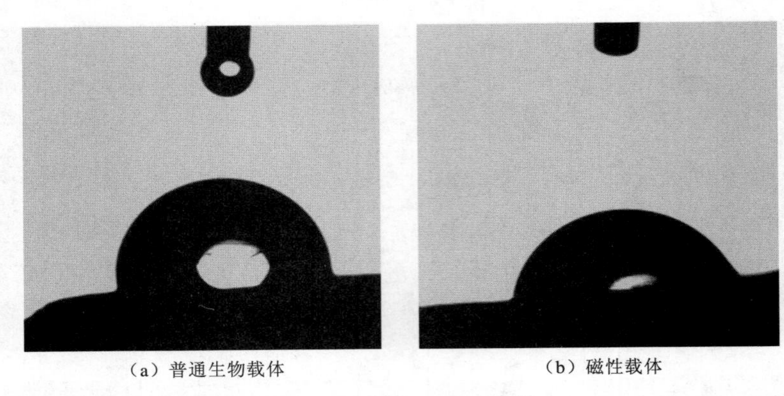

（a）普通生物载体　　（b）磁性载体

图 2-13　载体接触角视图

4. 磁滞回线测试

用磁学性质测量系统对制备的磁性载体进行磁性能表征，得到的磁滞回线和磁性能参数，如图 2-14 所示，载体磁性能参数见表 2-4。

表 2-4　载体磁性能参数

饱和磁化强度/(emu/g)	剩磁/(emu/g)	矫顽力/Oe
2	0.6	2.5

图 2-14 中可以明显看到磁线为 S 型且出现了回环，即磁滞后环，磁场强度发生周期性变化，通过磁性周期性变化完成微生物的引导，也就是载体从发出磁感应到微生物做出反应是一个过程。剩磁只有 0.6emu/g，在反应器内使用过程中避免剩磁作用导致的自团聚现象，载体在曝气或搅拌的作用下处于流化状态，是具有良好顺磁效应的软磁体。

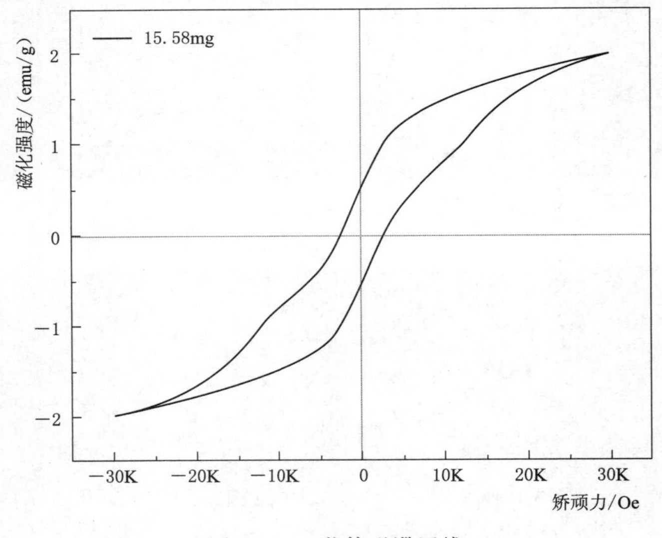

图 2-14　载体磁滞回线

5. 机械强度测试

载体在反应器中通过曝气或者搅拌处于流化状态，从而不断切割气泡，大大提高了氧的利用率，降低充氧能耗。载体在流化过程中，随着水流不断相互碰撞翻滚，为保证其不发生形变，在制备过程中一定要注意聚乙烯的百分比。因此，保证载体的机械强度至关重要。

磁性载体压缩机械强度及拉升机械强度分别见表2-5、表2-6，根据《水处理用高密度聚乙烯悬浮载体填料》（CJ/T 461—2014），结合磁性载体压缩机械强度及磁性载体拉伸机械强度，所示指标满足生物载体机械强度要求。

表2-5　磁性载体压缩强度参数

测试项目	压缩强度/MPa	压缩屈服应变/%	压缩屈服应力/MPa
机械压缩	7.7	13.07	7.61

表2-6　磁性载体拉伸强度参数

测试项目	弹性模量/MPa	断裂伸长率/%	拉伸强度/MPa	最大力/N
机械拉伸	61.9	46.19	9.68	58.07

综上所述，通过物理改性方法——共混技术，将载体基础材料聚乙烯与磁性材料钕铁硼和功能性材料羟基磷灰石进行高温密炼加工，分别利用钕铁硼-第三代稀土永磁体为载体提供磁性，羟基磷灰石微观结构为棒状，具有较大比表面积和较好容纳性，增强载体吸附性能，经过一系列性能测试，总结磁性载体填料的性能如下：

（1）磁性载体填料中共混成分较为均匀，没有沉聚现象。

（2）载体比表面积增大，有利于微生物的附着生长。

（3）磁性载体填料亲水性较普通载体填料好，其机械强度及磁性能大小合适，有效避免了处理过程中发生形变及自团聚现象。

2.7 微生物菌群结构

2.7.1 生活污水处理系统内菌群结构研究

好氧池1中生物膜的微生物群落组成如图2-15所示，在门的水平上好氧池1中样品的微生物结构按其丰度排名主要有变形菌门（Proteobacteria，40.56%）、厚壁菌门（Firmicutes，16.67%）、拟杆菌门（Bacteroidetes，11.67%）、放线菌门（Actinobacteria，8.06%）、绿菌门（Chlorobi，1.67%）、硝化螺旋菌门（Nitrospirae，0.56%）等，相比接种的活性污泥样品增加了硝化螺旋菌门，硝化螺旋菌门是参与硝化反应不可或缺的成员，在多种污水处理反应器中被发现。

好氧池1的样品中，变形菌门中的α变形菌纲（Alpharoteobacteria）主要包含了红螺菌目（Rhodospirillales）、根瘤菌目（Rhizobiales）、鞘脂单胞菌目（Sphingomonadales）、红细菌目（Rhodobacterales）。红螺菌属于光合细菌，可利用亚硝酸盐或硝酸盐进行不产氧的光合作用。据研究证明，这些类群菌种均具有好氧反硝化的能力。变形菌门中除α变形菌纲还存在γ变形菌纲（Gammaproteobacteria）、β变形菌纲（Betaproteobacteria），其中β变形菌纲是一种脱氮、除磷和降解其他有机物的重要菌群。

隶属于β变形菌纲的亚硝化单胞菌目（Nitrosomonadales）属于氨氧化细菌（Ammonia-

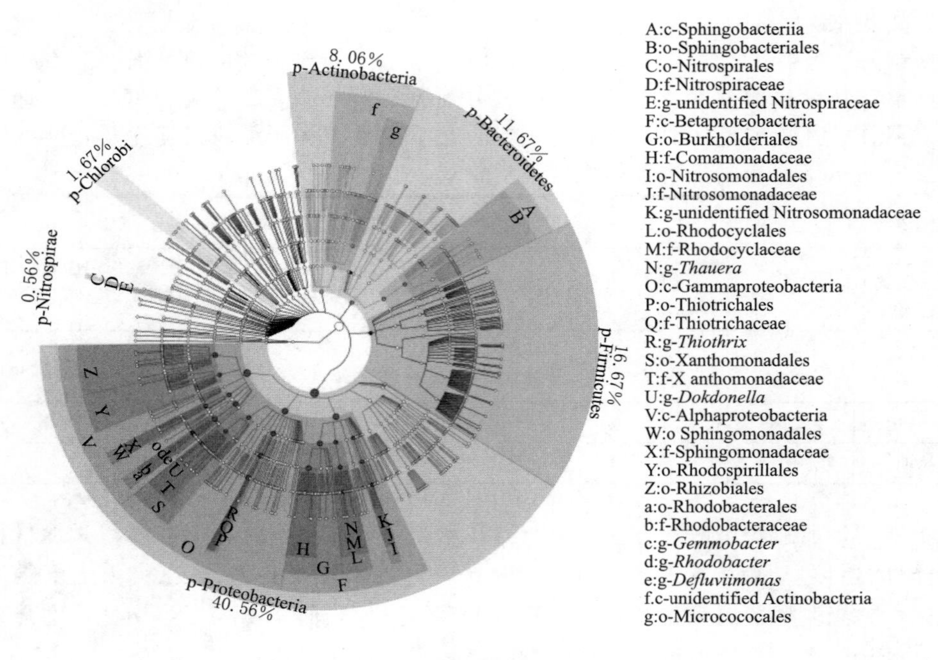

图 2-15　好氧池 1 中生物膜的微生物群落组成

oxidizing bacteria，AOB)。同时在属的水平鉴定出了红细菌属（*Rhodobacter*）和陶厄氏菌属（*Thauera*），这两种菌属是常见的好氧反硝化菌，红细菌的比例由接种污泥中的1.26%增加到了2.17%。值得一提的是，AOB与陶厄氏菌属并未在接种活性污泥样品中检测到，说明系统存在厌氧氨氧化反应以及好氧反硝化反应，初步推测亲水性载体更有利于功能微生物稳定附着。因此，好氧生物膜反应器中存在着错综复杂的微生物脱氮反应，首先是厚壁菌门、拟杆菌门等生物的作用下的氨化反应，它们可将蛋白质等大分子含氮有机物降解，这个过程的产物主要有氨基酸，氨基酸可在脱氨基酶的作用下进一步释放出氨；然后是传统的硝化反应，即亚硝酸细菌将氨氮转化为NO_2^-，再由硝酸细菌将进一步氧化成NO_3^-；接着，好氧反硝化细菌提供的好氧反硝化作用可将氨在好氧条件下转换成气态产物，主要产物为N_2O；最后AOB可将氨氮氧化为羟胺（NH_2OH）继而通过羟氨氧化还原酶（HAO）氧化为NO_2^-。

厌氧生物膜的微生物群落结构如图2-16所示，厌氧生物膜的微生物在门的水平上按其丰度排名主要存在变形菌门（40.56%）、厚壁菌门（16.67%）、放线菌门（7.78%）、互养菌门（Synergistetes，1.39%）、芽单胞菌门（Gemmatimonadetes，0.56%），互养菌门在氨基酸降解中起着很大的作用。纲水平上主要存在α变形菌纲、γ变形菌纲、β变形菌纲、梭状芽胞杆菌、Negativicutes、酸微菌纲（Acidimicrobiia)、互养菌纲（Synergistia)。科水平上主要存在鞘脂单胞菌科、黄单胞菌科、丛毛单胞菌科、红环菌科、Family XIII、消化链球菌科（Peptostreptococcaceae)、互养菌科（Synergistaceae)、芽单胞菌科(Gemmatimonadaceae)。属的水平上主要存在 *Denitratisoma*、*Anaerovorax*、厌氧醋菌属(*Acetoanaeroblum*)、*Lactivibrio*、芽单胞菌属（*Gemmatimonas*)。上述微生物的存在证

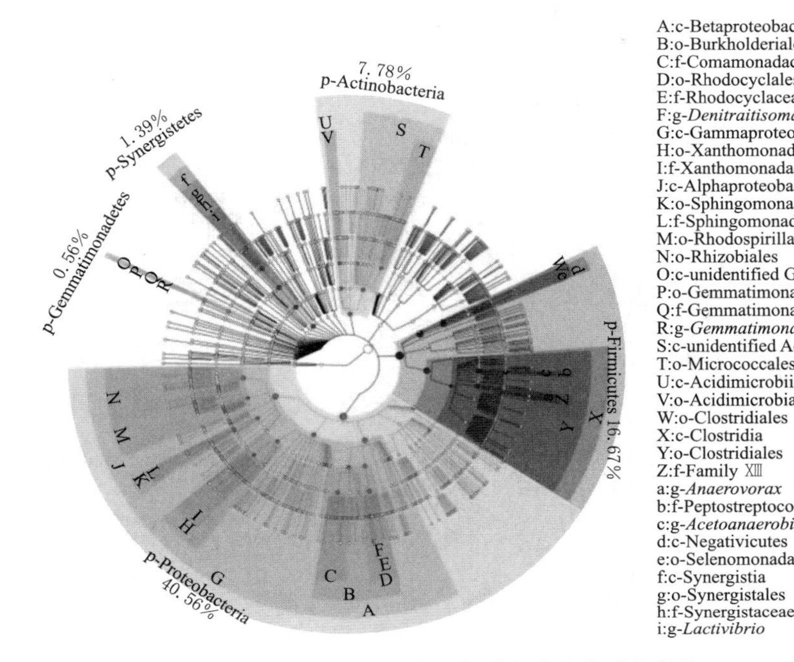

图 2-16 厌氧生物膜的微生物群落结构

明氨化作用同样存在于厌氧反应器中。并且这些细菌多数为反硝化细菌，在厌氧条件下，可利用顺水流而下的好氧生物膜反应器中的反应产物（硝态氮、亚硝态氮）进行同化作用以及异化作用，从而使硝态氮、亚硝态氮转化为 N_2 从而达到脱氮的目的。

好氧池 2 中的微生物群落组成如图 2-17 所示，好氧池 2 中样品的微生物按其丰度排名主要有变形菌门（Proteobacteria，40.56%）、厚壁菌门（Firmicutes，16.67%）、拟杆菌门（Bacteroidetes，11.94%）、放线菌门（Actinobacteria，7.50%）、硝化螺旋菌门（Nitrospirae，0.69%）。与好氧池 1 相比，微生物群落发生了些许变化。在门水平上好氧池 2 比好氧池 1 缺少了绿菌门，同时硝化螺旋菌门的比重有所增加。纲的水平上增加了梭状芽胞杆菌纲（Clostridia），科的水平上增加了 Methyllobacteriaceae、叶杆菌科（Phyllobcteriaceae）等，属的水平上增加了 *Reyranella*、*Hydrogenophaga*，减少了陶厄氏菌属、*Gemmobacter* 等。分析原因可能是厌氧反应器中微生物随水流流入好氧池 2 中生长，也可能与污水中的营养物质有关，具体原因有待研究。好氧池 2 与好氧池 1 一样，同样存在好氧反硝化菌（红细菌）与 AOB（亚硝化单胞菌），说明好氧池 2 中也存在同时硝化-反硝化与氨氧化反应，同样证明亲水性载体更有利于功能微生物稳定附着。好氧池 2 是处理流程的最后一个反应器，此反应器中的微生物多数为硝化菌、亚硝化菌以及部分好氧反硝化菌，可将前两个流程中未处理的氨氮、硝态氮及亚硝态氮进行转化，保障了氨氮的处理效率。

另外，在门的分类水平好氧池 1、厌氧池、好氧池 2 样品共有的菌有变形菌门、厚壁菌门、放线菌门，在纲的分类水平上 4 种样品共有的菌有 α 变形菌纲、β 变形菌纲、γ 变形菌纲，在目的分类水平上 4 种样品共有的菌为根瘤菌目、鞘脂单胞菌目、Xan-

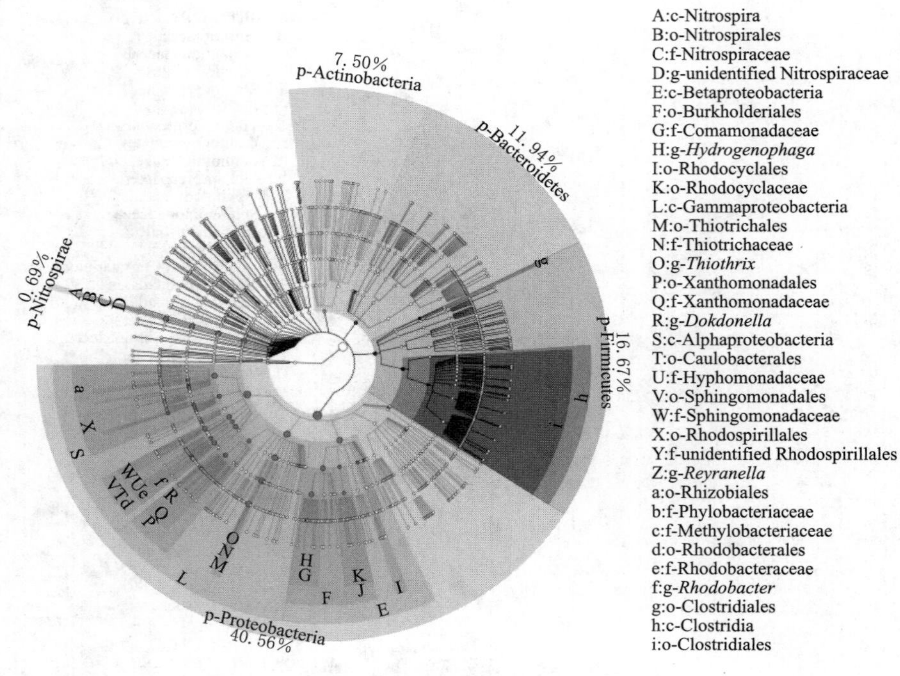

图 2-17　好氧池 2 中的微生物群落组成

thomonadales、红环菌目，在科的分类水平上 4 种样品共有的菌为鞘脂单胞菌科、Xanthomonadaceae、红环菌科。在环境因素不同的情况下，共有菌存在于各个样品中，说明这些共有菌种在污水处理方面起着非常重要的作用。在门的分类水平上 4 种样品中与脱氨相关的菌有变形菌门、放线菌门、硝化螺旋菌门、互养菌门，变形菌门在 4 种样品中的比例大致相似，放线菌门在好氧池 1 中的比例（8.06%）高于其他样品中的比例，硝化螺旋菌门仅在好氧池 1 样品（0.56%）与好氧池 2 样品（0.69%）中出现，互养菌门在好氧池 2 样品中占有 1.39%的比例，由此可得，交替式移动床生物膜反应器的脱氮能力要强于接种污泥。

2.7.2　焦化废水处理系统内菌群结构研究

采用 R 语言工具给出的微生物在门和属水平上菌群结构组成和丰度如图 2-18 所示，进一步分析反应过程中污染物降解与生物膜菌群结构变化之间的响应关系。由图 2.18（a）微生物门水平上的结构组成可以看出，生物膜上微生物菌群结构的优势门主要有 Proteobacteria（变形菌门）、Chloroflexi（绿弯菌门）、Actinobacteria（放线菌门）、Firmicutes（厚壁菌门）、Acidobacteria（酸杆菌门）、Saccharibacteria（螺旋菌门）、WS6、Nitrospirae（硝化螺旋菌门）、Planctomycetes（浮霉菌门）和 Bacteroidetes（拟杆菌门）。在本次实验中可以看到，Proteobacteria 在整个反应期间相对丰度最高，丰度为 20.57%～34.55%。在 60d 时 Proteobacteria 丰度达到最大值 34.55%，由生物反应器处理效果可知，此时苯酚降解速率较快，说明 Proteobacteria 为本系统内苯酚功能降解优势菌。从本研究中可知 Nitrospirae 存在整个反应期间，相对丰度为 1.32%～13.34%，反应150d时Nitrospirae丰度最大。由此证明当系统内存在毒性化合物抑制作用的情况下，好氧生物膜反应器仍能够为硝化细菌提供了理想稳定的生存环境，表现良好的脱氮效果。

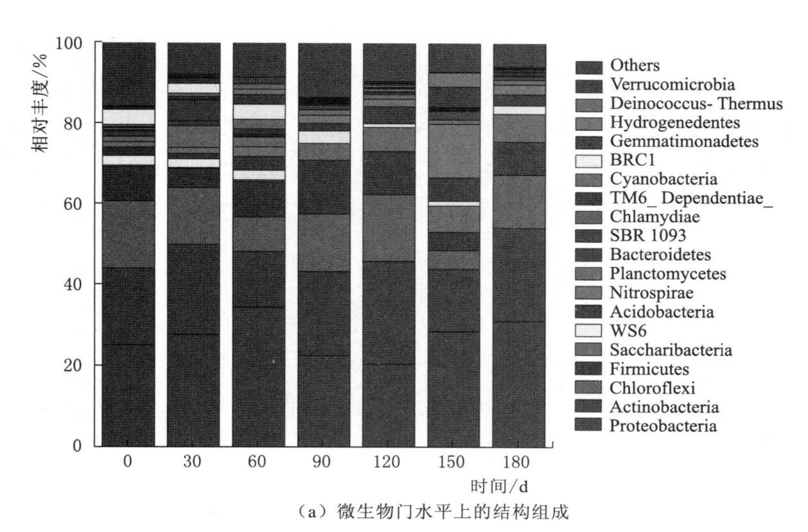

（a）微生物门水平上的结构组成

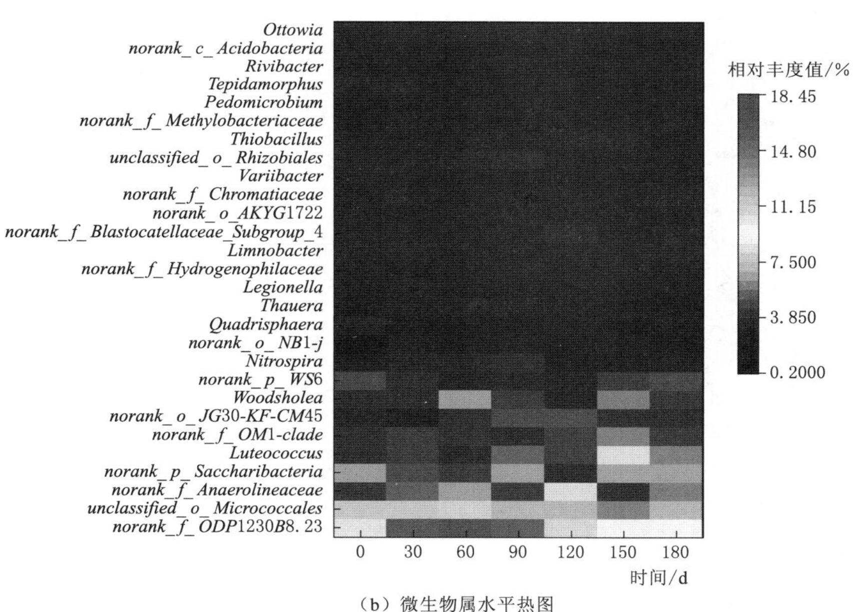

（b）微生物属水平热图

图2-18 生物膜菌群结构门和属水平上的组成

从图2.18（b）属水平热图可知，生物膜菌群结构优势属为*norank_f_ODP1230B8.23*、*unclassified_o_Micrococcales*、*norank_f_Anaerolineaceae*、*norank_p_Saccharibacteria*、*Luteococcus*、*norank_f_OM1_clade*、*norank_o_JG30-KF-CM45*、*Nitrospira*（硝化螺旋菌属）、*Thauera*（陶厄氏菌属）、*unclassified_o_Rhizobiales*（根瘤菌属）、*Thiobacillus*（硫杆

菌属）和 *Ottowia* 等。研究表明 *Thauera*（陶厄氏菌属）、*Ottowia*、*unclassified_o_Rhizobiales*（根瘤菌属）和 *Thiobacillus*（硫杆菌属）为几种常见的苯酚、SCN^- 和 CN^- 降解菌。*Thauera*、*Ottowia* 和 *unclassified_o_Rhizobiales* 在反应 60d 和 90d 时丰度较大，分别为 2.11%和 2.16%、1.63%和 1.61%、2.40%和 3.02%，表明此阶段 3 种苯酚降解菌繁殖速度比较快，活性很高，促进了装置中苯酚的降解。*Thiobacillus* 在反应 120d 和 150d 时丰度较大，为 1.70%和 2.13%，此阶段 SCN^- 和 CN^- 去除率达到最大。而 *Nitrospira*（硝化螺旋菌属）整个反应期间均被检出，丰度为 1.08%～3.43%，总氮去除率相比于活性污泥法具有较大改善，氨氮去除受到抑制后仍能恢复到稳定水平，再次验证了交替式移动床生物膜反应器能够为生物脱氮提供了较稳定的环境。

参 考 文 献

[1] 侯娜. 磁性生物载体的制备及其在 AMBBR 工艺中的应用 [D]. 包头：内蒙古科技大学，2021.

[2] 李卫平，李杰，朱浩君，等. 特异性移动床生物膜反应器不同填料投加方法的应用研究 [J]. 水处理技术，2014，40 (11)：95-98.

[3] 杨文焕，贾晓硕，敬双怡，等. SMBBR 处理城市生活污水的污染物降解动力学 [J]. 工业水处理，2018，38 (6)：54-57.

[4] 敬双怡，李岩，于玲红，等. SMBBR 工艺处理生活污水脱氮效能及其微生物多样性 [J]. 应用与环境生物学报，2019，25 (1)：206-214.

[5] 李卫平，郝梦影，敬双怡，等. SMBBR 处理焦化废水性能及菌群结构响应关系 [J]. 中国环境科学，2019，39 (8)：3332-3339.

第3章　交替式移动床生物膜反应器处理不同类型的污废水

3.1　低C/N城市生活污水

3.1.1　研究背景

目前，我国城市化进程不断加速，工业化进程迅猛发展，同时带来了用水量和污水排放量的急剧增大，激化了水资源供需矛盾，而解决水资源短缺和污染的问题的一条重要解决途径就是将污废水资源化。随着水污染问题的日益突出和污水排放标准的不断严格，我国政府和企业持续增加污水处理厂建设和改造的投资，污水处理厂的数量和处理能力正在逐年提高。目前，我国大部分污水处理厂的首要目标是去除污水中的氮磷，已建的水厂大都采用的是活性污泥法及其变种工艺，这类工艺相对成熟，应用广泛。但活性污泥法的缺点也不容忽视，它的基建费用高昂、占地面积大、剩余污泥产量大、运行管理复杂、处理能力极易受到水质和水量的影响。而且我国城市生活污水逐渐转化为低碳氮比水质，无法满足传统活性污泥工艺反硝化的碳源需求，营养比例的失调会导致系统内微生物进入内源呼吸状态，无法顺利完成反硝化过程，抑制处理系统的连续运行，最终无法保证良好的脱氮效果。移动床生物膜反应器克服了活性污泥脱氮碳源不足和剩余污泥产量大等问题，已经在国内外广泛应用于生活污水和工业水处理。所以应该抓紧时间对污水厂原有的无法达标排放的工艺进行升级改造，移动床生物膜法的出现为城镇污水厂升级改造提供了新的选择。

3.1.2　低C/N生活污水特征

在生物脱氮过程中主要是微生物起作用，合适的营养物质浓度和配比才能保证微生物保持较高活性，其中最为重要的是C元素和N元素，直接影响微生物的生长。C/N指的是污水中C元素与N元素的物质的量的比值，由于工艺条件的不同，C/N的含义也存在差异。如何选取C/N指标也和待处理污水的水质条件相关，一般C/N指污水的BOD_5/TN，有些情况可以用COD与TN的比值。为了满足异养反硝化菌的生长必需的C/N，实现理想的氮去除效果，进水的BOD_5/TN应该大于5，否则这类污水即为低C/N污水。

低C/N城市污水的组成复杂且排放量巨大，水体中C/N低造成反硝化脱氮困难，逐渐引起污水处理行业的广泛关注。低C/N性质的城市污水的重要来源包含以下3个部分：

(1) 城市生活污水。在城市日常生活中，厨房洗涤、洗浴、洗衣以及厕所冲洗等环节会产生大量呈现COD含量低而总氮含量高水质特征的废水，是城市低C/N污水的重要来源。

（2）垃圾渗滤液。垃圾渗滤液的成分非常复杂，不仅有机物浓度高，而且氨氮、重金属等污染物浓度也很高。随着垃圾填埋时间的不断增加，垃圾渗滤液的有机物浓度逐渐降低，而氨氮浓度却升高，其 C/N 多小于 3。

（3）工业废水。焦化企业、味精制造厂、化肥厂和造纸厂等生产过程中均会产生大量高氨氮废水，废水的 C/N 很低一般小于 3。

3.1.3　包头某地生活污水处理研究

1. 工艺设计

（1）实验用水。实验用水为城市生活污水，取自包头某污水处理厂，其各污染物含量如下：进水 COD 浓度为 250～350mg/L，TN 和氨氮进水浓度的波动范围分别为 70～85mg/L 和 60～75mg/L，pH 值为 7.3 左右。

（2）实验装置。装置流程如图 3－1 所示，该装置为厌氧、好氧两级反应装置，厌氧生物膜反应器有效体积为 135.65L，好氧生物膜反应器有效体积为 168.00L。其中在厌氧生物膜反应器后设有东流砂石沉淀池，该装置的材质为 6mm 厚的钢板焊接而成。好氧生物膜反应器的曝气装置在池底，采用微孔曝气，系统曝气由空气压缩机提供，厌氧生物膜反应器上部装有立式搅拌机，型号为 60～80RPM，曝气和搅拌桨的运行使反应器内载体一直处于流化状态。

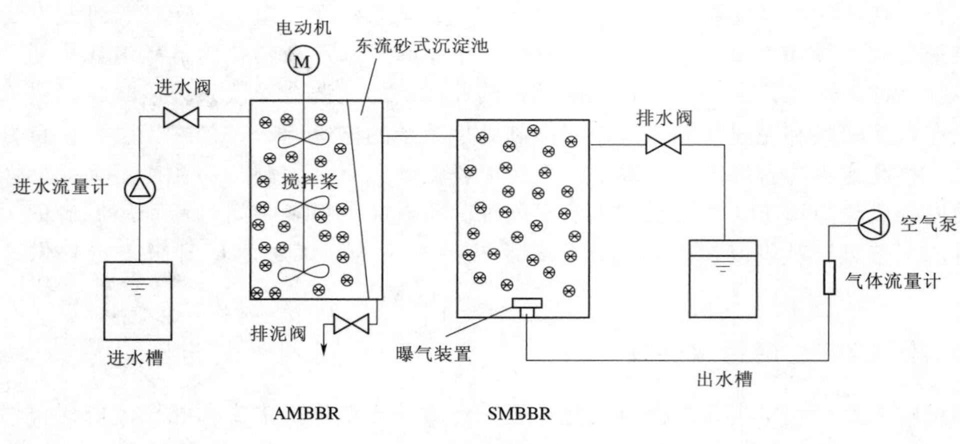

图 3－1　装置流程图

2. 处理效果

（1）挂膜阶段。在实验中，厌氧生物膜反应器的 DO 浓度控制在 0.5mg/L 以下，好氧生物膜反应器的 DO 浓度为 2～5mg/L。厌氧生物膜反应器、好氧生物膜反应器的污泥浓度分别为 5000mg/L 和 1000mg/L，开始闷曝 24h，让载体与混合液进行充分接触混合，随后停止搅拌和曝气，并静置 12h，再排除 1/3 的上清液，本次实验经过两次闷曝静置后小流量的连续进水。实验中每天检测进出水指标并分析其变化，同时对载体上生物膜的变化进行观察。

厌氧生物膜反应器中污泥浓度较大、溶解氧含量低、污泥的驯化周期长、挂膜时间相对于好氧池消耗时间较长，好氧池中在接种污泥的第 6d，载体上开始出现微生物的斑点，随后运行的几天时间内载体上逐渐出现肉眼可见的淡黄色的薄膜，25d 载体上形成致密的黏稠状生物膜。厌氧池中生物膜零星的出现是在运行的第 11d，随后逐渐生长致密并布满整个载体表面。微生物镜检图如图 3-2 所示，载体上微生物种类很多，不仅有大量的丝状菌，还可以观察到许多钟虫等原生动物，说明反应器内的生物膜正在不断成熟，同样污泥中也会出现少量的后生动物如轮虫等。伴随着实验装置运行时间的增加，载体表面的生物膜不断加厚。

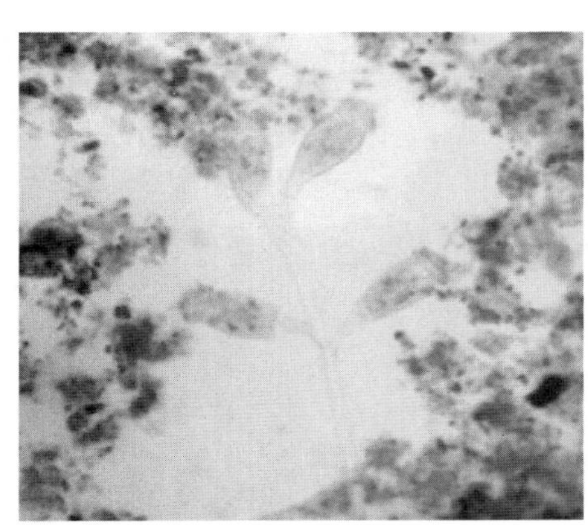

(a) 游虫

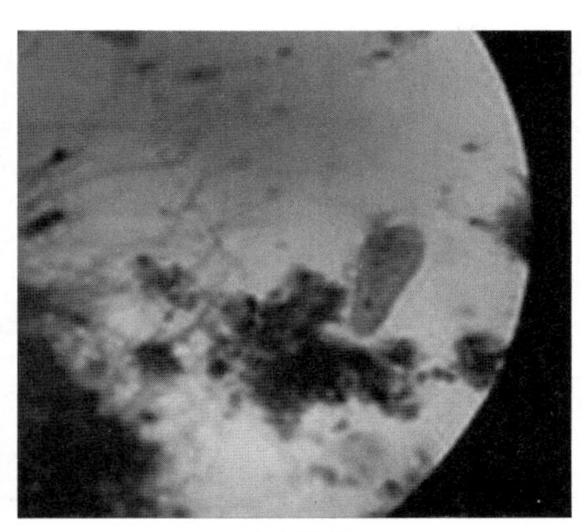

(b) 钟虫

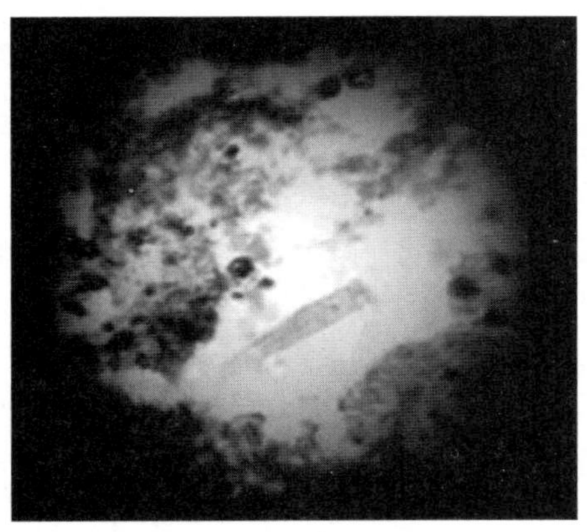

(c) 轮虫

图 3-2 微生物镜检图

(2) COD 的处理效果。COD 去除效果如图 3-3 所示，进水 COD 浓度有一定的波动，其进水 COD 浓度为 240～350mg/L，平均浓度为 285.76mg/L，交替式移动床生物膜反应器工艺 COD 的出水浓度为 25.65mg/L。由图 3-3 可以看出，进水 COD 浓度出现了较大波峰，平均去除率为 91.05%，从出水可以观察出交替式移动床生物膜反应器工艺的适应能力较强，在较大的负荷冲击中逐渐加快适应性。因此该工艺对于处理生活污水适应各时段的大范围 COD 浓度变化极其高效。研究不同 HRT 对生活污水 COD 的去除效果，选定

HRT 分别为 6h、8h、10h、12h、14h、16h，为减少实验中的变化因素，选取进水 COD 浓度在 300mg/L 左右的数据进行分析，如图 3-4 所示，HRT 在 6～16h 的范围内，COD 的去除率在持续上升状态。在 6～10h COD 的去除率均在 90%以下，其原因为进水流量大时，产生较大的冲击力，导致老化的生物膜脱落，影响去除效果，此时 COD 去除率处于上升状态是由于载体上的生物膜和污水中解离的底物发挥作用。在 HRT 超过 12h 时，COD 去除率几乎平稳不升是由于停留时间长，消耗了水中的有机物，微生物营养不充分所致。因此本实验的最佳 HRT 为 10～12h。

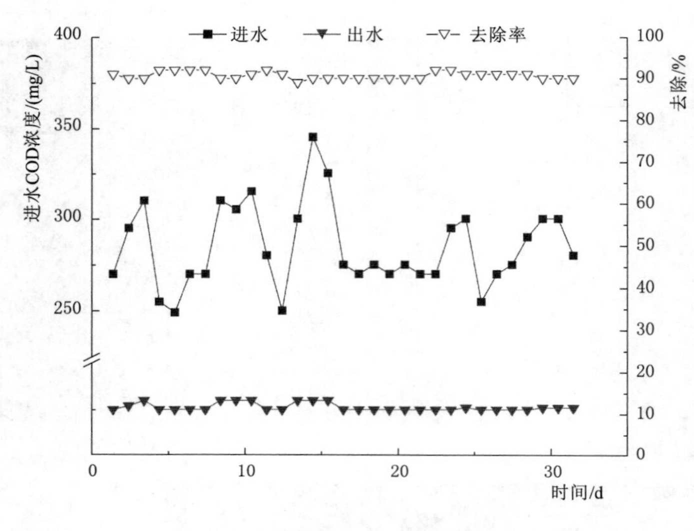

图 3-3　COD 去除效果

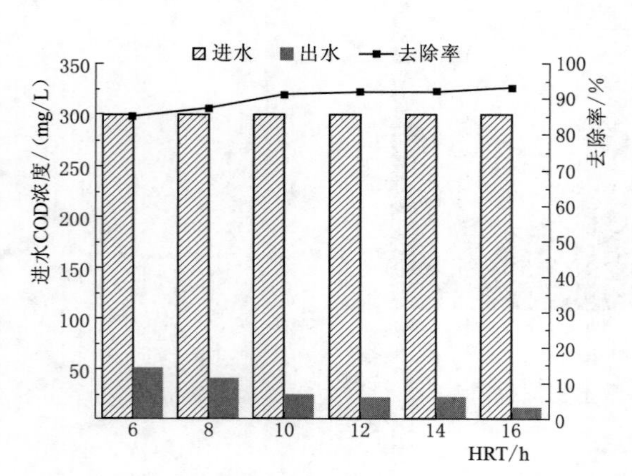

图 3-4　不同 HRT 下 COD 去除效果

（3）DO 浓度对脱氮效果的影响。厌氧生物膜反应器中微生物对于 DO 浓度的要求为 0～0.5mg/L，好氧生物膜反应器内微生物对 DO 浓度的需求为 1～5mg/L。好氧生物膜反应器依靠曝气装置使填料处于流化状态，从而提供反应器去除有机污染物的必要条件。现在分别在 DO 浓度为 1mg/L、2mg/L、3mg/L、4mg/L、5mg/L 的条件下确定最佳的 DO 浓度。在不同的 DO 浓度下，好氧生物膜反应器对氨氮和 TN 的去除效果不同。在 DO 浓度为 1mg/L 时，反应器中氨氮和 TN 的平均去除率都在 40%左右。DO 浓度对氨氮和 TN 去除效果的影响如图 3-5 所示。DO 浓度在 1～3mg/L 时氨氮和 TN 的去除率均处于上升趋势，但在 2～3mg/L 时去除率斜率最大，说明随着 DO 浓度的增加，大量好氧菌逐渐适应环境，同时其活性也大大增强，致使反应器中的硝化反应速率快速升高。

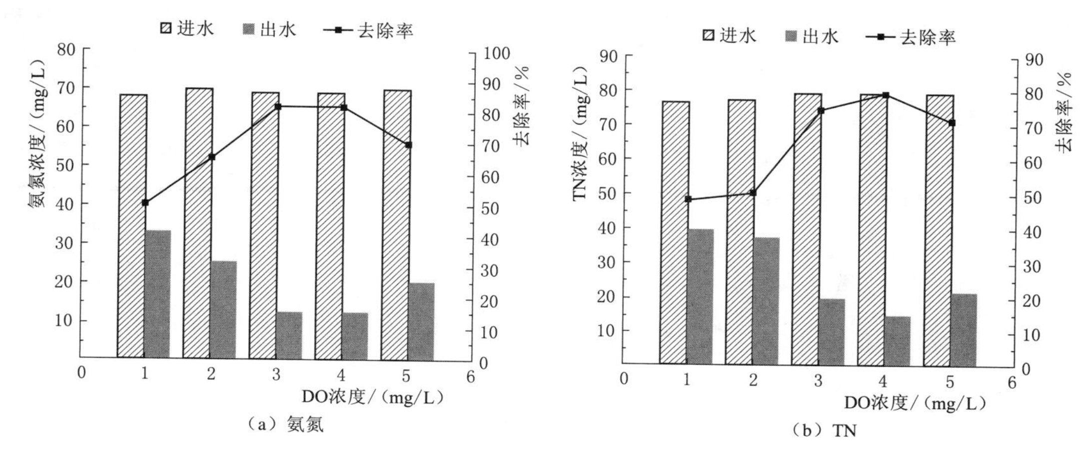

图 3-5 DO 浓度对氨氮和 TN 去除效果的影响

DO 浓度在 3～4mg/L 时，氨氮和 TN 的去除率仍处于上升趋势，斜率变化逐渐缓慢，其根源在于随着反应的进行生物膜逐渐成熟并布满整个填料，此时的好氧硝化菌仍处于优势地位。当 DO 浓度增加到 5mg/L 时，氨氮和 TN 的去除率开始呈现明显的降低趋势，其主要原因在于该实验中的溶解氧主要是通过曝气机提供，曝气量的增加会增加水中的冲击负荷，增加填料表面生物膜的剪切力，影响生物膜适宜的生存环境，加速填料表面生物膜的分解、老化和脱落。

(4) 温度对脱氮效果的影响。温度是微生物活性的重要影响因素。本实验中在其他实验条件不变的情况下，改变实验温度，分别为 15℃、25℃、35℃，实验结果如图 3-6 所示，当实验温度分别为 15℃、25℃ 和 35℃ 时，反应器对氨氮的去除率分别为 91.39%、92.33%、93.45%；TN 的去除率分别为 80.52%、81.39% 和 82.65%。由以上情况分析在上下相差 20℃ 的范围内，氨氮和 TN 的出水浓度都符合国家一级 A 排放标准，且总体的去除率变化不大，由此可推断驯化菌种能适应低温环境，使悬浮填料上的硝化细菌能在低温环境中实现良好的硝化反应，同时有助于交替式移动床生物膜反应器在北方温差大或者气温低城市的应用与推广。

3.1.4 德阳某地生活污水处理研究

1. 工艺设计

(1) 实验用水。实验用水为德阳市某污水处理厂的进水、出水，水质指标见表 3-1。

表 3-1　　德阳市某污水处理厂进水、出水水质指标　　单位：mg/L

污染物	BOD_5	COD	TN	氨氮	TP
进水	40～60	69～180	25～40	20～30	1.9～2.9
出水	<10	8～29	16.4～20.1	0.54～3.15	—

(2) 实验装置。该设备主要由两部分组成，即厌氧生物膜反应器和好氧生物膜反应器。该设备是由不锈钢板焊接而成，其中厌氧生物膜反应器的有效容积为 494L；好氧生

物膜反应器的有效容积为 1959L。由于实验进水为污水厂原水，设备没有粗格栅、细格栅等物理处理措施所以设置了沉淀桶，以保证进水不堵塞设备管线，保持设备进水稳定。装置流程如图 3－7 所示。

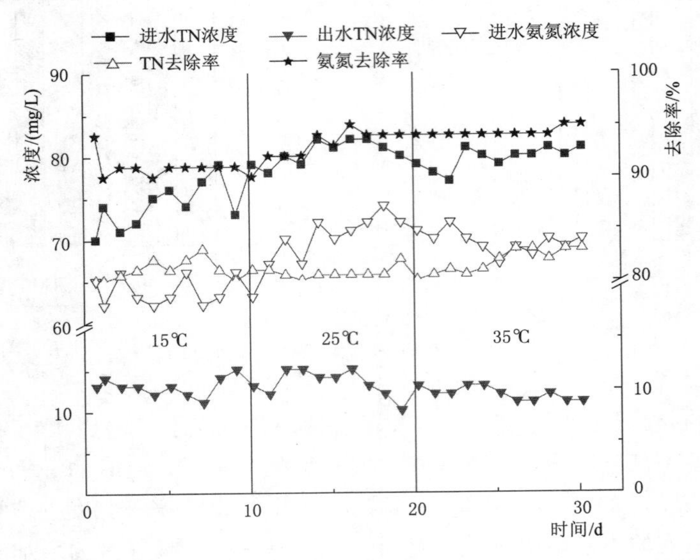

图 3－6　温度对氨氮和 TN 去除效果的影响

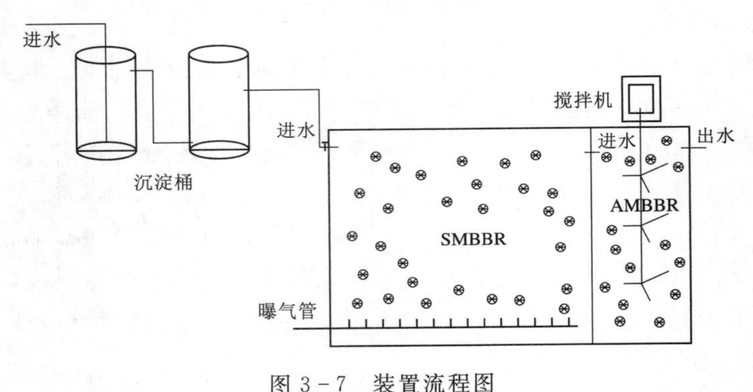

图 3－7　装置流程图

2. 处理效果

(1) COD 的去除效果。挂膜成功后，实验稳定运行 50d 并连续检测进水、出水水质指标。同时与污水厂现有 DE 氧化沟工艺出水做对比。实验数据主要是进水、S 出水（交替式移动床生物膜反应器出水）、D 出水（DE 氧化沟出水）。

整个稳定运行期间，S 出水 COD 浓度较高，主要原因是在厌氧生物膜反应器内投加促进反硝化反应的碳源（95%乙醇）。碳源投加量为 70mL/m^3 时，既能满足反硝化脱氮的需要，又能保证出水 COD 浓度满足国家一级 A 排放标准（≤50mg/L）。COD 去除效果如图 3－8 所示，可以看出，进水污染物浓度较低（69～180mg/L），实验工艺出水一般在 40mg/L 以下，平均为 27.8mg/L，COD 去除率最高为 81.4%，平均 COD 去除率为 69.7%。现有工艺出水相对比较稳定，DE 氧化沟工艺出水 COD 浓度平均值 18.64mg/L，

COD去除率最高为89.52%，平均COD去除率为79.20%。对比交替式移动床生物膜反应器的处理效果和DE氧化沟工艺的处理效果得出，由于投加碳源反硝化脱氮的原因造成实验出水COD浓度偏高，但仍然稳定满足国家一级A的排放标准，在COD的去除效果方面交替式移动床生物膜反应器无明显的优越性。

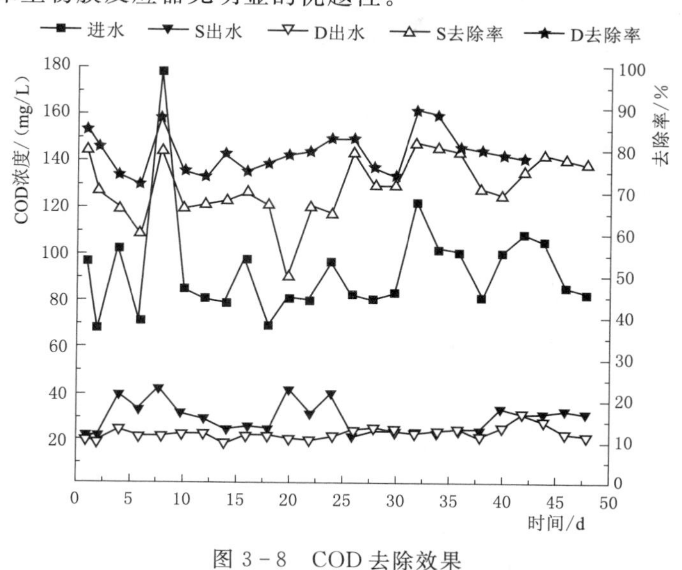

图3-8 COD去除效果

注 图中S出水代表交替式移动床生物膜反应器出水；D出水代表DE氧化沟出水；S去除率代表交替式移动床生物膜反应器出水COD的去除率；D去除率代表DE氧化沟出水COD的去除率。

(2) 氨氮的去除效果。氨氮去除效果如图3-9所示，可以看出，在连续检测进水、出水水质指标的初始阶段，交替式移动床生物膜反应器出水随进水氨氮浓度变化而上下浮动，在进水氨氮浓度最高值为36mg/L时，出水浓度也出现了最高值为8mg/L；而在随后的实验过程中出水趋于稳定不随进水上下浮动，进水氨氮浓度最高为31.2mg/L，出水氨氮平均值为2.05mg/L，平均氨氮去除率为91.6%，最高氨氮去除率为97.9%。分析原因：当进水氨氮浓度较高，高氨氮污水的毒性对载体上未成熟的生物膜造成冲击时，导致好氧的硝化细菌活性降低，所以出现出水浓度也随之增高，并在短时间内恢复。但随着时间推移悬浮载体上的微生物菌落逐渐成熟之后，高浓度进水再对成熟的生物膜造成冲击时，没有出现因生物膜受高氨氮进水冲击而出水氨氮升高的情况。而DE氧化沟工艺出水氨氮浓度的平均值为2.02mg/L，平均氨氮去除率为91.39%，最高氨氮去除率为96.17%。两种工艺出水相比较，现有的DE氧化沟工艺出水氨氮的稳定性优于交替式移动床生物膜反应器，主要是DE氧化沟工艺是大规模的生产性工艺，受外界环境因素的影响较小；而交替式移动床生物膜反应器的实验规模较小，容易受到外界条件的影响。

氨氮的去除主要是靠有氧的环境下，氨氮被硝化细菌所氧化成硝态氮、亚硝态氮。其中包括两个基本反应步骤：①亚硝酸菌将氨氮转化为亚硝态氮的反应；②硝酸菌将亚硝态氮化为硝态氮，亚硝酸菌和硝酸菌都是化能自养型菌，它们利用CO_2、CO_3^{2-}、HCO_3^-等无机碳作为碳源，通过NH_3、NH_4^+或NO_2^-的氧化还原反应获得能量。硝化反应过程是在好氧环境下进行，并以氧分子作为电子受体，氮元素作为电子供体。其相应的反应式为：

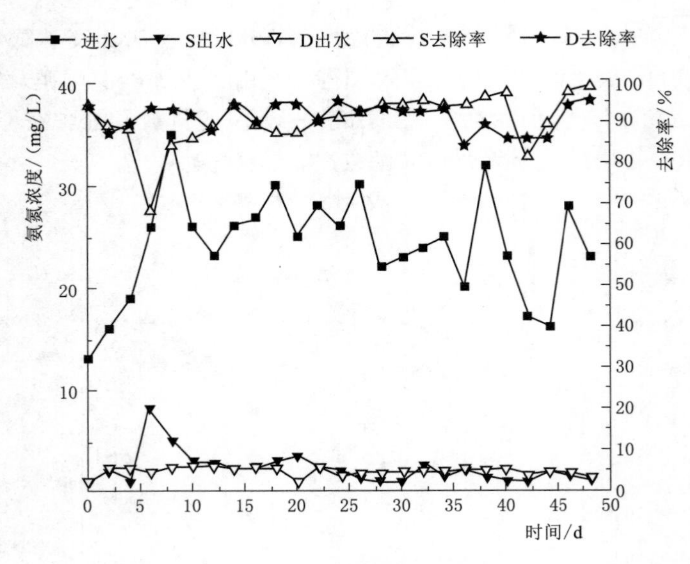

图3-9 氨氮去除效果

注 S去除率代表交替式移动床生物膜反应器出水氨氮的去除率；D去除率代表DE氧化沟出水氨氮的去除率。

亚硝化反应方程式：

$$55NH_4^+ + 76O_2 + 109HCO_3^- \longrightarrow C_5H_7O_2N + 54NO_2^- + 57H_2O + 104H_2CO_3$$

硝化反应方程式：

$$400NO_2^- + 195O_2 + NH_4^+ + 4H_2CO_3 + HCO_3^- \longrightarrow C_5H_7O_2N + 400NO_3^- + 3H_2O$$

在好氧生物膜反应器内有充足的氧气、高浓度的NH_4^+等条件，促使了整个生化反应向右进行，反应产物跟随出水流进下一级反应器。所以整个反应一直进行着，出水氨氮自然就出现了以上结果。

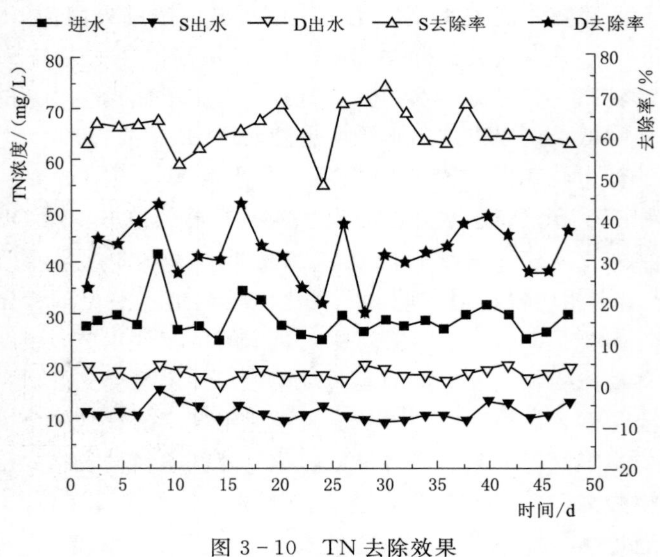

图3-10 TN去除效果

注 S去除率代表交替式移动床生物膜反应器出水TN的去除率；D去除率代表DE氧化沟出水TN的去除率。

(3) TN的去除效果。TN去除效果如图3-10所示，可以看出交替式移动床生物膜反应器对TN的去除效果较为理想，S出水TN浓度稳定在15mg/L以下。交替式移动床生物膜反应器对TN的去除主要分为两个阶段，首先是好氧生物膜反应器内载体上微生物的生长繁殖消耗氮源以及载体上生物膜形成（好氧-缺氧-厌氧）同时硝化-反硝化机制脱氮，而后是厌氧生物膜反应器的厌氧反硝化脱氮。但好氧生物膜反应器脱氮效果不理想，TN去除主要是靠厌氧生物膜反应器的厌氧反硝化过程，通过外加碳源为反硝化过程提供有机碳源促进反硝化脱氮反应的进行。另外，在进水TN最高值为41.7mg/L，好氧生物膜反应器的生物膜受到冲击，出水氨氮超标时，实验出水的TN浓度并没有出现较大波动，平均值为10.6mg/L，最高值为12.6mg/L，平均TN去除率在64%左右，最高TN去除率可达82%。分析其原因主要是好氧生物膜反应器内载体生物膜虽受到冲击影响其硝化反应，但它与厌氧生物膜反应器是两个独立的处理单元。而厌氧生物膜反应器内硝态氮（NO_3^--N）的底物浓度降低，抑制了反硝化脱氮反应的进行，同时对可利用的有机碳源形成积累。反而有机碳源浓度的增加促进了反硝化细菌脱氮反应。所以交替式移动床生物膜反应器脱氮效果十分理想、稳定性好、耐冲击能力强。在总氮的去除效果方面交替式移动床生物膜反应器具有其他传统活性污泥法工艺不可超越的优越性。然而现有的DE氧化沟工艺对TN的去除仅能满足国家的一级B标准。现有工艺出水TN浓度平均值为19.28mg/L，平均TN去除率仅为34.34%，最高TN去除率为46.76%。

相比于现有的DE氧化沟工艺，交替式移动床生物膜反应器后置脱氮的处理工艺的优点主要表现在脱氮效果上。该工艺能够使出水稳定达到国家一级A的标准。出现如此好的处理效果主要是投加的增效菌中含有大量反硝化细菌经过培养附着在流化载体表面，同时给它提供充足、可以直接利用的有机碳源并且具备厌氧环境，此时氮元素经过好氧生物膜反应器的消化作用大部分转化成硝态氮。所以交替式移动床生物膜反应器脱氮效果非常理想。

(4) 交替式移动床生物膜反应器水力负荷性能分析。根据德阳某污水厂实际进水量的波动情况，高峰时段为12：00—23：00，流量平均值为$9.968\times10^4m^3/d$，停留时间为12.79h。低峰时段为0：00—11：00，流量平均值为$8.890\times10^4m^3/d$，停留时间为14.34h。实验运行过程中实测数据如下：好氧低峰期进水量为$0.192m^3/h$、停留时间为10.2h；高峰期进水量$0.240m^3/h$、停留时间为8.16h。

进水波动实验连续运行两周，并检测该阶段的进出水COD、氨氮以及TN浓度变化，进出水水质指标如图3-11所示。

由图3-11可以看出，交替式移动床生物膜反应器在进水量高峰期-低谷期波动的情况下，出水各指标均比较稳定，出水COD浓度平均值为25.6mg/L，氨氮浓度平均为1.0mg/L，TN浓度平均值为9.01mg/L。由此可见交替式移动床生物膜反应器在进水量高峰期-低谷期波动过程中不影响处理效果。主要是因为交替式移动床生物膜反应器内有附着态和悬浮态的微生物菌群。生物量大，在进水波动水力冲击大时，悬浮态的微生物容易受到冲击并且随出水流失，同时缓解了对附着态微生物菌群的冲击。整个生化处理过程中附着在载体上的微生物菌群起主导主用，所以对处理效果没有影响并且出水比较稳定。交替式移动床生物膜反应器能够适应污水厂日常进水波动的水力冲击。

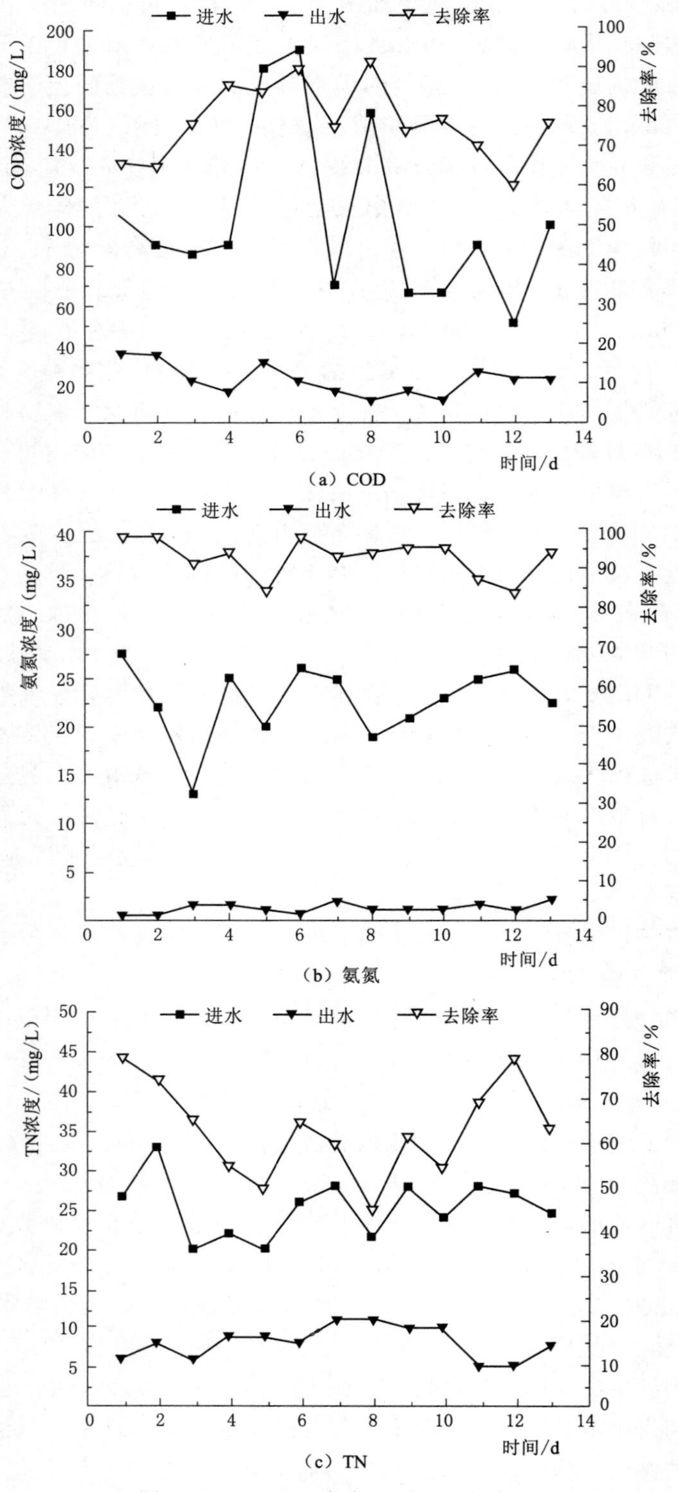

图 3-11　COD、氨氮、TN 去除效果

交替式移动床生物膜反应器的抗冲击负荷能力是通过调节实验设备的进水流量，控制反应器的水力停留时间（HRT）进行操作的。HRT直接影响到污水厂提标改造的建设成本以及整个污水厂处理量的问题。此外，本项目要求在原有构筑物的基础上完成提标改造，也就是说污水厂在池溶方面没有扩溶的可能性，在出水满足要求的前提下，要求交替式移动床生物膜反应器能够处理该污水厂收集的全部污水。实验对好氧生物膜反应器的抗水力冲击负荷性能进行研究。以对好氧生物膜反应器的HRT为参数进行了实验研究，HRT由9h、8h、7h逐级降低，并观察出水氨氮浓度变化，实验过程中进水、出水氨氮变化曲线如图3-12所示。

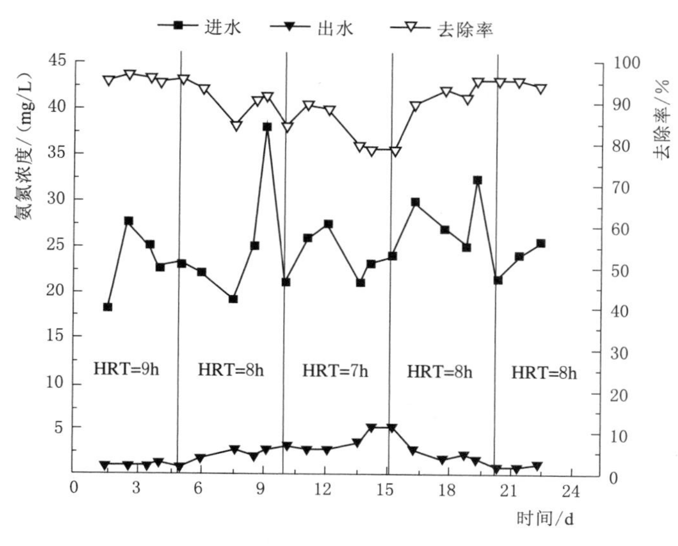

图3-12 氨氮变化曲线

由图3-12可以看出，HRT越短也就是水力负荷越大，出水氨氮增减越大。在HRT为7h时，出水氨氮浓度临近5mg/L的边缘，考虑到高氨氮对微生物的毒性以及出水的稳定性，又将HRT调整到8h。虽然HRT在7～9h之间很小的波动，但换算到实验条件下污水处理量是6.72～5.22m^3/d，原有DE氧化沟的HRT为10.4h，污水处理量为10万m^3/d。实验稳定运行时HRT为8.16h，污水处理量为5.76m^3/d。若以8.16h为基础，交替式移动床生物膜反应器能够接受的处理量增幅在14.5%。若以现有构筑物的容积计算，交替式移动床生物膜反应器的污水处理量高达11.7万m^3/d。另外，污水厂实际运行过程中，不可能出现高达17%的大水量冲击并且持续4～5d。交替式移动床生物膜反应器能够处理17%增幅的污水量，可见交替式移动床生物膜反应器在处理量的问题上弹性空间很大，适合应用于该污水厂的升级改造。

（5）交替式移动床生物膜反应器脱氮性能分析。实验过程中，为探索交替式移动床生物膜反应器的脱氮性能，进行了人为投加氮源（碳酸氢铵）提高进水总氮实验。由于污水厂接纳高浓度污水属于特殊情况而且接纳的时间也是某一时段且持续时间较短。所以为了更真切地模拟冲击强度及冲击时间情况。氮源投加分两个阶段即分别在进水高峰期与进水低谷期进行投加，投加量按20mg/L的量投加到沉淀桶里并搅拌均匀，每个时段维持高浓度氨氮进水冲击 2h，冲击时间段分别在上午的 10：00—12：00 和下午的 2：30—4：30。同时根据出水情况适量增加投加量，探索交替式移动床生物膜反应器污水处理工艺的脱氮能力。投加氮源后的氨氮、TN 的进水、出水数据分析如图 3-13 所示。

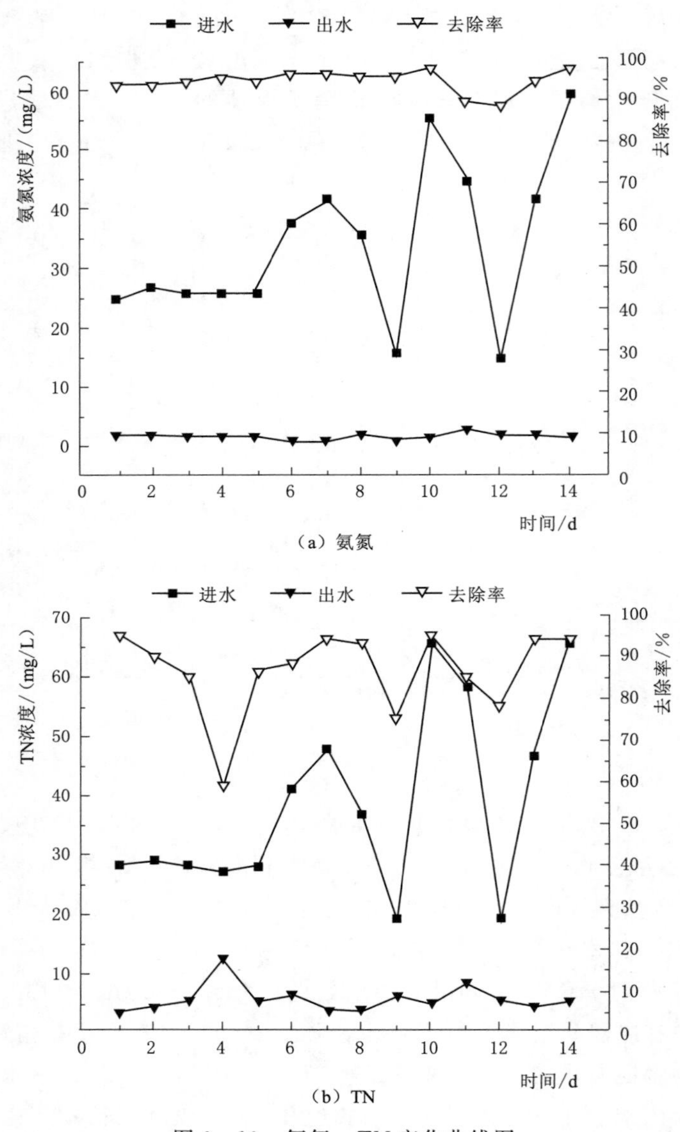

图 3-13　氨氮、TN 变化曲线图

实验过程中氮源（碳酸氢氨）的投加量逐渐增加，并且根据污水厂实际运行情况间歇性投加，第一周的冲击实验中由于进水浓度的问题，开始阶段氨氮的浓度并没有达到预期的高浓度。首次氮源的投加使氨氮浓度达到 45mg/L，TN 浓度 47.7mg/L 时，系统出水氨氮浓度为 1.24mg/L，TN 浓度为 2.5mg/L。此时进水氨氮、TN 浓度与该污水厂历年进水氨氮、TN 最高浓度基本持平。为进一步验证该工艺的脱氮能力，继续增加氮源的投加量提高进水氨氮、TN 浓度。第二次投加氮源后，进水氨氮、TN 浓度高达

65.2mg/L 左右，由氨氮、TN 浓度的变化曲线可以看出，在高浓度进水冲击时，出水氨氮、TN 浓度均出现一定的增幅，但随着进水浓度的恢复，出水也很快恢复正常，并且维持稳定。随后又进行了第三次氮源的投加，进水氨氮、TN 浓度又一次达到了 65mg/L 左右。此次投加氮源提高进水氨氮、TN 浓度，对出水氨氮、TN 浓度基本没有影响。分析原因，主要是连续的三次投加实验，对反应器内的微生物进行了驯化，特别是硝化细菌，使得硝化细菌能够在高浓度氨氮的水环境中存活，并维持较高的硝化反应活性。考虑到污水厂实际运行过程中不可能出现如此高浓度的进水，以及对系统的保护，没有继续增加氮源投加量。从冲击实验中可以得出，交替式移动床生物膜反应器的脱氮能力超强并且恢复能力也相当好，抗冲击负荷阶段出水 TN 平均浓度为 3.79mg/L，TN 平均去除率高达 86.99%。

另外，TN 浓度变化曲线中，在第 4d 时出水 TN 浓度出现了一个高峰值，原因是实验装置的碳源投加设备故障，造成碳源没能向设备厌氧生物膜反应器内投加，反硝化脱氮反应因缺少碳源抑制了整个生化反应的推进，所以出水 TN 浓度出现了一个高峰，待设备维修好正常运行后，出水 TN 浓度也恢复正常。因此也得出碳源是影响交替式移动床生物膜反应器脱氮效果的重要因素。

(6) 交替式移动床生物膜反应器除磷性能分析。交替式移动床生物膜反应器污泥量很少，仅有载体上脱落的生物膜，所以在除磷方面存在弊端，除磷效果如图 3-14 所示。由图可以看出，交替式移动床生物膜反应器除磷效果很差，出水 TP 浓度平均值为 1.56mg/L，平均 TP 去除率仅为 36.36%。要达到真正意义上的国家一级 A 出水必须借助化学除磷。

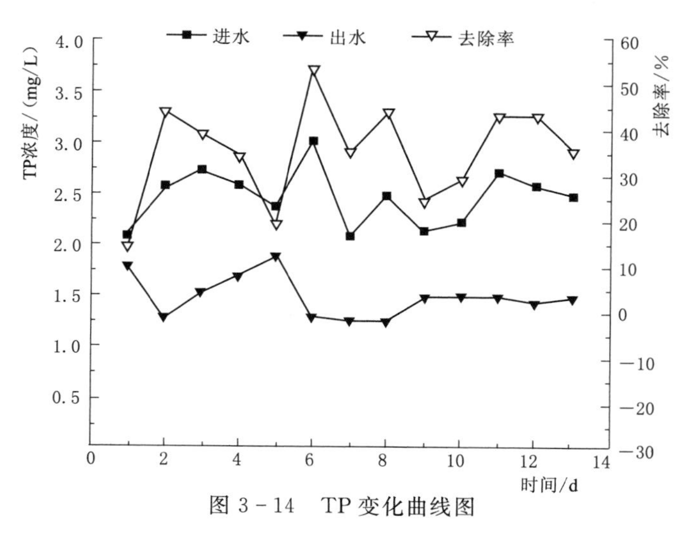

图 3-14　TP 变化曲线图

针对泥水混合液进入二沉池后的沉降性能和化学除磷（药品选用 PAC）进行了如下的烧杯沉降小试：取 6 个容量为 1L 的烧杯，均加入厌氧反应器的出水 1L，然后向 6 个烧杯中分别加入 0mg/L、10mg/L、20mg/L、40mg/L、60mg/L、80mg/L 的药品迅速搅拌，随时观察污泥的沉降情况并待其静置 2h 后取上清液化验其 TP。药品投加量与 TP 浓度曲线如图 3-15 所示。

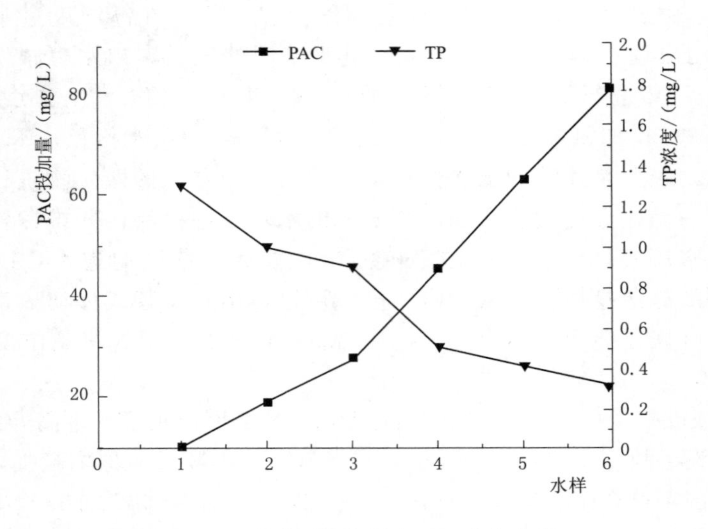

图 3-15　药品投加量与TP浓度曲线

由图3-15可以看出药品（PAC）投加量越多，出水的TP浓度越低，同时观察到其沉降速度也越快。当药品投加量为60g/L时，出水TP浓度为0.4mg/L，也就是图中第5个水样对应的两个点。此时刚好满足国家一级A标准TP浓度在0.5mg/L以下。结论：①加药品搅拌过的烧杯会有少量悬浮物经过聚集絮凝最后沉淀在底部，而没有加药的和加药搅拌时间短的基本肉眼看不到悬浮物；②通过对药品不同浓度的投加发现，当药品（PAC）浓度在60g/L时，出水TP浓度为0.4mg/L，此时出水较为清澈并且排放满足要求，并且沉降性良好。化学药品的投加量应该根据交替式移动床生物膜反应器投产运行后实际的出水情况再做调整。

（7）交替式移动床生物膜反应器出水稳定性分析。为了了解交替式移动床生物膜反应器在每天各个时间段的处理稳定性情况，进行了24h连续检测，实验中使用临时自动取样机每周进行一次连续取样，自动取样机每2h取一次样，一天12个水样，待12个水样取完后一起检测。分别在4月1日、4月9日和4月16日进行了连续检测。3d总共取36个水样，检测COD浓度、TN浓度变化曲线如图3-16所示。

取样时间越早水样的存放时间越长，由图3-16可以看出随着水样存放时间的延长TN含量逐渐降低，最早取出的水样存放24h后检测，3个水样TN浓度平均值为2.29mg/L、COD浓度平均值为19mg/L；最后取出的3个水样TN浓度平均值为6.73mg/L、COD浓度平均值为32mg/L。分析其原因，主要由于设备没有设二沉池出水会带有部分厌氧污泥（载体脱落的微生物）、未被利用的碳源、厌氧环境（DO≤0.5mg/L）以及取样设备未能将水样低温保存等。致使水样具备了厌氧反硝化条件，出水混合液继续进行反硝化脱氮反应，导致出水TN浓度、COD浓度随着存放时间的延长而降低。由此可以推断出水进入二沉池后或者延长厌氧生物膜反应器的停留时间，处理效果会更好。由此可见交替式移动床生物膜反应器在各时间段处理情况非常稳定。

为进一步证实出水进入二沉池或者延长厌氧生物膜反应器的停留时间，出水的泥水混

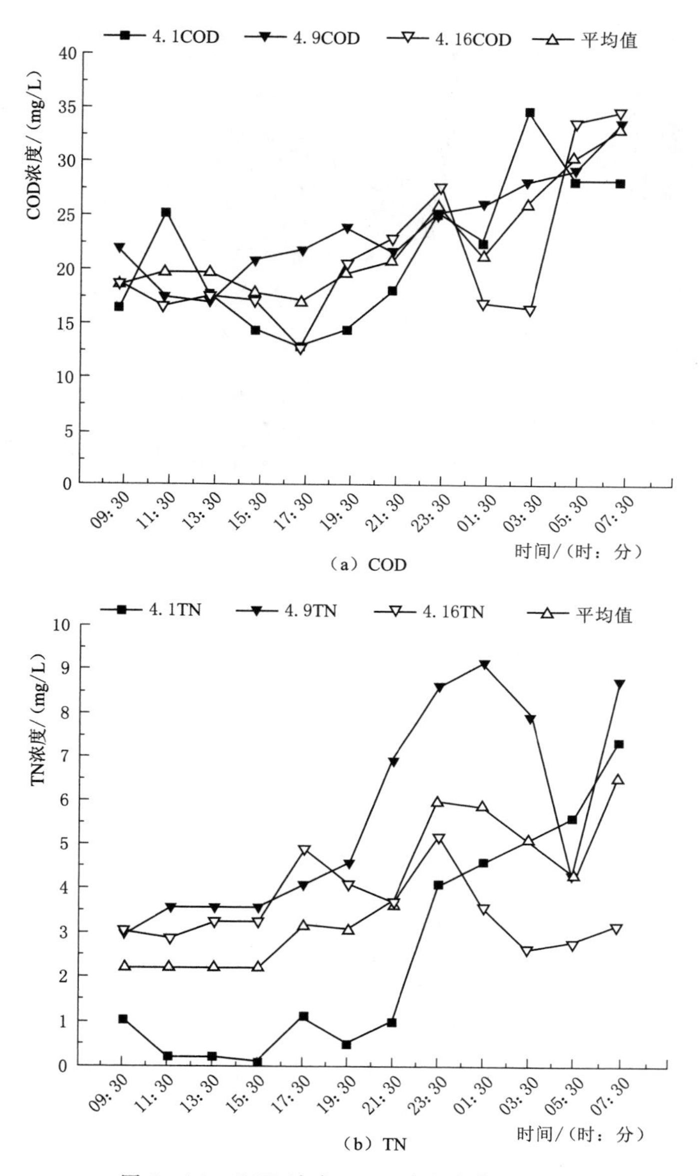

(a) COD

(b) TN

图3-16　COD浓度、TN浓度变化趋势图

合物会继续进行反消化脱氮反应。实验中使用一个烧杯直接取厌氧生物膜反应器的泥水混合液出水，存放2h观察烧杯的变化情况，实验结果如图3-17所示。

两组照片的对比，很清晰地发现水样存放2h后，烧杯壁上出现了大量的气泡，再结合连续取样检测数据，更加有理有据地证明了出水进入二沉池或者延长厌氧生物膜反应器的停留时间，交替式移动床生物膜反应器的处理效果会更好。

(8) 交替式移动床生物膜反应器碳源投加经济性分析。碳源的投加量将是交替式移动床生物膜反应器投产运行的主要成本。实验对碳源(90%的乙醇)投加量以及出水TN浓度情况进行经济性分析实验(即碳源投加量最少并且出水TN浓度刚好满足稳定15mg/L以下

（a）存放前　　（b）存放后

图 3-17　烧杯取水存放 2h 对比图

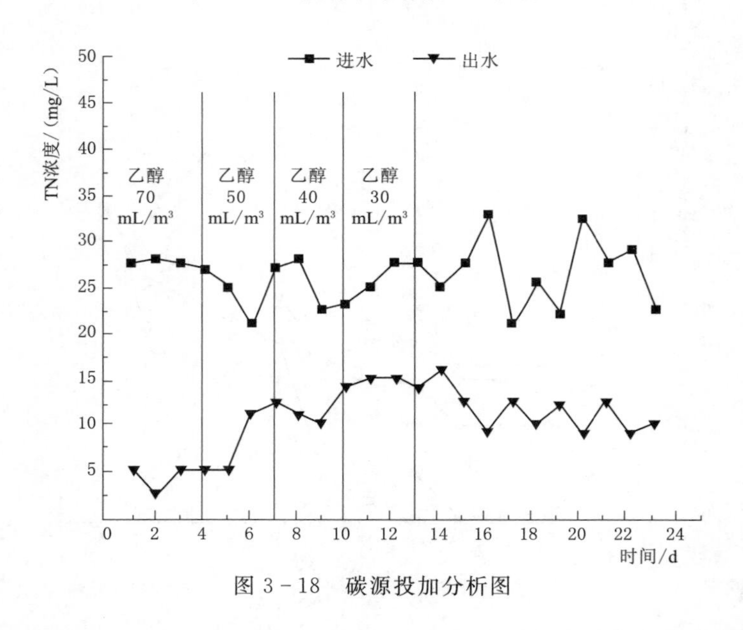

图 3-18　碳源投加分析图

即可）。探究碳源投加量的最优点，首先碳源投加量从原来 70mL/m³ 的基础上 50mL/m³、40mL/m³、30mL/m³ 逐级降低直到出水 TN 浓度不达标为止，3d 为一个梯度周期。碳源投加量降到不达标后，反向增加碳源投加量到临界值（碳源投加量与出水 TN 达标的最优点）。整个实验的碳源投加量与出水数据变化曲线图如图 3-18 所示。

由图 3-18 可以看出碳源投加量为 70mL/m³ 时出水 TN 浓度最高不超过 5mg/L，投加量逐渐降低的过程中，TN 浓度也逐渐升高。在投加量降到 30mL/m³ 时，出水 TN 浓度超过 15mg/L，出水浓度最高为 15.4mg/L。然后再增加碳源的投加量到 40mL/m³，由于前面的低投加量影响，开始出水 TN 浓度高达 15.9mg/L。随后的稳定运行过程中出水 TN 浓度最高 12.3mg/L。分析可知：碳源量逐渐降低的过程中，厌氧生物膜内反硝化脱氮的碳源不足，造成的出水 TN 浓度升高。最终确定碳源投加量为 40mL/m^3时，出水 TN 浓度平均值为 10.6mg/L，TN 浓度最高值为 12.3mg/L。另外，由实验数据可以看出，随着碳源投加量的增加，出水 TN 浓度逐渐降低，但根据排放标准的要求，即出水稳定在 15mg/L 以下即可，实验中碳源投加量为 40mL/m^3，出水 TN 为 9.6～12.3mg/L。从投产运行的经济性方面考虑，最后确定碳源的投加量为 40mL/m^3。

3.1.5 低 C/N 城市生活污水处理研究

1. 工艺设计

（1）实验用水。实验用水取自该污水厂的初沉池出水，水质情况见表 3-2。

表 3-2 废水的水质情况

指标	COD/(mg/L)	氨氮/(mg/L)	TN/(mg/L)	pH
范围	180～350	50～80	60～90	7～8

（2）实验装置。交替式移动床生物膜反应器（由不锈钢钢材制作）如图3-19 所示，主要由一级好氧生物膜反应器（有效容积 192.6L）、厌氧生物膜反应器（有效容积 183.6L）和二级好氧生物膜反应器（有效容积 345.6L）3 部分组成。整个实验过程在室温条件下运行，进水由自吸泵供给，好氧生物膜反应器采用穿孔曝气方式，由空气压缩机提供曝气气源；厌氧生物膜反应器设有一台 60～80r/min 的立式加药搅拌机，保持载体流化状态。

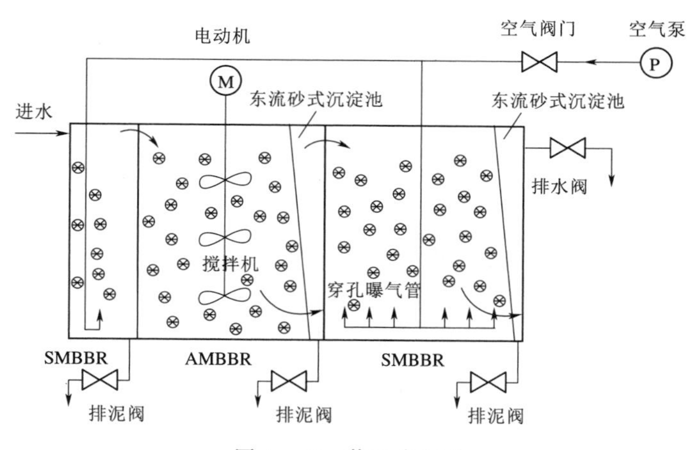

图 3-19 装置流程图

2. 处理效果

（1）挂膜阶段。采用排泥挂膜法启动反应器。按好氧生物膜反应器和厌氧生物膜反应器各单元有效容积的 50%接种活性污泥，投加填充率 50%的亲水性载体，浸泡在接种活性污泥的污水中 24h，使载体和污泥充分接触。排掉 1/3 泥水混合液，开始连续进水和持续曝气，进水流量从 21.6L/h 逐渐提高到 36L/h。第 10d 可以观察到载体上出现黄色菌斑，第 15d 时载体内部有一层相对均匀但较薄的淡黄色生物膜，并且生物膜逐渐变厚（约为 0.3mm），通过显微镜观察可知，生物膜上存在钟虫、累枝虫等原生动物和轮虫等后生动物，如图3-20所示，表明生物膜正在逐渐趋于成熟。工艺运行后开始连续检测进出水，图3-21为工艺挂膜阶段的进水、出水COD浓度、氨氮浓度及其去除率的变化曲线。由图3-21可知，在第30d时，出水COD和氨氮的平均去除率均达到70%左右，综合生物膜镜检结果可知，反应器挂膜成功。

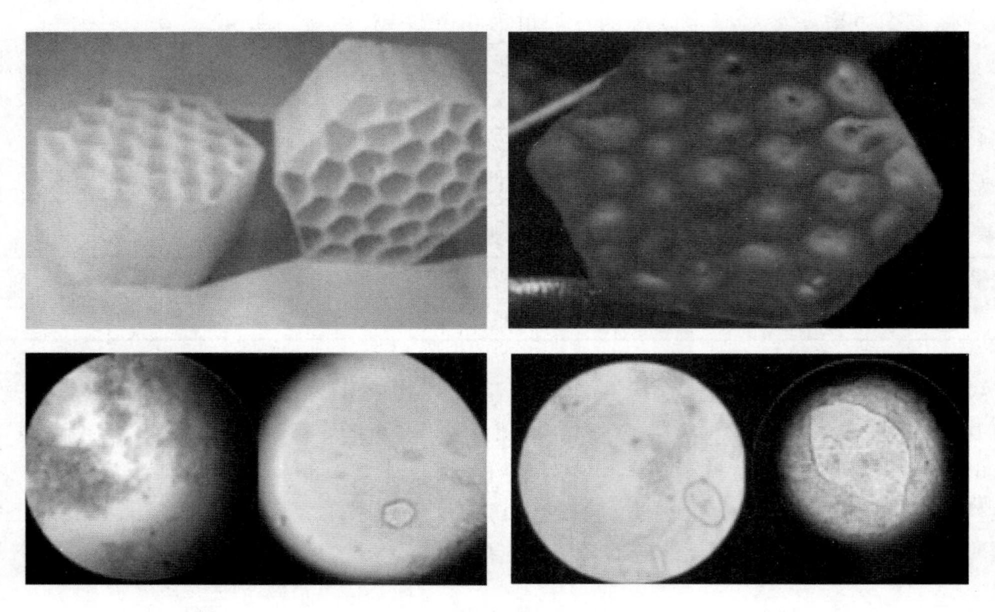

图3-20　生物膜表观及镜检

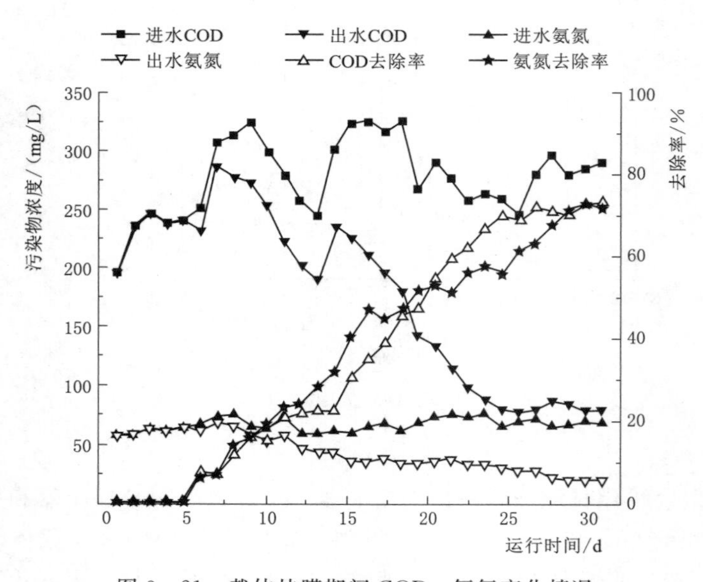

图3-21　载体挂膜期间COD、氨氮变化情况

（2）硝化液回流比对脱氮性能的影响。不同硝化液回流比情况下氨氮的去除效果如图3-22所示，氨氮去除率随着硝化液回流比增加而不断升高，在回流比分别为50%、

100%和 150%时，氨氮平均去除率均达到 90%以上，满足一级 A 标准；回流比增加到 200%时，出水的氨氮含量几乎为零。污水进入交替式移动床生物膜反应器，经过一级好氧生物膜反应器和厌氧生物膜反应器，已去除大量有机物。进入二级好氧生物膜反应器的污水有机物含量较低，反应器内投加的亲水性载体有利于自养型硝化细菌的生长繁殖和富集，表现出良好的硝化效果，致使氨氮出水几乎达到零排放。

不同硝化液回流比情况下 TN 的去除效果如图 3-23 所示，TN 的去除率呈现先升高后降低的趋势，在硝化液回流比为 50%时，TN 平均去除率达到 79%，出水 TN 浓度平均值 16.75mg/L，不满足一级 A 排放标准。这是因为污水本身 C/N 较低，经过一级好氧生物膜反应器和厌氧生物膜反应器处理的出水无法满足二级好氧生物膜反应器的生物膜的生长需求，所以二级好氧生物膜反应器生物膜相对较薄，生物膜内外环境差异不明显，在反应器内部无法形成好氧-兼性厌氧微环境，不利于发生 SND 的发生，从而无法实现硝态氮的有效去除，导致出水 TN 浓度不达标。当硝化液回流比分别为 100%和 150%时，出水 TN 浓度均满足一级 A 出水标准。硝化液回流比为 200%时，出水 TN 浓度的平均值为 14.53mg/L，平均去除率发生下降。这主要是因为厌氧生物膜反应器容积较小，当硝化液回流比过大时，从二级好氧生物膜反应器回流到厌氧生物膜反应器的硝酸盐不能完全被消耗并且过大的回流会缩短厌氧生物膜反应器的 HRT，剩余的硝酸盐直接进入二级好氧生物膜反应器，导致出水 TN 浓度偏高。

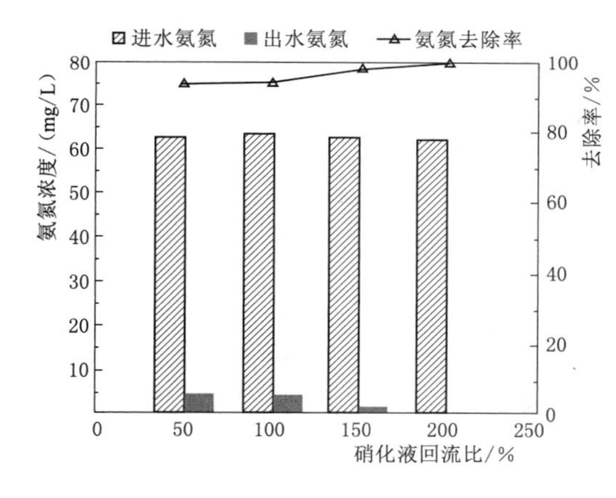

图 3-22 不同硝化液回流比情况下氨氮的去除效果

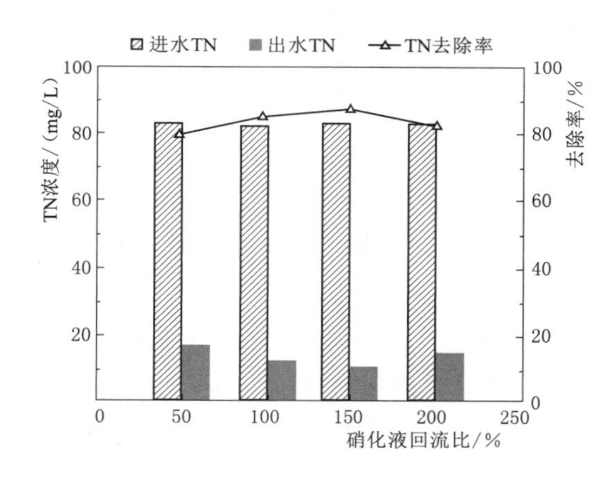

图 3-23 不同硝化液回流比情况下 TN 的去除效果

综合来说，控制合理的硝化液回流比，交替式移动床生物膜反应器工艺对氨氮、TN 的去除效果比较理想。

(3) DO 浓度对脱氮性能的影响。好氧生物膜反应器依靠曝气装置使载体处于流化状态，利用附着在载体表面的微生物实现脱碳除氮。影响同步硝化-反硝化的一个重要因素就是 DO 浓度，通过控制 DO 浓度，在生物膜内外形成 DO 梯度差，生物膜同时存在好氧和厌氧微环境，为实现硝化-反硝化创造条件。交替式移动床生物膜反应器由 3 部分组成，主要考察 DO 浓度对一级好氧生物膜反应器的脱氮性能影响。

DO 浓度对氨氮去除效果的影响如图 3-24 所示，由图可知，DO 浓度对好氧生物膜反应器的氨氮去除效果影响显著。反应器DO浓度在1mg/L左右时，氨氮的平均去除率仅为26.56%。分析原因，主要是在低DO浓度时，反应器处于缺氧状态，好氧硝化菌的活性低，导致反应器硝化速率低。随着DO浓度的增加，反应器对氨氮的去除率也逐渐升高。当DO浓度为3～4mg/L时，好氧硝化菌处于优势地位，硝化反应速率加快，对氨氮的去除效果理想。当DO浓度增加到5mg/L时，虽然氨氮的去除率有所增加，但效果不明显。其主要原因是试验装置通过空压机供给溶解氧，过高的曝气带来的水力冲击影响载体上生物膜的生长稳定性，并加快有机物的分解，导致生物膜老化和脱落。

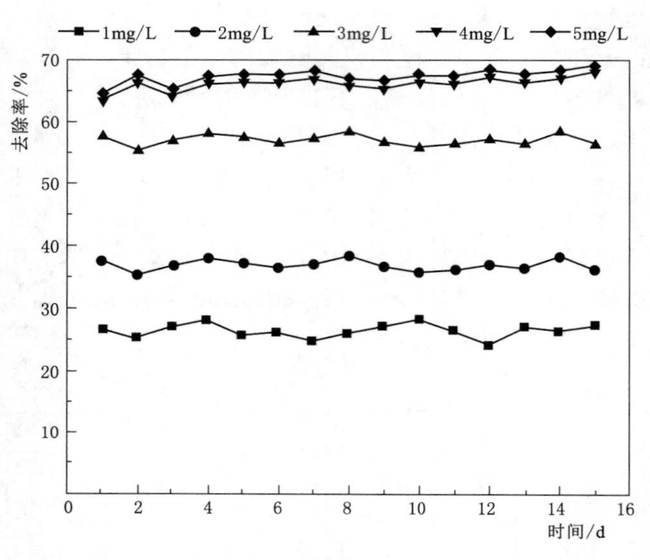

图3-24　DO浓度对氨氮去除效果的影响

注　图中不同曲线表示不同DO浓度。

DO浓度对TN去除效果如图3-25所示，可以看出，随着DO浓度的增大，TN去除率的趋势是先增加后下降。DO浓度为1mg/L左右时，由于载体表面形成缺氧层，生物膜呈现黑色，反硝化能力强，但硝化速率较低，导致氨氮去除率低，出水TN去除率偏低。当DO浓度增加到3mg/L时，氨氮去除效果良好，产生的硝态氮和亚硝态氮较少，所以TN的去除率最高。可以推断，当DO浓度为3mg/L时，反应器内硝化反应和反硝化反应同时进行，实现了同步硝化-反硝化脱氮，所以TN的去除效果非常好。当DO浓度继续增加时，TN去除效果呈现下降趋势。主要原因是DO浓度过高，破坏了生物膜内部的厌氧层，反硝化反应受到抑制，氨氮转化成硝态氮和亚硝态氮而无法去除，导致TN去除率降低。

（4）温度对脱氮性能的影响。考虑到包头市四季温差大，并且系统在运行期间经历了季节性变化，温度对微生物活性有重要影响，因此研究温度对交替式移动床生物膜反应器的脱氮性能的影响。

温度对氨氮去除效果的影响如图3-26所示，可以看出，当反应器总的HRT为25.4h时，温度分别为15℃、20℃、25℃和30℃时，氨氮的去除率分别为93.76%、

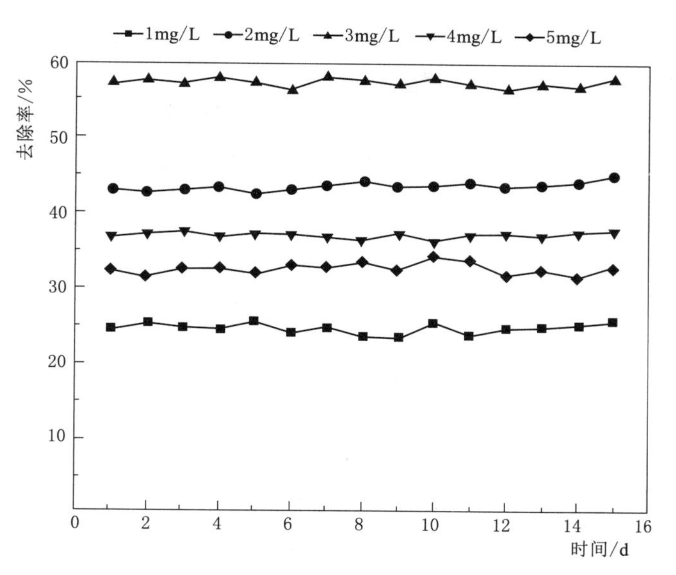

图 3-25 DO浓度对TN去除效果的影响

注 图中不同曲线表示不同DO浓度。

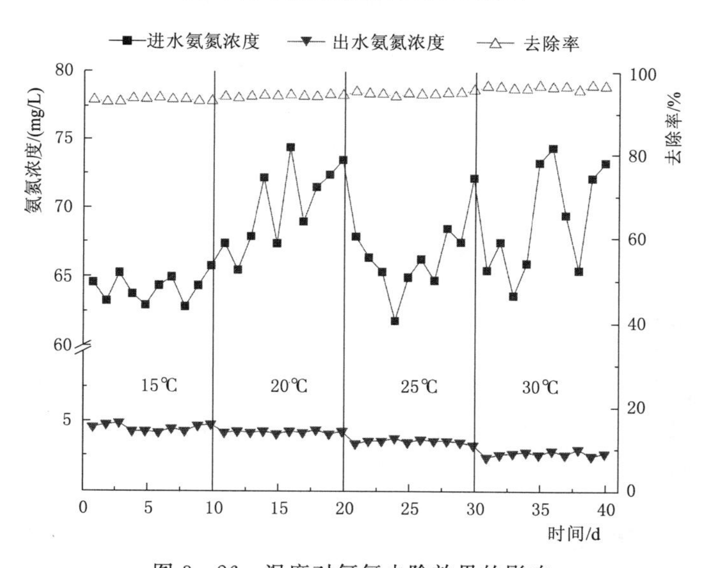

图 3-26 温度对氨氮去除效果的影响

94.98%、96.33%和96.10%。可知温度对交替式移动床生物膜反应器的氨氮去除性能影响不大，虽然低温时硝化性能受到影响，出水氨氮浓度相对较高，但仍满足一级A排放标准。考虑包头当地冬季气温更低，可以通过延长HRT，保证出水氨氮的达标排放。原因主要是悬浮载体在低温环境中可以富集大量的耐寒微生物，实现高效的硝化反应，并且载体表面的生物膜生长周期长，可以保持足量的硝化细菌。

温度对TN去除效果的影响如图3-27所示，可以看出，温度变化时，反应器内TN的变化曲线与氨氮的相似。随着温度升高，TN去除率随之升高。但综合来看，温度变化对TN的去除效果影响也不大。TN的去除效果由硝化反应和反硝化反应共同决定。一级好氧生物膜反应器中的悬浮载体通过微生物凝聚形成的生物膜形成好氧厌氧同时存在的微环境，生物膜内部存在大量的反硝化细菌，保证较高的反硝化速率。低温时，硝化-反硝化反应保持相对稳定，如果增加 HRT，也会延长硝化-反硝化的反应时间，分解污水中的溶解性有机质，污泥分解、低分子化为反硝化提供碳源。同时温度对厌氧生物膜反应器的硝化反硝化影响也不大。

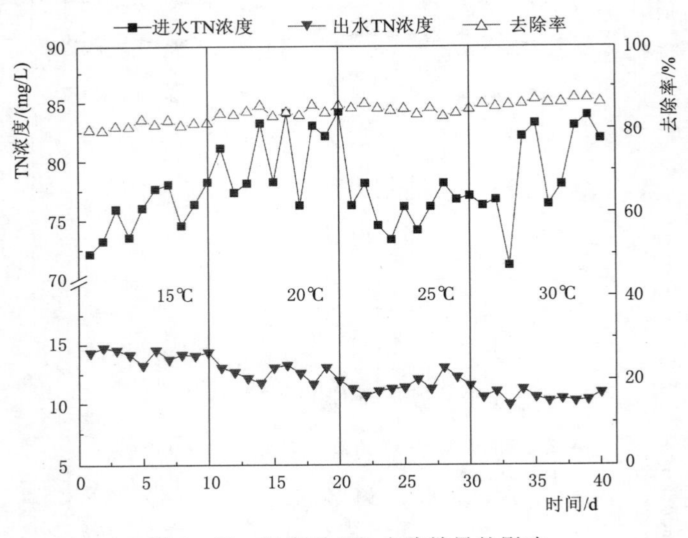

图 3－27　温度对 TN 去除效果的影响

3.2　焦化废水

3.2.1　研究背景

随着人们环保意识的提高以及国家更严格的标准出台，各行各业纷纷寻求更加合适的废水处理技术。目前国内外对焦化废水的处理技术主要包括预处理、生物处理和深度处理。预处理能够保证后续生物脱氮工艺的运行稳定、减少处理负荷、提高废水的生化处理效率，其工艺包括氨水脱酚、蒸氨、脱氰、除油等。当下焦化废水处理仍以生物处理技术为主要的处理方法。以生物脱氮工艺为主，主要包括 A/O 工艺、A^2/O 工艺、O/A/O 工艺、A/O/H/O 工艺、A/O^2 工艺及其他变形工艺。焦化废水经预处理和生物脱氮工艺处理后，大部分易降解有机污染物在此阶段去除，然而仍残存部分有毒、难降解有机污染物，对周围环境造成严重危害，很难达到国家自 2015 年 1 月 1 日起所有企业执行新的排放标准《炼焦化学工业污染物排放标准》(GB 16171—2012)，因此还需结合物理化学方法进行深度处理。

3.2.2　焦化废水特征

焦化废水是在焦化厂的高温碳酸化、煤气净化和化学精炼过程中产生，含有高浓度的氨和顽固的有机污染物，如苯酚、长链烷烃、多环芳香族化合物（Polycyclic Aromatic

Hydrocarbons，PAHs）和氮、氧、硫杂环化合物等，是当下最难处理的废水之一。

焦化废水是一种高污染、难降解的有机工业废水，具有污染物成分复杂，可生化性较差、毒性较高等特点。焦化废水是焦炭生产过程中产生的废液，含有大量污染物，富氮缺磷及可生物利用的营养失衡是焦化废水的主要特征。因煤气净化工艺的不同，焦化废水的水质差异很大。不同的焦化厂水质指标也大不相同，一般焦化厂的蒸氨废水水质为：COD浓度为2700～4200mg/L、酚浓度为400～1500mg/L、硫氰化物浓度为180～400mg/L，氰化物浓度为7～20mg/L、氨氮浓度为60～180mg/L，油小于50mg/L、总凯氏氮为280～420mg/L，若处理不当则将对环境造成极其严重的污染。

3.2.3 焦化废水处理研究

1. 工艺设计

（1）实验用水。实验预处理前的原水取自包钢焦化厂调节池出水，主要水质指标见表3-3。由于原水水质中富氮缺磷及可生物利用的营养失衡，按碳：氮：磷=100：5：1投加磷酸二铵补充磷源。实验的接种污泥取自此焦化厂好氧池新鲜污泥。

表3-3　焦化废水的水质情况

项目	COD/(mg/L)	氨氮/(mg/L)	TN/(mg/L)	TP/(mg/L)	pH	T/℃
范围	1500～3000	60～120	180～300	1～3	8～9	20～35

（2）实验装置。实验载体采用亲水性载体，其规格为六角蜂窝多孔结构，具有比表面积大、高度亲水性、挂膜速度快等优点。实验原水首先经过厌氧水解酸化作用使得有机大分子难降解污染物质转化为小分子物质。厌氧预处理采用厌氧生物膜反应器，预处理后采用好氧生物膜反应器连续运行180d。实验装置由有机玻璃制成，厌氧生物膜反应器容积为68L，为防止污泥流失设有东流砂式沉淀池，搅拌机转速为80r/min。好氧生物膜反应器容积为88L，装置底部设有孔径为3mm的穿孔曝气管，实验装置如图3-28所示。

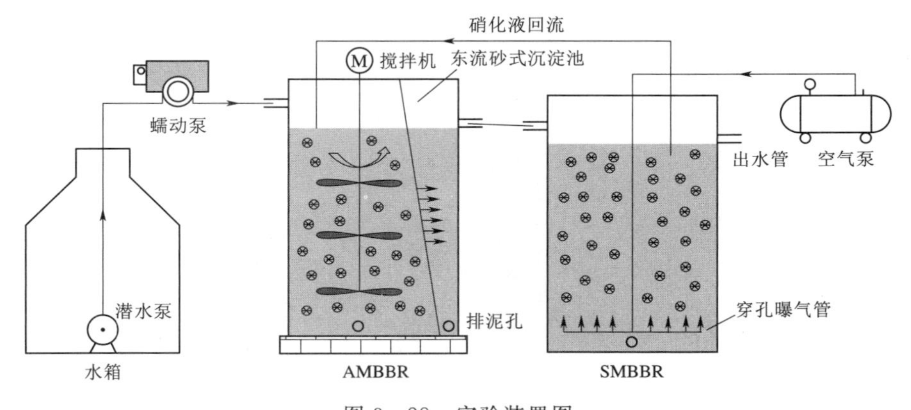

图3-28　实验装置图

2. 处理效果

（1）生物反应器的挂膜启动。实验15d时载体开始出现黄褐色菌斑，30d时载体内表面附着大量絮状微生物，此时反应器挂膜启动完成。装置中载体挂膜情况如图 3－29 所示。由于实验初期污泥浓度较大，接种的污泥还未适应新的环境，污泥的驯化周期较长，微生物生长缓慢，由图 3－29 可知，15d 时载体内壁只附着一层淡黄色薄膜；实验 30d 时可以明显观察到载体内表面附着大量絮状微生物，说明此时微生物已完全适应新环境并快速代谢繁殖，亲水性载体能够为微生物提供理想的生存环境。

（2）生物反应器的处理效果。控制反应条件 DO 浓度为 5mg/L，pH 值为 8，HRT 为 5d，反应装置连续运行 180d，其生物处理效能如图 3－30 所示，好氧生物膜反应器在进水水质波动较大的情况下仍具有较好的处理效果，出水水质均达到《炼焦化学工业污染物排放标准》（GB 16171—2012）。实验初期，由于微生物处于挂膜启动阶段，接种污泥需要一定的适应时间，所以反应 30d 之前，COD、总酚、TN、氨氮、硫氰化物和氰化物的去除率低于中后期。挂膜启动后，COD 去除率逐渐升高并趋于稳定，由之前 COD 平均去除率由 67.6％逐渐达到 83.19％，说明接种的污泥逐渐适应环境并开始生长繁殖。

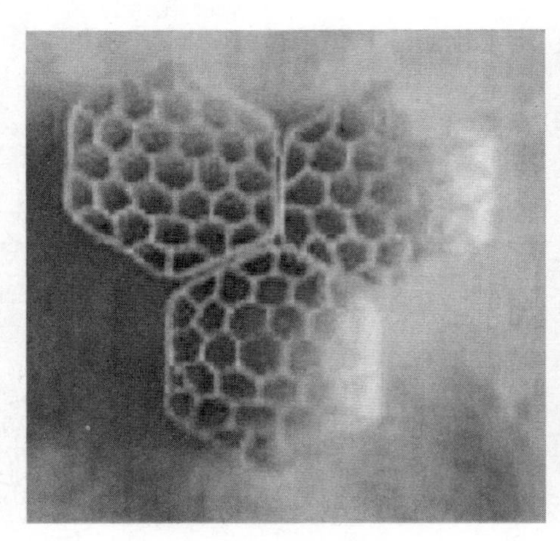

（a）实验前填料

（b）实验15d

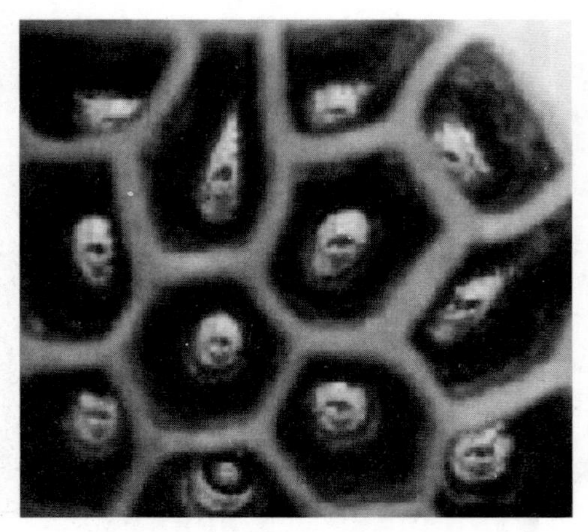

（c）实验30d

图 3－29　载体挂膜情况

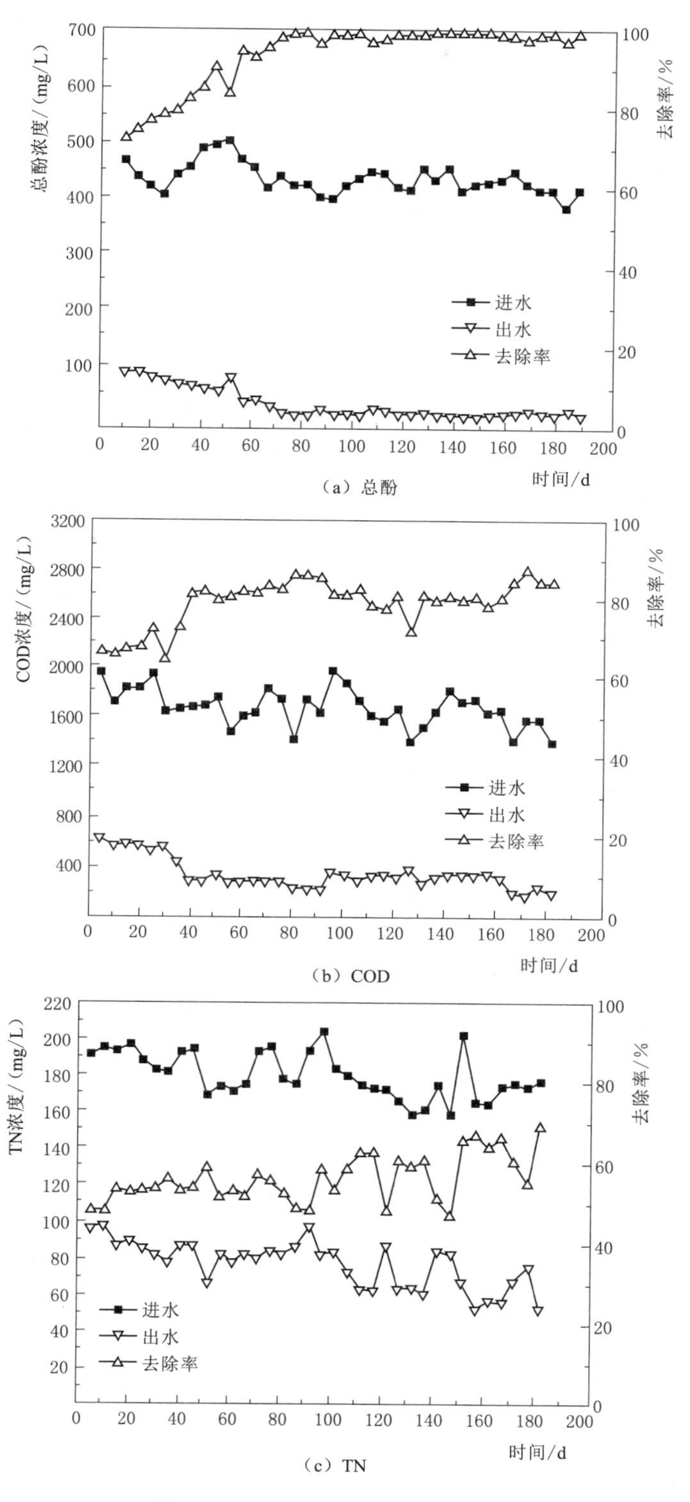

图 3-30(一) 焦化废水处理效能

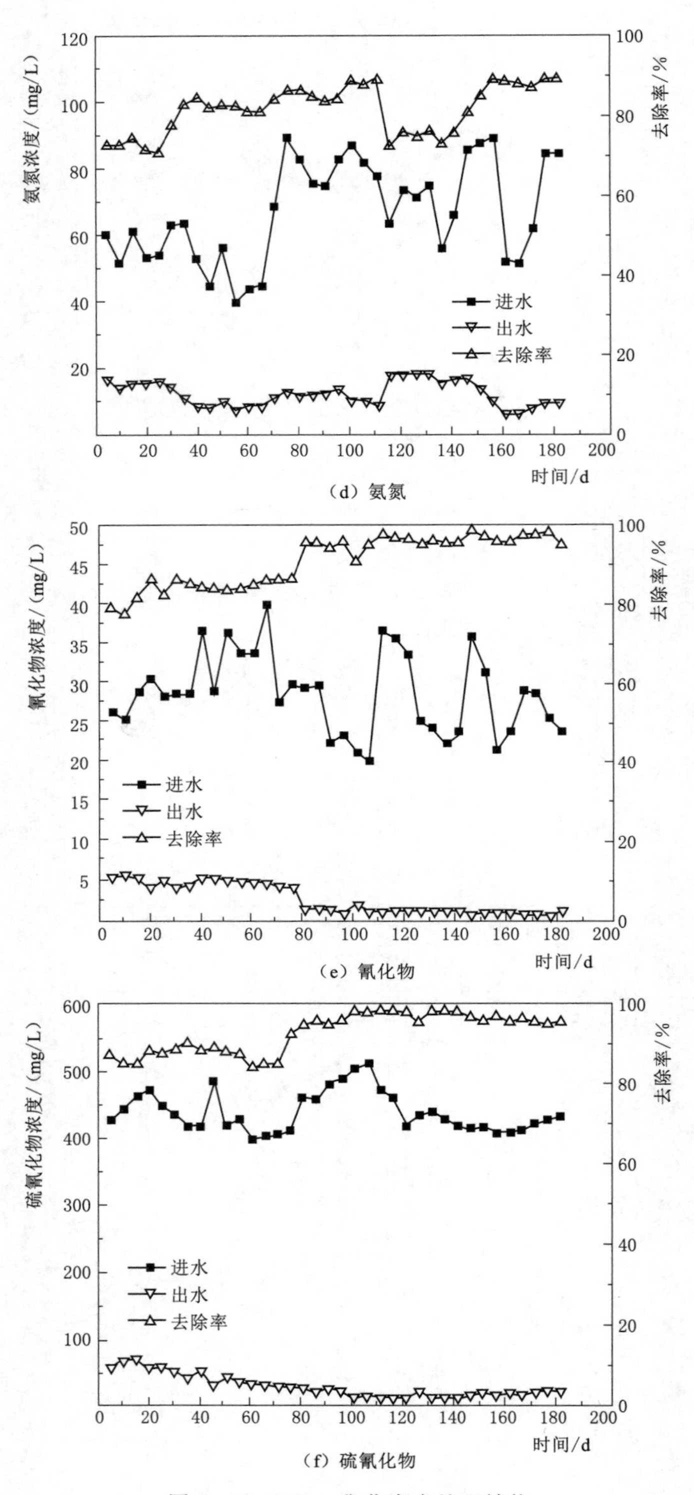

(d) 氨氮

(e) 氰化物

(f) 硫氰化物

图 3-30(二)　焦化废水处理效能

随着微生物逐渐适应反应环境，载体上生物膜逐渐增厚，反应50d后总酚优先开始快速降解，70d后总酚去除率达到最大并趋于稳定，可初步推测酚降解菌的适应期为50d，此阶段酚降解菌快速生长繁殖。而此时系统内硫氰化物和氰化物的去除效果并不明显，表明酚浓度对硫氰化物和氰化物的降解具有抑制作用。

反应器运行80d后，硫氰化物和氰化物的去除率开始明显上升，表明微生物生长随着世代时间的更替，硫氰化物降解菌和氰化物降解菌逐渐适应了环境，当系统内硫氰化物降解菌和氰化物降解菌培养驯化到一定程度，对硫氰化物和氰化物的降解速度加快，污染物的去除效果表现明显。

随着系统稳定运行，氨氮去除率在反应30d后逐渐上升，而在100～140d有较大下降，此时系统内硫氰化物和氰化物的降解速率较快，表明随着系统内微生物对环境更适应，微生物菌群丰度更加丰富，硫氰化物和氰化物的迅速降解释放氨氮，导致反应中氨氮浓度上升，同时，硫氰化物和氰化物对氨氮的去除具有较强的抑制作用。140d后氨氮去除率逐渐升高并趋于稳定，说明此阶段，硝化菌逐渐适应反应环境，对其抑制作用逐渐缓解，使得氨氮在亚硝酸菌作用下转化为亚硝态氮，继而在硝酸菌作用下转化为硝态氮。如图所示，整个实验期间TN去除率都较低，平均去除率为56.67%，然而相较于Joshi等研究的活性污泥法处理焦化废水整个试验期间TN几乎无变化的情况具有比较大的改善，由此证明好氧生物膜反应器能够改善焦化废水中生物脱氮效果。

为了更进一步探究焦化废水中有机污染物的组成和反应过程中主要污染物的降解转化，采用HS-GC/MS进行监测分析，反应过程中主要有机污染物降解的分析结果见表3-4。从表中可以看出，好氧生物膜反应器进水中污染物组成成分相比于原水有所降低，说明好氧前的厌氧预处理去除了大约1/3的有机污染物，2-甲基苯酚、对甲基苯酚、喹啉和吲哚在此阶段已被降解，大大减轻了后续好氧生物膜反应器处理负荷，由此证明，厌氧预处理在焦化废水生物处理中发挥重要作用。同时，经过好氧处理后，80%以上的有机物被完全去除，其中包括全部酚、部分含氮、氧杂环化合物和长链烷烃等。

表3-4　焦化废水中有机物的去除效果

有机物种类	峰面积/%		
	原水	$S_{进}$	$S_{出}$
2，2-二乙氧基丙烷	15.34	12.09	7.07
丙酸乙酯	73.64	69.45	58.09
新戊二醇	26.86	21.92	15.55
丁酸乙酯	1.82	1.69	0
苯酚	27.08	22.34	0
2-甲基苯酚	3.20	0	0
对甲基苯酚	7.86	0	0
2，2，4，4，6，8，8-七甲基壬烷	1.54	1.01	0
苯甲酸乙酯	1.69	0.94	0
喹啉	2.01	0	0
吲哚	1.98	0	0

好氧生物膜反应器进水、出水中主要有机污染物峰谱图如图3-31所示，进水中有机污染物主要为：丙酸乙酯、苯酚、新戊二醇、2，2-二乙氧基丙烷、丁酸乙酯、2，2，4，4，6，8，8-七甲基壬烷和苯甲酸乙酯。经过好氧处理后，废水中仍残留丙酸乙酯、新戊二醇和2，2-二乙氧基丙烷等，残留量分别为58.09%、15.55%、7.07%，说明此类化合物难于生化降解，还需结合其他物理化学方法进行进一步处理。

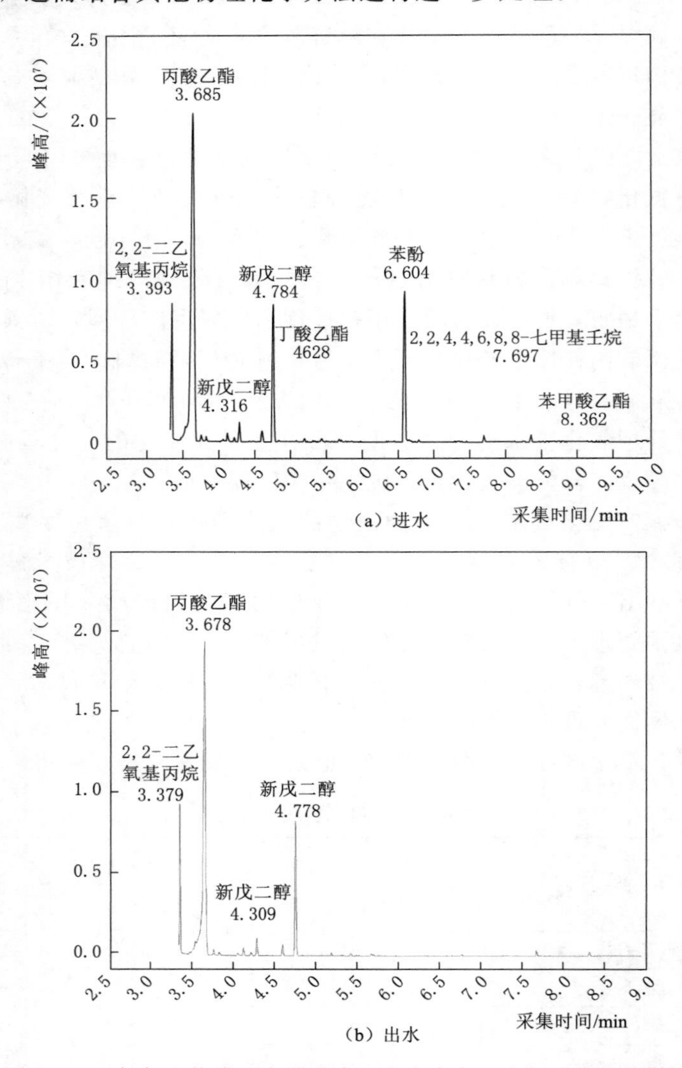

图3-31　好氧生物膜反应器进水、出水中主要有机污染物峰谱图

3.3 发酵类制药废水

3.3.1 研究背景

在过去的几十年中，随着我国经济的高速发展、人口增加和城市化进程的不断加快，

如今我国水资源短缺、水环境污染、水生态受损情况触目惊心，水安全正在成为经济社会发展的基础性、全局性和战略性问题。

我国的制药行业发展速度较快，目前已成为世界第一原料药生产与输出国、世界第二大 OTC 药物市场和世界第五大医药市场。2009 年，我国制药企业已达到 6807 家，废水排放量总量达到 52718 万 t。有分析认为，预计到 2020 年中国医药市场将成为全世界第二大市场。然而制药工业占全国工业总产值 1.72%，而制药废水占工业废水排放总量的 2.52%。因此，制药行业已被国家环保规划列入重点治理的 12 个行业之一，制药行业产生的废水也成为环境监测治理工作的重中之重。

在制药废水处理中，由于我国很大比例的药厂是作为发达国家的原料药生产地，发酵制药废水的治理一直制约着行业发展并影响着环境。发酵类药物产品主要有抗生素、氨基酸、维生素和其他几大类型。发酵类药品的生产过程一般都需要经过菌种的筛选、种子制备、微生物发酵、发酵液预处理和固液分离、提炼纯化、精制、干燥、包装等步骤，生产过程中将会有产生大量的高浓度的有机废水，由此对环境造成严重的污染。废水中的污染主要来源于菌渣的分离、溶剂萃取、精制、药品回收设备、地面冲洗水处理等生产过程。高浓度的发酵类废水带有较重的颜色和气味，容易产生泡沫，水质、水量的波动大。这些特点都给发酵类制药废水的处理增加了很大的难度。

自 2008 年开始，我国确定实施《发酵类制药工业水污染物排放标准》(GB 21903—2008)。该标准中的各项指标均比美国标准严格，例如：发酵类制药企业的 COD、BOD 和总氰化物排放标准均与欧盟标准接近，其中 COD 的排放限值从之前的 300mg/L 降低到了 120mg/L，但多数企业由于排水均不能达到新的排放标准而停产改造，即使能够达标排放的企业，极高的运行处理费用，也令企业运行举步维艰。

内蒙古托克托县工业园区是内蒙古自治区最大的生物制药园区，每年产生大量的发酵制药废水。虽然近年来当地政府投入了大量财力对园区污水进行治理，大多数企业也已经建设了相应的污水处理设施，但是普遍存在出水不能满足《发酵类制药工业水污染物排放标准》(GB 21903—2008) 要求的现象，即使能够达标排放的企业，较高的运行处理费用也令企业运行举步维艰。鉴于制药废水的特点以及内蒙古本地制药废水处理环境，如何做到高效处理制药废水成为亟待解决的关键问题。

3.3.2 发酵类制药废水特征

近年来，我国发酵类制药产业发展快速，产生了大量的废水。制药生产过程中产生的有机废水是公认的严重环境污染源之一。发酵类药物产品主要有抗生素、氨基酸、维生素和其他几大类型。发酵类废水的生产过程一般都需要经过菌种的筛选、种子制备、微生物发酵、发酵液预处理和固液分离、提炼纯化、精制、干燥、包装等步骤，生产过程中将会有产生大量的高浓度的有机废水，由此对环境造成严重的污染。此废水主要可分为 4 类：①主生产过程排水；②辅助过程排水；③冲洗水；④生活污水。

发酵类制药工艺流程和水污染物排放点如图 3-32 所示，可以看出，发酵类制药废水在生产过程中排水点很多，高浓度废水、低浓度废水的单独排放，有利于清污分流。高浓度废水间歇排放，酸碱度和温度变化比较大，污染物浓度高，如废滤液、废母液等的

COD 浓度一般在 10000mg/L 以上。

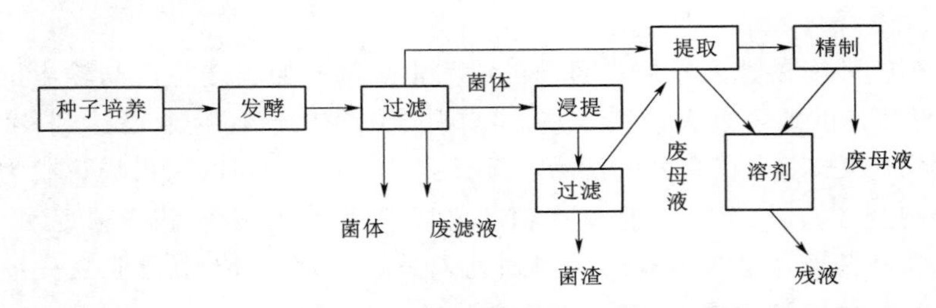

图 3-32　发酵类制药工艺流程和水污染物排放点

制药废水作为最难处理的工业废水之一，废水中的污染主要来源于菌渣的分离、溶剂萃取、精制、药品回收设备、地面冲洗水处理等生产过程。高浓度的发酵类废水的 COD 浓度一般在 10000mg/L 以上，BOD_5/COD 值差异较大，废水带有较重的颜色和气味，容易产生泡沫，废水的 pH 值、水质、水量的波动大等。发酵类制药废水有以下较为明显的共同点：

（1）污染物的种类繁多，成分复杂。

（2）冲击负荷大，废水的水质和水量随时间变化很大。

（3）含抗生素，对微生物的生长有抑制和阻碍的作用。

（4）氮的浓度高，C/N 低。

（5）悬浮物浓度高。

（6）色度高。

（7）硫酸盐浓度高。

（8）BOD_5/COD 比值低，可生化性极差，难生物降解的有机物成分高。

这些特点都给发酵类制药废水的处理带来了很大的难度。国内关于发酵类制药废水的处理设施在设计、施工过程、操作和管理上还存在很多问题，以致我国发酵类制药废水处理技术市场混乱，治理效果较差。

3.3.3　发酵类制药废水处理研究

此实验通过交替式移动床生物膜反应器处理发酵类制药废水的中试研究，其出水水质得到进一步的改善，同时减小了运行管理费用，为交替式移动床生物膜反应器处理发酵类制药废水提供了科学的方法和依据。同时课题的研究，将对高氨氮，高 COD、难降解、可生化性差的工业废水具有一定的借鉴意义。并且将对交替式移动床生物膜反应器在发酵类制药废水的实际工程中的应用上有较长远的意义。

1. 工艺设计

（1）实验用水。原水来自某生物制药有限公司的一级水解酸化池出水。通过污水泵从一级水解酸化池出口处取水，取水位置位于水面以下 1.5m 处。实验过程中好氧生物膜反应器采用 24h 不间断连续进水。废水中的主要污染物是生物发酵剩余的营养物质和生物代谢产物等。原水的水质水量变化较大，其成分复杂，碳氮营养比例失调（氮源过剩），硫酸盐和悬浮物含量高，有较深的颜色和较重的气味，易产生泡沫，同时含有具有抑制微生物生长的难降解物质。原水水质见表 3-5。

表 3-5 原 水 水 质

项目	COD/(mg/L)	氨氮/(mg/L)	悬浮物/(mg/L)	TP/(mg/L)	pH	色度	温度/℃
数值	970～2000	310～370	270～630	37～50	7～8	150～200	22～26
均值	1185	333	384	41.27	7.71	179	24

(2) 实验装置。好氧生物膜反应器为有效容积 600L 的塑料桶，进水泵为功率 0.75kW 的污水泵，进水管选用直径 40mm 的 PVC 软管。进水方式下进上出，处理后的水从溢流槽流出。桶的一侧分别设置高、中、低 3 个排水阀，便于排水排泥。桶底设有两个直径 25cm 的曝气盘均匀曝气，空气管来自鼓风机房，管材选用直径 25mm 的 PPR 管，管上安装调节阀，以控制曝气量。悬浮载体之所以流化主要取决于底部曝气产生的提升力。顶部设有溢流槽，废水经微生物降解后从溢流口流出。实验装置完整简图如图 3-33 所示，工艺流程如图 3-34 所示。

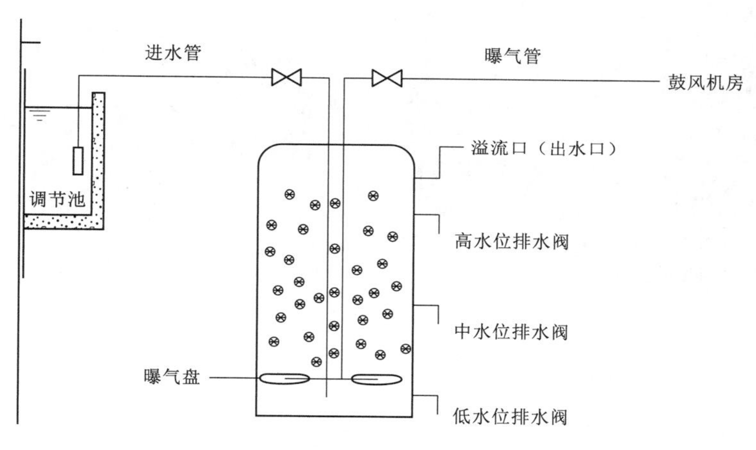

图 3-33 实验装置图

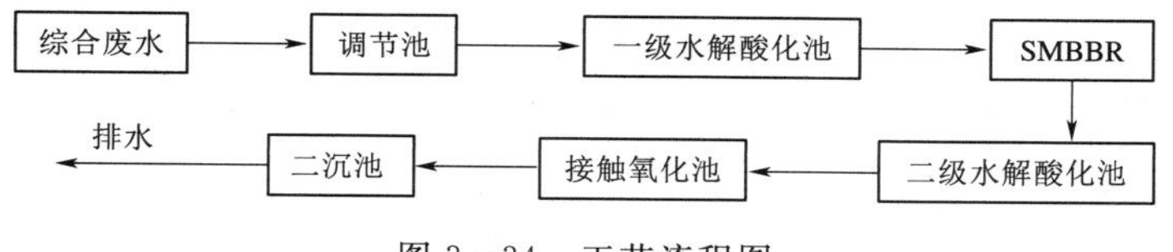

图 3-34 工艺流程图

2. 处理效果

(1) 污泥的驯化与挂膜。向好氧生物膜反应器中每次投加高活性反硝化菌 20g，早晚各一次，保证菌液中反硝化菌含量为 2000 个/mL。经过 7d 的接种培养，载体的内表面开始挂膜。将进水流量由 400mL/min 提高至 600mL/min。运行 10～15d 后，载体内表面出现浅褐色微生物，肉眼可见大量微小的黄褐色菌斑。运行 30d 左右时，载体内表面长满厚度为 0.5～1.0mm、致密的褐色生物膜，通过镜检可以看到大量的轮虫和钟虫等后生动物，此时污泥对废水的适应能力明显增强，对各污染物的去除率明显提高，表明挂膜已基本完成。挂膜污泥中的微生物有很好的活性，微生物的酶系统可以很好地适应发酵类制药废水。亲水性生物载体有利于增加反应池中微生物的数量和富集各种细菌，从而提高好氧生物膜反应器的处理效率。不同时期载体如图 3-35 所示。

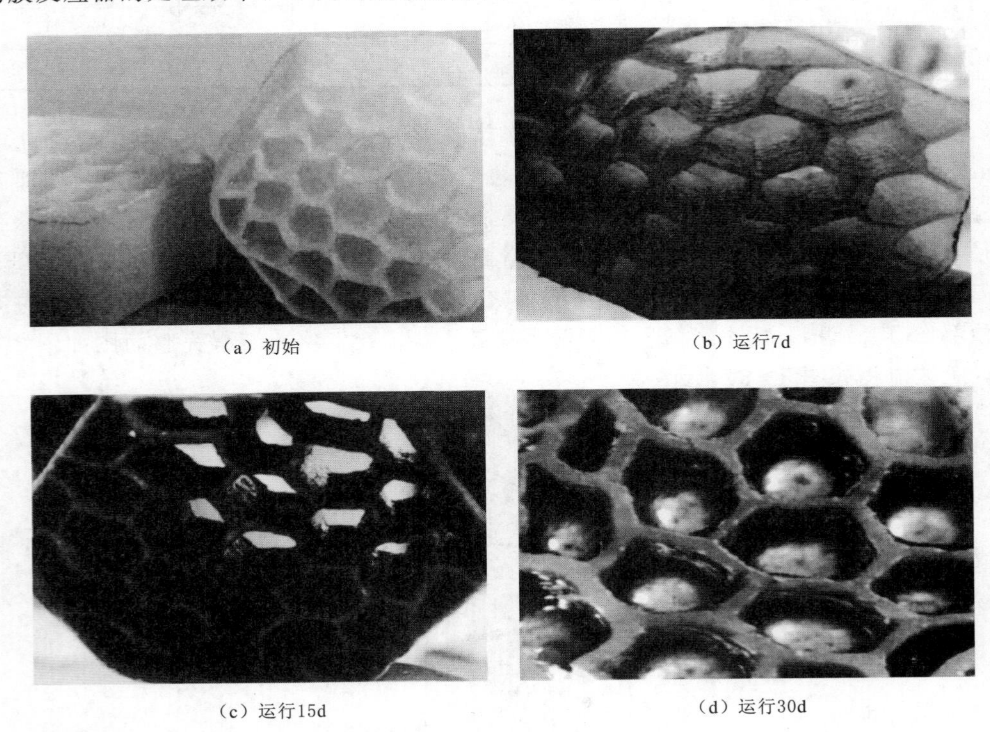

(a) 初始　(b) 运行7d　(c) 运行15d　(d) 运行30d

图 3-35　不同时期载体图

(2) 挂膜期 COD 去除效果。好氧生物膜反应器挂膜过程中 COD 去除效果如图 3-36 所示。从挂膜过程来看，好氧生物膜反应器对 COD 的去除率总体来说是不断上升的。在生物膜的培养过程中，好氧生物膜反应器对 COD 的去除率不高，去除率仅维持在 30%左右。由于受水温以及气流和水流的冲击影响，异养微生物容易流失，故 COD 的去除率增加幅度较小。随着反应的不断进行，部分污泥由于附着在载体内部，不容易被冲刷掉，有利于微生物的生长，亲水性载体上的生物膜逐渐变厚。在第 21～26d 里，COD 的去除率增长缓慢甚至有所下降，分析原因是异养微生物在生长初期繁殖速度快，而硝化细菌对新环境的适应时间较长，所以一开始异养菌占优势，随着硝化细菌的不断适应及大量繁殖，影响了异养菌的生长，造成了 COD 的去除率有所降低。经过 26d 的培养驯化后，亲水性载体上异养微生物的种类、数量逐渐增加并趋于稳定，对 COD 能有稳定的去除效果。

(3) 挂膜期氨氮去除效果。好氧生物膜反应器挂膜过程中氨氮去除效果如图 3-37 所示。系统启动过程中，原水氨氮平均浓度为 1185mg/L，好氧生物膜反应器对原水氨氮的平均去除率为 27.82%。由于每天在好氧生物膜反应器中投加高活性反硝化菌，在启动挂膜的第 8d，好氧生物膜反应器的去除率为 20.1%。此阶段是由于异养微生物在生长初期繁殖速度较快，而亚硝化细菌和硝化细菌在载体上附着与适应的阶段较异养微生物长；第 10～12d，对氨氮的去除率明显提高，此阶段是随着亚硝化细菌和硝化细菌的适应，亚硝化细菌和硝化细菌开始大量生长、繁殖。第21～26d，对氨氮的去除率快速上升，分析原因是异养细菌已经基本稳定，对其的抑制作用开始缓和，亚硝化细菌和硝化细菌适应环境后，得到充足的营养物质，使其大量繁殖。在第26d以后，载体上形成稳态的生物膜，氨氮的去除率可达到33.5%以上，可以认为挂膜完成。

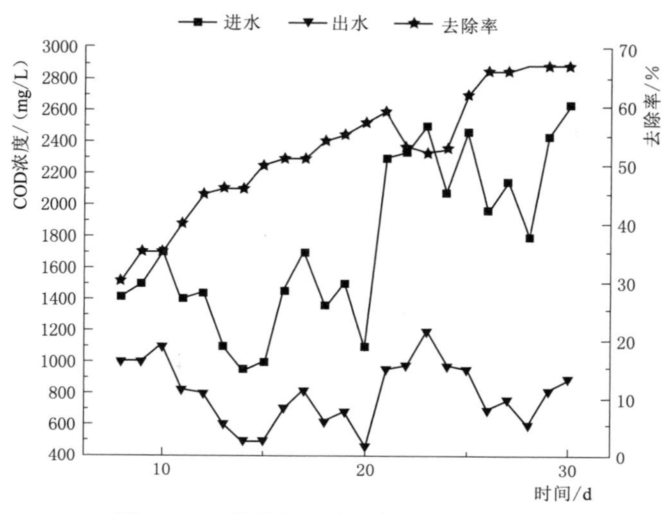

图3-36 挂膜启动过程中COD去除效果

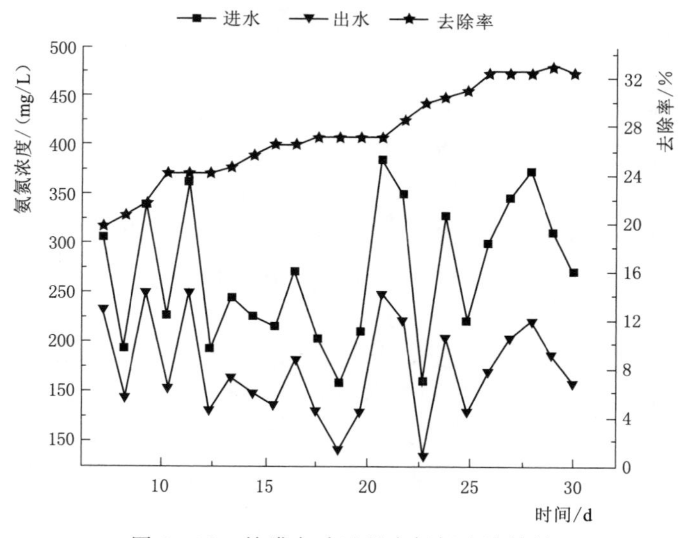

图3-37 挂膜启动过程中氨氮去除效果

(4) 挂膜期TP去除效果。好氧生物膜反应器挂膜启动过程中TP去除效果如图3-38所示。从图可以看出，好氧生物膜反应器在挂膜期对TP有良好的除磷效果，在前期的适应期时，好氧生物膜反应器对TP的去除效率已达69%左右，好氧生物膜反应器大大提高了发酵类制药废水中TP的去除率。与常规工艺不同的是，好氧生物膜反应器在启动时对TP便有着十分高的去除效果。在过膜期有适合能吸收磷的聚磷菌适宜的生长环境。废水中的除磷要经历厌氧-缺氧-好氧过程，聚磷菌在利用反硝化过程中产生的能量吸收磷。第

11～16d，为聚磷菌的增长期，随着好氧生物膜反应器生物膜的不断增长，可利用的溶解性有机基质不断增多，使得聚磷菌可以完全释磷，从而使其在下一周期中的好氧阶段吸磷效果增加。好氧生物膜反应器对 TP 的去除率显著增长。从第 27d 开始，TP 的去除效率达到稳定期，去除率可达 86.73%。

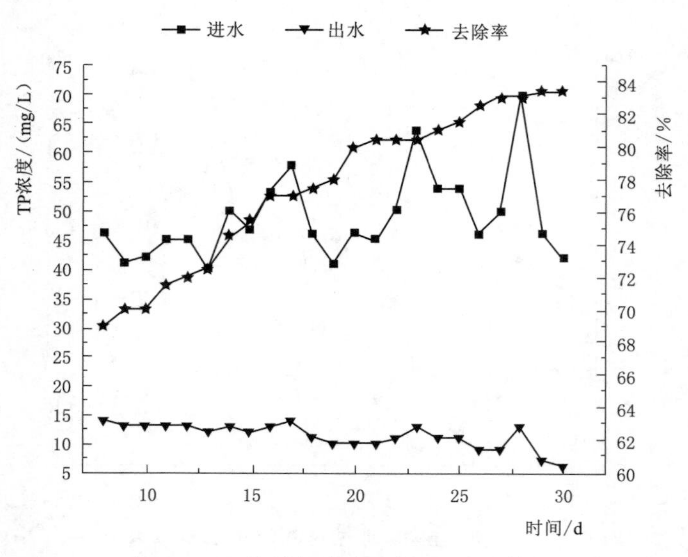

图 3-38　挂膜启动过程中 TP 去除效果

（5）稳定期 COD 去除效果。好氧生物膜反应器对 COD 的去除效果如图 3-39 所示。从图中可以看出进水 COD 浓度为 900～2000mg/L，水质变化波动较大，进水 COD 浓度最大达到 1986.32mg/L，虽然进水 COD 浓度较大，但好氧生物膜反应器依旧保证了出水 COD 浓度在 500mg/L 以下，处理效果十分稳定，COD 去除率最大达到 83.94%，COD 平均去除率在 72.45%。第 3d，由于载体具有极强亲水性，载体无限接近水的比重而呈现出中间悬浮状态，动力消耗减少，载体的流化性有所提高，所以 COD 的去除效率稳步上升。

在试验开始的前 10d 里，好氧生物膜反应器抗冲击符合能力较强，由于载体表面的生物量在不断增加，使载体内部的水流速度减慢，变相地增加了反应时间，所以 COD 的去除效果有所上升，同时进水中含盐量高抑制了微生物的生长，进水中氨氮浓度较高，造成氨氧化菌与异养菌争夺生存空间，影响了异养菌的生长。使载体上的微生物达到平衡，COD 去除率比较稳定。

在第 15d 的时候，废水水质变化较大，出现大量白色泡沫，进水 COD 浓度达到最大值，水质波动较大，出水 COD 浓度比较稳定，COD 去除率有所下降，但相对比较稳定。

（6）稳定期氨氮和 TN 去除效果。在进水氨氮和 TN 有所波动的情况下，出水依旧比较稳定。好氧生物膜反应器对氨氮的去除效果如图 3-40 所示，对 TN 的去除效果如图 3-41 所示。从图 3-40 可以看出进水的氨氮含量为 290～380mg/L，随着反应的不断进行，硝化菌的数量逐渐增加，出水的氨氮含量明显下降，均在 250mg/L 以下，氨氮最大去除率为 33.91%，氨氮平均去除率为 27.72%。在实验运行一段时间的 3d，由于载体具有极强亲水性，载体无限接近水的比重而呈现出中间悬浮状态，动力消耗减少，载体的流化性有所提高。废水与载体上的生物膜接触得更加频繁，溶解氧的利用率得到了提高，氨氮的去除效率也有所增加。由于废水中的氨氮主要来源于有机氮，随着有机污染物的不断降解，有机氮不断转化成氨氮，所以在运行一段时期后，出水氨氮的浓度有所增加。

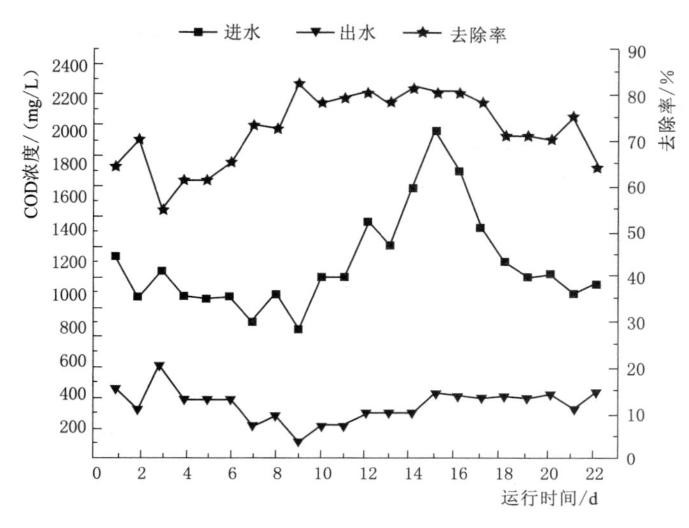

图 3-39 稳定运行过程中 COD 去除效果

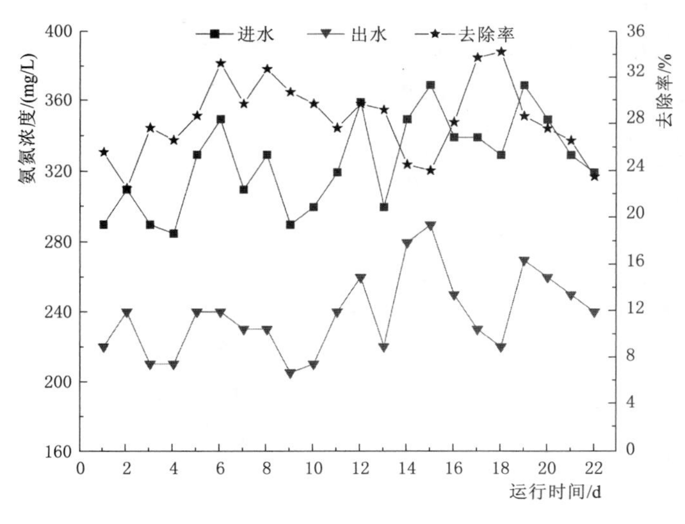

图 3-40 稳定运行过程中氨氮去除效果

从图 3-41 中可以看到在第 1～5d，TN 的去除率有所波动，微生物含量有所增加，在第 7～12d，随着微生物的增加，溶氧的含量相对较低，氧气不易渗透到生物膜的内部，从而形成兼氧环境反而适宜反硝化菌生存，硝化细菌与反硝化细菌竞争作用加强，不利于硝化细菌的生长，TN 去除率以平稳趋势增长。废水中的 TN 含量为 330～400mg/L，出水均在 320mg/L 以下。TN 最大去除率达到 23.76%，TN 平均去除率为 18.54%。

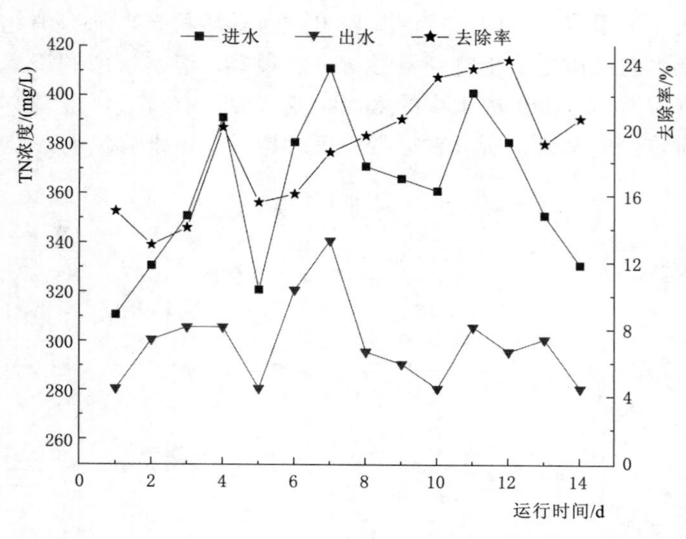

图 3-41　稳定运行过程中 TN 去除效果

(7) 稳定期 TP 去除效果。好氧生物膜反应器对 TP 的去除效果如图 3-42 所示。从图中可以看出随着水质水量的波动，进水 TP 的变化在 37～49mg/L，相对比较稳定，而出水的 TP 均稳定在 8mg/L 以下且波动变化不大。TP 去除率稳定在 82%～89%。TP 最大去除率在 8 月 16 日达到了 88.29%，TP 平均去除率则在 84.58%左右。可见，在 DO 浓度 2～4mg/L，温度为 22～26℃，为能吸收磷的聚磷菌适宜的生长环境。废水中的除磷要经历厌氧-缺氧-好氧这样的一个过程，聚磷菌在利用反硝化过程中产生的能量吸收磷。发酵类制药废水含有大量的有机物，虽然给系统带来了很大的冲击负荷，但也同时给厌氧释磷提供了充足的碳源，为好氧条件下的摄磷创造了先决条件，所以好氧生物膜反应器对发酵类制药废水中 TP 的去除率较高，并有较强的抗 TP 冲击能力。

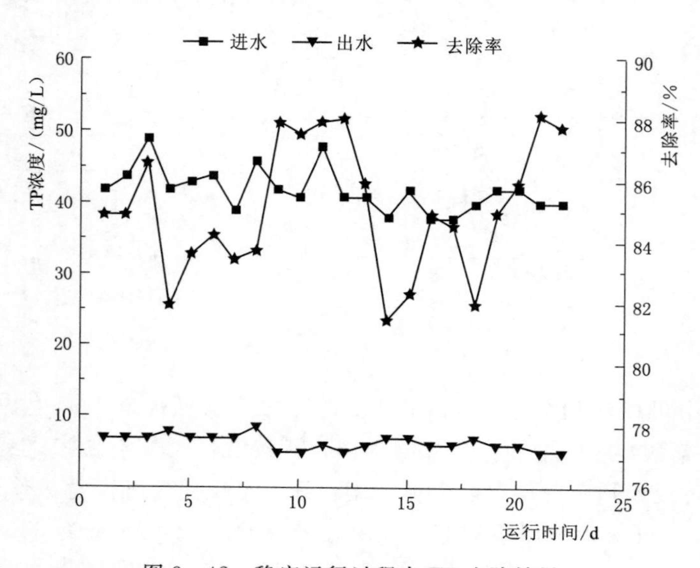

图 3-42　稳定运行过程中 TP 去除效果

3.4 农药含酚废水

3.4.1 研究背景

目前，国内外对于含酚废水的处理方法主要有物理法、化学法和生物法。但是，国内多数企业的污水处理不能够达到排放标准，所以寻找一种高效、基建和运行费用低的污水处理工艺对原有工艺提标改造已经是迫在眉睫的任务。

随着含酚废水的多样化，处理难度加大，单一技术很难保证达到排放要求，若将不同技术加以耦合，取长补短，可以使组合工艺发挥出更好的功效。有研究表明，当废水中含酚质量浓度为50～500mg/L时，生化法具有独特的处理优势。近年来，国内外对于移动床生物膜反应器进行了大量研究，对于去除不同废水及污染物质取得了良好效果，同时该工艺处理高浓度含酚废水，也表现出极高的去除能力。

安徽某农药制造公司，主要生产2，4-二氯苯氧乙酸，2甲基-4氯-苯乙酸，2甲4氯酸，莠灭净等农药，废水来源有生产废水、初期雨水、事故雨水、生活污水、地面冲洗水，废水量为80t/d。经过前期预处理，调节池中废水酚含量，保持在100mg/L以内，其生化池处理阶段现采用A/O工艺。主要问题为：①厌氧池、好氧池中的活性污泥易于老化流失，活性不佳；②由于厌氧池、好氧池后没有独立的污泥回流系统，不利于培养适合该阶段、具有针对性功能的活性污泥，使系统对污染物质的去除率降低；③出水酚、COD不满足三级排放标准。该公司拟对现有废水处理站进行升级改造，为确保废水处理站技术改造的成功、确定最佳技术改造方案。公司委托本课题组在现场进行中试试验，确保处理出水酚浓度小于2.0mg/L，COD浓度小于500mg/L。农药厂污水站工艺流程图如图3-43所示。

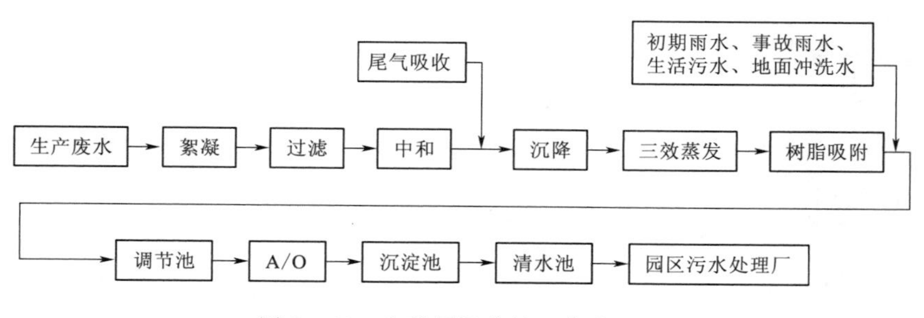

图3-43 农药厂污水站工艺流程图

根据该废水含酚浓度以及水质特点，对MBBR工艺升级后，设计了交替式移动床生物膜反应器处理工艺，并应用于中试试验中。通过中试研究验证新工艺对废水的处理效果，能否解决实际问题。

3.4.2 农药含酚废水特征

含酚废水中的酚类污染物质主要包括苯酚、甲酚和其他苯酚衍生物。含酚废水主要来自农药、医药、染料等化工企业。随着工业化的快速推进，企业规模不断扩大，含酚废水量不断增加，而且不同企业产品和生产工艺不同，造成废水中酚的种类多样化，使得含酚废水愈加难以有效处理。

含酚废水中酚的存在形式有苯酚、间甲酚、二氯酚、三氯酚等苯酚衍生物，其中苯酚所占比重最大，最具代表性。化学方程式 C_6H_5OH，分子量 94.11，熔点 43℃，沸点 181.9℃，易溶于有机溶剂。苯酚是一种重要的化工原料，在工业上应用广泛，而且其水中溶解度较高，转化能力强，所以苯酚是工业废水中的重要而常见的污染物之一。

含酚废水突出特点：高毒性、成分复杂、难降解、并且具有三致性（致畸、致癌、致突变）效应，其大量排放会给环境造成严重危害。酚可以通过口服摄入、呼吸系统吸入以及皮肤渗透等方式进入到生物体内，使蛋白质变性，细胞失活，诱发神经系统发生病变，口服致死量为 530mg/kg，饮用水中即使含有微量的酚 0.002mg/L，也会严重影响人类的健康，例如，贫血、耳鸣、头痛、腹泻等症状。我国早已将酚类化合物列为“水中优先控制污染物”，并对不同水体中酚的含量对了明确规定，见表 3－6 和表 3－7。

表 3－6　地面水中挥发酚允许最高含量　单位：mg/L

地面水分类	Ⅰ类	Ⅱ类	Ⅲ类	Ⅳ类
挥发酚浓度	0.002	0.002	0.005	0.01

表 3－7　水体中酚的极限浓度规定　单位：mg/L

水类别	地表水	渔业用水	农业灌溉用水	生活饮用水	排入下水道	工厂排水
苯酚	0.02～0.10	0.05	≤1.0	<0.002	1	0.5～2.0

3.4.3　农药含酚废水处理研究

1. 工艺设计

（1）实验用水。实验用水为安徽某农药制造有限公司污水处理站综合调匀池出水，成分复杂，碳、氮、磷营养比例失调，色度高，主要污染物质有 2，4－二氯苯氧乙酸，2 甲基-4 氯-苯乙酸，挥发酚（其中以苯酚为主要成分），甲苯。调节池出水酚浓度正常情况下保持在 100mg/L 以下，COD 浓度小于 1300mg/L。废水水质见表 3－8。

表 3－8　废　水　水　质　单位：mg/L

项目	COD	挥发酚	TN	TP	pH	悬浮物
数值	627～1296	28～109	1.5～2.2	0.5～1.0	7～8.5	100～300
均值	961.5	68.5	1.85	0.75	7.75	200

（2）实验装置。实验装置是课题组自行开发的交替式移动床生物膜反应器系统，采用钢板焊接，主要包括厌氧生物膜反应器、东流砂式沉淀池、好氧生物膜反应器。厌氧生物膜反应器容积为 1035L，沉淀池 1 容积为 131L，好氧生物膜反应器容积为 1095L，总容积为 2261L。搅拌机转速为 100r/min，叶轮半径为 15cm。好氧生物膜反应器采用孔径 3mm 的穿孔曝气管均匀曝气。实验反应器如图 3－44 所示。

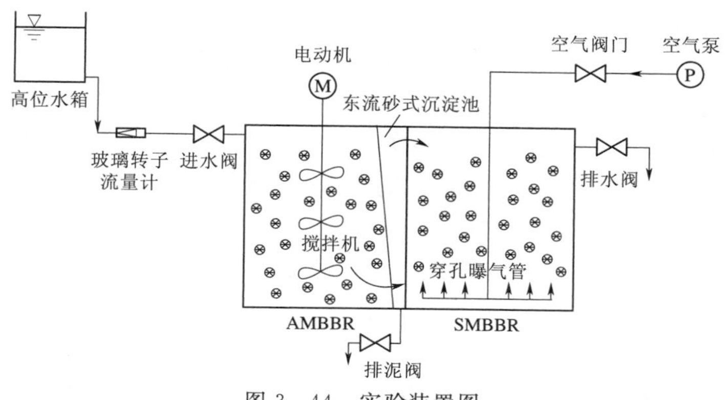

图 3-44 实验装置图

原水先由水泵将污水从污水站的调节池抽取至高位水箱中，然后通过阀门控制流量进入厌氧生物膜反应器中，厌氧生物膜反应器中的异养型微生物以废水中的有机污染物质作为碳源，降解污染物质并合成自身细胞。一方面，通过水解酸化作用，提高了废水的可生化性，利于后续的好氧彻底去除 COD；另一方面，生物膜上的厌氧噬酚菌可以有效去除一部分废水中的酚，为后续处理降低负荷。好氧生物膜反应器依靠曝气和水流提升作用使载体处于流化状态，并充满整个反应器空间。同时，厌氧生物膜反应器后有一个东流砂式沉淀池，该沉淀池可以起到防止活性污泥流失，培养具有专性污泥的作用，无需污泥回流，节省了污泥回流设施。

2. 处理效果

(1) 厌氧生物膜反应器挂膜期酚的去除效果。间歇培养并逐步增加负荷阶段，检测厌氧生物膜反应器进水、出水酚浓度变化情况，结果如图 3-45 所示。驯化一个月左右，出水酚稳定在 20mg/L 左右，去除率达到 50%，表明微生物已经适应了厌氧环境，活性逐步增强。第 11～15d，逐渐提高进水酚浓度至 109mg/L，出水酚出现较大涨幅，酚浓度为

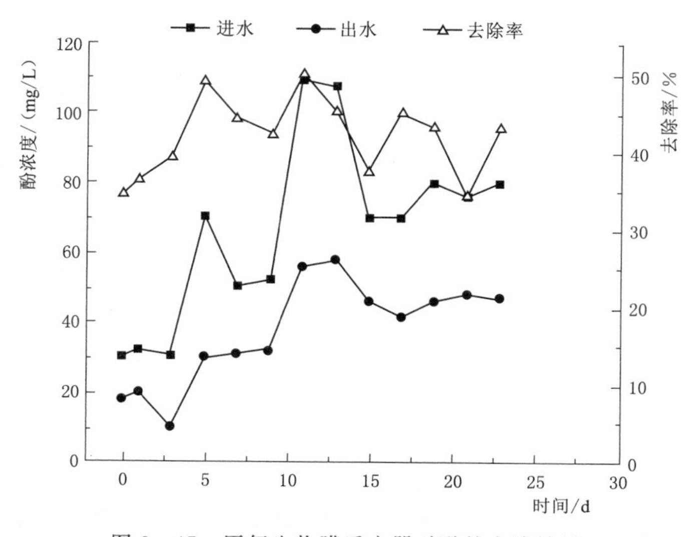

图 3-45 厌氧生物膜反应器对酚的去除效果

29.5～60.3mg/L，同时去除率持续下降。分析原因，一方面酚是一种有毒难降解有机物，其毒性会抑制微生物的生命活性；另一方面相对于好氧条件，厌氧环境下微生物生长缓慢，酚浓度涨幅过大，微生物难以适应。第17d以后，降低进水酚浓度至71～81mg/L，出水酚稳定在45mg/L左右，去除率为38％～47％。观察载体，发现载体内表面附着一层灰黑色薄膜，用显微镜观察到，生物膜中有大量丝状菌、短杆菌活动。丝状菌是一种生物膜法中常见的菌种，对废水的处理有一定的净化作用，同时它具有保持污泥絮体结构的功能，为之后菌胶团挂膜提供了必要条件；短杆菌能产生多种酶类，具有较强的蛋白酶、淀粉酶和脂肪酶活性，从而促进了微生物对污染有机物的消化吸收。由此表明厌氧生物膜反应器达到了稳定运行状态。

（2）好氧生物膜反应器挂膜期酚的去除效果。间歇培养并逐步增加负荷阶段，好氧生物膜反应器进水即为厌氧生物膜反应器出水，通过检测每周期好氧生物膜反应器进、出水酚浓度，分析数据，如图3-46所示。从图中可以看出：好氧生物膜反应器出水水质受进水酚浓度影响不大，后期稳定在4mg/L左右，酚去除率大于90％。前7d进水酚浓度为18～32mg/L，出水浓度逐步降低，降至4.1mg/L，酚去除率高达85％。这是因为经过第一阶段挂膜后，载体上已附着了一薄层生物膜，而且启动过程中向好氧生物膜反应器中加入了除酚菌种，使反应器对进水酚具有较强的抵抗能力。第11～15d进水酚浓度大幅升高，达到60.33mg/L，出水浓度升至10.36mg/L，表明进水负荷的升高对好氧生物膜反应器造成了一定程度冲击。当运行17d后，进水酚浓度下降并稳定在45mg/L左右，出水酚浓度也呈现出下降并平稳的趋势，酚去除率逐步升高，此阶段好氧生物膜反应器出水酚浓度平均值为4.1mg/L，酚平均去除率高达90.48％。第21d后，交替式移动床生物膜反应器的酚最高去除率为95.91％，酚平均去除率为95.13％。

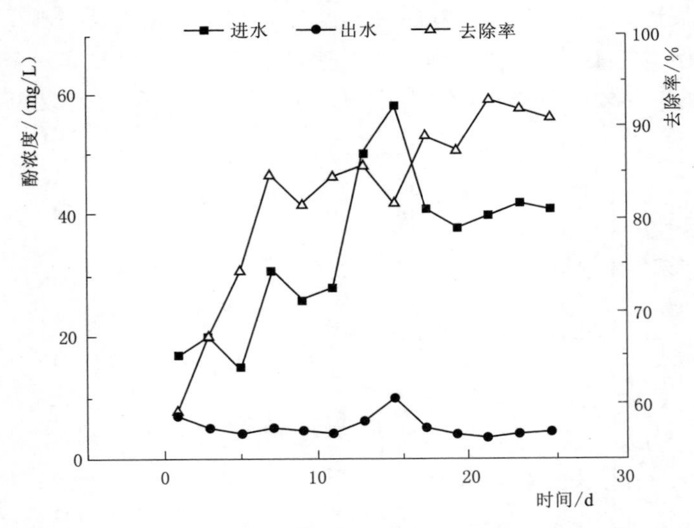

图3-46　好氧生物膜反应器对酚的去除效果

（3）挂膜阶段COD的去除效果。挂膜阶段，每天取水检测进水、厌氧生物膜反应器出水和好氧生物膜反应器出水指标，并分析计算，交替式移动床生物膜反应器对废水的处理效果如图3-47所示。从图可以看出：随着启动试验的进行，COD的去除率趋于稳定，

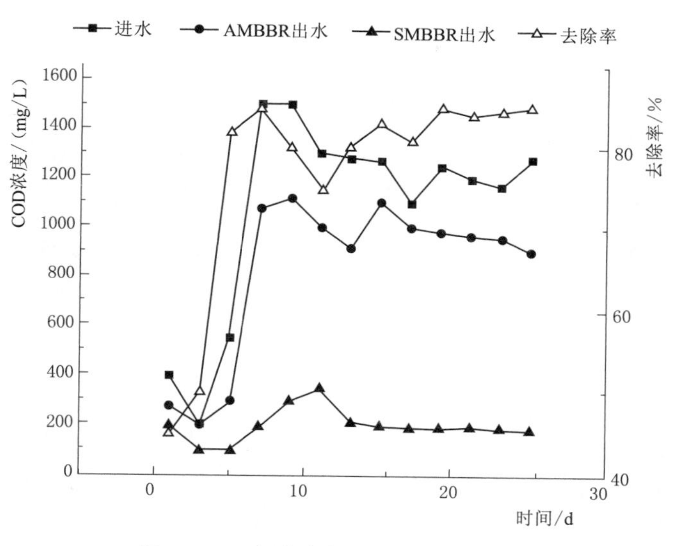

图 3-47 启动阶段 COD 的去除效果

并且保持在较高水平。第 1～5d 进水水质变化较大，但组合工艺出水 COD 浓度受进水影响较小，一直保持在较低水平，是因为启动过程中向好氧生物膜反应器中加入了除酚菌种，使反应器对进水负荷具有调节作用。第 5d，观察到好氧生物膜反应器中载体表面出现了大量黄色斑点，但是第 6～11d，出水 COD 浓度逐渐上升，COD 总去除率下降，原因是进水负荷急剧增长，反应器内生物膜还不成熟，不够厚，抵抗外界环境变化能力较弱。尤其是厌氧生物膜反应器出水指标随进水水质变化的幅度较大，因为厌氧生物膜反应器中容积负荷较大，废水中有毒物质含量较高，同时，相对于酚的好氧降解，厌氧分解过程中微生物生长缓慢，造成厌氧生物膜反应器中载体挂膜缓慢。第 13d，好氧生物膜反应器中水质变浑浊，分析原因可能是反应器污泥浓度过高，排泥不及时。经过两次排泥，厌氧生物膜反应器和好氧生物膜反应器中污泥浓度分别降到 2500mg/L 和 500mg/L 左右，悬浮污泥与生物膜上的微生物属于竞争关系，污泥量的降低使挂膜速率加快，厌氧生物膜反应器中载体上逐渐出现棕黄色斑点，工艺出水渐渐清澈。至第 25d，COD 去除率稳定在 85%。

（4）挂膜阶段附着生物量研究。通过每天观察好氧生物膜反应器中载体挂膜情况，第 1～5d，白色载体表层挂膜现象不明显；第 6d，载体上出现黄色斑点，附着力较差，容易被流水冲洗脱落；第 7～10d，载体内表面附着黏性物质不断增多，菌胶团开始大量形成，此时，载体颜色逐渐变为黄褐色；第 11～21d，生物膜由黄褐色逐渐变成深黄色，载体上附着一层深黄色绒状污泥，富有黏性，经水冲洗不易脱落；第 22～25d，生物膜未出现明显变化。同时，好氧生物膜反应器出水酚浓度降至约 4mg/L，酚去除率达到 90% 以上，综合两方面因素判断生物膜成熟，系统启动结束。启动过程中好氧生物膜反应器中载体挂膜情况如图 3-48 所示。

采用碱洗和超声波法，测定启动期第二阶段挂膜生物量随时间的变化情况，以每克载体附着生物量表示。每次测定 5 个载体，分别称量计算后取平均值，测得结果如图 3-49 所示。在活性污泥的培养驯化和微生物挂膜过程中，微生物的繁殖与增长一般要经历适应

图3-48 好氧生物膜反应器载体挂膜过程变化图

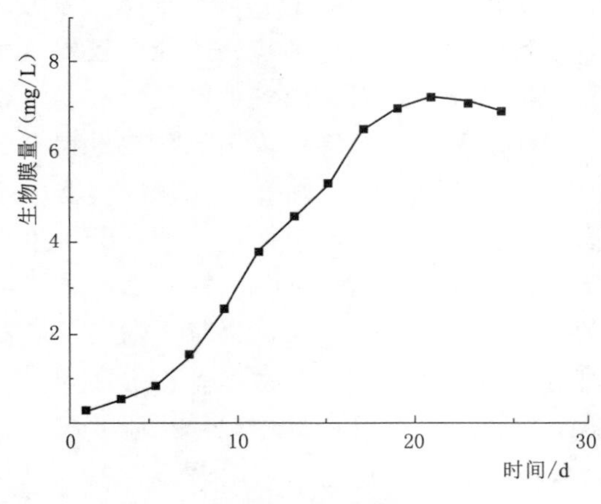

图3-49 载体挂膜量随时间的变化

期、对数增长期、稳定期。由图可知，由于启动第一阶段经历了3d的排泥挂膜，所以此阶段开始时，载体表层已附着少量生物膜。第1～5d生物量增长缓慢，接种污泥还未充分活化，微生物的各种酶系统对新环境尚处于适应过程，此阶段为适应期。第6～21d，生物量快速增殖，呈现出对数增长状态，随着生物量逐步升高，在第21d达到最大值7.395mg/g，所以此阶段为对数增长期。此期间，进水酚浓度逐步升高，对生物膜产生一定冲击，但对数期的微生物已经适应了生存环境，抵抗能力、繁殖能力强，使得出水酚浓度仍然保持较低水平，生物量也稳步增高。第22d后，生物量基本保持不变，增殖速度几乎等于细胞衰亡速度，此阶段即为稳定期，平均生物量为7.394mg/g左右。

（5）生物相观察。生物法处理废水过程中，主要依靠微生物对污染物的分解作用，所以微生物的种类和数量决定了处理效果程度。对好氧生物膜反应器中载体附着污泥中微生物进行镜检，观察指示微生物的变化情况，是分析该系统运行状况的重要方法。好氧生物膜反应器载体镜检微生物如图3-50所示。图3-50（a）是在挂膜启动的第4d，对载体上的黏性物质进行镜检的图片，发现主要以游离细菌为主，表明水质处理处于较差水平。图

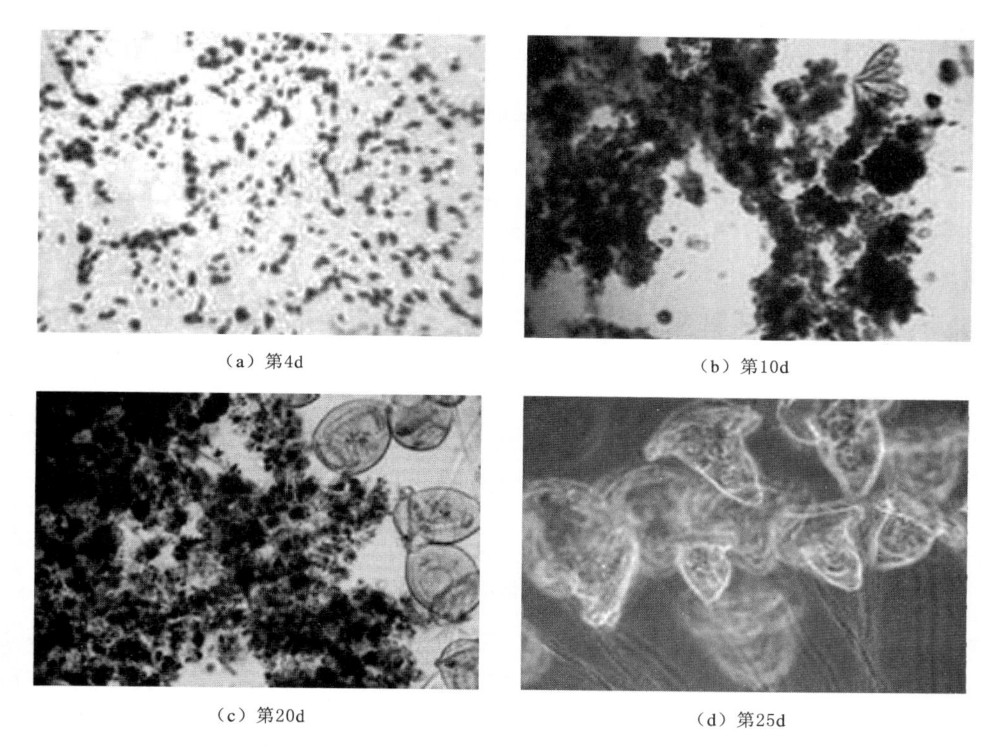

图 3-50 好氧生物膜反应器载体镜检微生物

3-50（b）是启动第10d的镜检图片，此时，生物膜上出现了块状菌胶团。图3-50（c）是挂膜第20d镜检到的生物膜切片，观察到大量菌胶团、丝状菌，以及少量钟虫，钟虫属于后生动物，具有促进活性污泥的凝絮作用，并能大量捕食游离细菌而使出水澄清。图3-50（d）是挂膜第25d生物膜镜检结果，观察到钟虫数量增多，表明生物膜生长良好，微生物很好地适应了外部环境，生物膜应经成熟，挂膜启动阶段结束。

（6）HRT对酚去除率的影响。控制反应器进水COD浓度为850mg/L左右，酚浓度为75mg/L，pH值为7.5，厌氧生物膜反应器DO低于0.5mg/L，好氧生物膜反应器DO为4.0mg/L左右，改变HRT，研究出水酚的去除率，绘制其变化曲线，如图3-51所示。HRT为4～10d时，厌氧生物膜反应器和好氧生物膜反应器的酚去除率随着时间的增长，持续升高。当HRT为8d时，组合工艺出水酚浓度为1.5mg/L，略低于排放三级标准（2mg/L）。当HRT为10d时，该组合工艺出水酚浓度最低为0.48mg/L，酚总去除率高达99.36%，远远低于污水综合排放三级标准。HRT越短，去除效果越差，分析认为进水量大，对生物膜冲击较大，导致半老化、老化生物膜脱落，同时水中抑制性物质累积，使生物膜活性降低。当HRT为12d时，好氧生物膜反应器去除率有所降低，出水酚浓度为0.75mg/L。分析原因，厌氧生物膜反应器HRT过长，降解了废水中大部分酚，同时也消耗了大量的有机物，导致厌氧生物膜反应器出水水力负荷过低，好氧生物膜反应器中的好氧微生物得不到充足养分，活性降低，使得酚去除率回落。所以，过长的HRT并不一定能提高处理效果，同时考虑到应用于工程后处理效果的波动，故此试验适宜HRT应为10d。

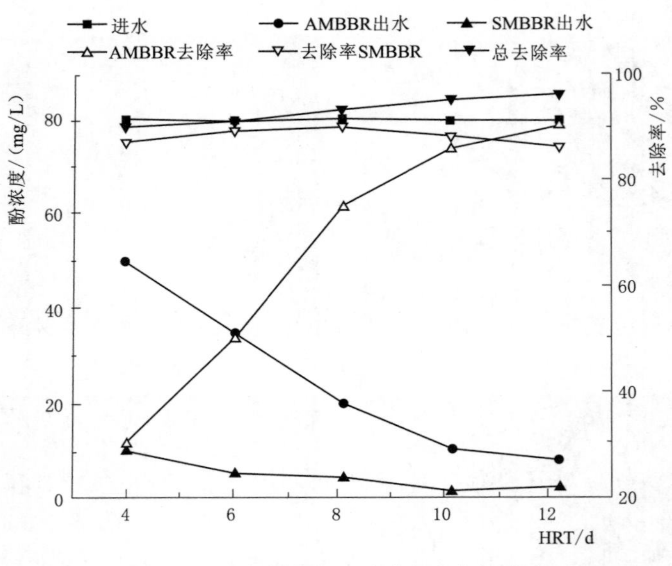

图 3-51 不同 HRT 对酚去除率的影响

(7) HRT 对 COD 去除率的影响。研究 HRT 对废水 COD 的去除效果的影响，选定 HRT 为 4d、6d、8d、10d、12d，进水 COD 浓度保持在 840～864mg/L，酚浓度在 75mg/L 左右，pH 在 7～8，待出水稳定后改变 HRT，检测数据并分析，结果如图 3-52 所示。由图可以看出，HRT 在第 4～12d 范围内，COD 去除率不断升高，同时，HRT 在第 4～10d 时，COD 去除率增长较快，在第 10～12d 时，COD 去除率增速变缓。并且 COD 出水浓度始终保持在 400mg/L 以下，能够确保达标。分析原因，交替式移动床生物膜反应器工艺具有较强的抗冲击负荷和较强的除污能力，所以 COD 浓度始终处于较低水平；在 HRT 为 10d 前反应器内有机物浓度高，微生物生命活动活跃，随着 HRT 的不断延长，有机物浓度降低，微生物所需生命养料不足，抑制了活性，去除率较之前变化不大，与酚去除率效果趋势相似。

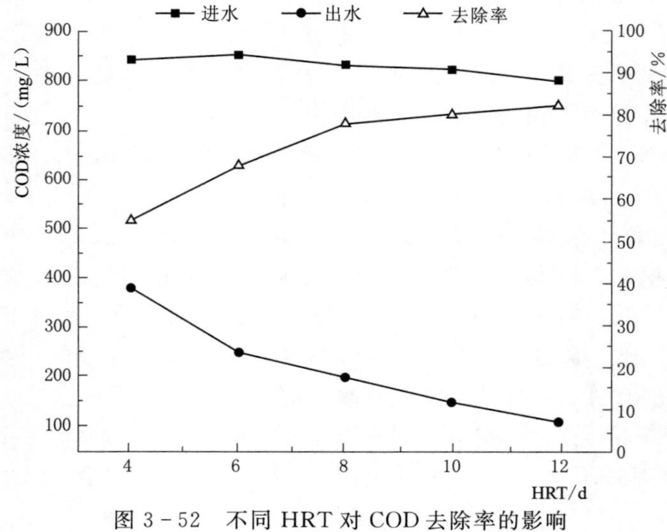

图 3-52 不同 HRT 对 COD 去除率的影响

(8) DO浓度对酚去除率的影响。在好氧生物膜反应器进水(厌氧生物膜反应器出水)酚含量为9.0mg/L,pH值为7.5,HRT=10d时,研究DO浓度对酚去除率的影响,结果如图3-53所示。在进水保持稳定的情况下,出水酚含量都小于2.0mg/L,酚去除率均大于86.2%,具有较好的去除效果。当DO浓度小于3.0mg/L时,酚去除率呈上升趋势,DO浓度为3.0~5.0mg/L时,酚去除率变化不大,DO浓度大于5.0mg/L时去除率出现下降趋势。表明好氧生物膜反应器适宜的DO浓度为3.0~5.0mg/L,并且在DO浓度为4.0mg/L时,出水酚含量最低为0.48mg/L,酚去除率为94.67%,低于2mg/L的污水三级排放标准。分析原因,好氧微生物是在有氧的条件下发生新陈代谢活动,将废水中的有机物氧化分解成无机物,所以DO浓度的大小决定着微生物代谢活性。DO浓度不足,生物膜中好氧菌活性受到抑制,厌氧层逐渐加厚,代谢产物增多,这些产物向外侧逸出,透过好氧层,破坏了好氧层的稳定生态系统,减弱了生物膜在载体上的固着力,使生物膜脱落,随水流失。DO浓度过高,导致有机物分解过快,使微生物缺乏营养源,生物膜易于老化、脱落。同时曝气量大,会在生物膜表面形成较大的剪切力,不利于微生物的挂膜生长,使其以悬浮物的形式存在于水中,易于流失。

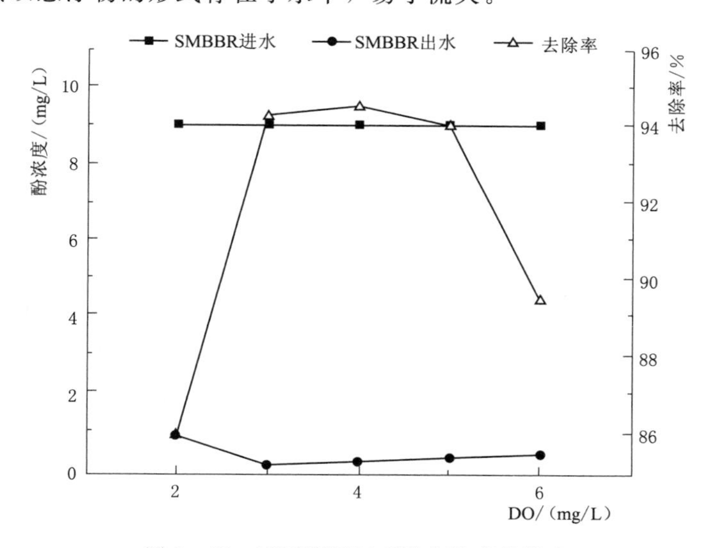

图3-53 不同溶解氧对酚去除率的影响

(9) DO浓度对COD去除率的影响。研究好氧生物膜反应器中DO浓度对COD的去除率影响,保持交替式移动床生物膜反应器工艺总HRT为10d,好氧生物膜反应器进水COD浓度在370mg/L左右,pH值为7~8,选取DO浓度分别为2mg/L、3mg/L、4mg/L、5mg/L、6mg/L进行研究,结果如图3-54所示。由图可知,DO浓度由2~4mg/L变化区间内,出水COD浓度一直下降,COD去除率保持稳步升高,DO浓度为4~5mg/L时,COD去除率相近,DO浓度为6mg/L时,COD去除率有所降低。分析原因,过低的DO浓度不能满足好氧生物膜反应器中数量庞大的好氧微生物的呼吸作用所需,抑制了微生物的生命活性;过高的DO浓度,使反应器内出现过曝气现象,生物膜出现脱落、自溶,微生物处于过氧呼吸状态,不利于正常的生命活动。所以实验证明,该好氧生物膜反应器处理该废水去除COD的最佳DO浓度为4~5mg/L。

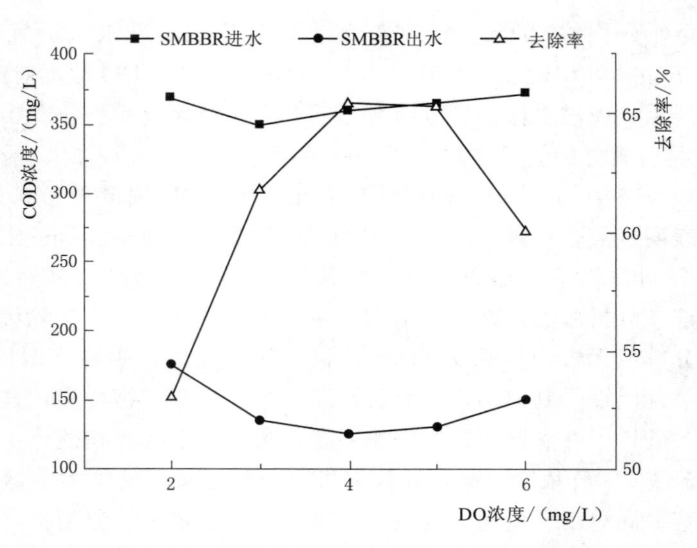

图 3-54　不同 DO 浓度对 COD 去除率的影响

3.5　DOP 及高纯溶剂生产废水

3.5.1　研究背景

水是人类生存、动植物生长、工业农业生产中是不可或缺的，是一种最为宝贵的自然资源。随着我国工业化进程不断推进，各行各业的工业用水及废水的排放量日益增加，工业废水对流域环境、地下水源以及居民健康造成了严重的影响。近些年来，化工企业在国民经济体系中既是用水大户，也是排水大户，全国工业废水排放中化工废水排放量名列前茅。2015 年“水十条”发布以来，所规定的质量改善任务分别落实到各省市地区，最终落实到全国 1940 个控制单元上，每一个单元对每一年环境质量都有明确具体的要求。因此，化工环保成为制约化工企业可持续发展的重要因素。化工企业的特点决定了化工污染的针对性和复杂性，政府对化工环保管控力度不断加强，面对排放标准的不断严格，很多企业和污水处理厂的现有工艺已满足不了越来越严格的污水排放标准，越来越多的化工企业决定改换工艺或建设二期工程，尝试采用更加先进的工艺以便使用更加合理、有效、经济的污水处理方法。本实验应某污水厂要求，基于进水原始水质，探寻采用新型组合工艺交替式移动床生物膜反应器对工业园区的 DOP 和高纯溶剂生产废水的处理效果，选取最佳工艺方式和运行参数，应用到污水站的提标改造工程中，同时也为工业废水的处理提供了新方法。

3.5.2　DOP 及高纯溶剂生产废水特征

DOP（Dioctyl Phthalate）全称邻苯二甲酸二辛酯，是一种有机酯类化合物。工业上 DOP 是应用最为广泛的通用型增塑剂，可用于 PVC 电缆料、皮革、橡胶、涂料等一切使用增塑剂的产品中。众多研究表明，DOP 的急性毒性不强，由于在自然界中广泛存在且自然条件下降解缓慢，容易通过呼吸、饮食、皮肤接触等行为在生物体内富集，富集后对生物体有致癌性、致畸性、致突变性和生殖毒性效应。国外很多国家都将DOP列为重点控制污染物，我国已将DOP列为优先控制污染物。

我国是DOP生产和消费大国，具有巨大的市场潜能，随着经济的迅速发展，DOP的市场需求量也越来越大，DOP生产过程中会产生大量高浓度有机废水，若处理不当进行排放，势必会对环境造成严重危害。其废水成分复杂，邻苯二甲酸二辛酯在反应过程中会产生邻苯二甲酸盐、醇类物质、酯类物质等，造成废水COD高，处理难度较大。

高纯溶剂由炼油过程中的副产物及废料为原料，经提取和精制得到不同品质级别的混合酚、苯酚、甲酚、二甲酚、间对甲酚等精细化工产品，生产和转化过程中部分酚类化合物随废水排出。近年来，随着医药、农药、精细化工等领域的不断发展，对酚类化学品的需求量逐年增大，导致大量含酚废水排入环境中，给环境和人类健康造成了严重危害。

酚类化合物是一种原型质毒物，对生物个体都有不同程度的毒害作用，通过呼吸、皮肤接触等途径进入人体内，会产生"致畸、致癌、致突变"效应，如不进行妥当处理，含酚废水进入水体后会导致水生生物中毒，严重影响水体生态平衡。各国相继把酚类化合物列为水中优先控制污染物，我国水污染控制中含酚废水也被列为重点治理的有害废水之一。

3.5.3 DOP和高纯溶剂生产废水处理研究

1. 工艺设计

(1) 实验用水。实验进水取自气浮池出水，处理后排放需执行《污水综合排放标准》(GB 8978—1996)的三级标准，进水、出水水质指标见表3-9，因分析进水指标中氮、磷含量极低，碳氮磷比例失调，因此需在试验过程中补加氮、磷元素。

表3-9 废水的水质

项　目	COD/(mg/L)	pH值
进水	2500～4000	7.5
出水	500	6～9

(2) 实验装置。本着将中试实验条件完全依托于现场条件的理念，实验装置搭建在污水站气浮机附近。废水先进入厌氧生物膜反应器中，厌氧生物膜反应器中的异养型微生物以废水中的有机污染物质作为碳源，降解污染物质并合成自身细胞。通过水解酸化作用，大分子的有机物转化分解为小分子有机物，废水可生化性得到提高，利于后续好氧生物膜反应器的处理。好氧生物膜反应器通过曝气产生的水流提升作用使载体处于流化状态，在反应器整个空间均匀分布。工艺流程如图3-55所示。

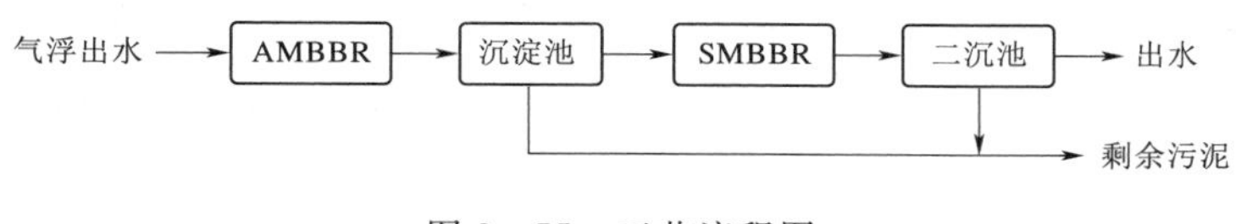

图3-55 工艺流程图

(3) 进水系统。进水管路系统由离心泵将废水从气浮沉淀池抽取至厌氧生物膜反应器，流量控制通过自制分流装置控制。

(4) 反应器主体。实验装置包括厌氧生物膜反应器、好氧生物膜反应器、两个东流砂式沉淀池4部分组成，厌氧生物膜反应器有效容积为918L，好氧生物膜反应器有效容积为886L，两个沉淀池容积均为126L，总容积为2056L。池体由钢板焊接而成，厌氧生物膜反应器安装搅拌机进行搅拌，以保证载体处于流化状态，搅拌机转速为150r/min、叶轮半径为15cm；好氧生物膜反应器内曝气装置采用孔径为3mm的穿孔曝气管均匀曝气。反应器装置如图3-56和图3-57所示。

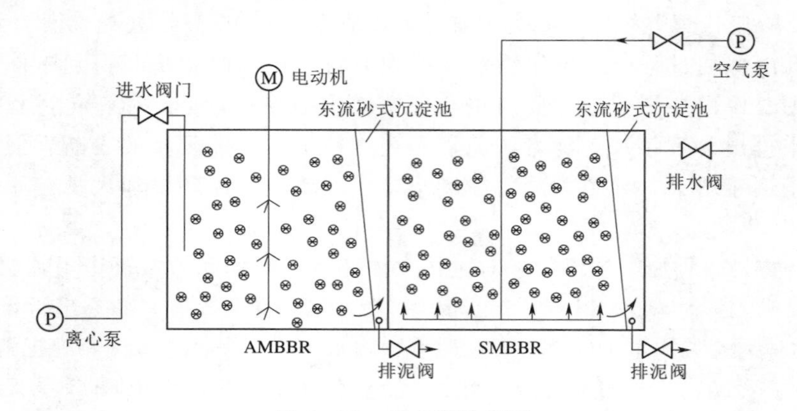

图3-56　反应器装置图

图3-57　中试现场实物图

(5) 排水系统。二沉池上清液经排水管网排到污水站综合调匀池中。

2. 处理效果

(1) 挂膜阶段。本实验好氧生物膜反应器内载体挂膜方式采用排泥挂膜法，活性污泥取自本厂污泥浓缩池，将含水量80%的活性污泥按5000mg/L（混入该厂污水）加入反应器中，载体填充率为40%，闷曝24h使污泥与载体充分接触，微生物接种在载体表面，闷曝结束后排掉1/3的混合液，开始连续进水。由于废水所含氮、磷元素含量过低，不符合微生物生长繁殖所必需的营养物质的量，故随进水向设备流加磷酸二氢钾和尿素，投加比为m(C)∶m(N)∶m(P)=100∶5∶1。经过5d的接种培养后，好氧生物膜反应器中载体开始出现零星细小黄色斑点，第10d载体上出现一层薄薄的黄褐色生物膜，通过显微镜观察，生物膜厚为6～8μm，微生物数量较少，到了第20d时，生物膜厚度明显增加，通过检测出水水质，出水COD浓度明显降低，表明生物膜开始呈现较强的降解能力。载体生物膜变化如图3-58所示。

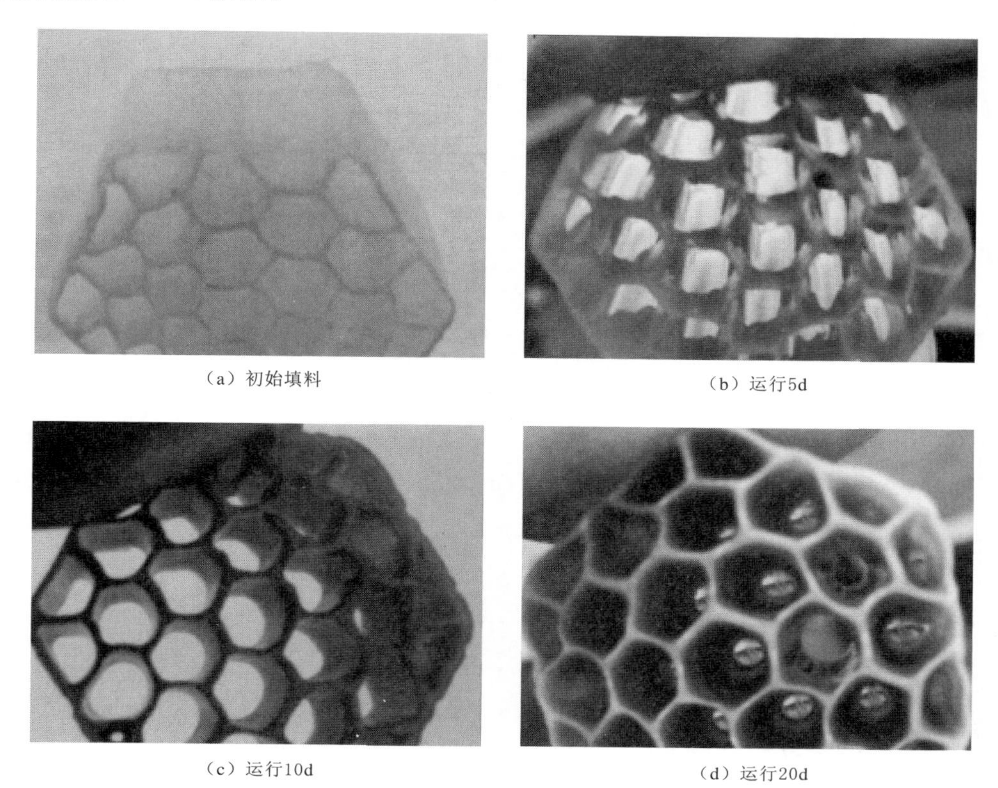

(a) 初始填料　(b) 运行5d　(c) 运行10d　(d) 运行20d

图3-58　好氧生物膜反应器内载体生物膜变化图

厌氧生物膜反应器采用搅拌排泥法进行载体的挂膜，由于进水有机大分子物质较多对多种微生物的生长繁殖有抑制作用，所以厌氧生物膜反应器挂膜周期较长。载体内表面只附着有点状菌胶团，前期未形成致密的生物膜。但经过一段时间的驯化加之搅拌器和载体起到的均匀活化污泥作用，使反应器内污泥活性极强，对污染物质去除效果明显。

(2) 运行阶段。闷曝结束后，交替式移动床生物膜反应器工艺开始连续进水，此阶段根据试验现场的实际情况，通过控制设备HRT改变有机负荷。控制厌氧生物膜反应器污泥浓度保持在3000mg/L，DO浓度在0.5mg/L以下，好氧生物膜反应器污泥浓度控制在500mg/L以下，DO浓度保持在3mg/L左右。整个运行阶段COD的去除效果如图3-59所示。

运行阶段初期，厌氧生物膜反应器内污泥结构松散，凝聚性、活性差，靠自身重力在反应器底部沉淀，连续搅拌3d后污泥不再沉积，并协同亲水性载体与污水有良好的接触。此时期对污水可生化性的改善有限，测出水COD浓度持续升高，继续运行6～7d后，厌氧生物膜反应器水面开始有零星气泡逸出，认为是活性污泥产甲烷菌被淘洗所致，微生物活性逐渐恢复，COD浓度呈下降趋势。稳定运行后，厌氧生物膜反应器出水COD浓度逐渐降低，后续好氧生物膜反应器处理效果越来越好，观察生物相发现，反应器内污泥相中

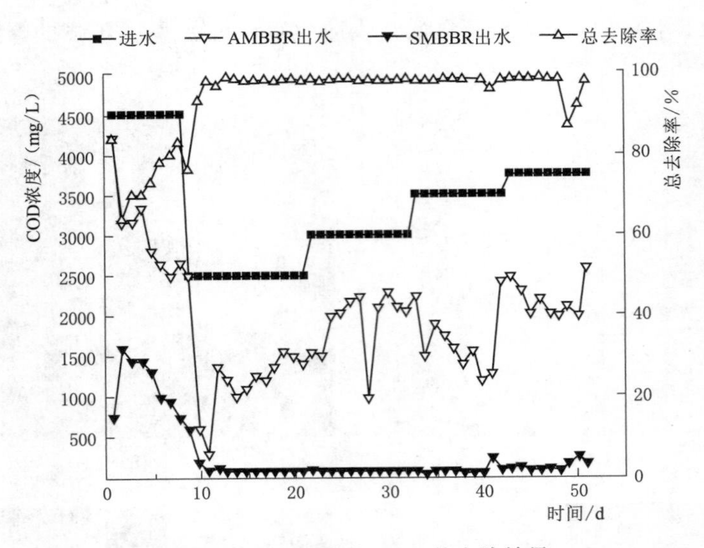

图 3-59　运行阶段 COD 的去除效果

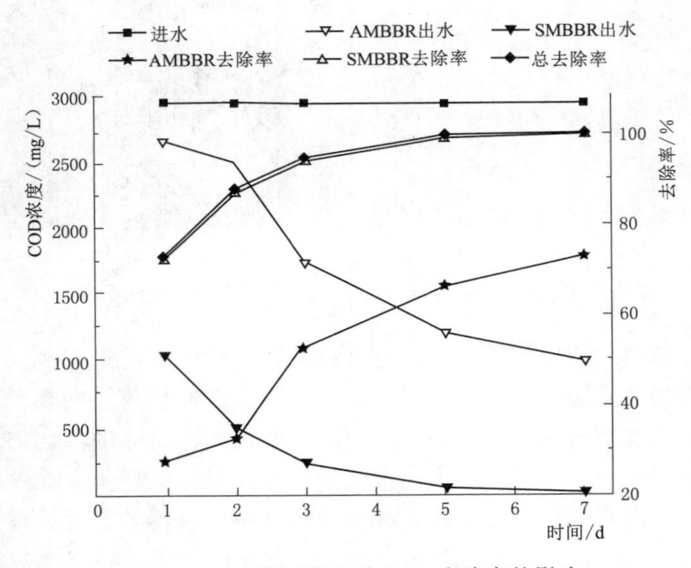

图 3-60　不同 HRT 对 COD 去除率的影响

含有大量草履虫以及少量纤毛虫，载体生物膜生物相含有大量丝状菌、纤毛虫和豆形虫等。运行初期由于厌氧生物膜反应器内微生物还未适应水环境，并未发生强烈水解酸化作用，导致后段好氧生物膜反应器处理效果微弱，出水 COD 浓度不断升高，分析为好氧生物膜反应器载体生物膜太薄，参反生物量少，反应器内悬浮污泥作为接触氧化的主体，并不具有降解有机大分子物质的能力。随着厌氧生物膜反应器出水水质变好，好氧生物膜反应器内微生物生存环境逐渐得到改善，生物膜逐渐增厚。总体来看，厌氧生物膜反应器和好氧生物膜反应器分别发挥了重要作用，前者消耗分解进水有机大分子物质，后者继续强化处理，确保出水达标。

(3) HRT对COD去除效率的影响。工艺出水稳定后，逐步减小HRT，测试工艺的处理能力，并探究HRT对COD去除率的影响。此时控制反应器进水COD浓度为3800mg/L，pH值为7，厌氧生物膜反应器DO浓度低于0.5mg/L，好氧生物膜反应器DO浓度为3.0mg/L左右。绘制变化曲线，结果如图3-60所示。

反应器HRT为1～7d时，厌氧生物膜反应器和好氧生物膜反应器的COD去除率均呈上升趋势，当HRT为5～7d时，反应器出水COD浓度均能稳定在100mg/L以下，COD总去除率保持在97%以上，HRT减小到3～4d时，出水COD浓度升高，但也能保证在500mg/L以下，当HRT减小到2d以下时，出水COD浓度急剧升高，超出排放标准。因此HRT越小，去除效果越差。分析认为，反应器HRT减小会加大对生物膜的冲击，导致老化或半老化生物膜的脱落，部分新生生物膜承受不住水的剪切力也随之脱落，以悬浮物的形态存在于水中，并随之流失。HRT大于5d时，COD去除率变化不明显，分析原因为厌氧生物膜反应器HRT过长，导致有机物在其内被大量消耗，好氧生物膜反应器内微生物由于营养不充足而活性降低，并且随着进水、出水流量的减小，反应器内抑制性物质不断积累，同样抑制了微生物的代谢反应，所以过长的HRT并不一定对提高处理效率有所帮助。在试验中，为考察组合工艺的最高处理效能，选择HRT为5d，但实际工程中HRT的长短关系到生化构筑物容积的大小，因此建议在实际工程中将HRT控制在3d，既经济又能满足出水达标。

(4) 不同DO浓度对COD去除率的影响。好氧生物膜反应器进水即厌氧生物膜反应器出水COD浓度稳定在2000mg/L左右，pH值为7，HRT为5d时，调节好氧生物膜反应器曝气量，探究溶解氧对好氧生物膜反应器去除效果的影响，结果如图3-61所示。

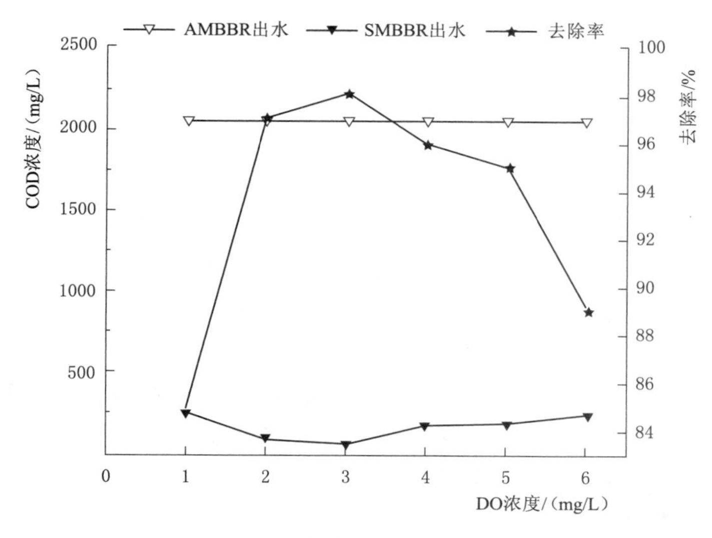

图3-61 不同DO浓度对COD去除率的影响

结果表明，在好氧生物膜反应器DO浓度为1～6mg/L时，出水COD浓度都在500mg/L以下，COD去除率均大于85%，去除效果明显。当DO浓度小于2mg/L时，因水中溶解氧不足，导致好氧菌活性较差，随着DO浓度的升高，为好氧菌提供充足的氧气后，活性增强且接触氧化效率提高，COD去除率随之增高，当DO浓度在2～5mg/L时，COD去除效果变化不大，DO浓度大于5mg/L时，COD去除率呈显著下降趋势。表明好氧生物膜反应器DO浓度的适宜范围为2～5mg/L，并且DO浓度控制在3mg/L时，好氧生物膜反应器COD去除率为98%，COD去除效果最高，出水COD浓度最低为48mg/L。分析原因，好氧生物膜反应器为好氧反应单元，生物膜载体上附着的微生物代谢活动受到DO浓度的限制。载体上的生物膜分为内部厌氧层和外部好氧层，DO浓度低时，外层好氧菌因溶氧不足代谢活性受到抑制，膜内厌氧层逐渐增厚，内部厌氧反应加剧，且厌氧微生物代谢产物向外逸出，破坏了外部好氧层稳定的生态系统，使生物膜的固着力减弱，造成生物膜的脱落而随水流失。DO浓度过高时，因为曝气量的增大导致生物膜表面形成了较大的剪切力，不利于微生物在载体上附着，且DO浓度过高有机物分解过快，加剧了微生物代谢反应，从而导致生物膜的老化、脱落。

(5) 进水负荷对COD去除率的影响。在HRT为5d，进水pH值为7，厌氧生物膜反应器溶解氧控制在0.5mg/L以下，好氧生物膜反应器溶解氧控制在3.0mg/L左右的情况下，逐步增大进水COD浓度，测定出水COD含量，并绘制曲线，结果如图3-62所示。

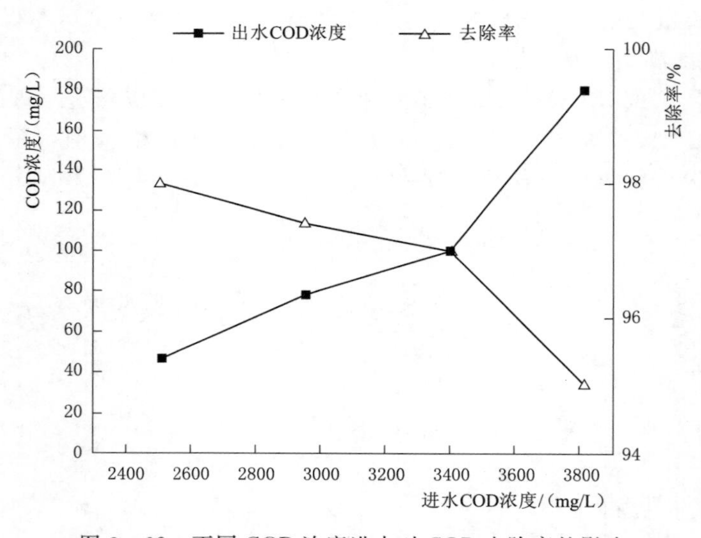

图3-62　不同COD浓度进水对COD去除率的影响

结果表明，交替式移动床生物膜反应器工艺对COD的去除率随着进水COD浓度的升高而不断降低，这是因为进水COD浓度升高使进水毒性增大，即有机大分子物质增多，致使两级反应池内微生物代谢活性受到一定抑制。逐渐增高的进水负荷使厌氧生物膜反应器阶段对高分子有机物的水解酸化作用削弱，厌氧生物膜反应器出水包含部分未转化分解的大分子物质进入好氧生物膜反应器内，导致好氧生物膜反应器阶段不能实现有效的好氧降解，但最终出水COD含量仍然低于500mg/L，COD去除率也保持在90%以上，表明该工艺对不同浓度的DOP生产废水都具有较强的适应性；但可以预见，当厌氧生物膜反应器逐步适应较高浓度COD进水后，微生物充分适应环境后得到驯化，其水解酸化能力将逐渐提升，进入后端好氧生物膜反应器内废水可生化性逐步提高并趋于稳定，好氧降解能力同样将有一定程度的增强。

3.6 二元酸废水

3.6.1 研究背景

近些年以来，随着我国工业化进程的快速发展导致了部分地区水质恶化、地下水污染、水生态环境受损等一系列的环境问题，严重威胁到人民的饮用水安全，与经济的可持续发展背道而驰。为此，《水污染防治行动计划》应运而出，该计划将在市政污水处理、工业废水处理、全面控制污染物排放等多方面进行强有力监管并启动严格问责，要求加快优化城镇污水处理工艺，根据现有城镇污水处理设施的实际情况，要因地制宜进行改造，在重点保护湖泊地域周边的城镇污水厂出水水质应该在 2017 年全都达到国家一级 A 的排放标准。而山东某市毗邻南四湖，南四湖是南水北调东线的水质保障，经武周虎等人的调查发现氮对南四湖的污染首当其冲，其次是 COD、TP，因此南四湖流域工业污水厂脱氮除磷等点源控制措施尤为重要。

石油发酵废水如若处理的不得当，废水中的有毒有害物质会对城市污水处理厂和受纳水体造成双重威胁。一方面，石油发酵废水中含有的高浓度无机盐类物质（主要为硫酸盐和氯化钠等）对城市污水厂的传统的活性污泥法 A/O 工艺、曝气生物滤池（BAF）等处理工艺的正常运行造成极为不利的影响。例如，会造成 A/O 工艺中好氧池活性污泥结构松散、污泥沉降性能变差，出水中 SS 浓度增加；也会造成活性污泥中微生物种群比例发生重大改变，原生动物种类和数量显著减少或全部消失殆尽。另一方面，石油发酵废水在生产过程中加入的破乳剂、浮选剂以及重金属催化物等加剧了水质成分的复杂化，重金属排入受纳水体之后会造成金属含量沿着生物链富集，对人体造成伤害。还有易于生物降解的氮磷化合物、蛋白质、脂肪等小分子有机物，本身是没有毒害作用的，但进入到江河湖海之后，会使得水体内营养物质失衡，从而藻类等浮游生物大量繁殖发生水体富营养化现象，如大海中的“赤潮”，以及淡水湖泊中的“水华”。藻类等浮游生物的大量繁殖会造成水体中 DO 浓度急剧降低，破坏水生态系统的平衡、水体中鱼类等水生生物死亡、水体恶化。

3.6.2 二元酸废水特征

长链二元酸（DC）作为重要的工业原材料，用途广泛，可以合成高级油漆和涂料、高温电解质、高性能尼龙工程塑料、高级香料等，其在医学、纺织、机械、电子、航空等领域都有广泛应用。在当前国际长链二元酸（DC）生产市场生产份额较大的国家为中国、日本、德国、美国 4 个国家，值得一提的是近几年我国利用石油通过生物发酵方法来制取长链二元酸的技术层面取得突飞猛进的发展，我国长链二元酸的生产量居世界榜首。在十二碳二元酸和十三碳二元酸实现量产后，不久十五碳二元酸和十六碳也相继实现量产，作为发展前景较大的精细化工产品，需要继续加大下游产品的开发力度，开拓出精细化工的重要领域。

国际上生产二元酸的方法主要分为 3 种：生物发酵法、植物油裂解制取和化学合成法。其中石油发酵法生产长链二元酸（DCA）是通过专一微生物氧化石油中的烷烃，从而获得所需要的特定碳数的长链二元酸，该方法是生产长链二元酸的理想方法，为生物发酵技术在石油化工领域的重要应用，如今世界上主要采用此方法生产长链二元酸。

山东某大型石油发酵企业采用生物发酵法获取生产长链二元酸，其主要工艺囊括菌种的培养、摇瓶种子、种子罐培养和发酵罐培养，其中菌种主要是利用热带假丝酵母菌代谢正构烷烃来生产二元酸，其工艺生产流程如图 3-63 所示。

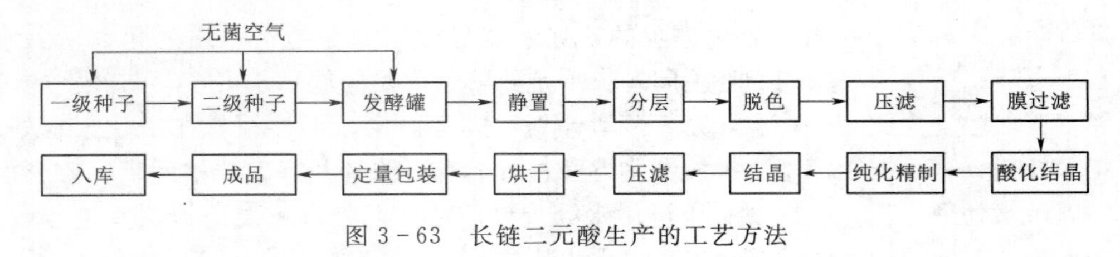

图 3-63　长链二元酸生产的工艺方法

在破乳、分层、脱色、膜过滤、压滤等方面产生的大量不同结构、性质的酸性废水，此石油发酵废水与其他石化废水都具有如下共同点：

(1) 废水成分十分复杂。包含多种多样的有机污染物如苯及其衍生物质、酚类物质、醛类物质以及丙烯腈等多种有机物，还有硫化物、氰化物、氮磷等无机污染物。该厂生产的二元酸属生产工艺产业链下游产品，产品越接近生产工业产业链下游，其原材料和工艺流程对其影响越大，其过程中产生的废水类型越多样。

(2) 废水排放量大。长链二元酸行业产业链长，且处于产业链下游，生产过程需要大量水资源，进而废水排放量巨大。根据有关统计，在 2011 年时，石化企业废水排放总量就已经高达 7.96 亿 t，所占比例大于整个工业废水排放总量的 10%，可达到我国工业废水总排放量的 3.7%。

(3) 废水难处理系数大。废水中有机污染物和无机污染物种类繁杂、浓度大、可生化降解性差、废水中盐浓度高，属于处理难度大的工业废水。

3.6.3　二元酸废水处理研究

山东某石油发酵企业的污水处理工艺为 A/O，由于生产部生产过程中废水量的增加，导致出水水质不稳定，存在有机物降解不稳定、硝化效果差等亟待解决的问题，同时该企业戊二胺生产线不久将建成投产，该生产线产生的高氨氮废水会造成厂区内废水中氨氮含量大大增加，所以污水处理设施升级改造迫在眉睫。

1. 工艺设计

(1) 实验用水。水质成分较为复杂，大量的多环芳烃、杂环化合物以及溶解性无机盐等，对微生物的生长、驯化极为不利，进水水质指标见表 3-10。

表 3-10　进水水质指标　单位：mg/L

项目	COD	氨氮	TP	盐度
最小值	4552	17.91	48.97	4270
最大值	10134	81.44	306.52	9579
平均值	6375	43.27	135.23	7863

（2）实验装置。试验系统包括进水储罐、反应器、进水蠕动泵、空气压缩机、搅拌机设备及控制开关。反应器由矩形不锈钢板制成，内分为四格，分别是厌氧生物膜反应器＋东流砂式沉淀池（防止厌氧池的污泥流失）、好氧生物膜反应器、二沉池组成，有效容积分别为158L、448L、184L。好氧生物膜反应器顶部配有带有三层桨叶的机械搅拌机，使反应器内的污水、活性污泥均匀混合，并使载体处于流化状态；好氧生物膜反应器底部为不锈钢管，采用穿孔曝气。中试装置和中试流程如图3-64、图3-65所示。

图3-64　中试装置图

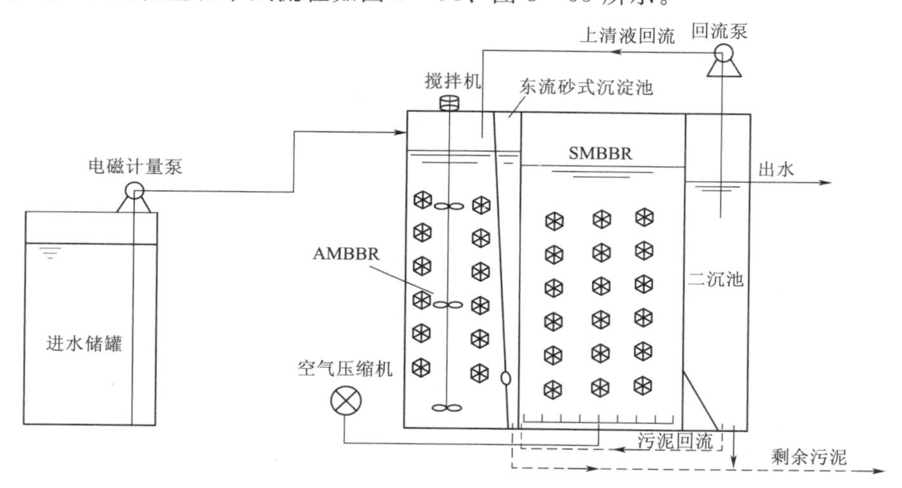

图3-65　中试流程图

2. 处理效果

（1）挂膜情况。本实验厌氧生物膜反应器采用完全厌氧工艺进行挂膜，由于二元酸废水中存在大量有毒有害物质，对厌氧微生物尤其是产甲烷菌的生长繁殖有极强的抑制作用，微生物生长缓慢，细胞活性不足以使其黏附于载体表面，挂膜周期长。在装置稳定运行2个多月的时间后，载体内表面也仅附着灰黑色斑点菌胶团，未出现致密生物膜，具体原因有待进一步考察。但是由于厌氧生物膜反应器中活性污泥浓度较高，对污染物的去除以及可生化性的提高效果显著。

好氧生物膜反应器挂膜启动较快，经过一周的接种培养后，载体内表面出现细小的黄色斑点，挂膜启动阶段完成。缩短HRT，总HRT控制在6.2d，连续运行到第50d，用碱洗和超声波法测定此阶段（第1～50d）的生物膜量随时间的变化情况，以每克载体附着生物量表示，每次测定5个载体，分别称量计算后取平均值。

载体挂膜量随时间的变化如图3-66所示，可以看出，生物膜量随时间的变化曲线与微生物生长曲线基本相仿，运行初期，亲水性载体多数漂浮在水面，运行5d左右，载体内部黏附着零星微生物，肉眼可见少数淡黄色斑点。第1～10d为迟缓期，生物量增长缓

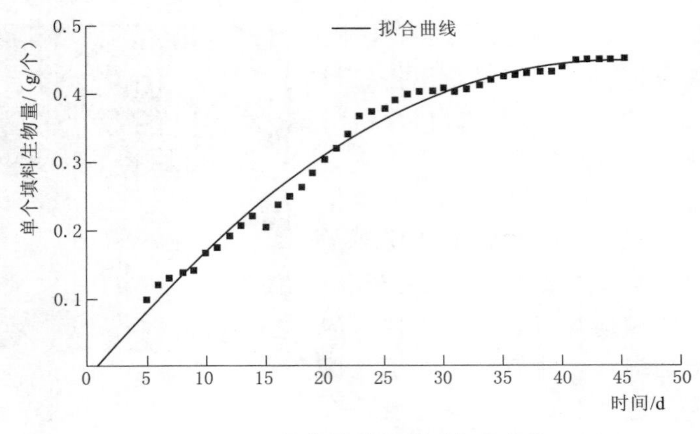

图 3-66　载体挂膜量随时间的变化

慢，接种污泥还未充分活化，微生物的各种酶系统对新环境尚处于适应过程。第 11～25d 为生长率上升期，生物量快速增殖，呈现出对数增长状态。第 26d 及以后为稳定期，生物量缓慢增加后呈动态平衡状态，即增殖速度几乎等于细胞衰亡速度，单个载体上生物膜量保持在 0.4613g 左右。此时出水水质稳定，COD 和氨氮去除率均达到 90%以上，反应器挂膜启动完成，挂膜阶段生物膜的变化如图 3-67 所示。

图 3-67　载体表面生长的生物膜

（2）生物相观察。经观察发现，中试系统内悬浮活性污泥中微生物不同于载体生物膜微生物，主要原因为中试系统内接种活性污泥后，会有一定量的微生物被载体截留，废水与流化的载体充分接触，微生物通过不断摄取废水中有机、无机营养物质用于自身一系列的生命活动，在载体表面以及内部生长、繁殖，并逐渐形成，随着生物量不断增加以及微生物分解废水中营养物质产生的 EPS 等逐渐形成一层滑腻的黏液状膜，经过一段时间后就会形成成熟的生物膜。在载体上形成的适应该水体环境的生物膜群体，在形成生物膜的过程中，微生物不断地被筛选和驯化，最终呈现出了与悬浮活性污泥不同的生物群体。因此，生物膜不仅仅是靠单纯的吸附截留而增加污泥浓度的，而是通过不断的筛选和淘汰具有特定性能的微生物种群来增强水处理系统的性能。

好氧生物膜反应器内活性污泥和生物膜载体生物相在挂膜启动期变化情况见表 3－11，挂膜启动阶段初期，载体上仅有少量丝状菌附着生长、繁殖，大量的菌胶团以及少量原生动物。第 10d 时，载体表面形成了一层黄色薄薄的生物膜，载体孔内有少量绒絮状活性污泥填充，渐渐的载体表面形成小而分散的微生物菌落。因为受水力剪切作用和营养底物浓度等条件的制约，微生物需要适应新的环境条件，生物膜的生长速度小于生物膜的脱落速度，好氧生物膜反应器内活性污泥流失，为了加快挂膜速率，挂膜启动期间对好氧生物膜反应器内进行了 3 次不定期补泥。第 15d 时，随着中试系统正常运行，载体表面微生物菌群不断发生变化，生物膜厚度逐渐增大、附着生物量增多。钟虫、纤毛虫等原生动物的量有明显增加，微生物种群分布进一步完善。第 24d 时，取悬浮活性污泥和生物膜分别进行镜检观察，如图 3－68 所示，可以看出，生物膜上的生物相更复杂、更丰富，有大量的累枝虫、钟虫、轮虫、等原生动物以及少量的线虫等微型后生动物，构成了一个完整的微生物系统。而悬浮污泥中的生物相较少，主要由菌胶团、丝状菌、藻类组成，表明生物膜载体可以为微生物生物提供适宜生长栖息环境。

表 3－11　好氧生物膜反应器内活性污泥和生物膜载体生物相变化情况

时间/d	悬浮活性污泥	生物膜
1	菌胶团和少量丝状菌、原生动物	无
10	菌胶团、纤毛虫以及大量游离细菌	少数生物群落
15	钟虫、少量轮虫	少数钟虫、纤毛虫
20	菌胶团、丝状菌以及藻类、少量原生动物和后生动物	大量的钟虫、纤毛虫等原生动物
24	丝状菌以及藻类、少量原生动物和后生动物	大量的钟虫、轮虫、累枝虫及少量线虫等原生动物

（3）抗冲击性能-流量冲击实验。在系统的稳定运行过程中，如若进水水量或者进水水质等发生改变时，会对污水处理系统造成影响，严重时会导致污水处理系统瘫痪，出水水质不能达标。

在水质及其 DO 浓度、温度等运行参数不变的情况下，从理论上来讲，当进水流量增大时，废水中污染物容积负荷率增大，导致系统的脱氮削碳性能减小。在本中试系统实验中，当流量增大为 1.5～2.0 倍时（HRT 为 3.3～4.4d），连续进水 15d，观察其去除效果。

进水流量调高 1.5 倍，HRT 为 4.2d。进水、出水数据见表 3－12。

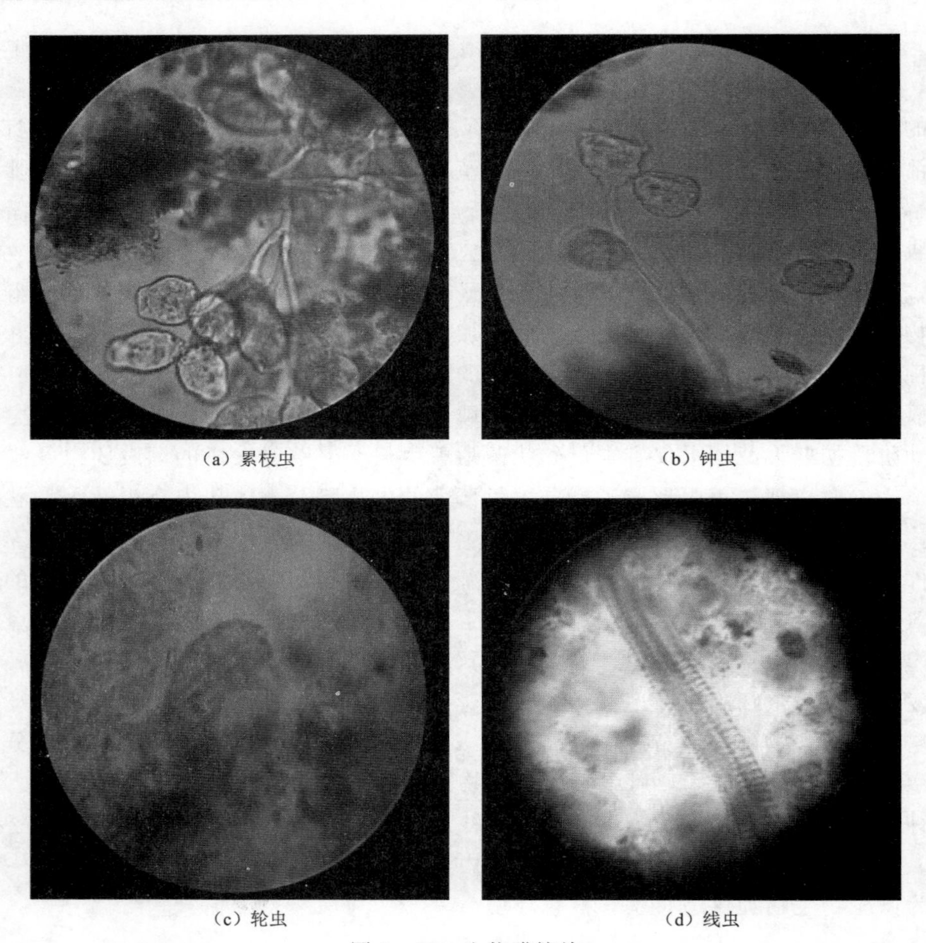

(a) 累枝虫　(b) 钟虫

(c) 轮虫　(d) 线虫

图3-68 生物膜镜检

表3-12　　进水、出水水质指标

名　称	COD	氨　氮	TP
进水/(mg/L)	5989.50	46.46	125.80
出水/(mg/L)	102.60	1.30	5.40
去除率/%	98.3	97.2	95.7

注　调高1.5倍的流量后连续运行8d的进水、出水数据平均值，COD出水浓度最高为124mg/L，最低为92mg/L；氨氮出水浓度最高为1.59mg/L，最低为1.07mg/L；TP出水浓度最高为6.99mg/L，最低为3.21mg/L。

进水流量调高2倍，HRT为3.1d。进水、出水数据见表3-13。

表3-13　　进水、出水水质指标

名　称	COD	氨　氮	TP
进水/(mg/L)	5738.40	39.56	115.80
出水/(mg/L)	125.80	1.59	5.46
去除率/%	97.8	96.0	95.3

注　调高2倍流量后连续运行8d的进水、出水数据平均值。COD出水浓度最高为163mg/L，最低为108mg/L；氨氮出水浓度最高为2.28mg/L，最低为1.07mg/L；TP出水浓度最高为6.32mg/L，最低为2.67mg/L。

由上表可知，在流量增大的情况下，经中试系统处理后的水质波动范围下，仍能保持稳定的出水，满足出水水质标准，由此可见交替式移动床生物膜反应器抗冲击负荷能力较强。

（4）抗冲击性能-氨氮冲击实验。该石油发酵企业的戊二胺项目中试试验已取得成功，不久将扩大生产规模，但其在生物发酵生产戊二胺的过程中，产生的戊二胺废水具有氨氮浓度高、底物抑制、C/N低、毒性大等特点，是生物脱氮的难点。原有水厂A/O工艺在处理石油发酵废水过程中已是捉襟见肘，若在进水中加入高氨氮戊二胺废水，进水氨氮升高，出水更加无法达到排放标准。

为了确定交替式移动床生物膜反应器中试系统抗冲击负荷能力强度，通过增加进水中戊二胺废水的比例来提高进水中氨氮浓度，氨氮冲击试验分为3个阶段，Ⅰ阶段、Ⅱ阶段、Ⅲ阶段氨氮浓度分别为150mg/L、250mg/L、350mg/L。试验过程中HRT保持在3.1～4.2d之间波动，DO浓度为（3.5±0.5）mg/L，上清液回流比为200%，其余运行参数不变。

COD变化曲线如图3-69所示，3个阶段进水COD浓度波动幅度大。进水COD浓度为3226～5868mg/L，出水COD浓度基本保持在200mg/L以下。由于二沉池上清液回流稀释厌氧生物膜反应器COD约为进水的1/2，COD的降解大部分发生在好氧生物膜反应器内，可见好氧生物膜反应器内异养菌抗COD冲击负荷能力强，且在高氨氮冲击负荷下依然能保持较高的降解活性。Ⅲ阶段进水COD浓度可稳定在3500mg/L左右，第20d时受高氨氮冲击负荷的影响，异氧微生物活性受到抑制，异养微生物对碳源的消耗降低，COD去除率短暂下降，但是微生物经过一定时间的适应期，而后出水COD浓度迅速下降并保持在（132±10）mg/L。

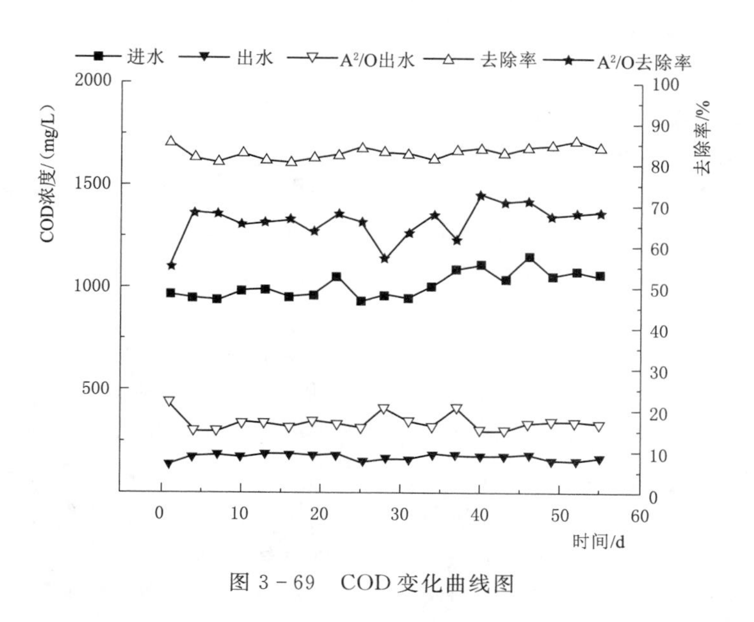

图3-69　COD变化曲线图

氨氮变化曲线如图3-70所示，可以看出，3个阶段进水氨氮浓度逐渐升高，进水中戊二胺废水所占比例逐渐增大，由于实验是3个阶段连续进行的，进水水质突然变化从之前50mg/L先后经过150mg/L、250mg/L变为350mg/L，出水浓度基本维持在5mg/L以

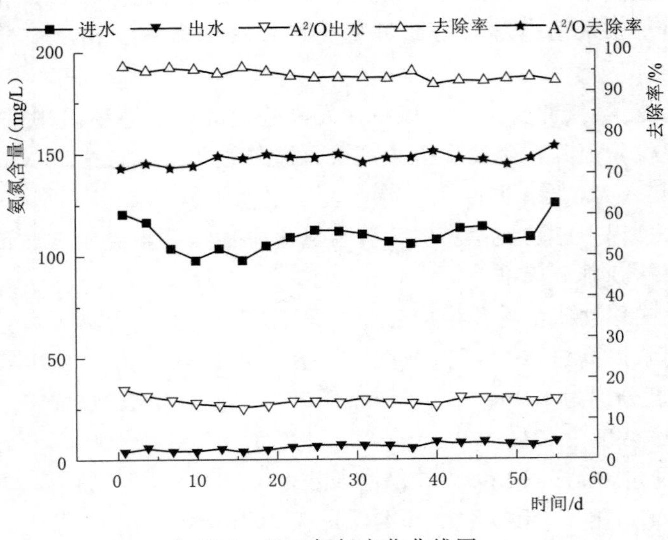

图 3-70　氨氮变化曲线图

下，氨氮最高去除率达 99.77%，可见氨氮去除效果稳定。其中Ⅲ阶段的第 21d 时，由于未能及时发现进水氨氮浓度陡增至 500mg/L 以上，连续进水 3d，出水水质不佳，出水氨氮浓度高达 72.19mg/L，系统功能遭到破坏。这是由于氨氮在硝化过程中作为反应的底物的同时也是抑制剂，此时反应器内氨氮处于过剩状态，严重抑制了活性污泥和悬浮载体上亚硝化菌和硝化菌的活性，整个硝化过程受到了抑制，为使系统功能尽快恢复，停止进水 24h，次日，氨氮去除率迅速回升并稳定在 98%以上，在此交替式移动床生物膜反应器表现出了极强的恢复能力。

Ⅲ阶段，进水氨氮平均浓度为 383.00mg/L，出水氨氮平均浓度为 2.95mg/L，氨氮平均去除率为 99.56%，出水水质理想。其原因如下：

1）载体上持留和培育出足够多的高效率降解戊二胺废水中高浓度氨氮的硝化细菌，且存在 DO 的扩散限制，因此生物膜不同深度同时进行硝化-反硝化反应。

2）厌氧反应器（A 池）氨氮的浓度小于上清液回流稀释的倍数，这可能是发生了厌氧氨氧化现象。

值得特别说明的是：Ⅱ阶段开始时出水氨氮浓度呈现出小幅度上升的趋势且二沉池有污泥上浮，降低 DO 浓度到（3.5±0.5）mg/L，出水氨氮浓度降到 5mg/L 以下，二沉池浮泥现象消失。分析原因是高 DO 浓度虽然有利于硝化作用的进行，但是好氧生物膜反应器中 DO 浓度过高，生物膜内部不能形成厌氧条件，导致同时硝化-反硝化过程无法正常进行，硝酸盐积累，抑制硝化作用的进行。同时由于出水中硝酸盐浓度过高，二沉池底泥在厌氧的条件下与硝酸盐反硝化产生氮气，污泥随气体上浮。

交替式移动床生物膜反应器污泥量很少，仅有载体上脱落的生物膜，所以在除磷方面存在弊端。戊二胺废水中无磷元素存在，TP 变化曲线如图 3-71 所示，可以看出，随着戊二胺废水比例的增加，进水 TP 的浓度呈递减趋势，TP 的去除效果不稳定，TP 去除率总体趋势逐渐降低，分析原因如下：

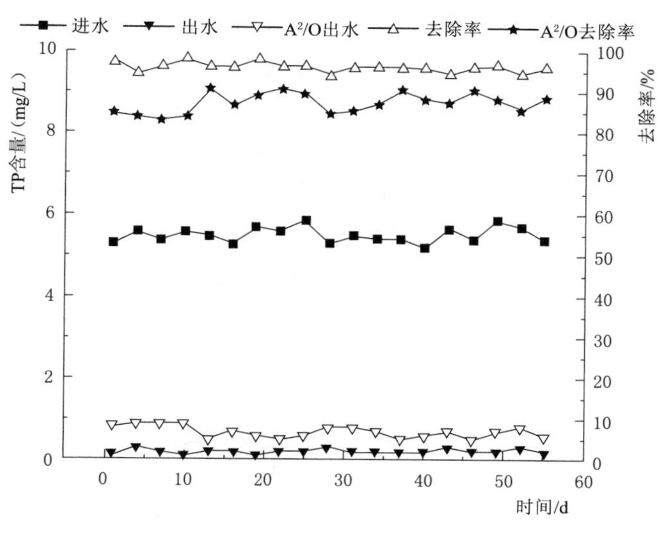

图 3-71 TP 变化曲线图

1）碳源的影响，厌氧反硝化以及释磷过程都需要 COD 作为电子供体，进水氨氮浓度升高，硝化作用产生的硝酸盐增多，反硝化所需 COD 增加，这必然影响除磷效果。

2）硝化液回流的影响，好氧生物膜反应器中氨氮的亚硝化和硝化进行的较为彻底，而带有较高浓度硝酸盐硝化液回流到厌氧池，导致了反硝化过程中亚硝酸盐浓度较高，进而抑制了反硝化除磷效率。

可见交替式移动床生物膜反应器对于总磷的去除效果具有一定的局限性，要想达到较好的去除效果，可借助化学除磷。

3 个阶段进水 pH 值为 4.80～7.25，随着进水戊二胺废水在混合废水所占的比例增加由酸性变为偏碱性，但厌氧生物膜反应器出水和好氧生物膜反应器出水 pH 值可分别为 7.80±0.23 和 8.40±0.21；厌氧生物膜反应器作为 pH 值缓冲体系维持厌氧生物膜反应器出水 pH 值为 7～9，为好氧生物膜反应器内亚硝化菌和硝化菌适宜的生长环境提供了保障，提高了微生物去除氨氮效率。

进水 SS 由于戊二胺废水的加入呈现递减的趋势，范围为 50～800mg/L，通过实验观察在厌氧生物膜反应器内活性污泥浓度为 9000～12000mg/L，好氧生物膜反应器污泥浓度 3000～3500mg/L 的条件下，经过交替式移动床生物膜反应器处理及沉淀，出水 SS 可保持在 100mg/L 以下。

(5) 生化池升级改造可行性分析。目前，由于该企业生产部废水量的增加以及戊二胺生产线高氨氮废水的影响，污水站原有 A/O 工艺出水不能稳定达标，这就直接导致面临巨额的罚款，影响生产部的生产，同时也间接影响二级城市污水厂的稳定运行，也会给受纳水体造成潜在威胁。不能满足《污水排入城镇下水道水质标准》(GB/T 31962—2015) 的要求，不但影响二级城市污水厂的稳定运行，也会给受纳水体造成潜在威胁。因此，该污水站升级改造的任务时间紧迫。

通过现场交替式移动床生物膜反应器中试试验与原厂 A/O 工艺对比可分析得出，在进水温度为 20～30℃（冬季曝气系统可充分利用邻厂产生的蒸汽来提高温度），进水水质以及外界环境完全相同的情况下，依靠高污泥浓度来去除废水中的污染物的 A/O 工艺，出水受进水流量以及进水水质的影响较大，出水 COD 时常不能达标，氨氮的去除效果不稳定。交替式移动床生物膜反应器中试系统内的生物羟基树脂载体为微生物提供了适宜的栖息环境，单位体积内生物量大且异养微生物活性高，促进了微生物对有机物的降解，出水 COD 可稳定达标。生物膜持留了大量生长世代长、生长缓慢的亚硝化、硝化细菌，硝化性能强大，氨氮去除率可稳定达到 98%以上，出水氨氮浓度达到了国家一级 A 的标准。通过抗冲击性能试验交替式移动床生物膜反应器也表现出了强大的抗流量、氨氮的冲击性能，可有效处理比原来增加一倍的污水量的石油发酵废水以及氨氮浓度高达 350mg/L 的戊二胺与石油发酵混合工业废水。可见交替式移动床生物膜反应器通过向原有 A/O 工艺内投加亲水性载体来提高处理能力是有很大的提升空间的，在不改变原有好氧池容的条件下进行升级改造是可行的。

3.7　工业园区废水

3.7.1　研究背景

近年，随着环保执法力度的不断加大，越来越多的城市开始严格执行《城镇污水处理厂污染物排放标准》（GB 18918—2002）的一级 A 排放标准。而该污水厂现有的污水处理工艺不能满足污水排放标准，尤其是 COD、氨氮的去除不能达标。因此，污水处理厂正通过寻找一种能够高效、经济的去除 COD、脱氮的工艺来满足标准，而已经建成的对氨氮的去除率较低的老旧污水处理厂和一些不具备脱氮除磷能力的污水厂也试图采用各种方法进行升级改造，以达到国家相关标准。但是，在改造中，由于土地面积、周边环境的限制以及工程投资等问题让污水厂在升级改造这条路上千辛万苦。交替式移动床生物膜反应器以 MBBR 工艺为依托，通过先进的技术，不但能够适用新建成的污水厂，而且也能在不改变池体大小的基础上对原有污水厂进行升级和改造，使其出水达标排放。随着我国城镇化速度的加快，交替式移动床生物膜反应器在未来的新农村、小城镇的污水、废水处理中的优势将不断突显，对于现有城镇污水处理厂的改造升级将发挥至关重要的作用。

3.7.2　工业园区废水特征

随着国家对工业废水排放重视程度的不断提高，工厂生产废水的排放标准日趋严格。由于工业废水水质复杂，多数具有污染物浓度高、C/N 失衡、有毒有害及不易降解的化学成分多等特点，在处理过程中往往会遇到各项污染指标去除困难或去除运行成本高的问题。目前，我国大部分工业废水处理多采用传统的氧化沟工艺、间歇式活性污泥法、A/O 工艺和 A^2/O 工艺等。这些工艺运行管理成熟，处理效果较稳定，然而仍存在占地面积大、管理及运行费用高、出水水质难以达标等缺点。因此，寻求高效、节能、环保的废水处理工艺是我国工业发展的迫切要求。

3.7.3 工业园区废水处理研究

1. 工艺设计

（1）实验用水。实验进水取自工业园区内污水处理厂钟式沉砂池出水，污水处理厂主要处理的是工业园区内企业预处理后的废水，其水质指标见表 3-14。

表 3-14 废水的水质 单位：mg/L

项目	BOD	COD	氨氮	TP	TN	SS
数值	120～180	200～450	10～30	2～4	20～40	200～300

（2）实验装置。中试实验初期，生化段采用单独好氧生物膜反应器处理工业园区废水（A 方案），实验装置如图 3-72 所示。为体现好氧生物膜反应器较污水厂卡鲁塞尔氧化沟工艺的优点，设置两组实验装置（实验组、对照组），其均由反应器主体、沉淀池、曝气系统、回流泵组成。主体有效体积均为 700L，经好氧生物膜反应器处理后的水通过溢流口流到沉淀池中，沉淀池底部设有污泥回流装置，反应器主体底部都装有曝气装置，用以保持微生物所需要的氧气和使载体能够在反应器中完全流化。好氧生物膜反应器出水通过溢流口逐渐溢流到沉淀池，以防止载体流失。

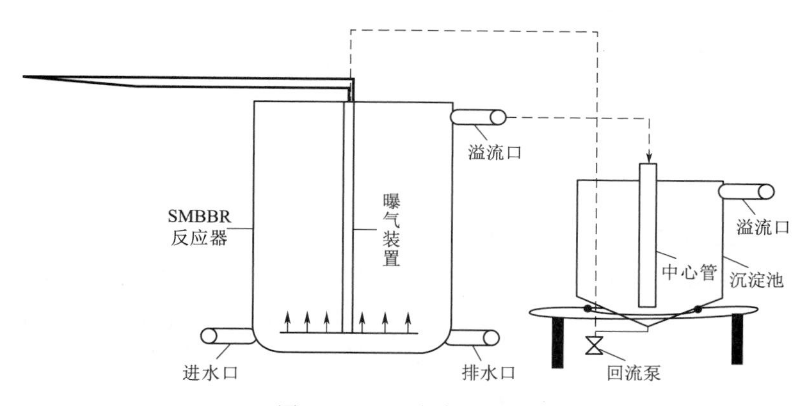

图 3-72 A 方案装置图

中试实验阶段中期，通过近两个月的运行调试，发现单独好氧生物膜反应器处理后的废水虽然能够符合《城镇污水处理厂污染物排放标准》（GB 18918—2002）的一级 A 标准，但 COD 的去除效果随着进水的不同而起伏较大，这在实际的工程运用中不利于系统的稳定和控制，而 COD 的去除也没有达到理想水平，当在进水水质超出各企业允许向污水厂排放废水的限值时，经好氧生物膜反应器处理后的废水在进水较高的情况下偶尔不能达标，但氨氮和总磷的去除效果较好，均能达到要求的标准。虽然采用单独好氧生物膜反应器能够使废水达标，但是通过进一步水质分析发现进水水质中含有大量难降解物质，可生化性较差，对单独好氧生物膜反应器来说处理较为困难，所以出水水质不能降低到较低水平，通过对水质进行分析和实例成功经验，决定优化实验工艺，采用 B 方案，即前置厌氧生物膜反应器，后置好氧生物膜反应器串联工艺来对工业园区废水进行处理，生化段实验装置如图 3-73 所示，该系统基于 A 方案中原有系统，设前置厌氧生物膜反应器、一沉池装置，由以下 3 部分组成：

(1) 进水管路系统。进水管路系统由蠕动泵将废水从钟式沉砂池抽取至厌氧生物膜反应器，其中流量可以以调速板进行调节至所需流量。

(2) 反应器主体。反应器主体部分是用 HDPE 塑料制作的厌氧生物膜反应器和好氧生物膜反应器装置。其中，厌氧生物膜反应器有效体积为 450L、好氧生物膜反应器有效体积约为 700L。厌氧生物膜反应器内装有搅拌装置，连续搅拌以增强传质，使载体能够流化并充分与泥水混合。废水经过厌氧生物膜反应器处理后从一沉池上端溢流入好氧生物膜反应器，好氧生物膜反应器内连续曝气，不但能够提供动力使载体流化，而且也能够通过提供氧气使微生物降解废水中的有机物。

(3) 出水管路系统。二沉池出水经过出水口排到污水厂的下水道中。

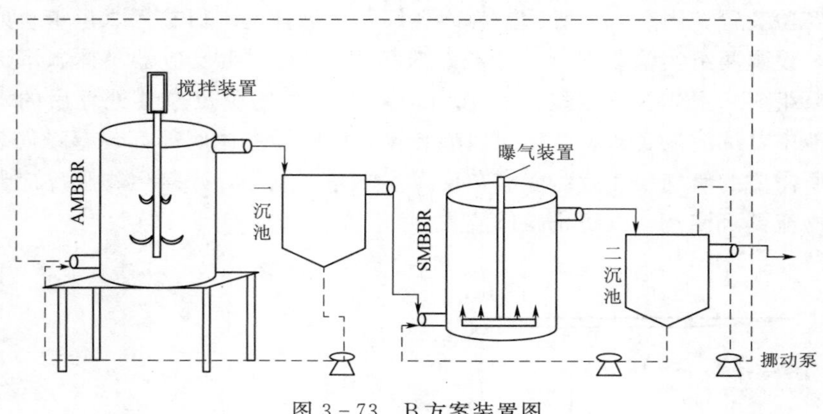

图 3-73　B方案装置图

2. 单独好氧生物膜反应器处理效果

(1) 反应器的启动与运行。为了能使好氧生物膜反应器顺利稳定连续运行，反应器启动时的好坏至关重要。在启动过程中，好的启动方法不但能减少挂膜阶段所消耗的时间，而且也能大大减少启动过程中的成本。在采用生物膜法的实际工程运用中，使用最为广泛的主要有两种挂膜方式，即密闭循环法与间歇式排泥法。有资料认为密闭循环法劣于间歇式排泥法，其主要原因是由于载体上的生物膜中的微生物主要依靠自身的生长，而不是依靠于水体中的悬浮微生物不断吸附于载体中。当采用密闭循环法时，反应器中的污泥浓度过高，其中的悬浮微生物含量也较大，会和附着于载体中的微生物争夺营养，不利于载体中的微生物进行繁殖，导致挂膜周期的延长。而采用间歇式排泥法时，当载体接种上微生物后，随着污泥的不断排出，悬浮微生物的含量也大大减少，载体中的微生物获得了大量的营养用来快速增长、繁殖，从而达到了快速挂膜的目的。中试实验初期，采取 A 方案，即设置单独好氧生物膜反应器，以污水厂卡鲁塞尔氧化沟工艺做对比组，两组反应器的接种污泥分别取自污水处理厂卡鲁塞尔氧化沟好氧区。将好氧区接种活性污泥投加到装有填充比为 30%的载体的反应器和对比组中好氧生物膜反应器的启动采用排泥法，挂膜阶段好氧生物膜反应器内每天加入 20g 菌种；对比组用污泥回流装置以保持反应器内污泥量，每星期排泥一次，以保持反应器内泥量和氧化沟好氧区泥量基本一致。曝气 24h 后，即日起连续进水，启动时进水 COD 为 200～600mg/L，pH 值控制在 7～8，HRT 为 12h、两组反应器曝气量通过阀门调节一致。

(2) 好氧生物膜反应器对COD的去除效果。在进水COD的波动范围在200～600mg/L的情况下，经过约2个月的连续运行后，两组反应器处理情况如图3-74所示，由于数据较多，将每5d的数据做平均值，由图中可以看出，在挂膜阶段前5d，由于好氧生物膜反应器采取连续进水排泥法，而对比组则采用污泥回流，所以随着好氧生物膜反应器内污泥的逐渐流失，生物量逐渐减少，COD的去除效果没有对比组好，但随着载体中生物膜的生长，微生物量逐渐增大，好氧生物膜反应器的出水水质优于对照组的出水水质，此阶段下，好氧生物膜反应器的平均出水COD浓度为99.85mg/L，对照组平均出水水质COD浓度为110.84mg/L；在运行阶段，此时生物膜已形成较厚浆状，生物量较大，对COD的去除效果随着运行的时间的增加效果越好，在运行阶段末期，好氧生物膜反应器的最低出水COD浓度为42.18mg/L，对比组的最低出水COD浓度为51.83mg/L，好氧生物膜反应器能够满足《城镇污水处理厂污染物排放标准》(GB 18918—2002)的一级A标准，通过图可以发现单独好氧生物膜反应器尽管能出水达标，但是和对比组相比没有明显差距，但好氧生物膜反应器在进水波动较大的情况下仍能保持稳定出水，而对比组随着进水波动而波动，说明好氧生物膜反应器相较于对比组对不良外界水力条件具有一定的抗逆性，有利于系统的稳定运行，这对实际工程运行具有重要意义。

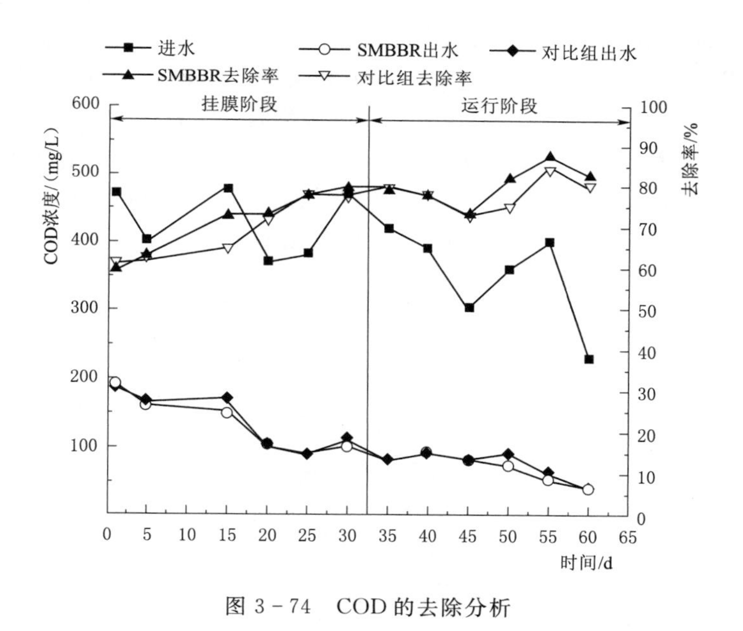

图3-74 COD的去除分析

(3) 好氧生物膜反应器对氨氮的去除效果。采用单独好氧生物膜反应器对氨氮的去除具有较好的效果，对氨氮的去除效果如图3-75所示，可以看出，挂膜阶段后期，好氧生物膜反应器处理后的废水已能达标，而对比组相对于好氧生物膜反应器处理效果较差，在此阶段下，好氧生物膜反应器的氨氮平均去除率为81.5%，对比组的氨氮平均去除率为76.8%，而在运行阶段，随着COD浓度的逐渐降低，异养菌的竞争能力弱于自养菌的硝化细菌，硝化菌开始逐渐增多，载体中的生物膜逐渐形成表层好氧硝化、内层厌氧反硝

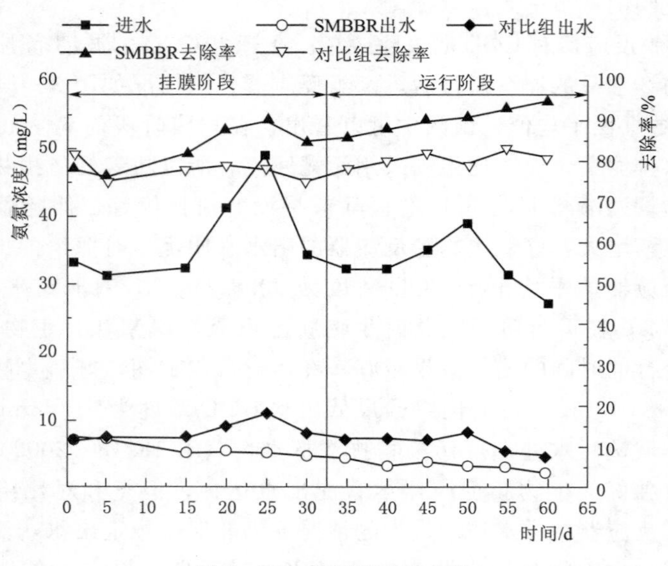

图 3-75　氨氮的去除分析

化，实现了同步硝化-反硝化，提高了除氮效率。此阶段下的最低出水氨氮浓度为 1.97mg/L，氨氮平均去除率为 89.9%；而采用氧化沟工艺的对比组最低出水氨氮浓度为 5.07mg/L，平均氨氮去除率为 80.2%，好氧生物膜反应器较对比组反应器的氨氮去除效率提高了 10%，且在进水有波动的情况下，好氧生物膜反应器比对比组运行稳定。

(4) 好氧生物膜反应器对 TP 的去除效果。单独工艺运行下的好氧生物膜反应器相较于对比组对 TP 的去除效果有较大提升，去除效果如图 3-76 所示。由图可知，挂膜阶段初期，好氧生物膜反应器的去除效果弱于对比组的去除效果，主要是由于初期好氧生物膜

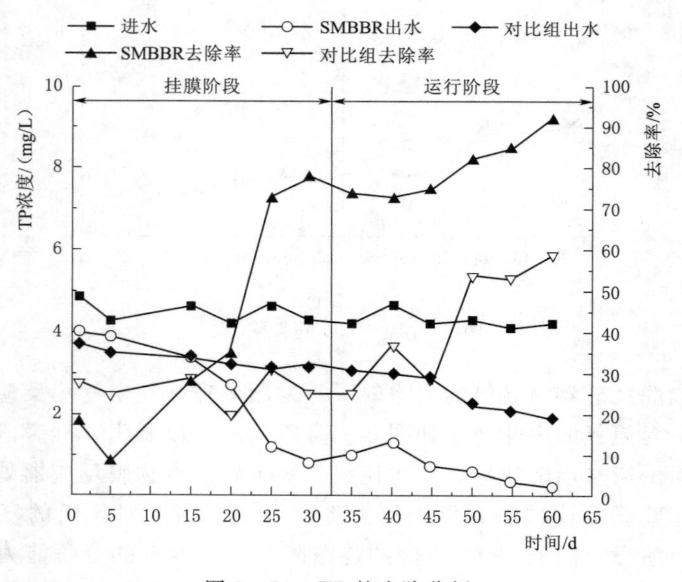

图 3-76　TP 的去除分析

反应器对 TP 的去除主要依靠反应器中加入的污水厂好氧段污泥中微生物的作用，随着污泥的逐渐排出，水中生物量逐渐减少，而载体中的微生物仍处于生长阶段，在此阶段下磷的去除率较低，随着载体中生物膜的增长，对 TP 的去除效果逐渐变好，出水水质指标呈下降趋势，而对比组磷的去除效果随着时间推移变化不大，主要是因为在好氧生物膜反应器中，生物膜具有一定厚度，溶解氧只能穿透部分生物膜，生物膜外部为好氧状态进行硝化反应，同时聚磷菌进行吸磷；生物膜内部为缺氧状态，反硝化聚磷菌可利用硝酸盐进行同时脱氮除磷。而对比组只采用了好氧工艺，不存在厌氧好氧交替的条件，造成除磷效果较差。在运行阶段，好氧生物膜反应器的 TP 出水最高值为 1.31mg/L，最低为 0.35mg/L，TP 去除率最低为 73.16%，最高为 91.8%，对比组平均 TP 出水值为 2.54mg/L，平均 TP 去除率为 42.6%。

3. 交替式移动床生物膜反应器处理效果

本实验采用经 A 方案优化后的 B 方案，即将几种废水的处理工艺设计在相对简单的系统装置中，系统装置主要由厌氧生物膜反应器和好氧生物膜反应器两个生物反应器组成。厌氧生物膜反应器有效容积为 400L，好氧生物膜反应器有效容积为 700L，厌氧生物膜反应器、好氧生物膜反应器内都放有聚乙烯载体，采用串联的方式运行，厌氧生物膜反应器置于好氧生物膜反应器前端，厌氧生物膜反应器后端设置沉淀池，用以进行污泥的排放和回流，好氧生物膜反应器后端设置二沉池，用以上清液回流到前端厌氧生物膜反应器。厌氧生物膜反应器和好氧生物膜反应器采取排泥挂膜法，向两个反应器中分别加入 3000mg/L 来自污水厂卡鲁塞尔氧化沟缺氧段和好氧段的活性污泥，厌氧生物膜反应器采用机械搅拌，转速为 20～30r/min，在不进水的情况下连续运行 2d，使泥水混合物和载体充分混匀，以便在载体内部接种兼性厌氧菌。好氧生物膜反应器采用连续曝气，先闷曝 2d，使得载体能够流化均匀。即日起开始连续进水，厌氧生物膜反应器因其水解酸化的污泥龄较长（一般 15～20d），为保持生物量，进行污泥回流，每隔 5d 排一次污泥，直至挂膜成功；好氧生物膜反应器的进水即厌氧生物膜反应器的出水。挂膜阶段每天在厌氧生物膜反应器中加入 20g 菌种，增加优势菌种的生物量。进水通过蠕动泵泵入反应器内，通过调速板调节流量，进水量为 1L/min，厌氧生物膜反应器的 HRT 为 7h、好氧生物膜反应器的 HRT 为 12h。

（1）挂膜阶段交替式移动床生物膜反应器对 COD 的去除效果。通过一个月的调试运行，挂膜阶段的 COD 处理能力如图 3-77 和图 3-78 所示。此阶段下由于前置厌氧生物膜反应器的缓冲作用，在进水波动较大的情况下，好氧生物膜反应器出水较为稳定，平均出水 COD 浓度可达 51.74mg/L，COD 总去除率为 83.95%，具有良好的去除效果。在此阶段，厌氧生物膜反应器中 COD 的去除主要依靠原兼性厌氧泥中的异养型微生物细菌，如水解细菌、酸化菌，它们把难以生物降解的大分子物质转化为易于生物降解的小分子物质、把不溶性的有机物水解为可溶性有机物时，会在环境中汲取一定养分，把一部分有机物降解合成自身的细胞，从而去除部分 COD。期间厌氧生物膜反应器平均出水 COD 浓度为 89mg/L、最高出水 COD 浓度为 146.3mg/L、最低出水 COD 浓度为 61mg/L；COD 最高去除率为 84.4%、最低去除率为 33.62%、平均去除率为 72.8%。

挂膜阶段后期，因载体在水中浸泡了充足的时间，吸水长膜后的载体密度接近于水，在泥水混合物中处于悬浮状态，且搅拌作用增大了污泥、废水、载体三者的传质作用，有

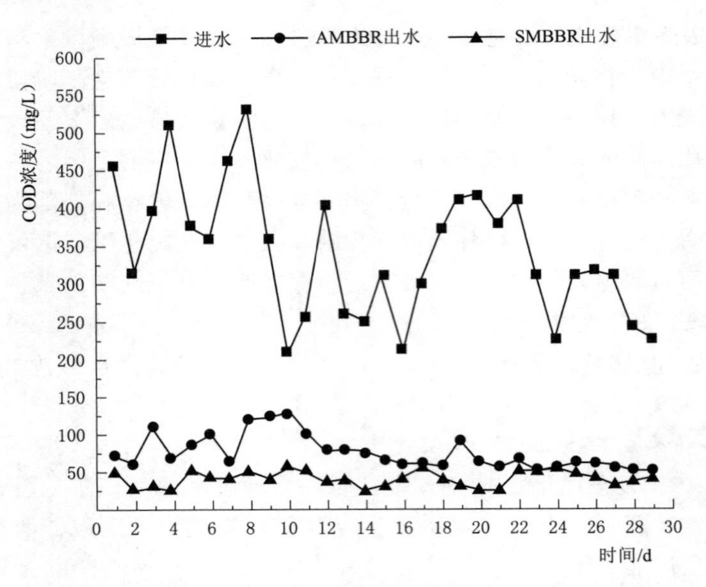

图 3－77 交替式移动床生物膜反应器的进出水 COD 浓度

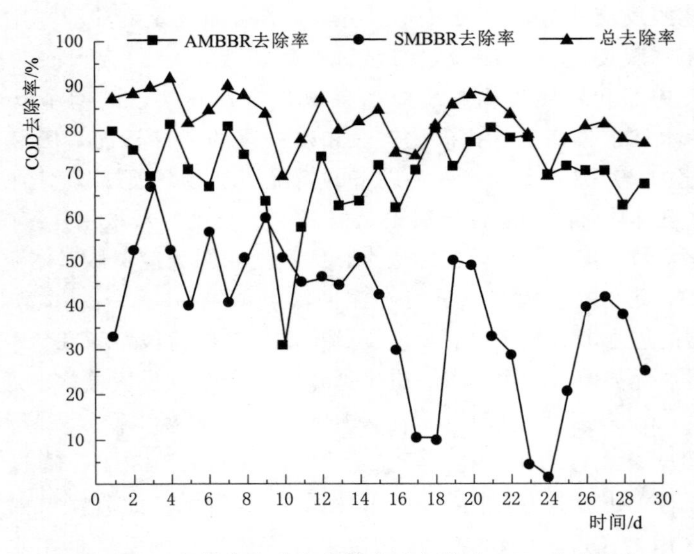

图 3－78 交替式移动床生物膜反应器对 COD 的去除率

利于微生物的繁殖生长，此时，兼性厌氧菌开始大量繁殖，并附着于载体之上，由于载体给废水中游离的兼性菌提供了附着点，使其不会随出水流失，并增大了反应器中的生物量。在此阶段，尽管进水波动较大，但厌氧生物膜反应器中较高的生物量能有效地抵抗外界不良条件造成的冲击，出水趋势呈现平稳态势，这种抗冲击能力也为后续好氧生物膜反应器稳定运行创造了有利条件。在此阶段，好氧生物膜反应器 COD 平均去除率为 39.4%、最高去除率为 66.7%、最低去除率为 10.8%，好氧生物膜反应器相较于厌氧生物膜反应器 COD 去除率低的原因是由于易于分解利用的物质已被厌氧生物膜反应器充分利用，剩下难降解的大分子物质和被厌氧生物膜反应器水解酸化后的小分子物质进入好氧生物膜反应器，水解酸化后的小分子物质被好氧生物膜反应器中微生物利用，难降解部分仍有残余，造成好氧生物膜反应器 COD 去除率不高，但相较于单工艺好氧生物膜反应器，在挂膜阶段组合工艺对 COD 的去除效率是单独好氧生物膜反应器的一倍。

（2）挂膜阶段交替式移动床生物膜反应器对氨氮的去除效果。氨氮去除效果如图 3－79 和图 3－80 所示。随着生物膜的生长，氨氮的去除效果也逐渐变好，此阶段下最高出水水质为 3.12mg/L，最低为 0.67mg/L，氨氮平均去除率为 98.06%，这种高效的去除效果分析认为是厌氧生物膜反应器中较高的生物量，使得碳源被充分利用，减少后续好氧工艺的碳化量，增强其硝化能力；而厌氧生物膜反应器中有时会冒出气泡并伴随臭味，这是由于有机物在被缺（厌）氧微生物降解的过程中，一些气体会产生于酸化、产乙酸阶段，并且带臭味的氨气、硫化氢等气体在酸化阶段中将产生，装置中的水流以完全混合的方式存在，通过出水，这些气体一起逸出。

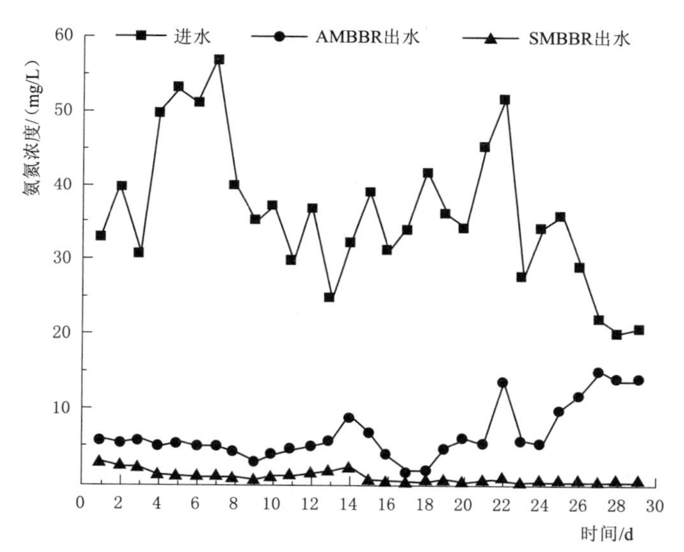

图 3－79 交替式移动床生物膜反应器进出水氨氮浓度

根据实验数据推测厌氧生物膜反应器中可能发生的消耗氨氮的反应有厌氧氨氧化反应、好氧硝化反应两种。这是由于少量 DO 通过进水被带入，为氨氮好氧硝化创造了条件，同时厌氧氨氧化反应又因好氧硝化产物-亚硝酸根的存在而能够正常进行。此外，厌氧生物膜反应器载体上生物膜沿厚度方向由表及里存在的缺氧/厌氧微环境，使同时硝化-反硝化或厌氧氨氧化反应成为可能。但同时硝化-反硝化要求 DO 浓度大于 0.5mg/L 时才可能发生，而本实验中厌氧生物膜反应器的 DO 浓度始终小于 0.5mg/L，可以排除前者，认为发生了极少量的厌氧氨氧化反应；并且好氧生物膜反应器中同时存在着硝化-反硝化反应，增大了反应的效率，同时二沉池上清液回流到厌氧生物膜反应器中进一步进行反硝化反应，使脱氮更为彻底；但由于剩余污泥的回流及其在厌氧生物膜反应器中的降解，在增加后续反硝化碳源的同时，也使厌氧生物膜反应器出水中氨氮浓度呈缓慢增加的趋势。采用厌氧生物膜反应器前置的方式，不仅改善了进水碳源，一沉池剩余污泥的回流及水解也为反硝化系统增加了部分碳源；同时，厌氧生物膜反应器投加载体，减少了污泥浓度，

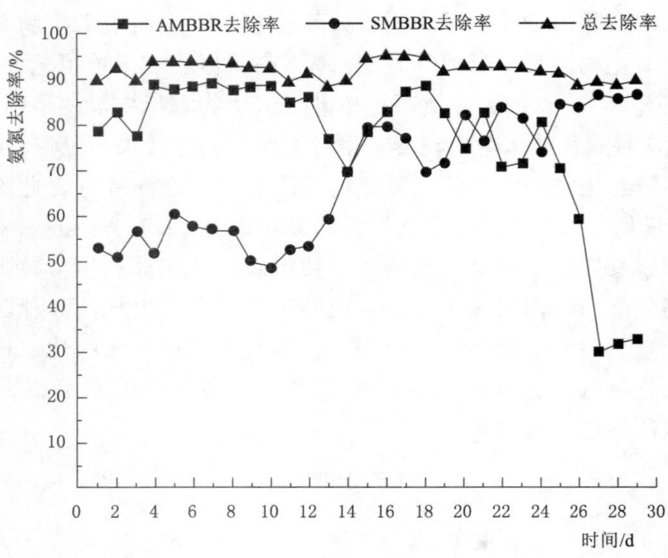

图 3-80　交替式移动床生物膜反应器对氨氮的去除率

提高了反应效率，膜内的厌氧区也为厌氧氨氧化提供了良好的环境。因此，组合工艺作为单一厌氧生物膜反应器的改造，对系统反硝化效率的提高有一定意义。

（3）挂膜阶段交替式移动床生物膜反应器对 TP 的去除效果。为保持厌氧生物膜反应器中反硝化反应正常进行，系统中 DO 浓度不能超过 0.5mg/L，总磷的去除率随着 DO 浓度的增加而降低，根据传统相关除磷理论，可能是在 DO 浓度较低时，系统内存在厌氧微环境，聚磷菌从体内释放大量磷，为好氧吸磷创造条件；当 DO 浓度升高，聚磷菌释磷受到抑制，所以 TP 的去除率反而降低，保持厌氧生物膜反应器中 DO 浓度在 0.5mg/L 以下，对磷的去除效果如图 3-81 和图 3-82 所示。由于生物膜的不断增厚，好氧生物膜反应器中好氧生物膜逐渐完成好氧吸磷过程，一部分被微生物所利用，另一部分随着上清液

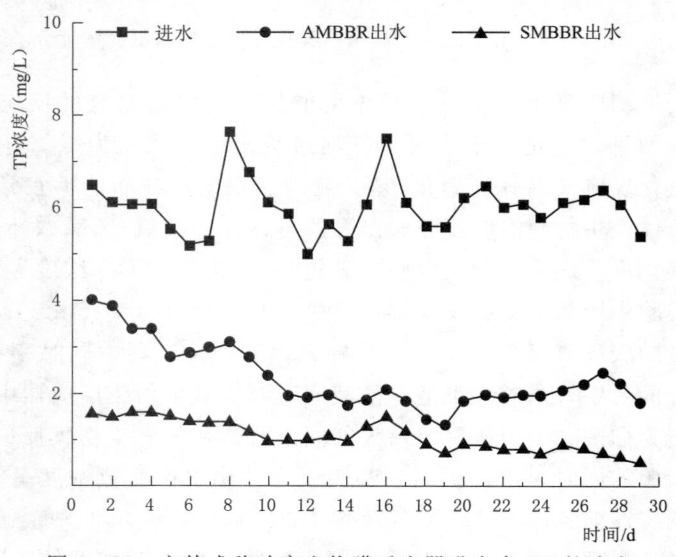

图 3-81　交替式移动床生物膜反应器进出水 TP 的浓度

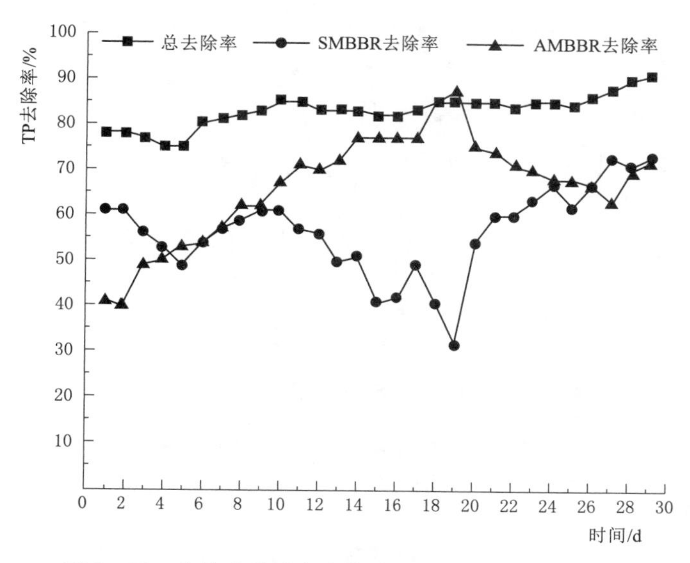

图 3-82 交替式移动床生物膜反应器对 TP 的去除率

回流到厌氧生物膜反应器中，厌氧生物膜反应器中的聚磷菌在厌氧状态下分解体内积累的聚磷酸盐，并通过 PHB 的形态储存在细胞体内，磷酸盐通过此过程从微生物体内释放到废水中。并且厌氧段的有效释磷也影响着好氧吸磷的效果，到了好氧段，被厌氧泥包被，通过定期排放污泥除磷。在此阶段，厌氧生物膜反应器中随着死泥上浮出水周期性增高，好氧生物膜反应器的 TP 含量逐渐降低，出水水质 TP 平均为 0.98mg/L。随着二沉池上清液的回流，厌氧生物膜反应器中硝氮浓度也在增加，反硝化作用得到了充分的发挥，组合工艺系统去除 TP 的效果较好，但是高浓度的硝氮使聚磷菌和反硝化细菌产生竞争，聚磷菌为较弱菌群，反硝化速度大于磷的释放速度，反硝化先消耗营养物进行硝化，聚磷菌没有足够的营养物释磷/吸磷，所以厌氧生物膜反应器的 TP 的去除率降低。

（4）运行阶段交替式移动床生物膜反应器对 COD 的去除效果。运行阶段下，COD 较挂膜阶段的去除率略有提升，说明此阶段下生物膜逐渐成熟，基本达到组合工艺的最大处理能力。交替式移动床生物膜反应器进水、出水 COD 浓度如图 3-83 所示，能够看出，尽管进水 COD 浓度波动较大，平均数值为 347.12mg/L，最高进水为 546mg/L，最低为 169.5mg/L，但经过厌氧生物膜反应器处理之后，COD 波动幅度明显减小，说明前置厌氧生物膜反应器对于进水水质波动较大的情况能有很好的缓冲作用，对后续好氧生物膜反应器中微生物的生长繁殖提供了良好、稳定的外界条件。而经过好氧生物膜反应器处理过的废水，优于《城镇污水处理厂污染物排放标准》（GB 18918—2002）要求的一级 A 标准，且出水水质曲线呈现平稳态势，最低 COD 浓度达到 29.15mg/L，说明组合工艺对于 COD 的去除效果相较单一好氧生物膜反应器工艺有较大提升，且对进水 COD 波动较大的情况具有很强的抗逆性。交替式移动床生物膜反应器对 COD 的去除率如图 3-84 所示，可以发现，COD 的总去除率最高，最低为 73.2%，最高为 93.1%，平均去除率为 86.9%，其次是厌氧生物膜反应器的 COD 去除率，最低为 28.6%，最高为 85.3%，平均去除率为 67.1%，最后是好氧生物膜反应器的 COD 去除率，最低为 30.6%，最高为

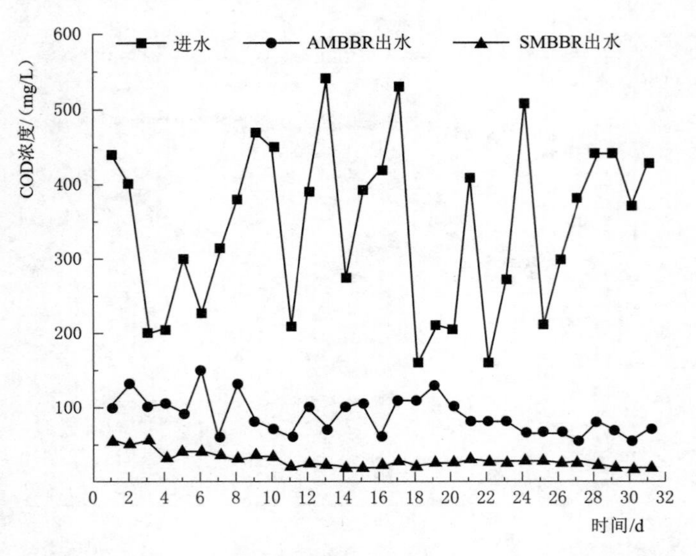

图 3－83　交替式移动床生物膜反应器进水、出水 COD 浓度

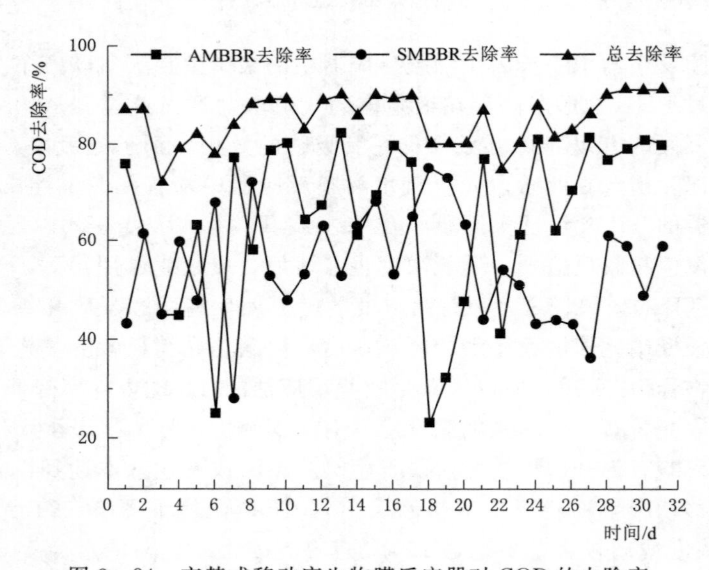

图 3－84　交替式移动床生物膜反应器对 COD 的去除率

75.4%，平均去除率为 57.1%。分析可知好氧生物膜反应器的 COD 去除率小于厌氧生物膜反应器的 COD 去除率，分析原因是进水中含有大量难降解物质，经厌氧生物膜反应器的微生物将易分解的物质分解利用后，剩余大量难降解物质，增大了好氧生物膜反应器的负担，降低了好氧生物膜反应器的去除率。但是通过图能够发现，经过厌氧生物膜反应器和好氧生物膜反应器后的工艺，总的 COD 去除率远远优于单独工艺运行下的 COD 去除率，并且采用组合工艺的形式能够对进水 COD 中的难降解物质进行水解酸化，降解废水中较为复杂的大分子物质，使其分解为小分子物质，提高 B/C 比，为下一步好氧反应奠定了有利的基础。

(5) 运行阶段交替式移动床生物膜反应器对氨氮的去除效果。通过中试实验数据可以发现，尽管进水氨氮波动较大，但组合工艺对于氨氮的去除效果很好，去除效果如图3-85、图3-86所示。由图可以发现，组合工艺去除后的氨氮最高为2.3mg/L，最低为0mg/L，出水平均值为0.8mg/L。对于氨氮的去除率，组合工艺总的氨氮去除率最高能够达到100%，平均氨氮去除率为97.7%。好氧生物膜反应器的氨氮去除率比厌氧生物膜反应器高，厌氧生物膜反应器氨氮去除率为83.6%，好氧生物膜反应器氨氮去除率为86.5%，这种高效的氨氮去除效果，分析原因是好氧生物膜反应器中载体内部的生物膜能够形成表层好氧硝化，内层厌氧反硝化的机制，另外通过二沉池上清液的回流比单一反硝化提高了对氨氮的去除效率。

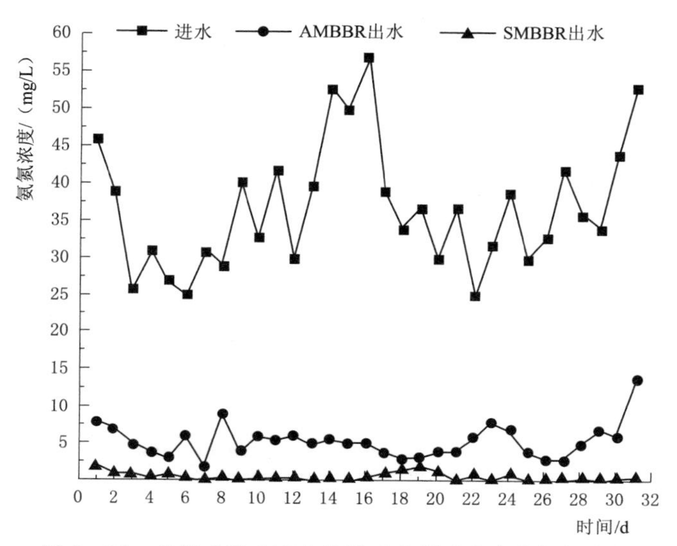

图3-85　交替式移动床生物膜反应器进出水的氨氮浓度

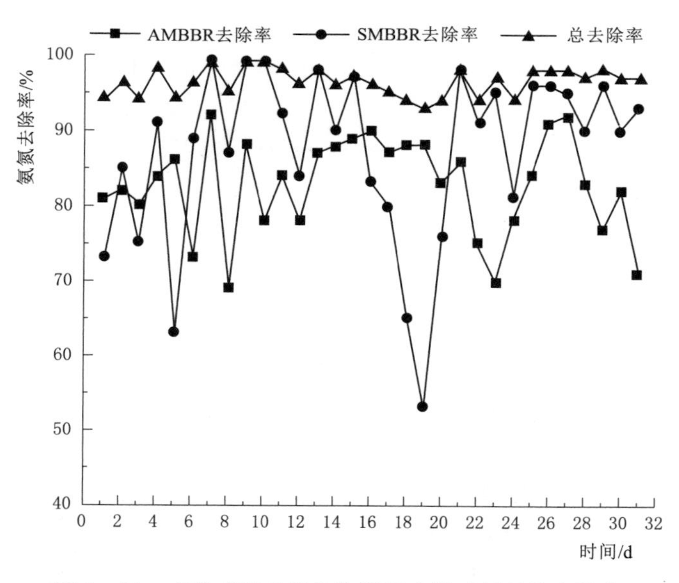

图3-86　交替式移动床生物膜反应器对氨氮的去除率

（6）运行阶段交替式移动床生物膜反应器对 TP 的去除效果。经过一个月的连续稳定运行后，采用组合工艺的出水水质如图 3－87、图 3－88 所示。由图可以发现，在进水波动较大的状态下，经过厌氧生物膜反应器的缓冲作用后，好氧生物膜反应器的出水较为稳定，最高 TP 浓度为 0.55mg/L，最低 TP 浓度为 0.07mg/L，平均出水水质 TP 浓度为 0.21mg/L，低于要求的出水水质 TP 浓度 0.5mg/L，且 TP 的去除率最低为 92.1%，最高为 98.7%，平均去除率为 96%，去除效果良好。厌氧生物膜反应器 TP 去除率低于好氧生物膜反应器去除率，分析原因是好氧生物膜反应器处于连续曝气状态，载体中

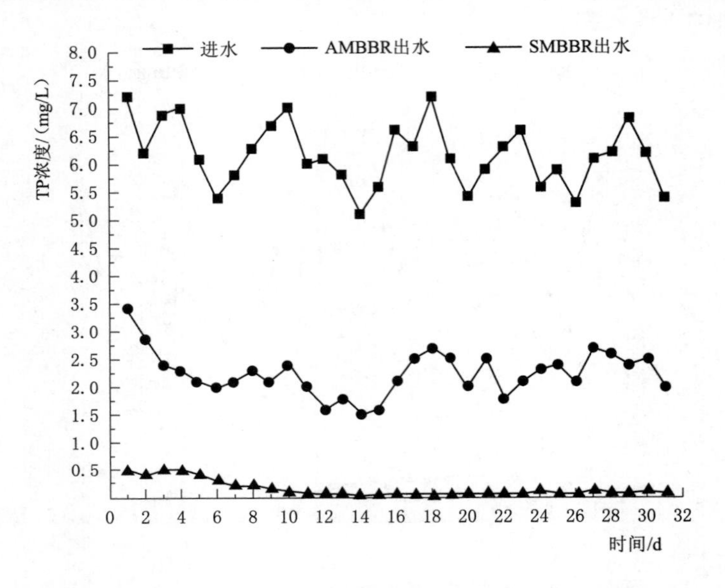

图 3－87　交替式移动床生物膜反应器的进出水 TP 浓度

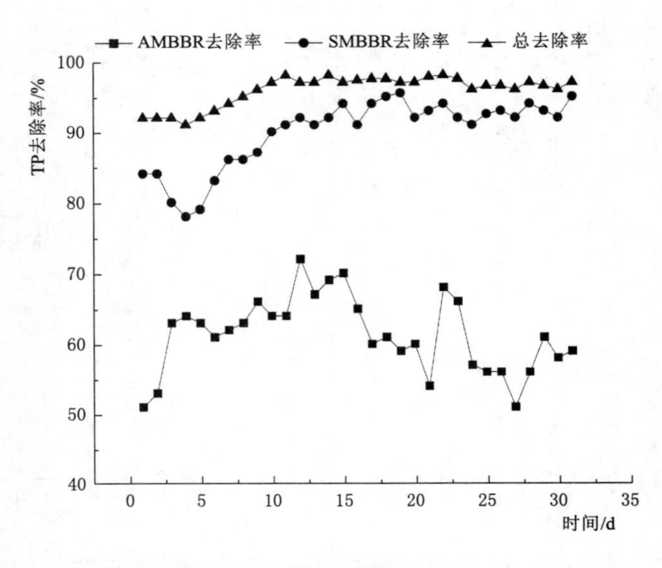

图 3－88　交替式移动床生物膜反应器对 TP 的去除率

的生物膜处于好氧聚磷状态，水中的磷一部分被载体中的微生物利用，用以维系微生物的生存和繁殖，另一部分磷通过二沉池上清液回流到前置厌氧生物膜反应器中，逐渐沉积到兼性厌氧泥中，随着死泥漂浮到一沉池中被排出。两方案相比，A方案TP浓度最低为0.35mg/L，TP去除率最低为73.16%，最高为91.8%，而B方案最低出水TP浓度为0.07mg/L，TP最高去除率为98.7%，采用组合工艺明显比单一好氧生物膜反应器占优。

（7）运行阶段交替式移动床生物膜反应器生物相观察。通过显微镜观察组合工艺中好氧生物膜反应器内的生物膜发现，载体上的生物膜中含有很多丝状细菌，也有一定数量的原生动物、后生动物，通过肉眼观测，载体中的生物膜呈黑色，在载体内部的边缘部分呈放射状絮体，原生动物、后生动物种类虽少，但比较活跃，在运行阶段，通过切开大量载体进行检测，发现生物膜中含有较多钟虫和累枝虫，说明出水水质较好，如图3-89所示。运行过程中，载体上生物膜生长状况良好，但是其生物膜的生长状况和易降解废水相比，微生物种类、生物相比较简单。在实验过程中发现，驯化阶段前期，厌氧生物膜反应器内活性污泥的增值较为缓慢。其原因如下：

1）大量的难降解和有毒物质存在于工业废水中，强烈地抑制了微生物的活性。因此，降低了反应器内的微生物对有机底物降解的速率。

2）微生物的状态发生了改变，活性污泥附着于载体上。状态的改变对新的反应器、新的环境有逐渐适应的过程。无论是厌氧生物膜反应器还是好氧生物膜反应器，生物膜量并不是无限增长的。在反应器内，生物膜通过在载体的内表面生长，但是载体的内表面面积有限，限制了生物膜所附着的面积，因此生物膜厚度的增加则反映出了生物膜的不断增长。当生物膜的厚度增加到一定程度后，一方面载体在流化过程中不断碰撞，另一方面膜厚度的增加造成生物膜内部的厌氧，导致生物膜的脱落。

（8）HRT对处理效果的影响。交替式移动床生物膜反应器工艺中，HRT的长短对处理效果有着重要影响。HRT的选择不仅影响了系统的处理效果，对生物反应器容积的大小也有直接关系，Harada等研究发现，HRT过短会对系统内SMP的积累造成影响，SMP在反应器中逐渐累积，当量到达一定程度之后，将会造成膜的污染。HRT过长，不但会加大曝气池的体积，而且更会增加基建中的费用，所以HRT的长短不但决定了出水的水质，而且对整个工程也有重要的影响。

在pH值为7～8，DO浓度为2mg/L，温度为20～25℃实验条件下考察了不同HRT对经组合工艺处理后工业园区废水中COD的指标。为了更加直观地表示COD浓度随HRT的变化的情况，以好氧生物膜反应器的HRT为基准，取各HRT条件下组合工艺对COD去除效果，如图3-90所示。可以看出，在一定范围内，COD的去除效果随着HRT的延长逐渐变好。当HRT大于6h时，随着HRT增大COD的去除率也呈现增大的趋势，当HRT为12～18h范围时，COD去除率为90%～94%，出水COD浓度低于50mg/L，满足《城镇污水处理厂污染物排放标准》的一级A标准的现有企业水污染物排放限值。而在HRT超过24h后，COD的去除率在HRT逐渐增加的情况下变化不是很大。此现象的出现推测是因为经过水解酸化后的废水，虽然大幅度提升了其可生化性，但经过水解酸化后，其生物降解性由于水中残余有难降解物质反而更差，因此对于这部分物质来说，即使

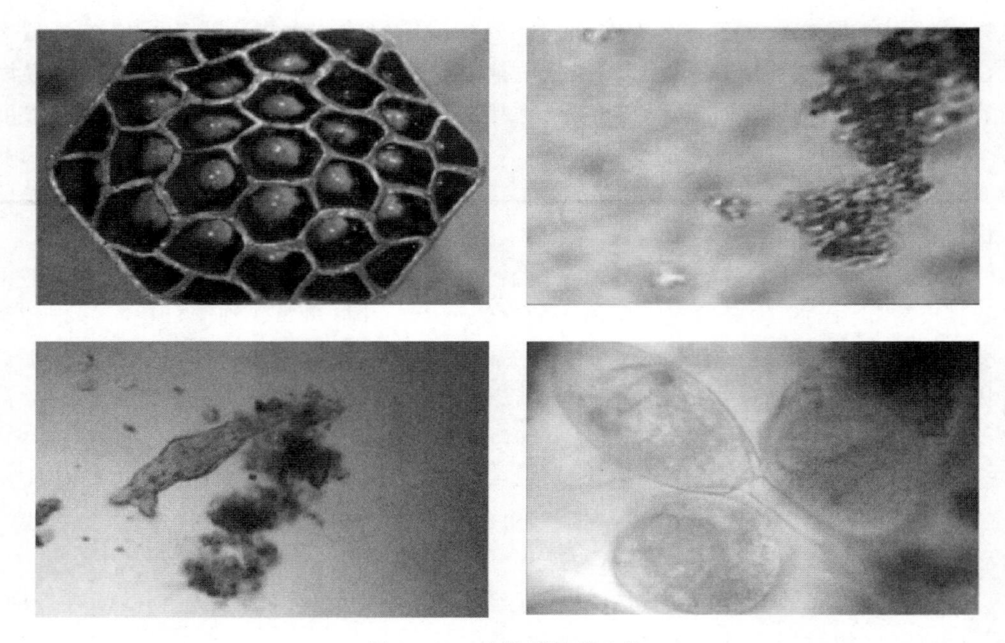

图 3-89　生物膜及微生物

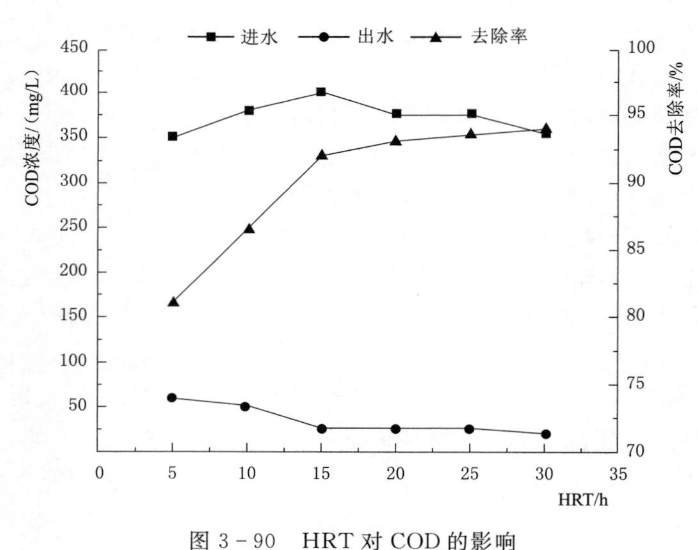

图 3-90　HRT 对 COD 的影响

进一步提高 HRT 也无法降解。这说明上清液、出水中仍存在一定量不能降解的有机物或难降解的有机物。这种难降解的物质，一方面来自工业园区内进水中含有的难降解物质，另一方面微生物的内源呼吸产生的代谢产物也有一定影响。当 HRT 在 24h 以上时，COD 的去除效率在 93%左右，出水的 COD 浓度低于 50mg/L，满足《城镇污水处理厂污染物排放标准》(GB 18918—2002) 的一级 A 标准。

HRT 对氨氮处理效果的影响如图 3-91 所示。可以看出，总体来看氨氮的去除效率与 COD 的去除效率相似，随着 HRT 的增长而逐渐增大。当 HRT 为 5h 时，氨氮的去除效果较差，去除率仅为82%，当HRT延长至20h时，去除率能够达到97.4%，当HRT超过24h后，去除效果没有较大变化。因为好氧生物膜反应器的截留作用，使得世代时间较长的亚硝化细菌和硝化细菌得到了充足空间和时间来进行生长与繁殖，通过硝化反应使氨氮充分去除，所以氨氮的去除效果较好。

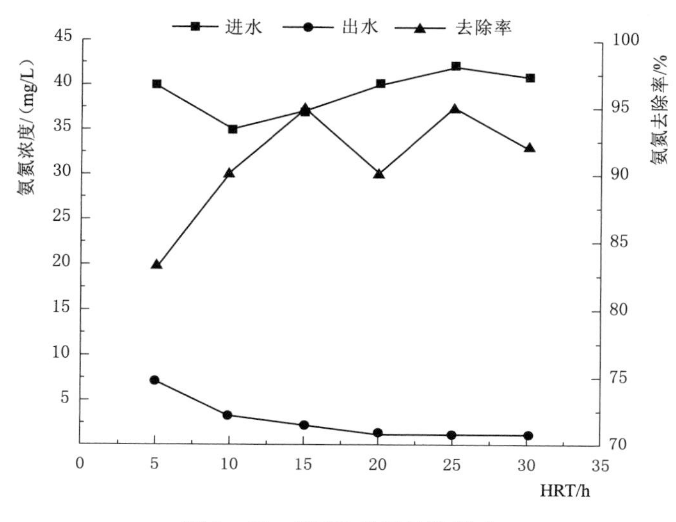

图3-91 HRT对氨氮的影响

(9) DO浓度对处理效果的影响。DO浓度对废水的处理效果、微生物的生长状况有着直接的影响，同时对交替式移动床生物膜反应器来说，也是一种重要的运行参数。当DO浓度过高时，不但会加大运行的能耗，同时也会增大经济成本，顾平通过实验研究得出以下结论：曝气耗能在总的耗能中占绝大比例。研究还发现DO浓度超出一定范围时，装置中的有机污染物便会过快的分解，一方面会因为缺乏营养而使微生物生长缓慢，另一方面会加快污泥的老化，导致其结构松散，加剧对生物膜的污染，对反应器的稳定运行造成不利影响。当DO浓度过低时，不但会使得污泥的吸附性与沉降性变差，容易发生污泥膨胀，而且也会对好养微生物的正常生长、代谢不利，更对废水的处理效果造成不良影响；因此，通过实验来探究组合工艺中在不同DO浓度的条件下，对各个污染物指标所造成的影响，根据实验结果选择合适的DO浓度，能够合理有效地降低处理运行的成本。实验选择温度为20～25℃、HRT为24h，在此种条件不变的情况下考察了不同的DO浓度对经好氧生物膜反应器处理后的效果。

不同DO浓度对COD的处理效果影响如图3-92所示。在一定范围内，COD的去除率随着DO浓度的逐渐增大而效率变高。DO浓度在0.5mg/L以下时，COD的去除率为88.4%，去除率比较低。而当DO浓度从0.5～2mg/L的范围内逐渐变大的过程中，COD去除效果也逐渐变好，从开始的82.4%逐渐增长至94.1%。但在2～3mg/L的范围内逐渐增加时，虽然DO浓度逐渐增加，但是COD的去除效果变化不大，从94.1%增大到95.8%，COD的去除效果的变化不明显，同时观察到当DO浓度小于1mg/L时，载体的流化性受到较大影响，大部分悬浮在反应器中部，当DO浓度在2mg/L以上时，载体能够在反应器中得到较好的流化状态，并且没有局部堆积，呈均匀混合状态，氧气的传质也得到了有效地增强，对COD的去除也创造了良好的条件。

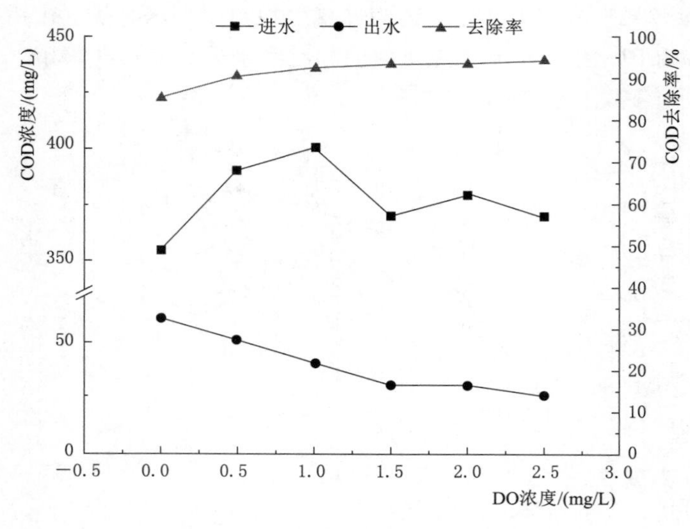

图3-92　DO浓度对COD的影响

DO浓度对氨氮处理效果的影响如图3-93所示，可以看出，随着DO浓度的增大，氨氮的去除率也随之增大。当DO浓度在0.5mg/L以下时，对氨氮的去除效果造成不好的影响，去除率最低仅为78%，达不到一级A标准。这是由于：①当DO浓度过低时，曝气量的不足影响了载体在反应器中的流化，对氧的传质效率起到阻碍作用；②微生物进行生命活动所需的DO是通过单纯扩散这种形式来进入到细胞内部，而污泥浓度的过高，将会导致反应器中的DO浓度降低，这种情况的出现，一方面会增加生物膜内的扩散阻力，从而影响了生物膜中微生物对氧气的利用效率，对微生物的生长和繁殖造成不利影响，进而降低了氨氮的处理效率。由图可知，当DO浓度在0～2mg/L范围内逐渐增加

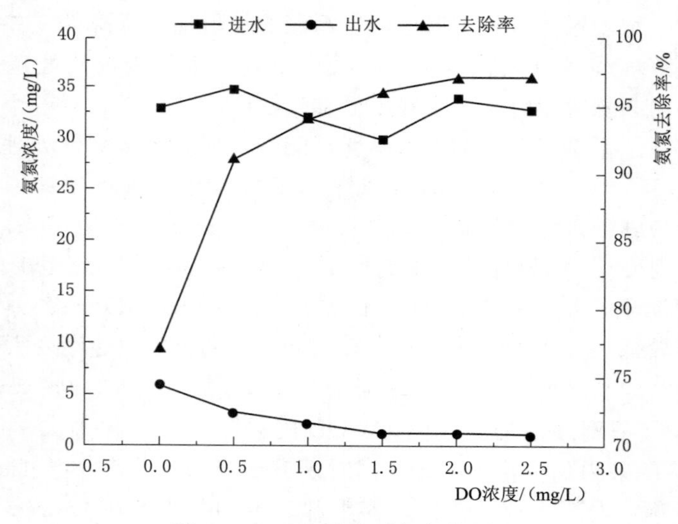

图3-93　DO浓度对氨氮的影响

时，氨氮去除率显著得到了提高，从75%增加到97%；当DO浓度超过2mg/L的浓度时，氨氮的去除率没有太大变化。综合考虑，在不影响系统稳定运行和处理效果的情况下，成本最低的最佳DO浓度为1～2mg/L。

（10）温度对处理效果的影响。温度是保证系统能够正常稳定运行的因素之一。它对微生物的影响有以下两种方式：①基质扩散到细胞的速率；②酶催化反应的速率。因而，基质利用、细胞生长均不同程度地受到温度的影响，所以有机物降解效果的好坏和温度有着直接的联系，因此合适的温度是交替式移动床生物膜反应器能够正常、高效运行的重要保证。在进行实验的过程中，保持HRT为24h，DO浓度约为2mg/L，在此条件下考察了不同温度下对经好氧生物膜反应器处理后的效果。

温度对COD的影响如图3-94所示，可以看出，在不同温度下的COD去除效果相差较大，当系统内废水温度为5℃左右时，出水COD浓度在50mg/L以上，达不到预期处理效果。这是因为载体中的微生物活性在温度过低的情况下，会受到抑制，不利于微生物进行生物降解。但是出水值随温度的变化波动不是很大，当温度在15～30℃范围逐渐增加时，氨氮的去除效率可以稳定在90%以上。通过进一步分析有以下原因：

1）载体内部的微生物，以中温微生物为主，它们的最佳生长范围是在10～35℃之间。

2）因为装置的控制条件很大程度上是以污泥浓度与负荷的高低来决定的，所以主控条件则是污泥的负荷与浓度为主，而在一定范围内，温度的影响则不是那么明显，从另一方面来说污泥浓度在合适的范围内偏高反而能够减少低温带来的不利影响。

3）载体在装置中进行流化，不但给微生物提供了可以依附的地点，增大了生物量、对生物相的丰富也有较大贡献，并且使微生物对环境变化的适应能力更强。

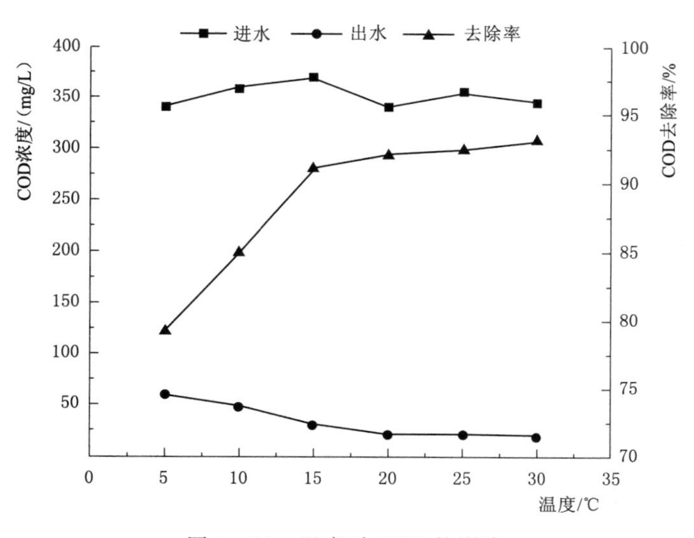

图3-94 温度对COD的影响

温度能够对系统进行脱氮产生重要影响，温度的高低，不但会对细菌的活性造成影响，而且和细菌的比增长速率也有较大关联。一般认为，硝化细菌的最大比增长速率与温度之间遵循 Arrhenius 方程，即温度每升高 1℃，最大比增长速率增加 10 倍。在一定范围内，硝化反应的速率随着温度的升高而逐渐增加。但若超出合适范围，超出了微生物能够进行正常代谢的温度，将会对微生物的活性造成不利影响，影响其进行硝化反应的效率。

温度对氨氮的影响如图 3-95 所示，可以看出，在一定范围内，氨氮的去除效果随着温度的上升而逐渐变好。当温度不超过 5℃时，出水的氨氮浓度为 6.7mg/L，氨氮去除率为 79.5%。氨氮的去除效果较差，这是因为硝化细菌在温度过低的情况下，其自身的生物活性被抑制，极大地影响了对氨氮的去除效果；当温度从 5℃逐渐上升到 20℃时，氨氮去除率由 79.5%升高到 95.0%，好氧生物膜反应器的去除效果显著增大，氨氮的去除效果有了较大的提高。当温度从 20℃逐渐上升到 30℃时，出水氨氮值、氨氮的去除率变化不是很大，氨氮的去除率相对稳定，基本保持在 90%以上。而在常温下是硝化细菌的最佳生存范围，为了达到最佳的处理效果，应当维持的温度范围为 20～30℃，但在实际运行中可适当改变范围。

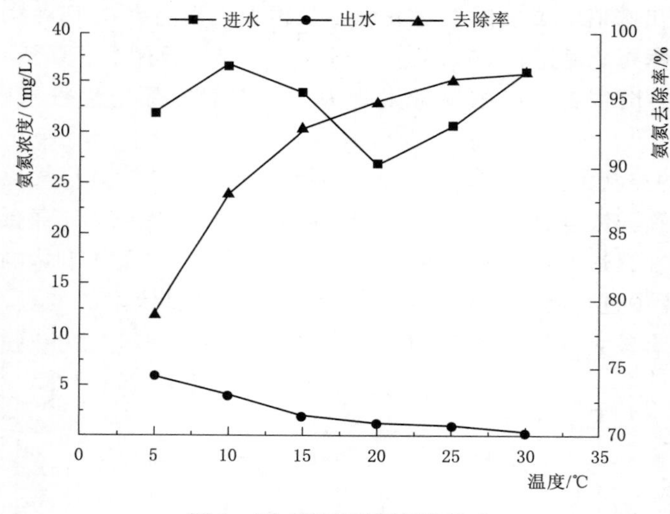

图 3-95　温度对氨氮的影响

参　考　文　献

[1]　敬双怡，李岩，于玲红，等. SMBBR 工艺处理生活污水脱氮效能及其微生物多样性 [J]. 应用与环境生物学报，2019，25 (1)：206-214.

[2]　张敬朝. SMBBR/AMBBR 处理低浓度城市污水的效能分析 [D]. 包头：内蒙古科技大学，2016.

[3]　杨文焕，郝梦影，董炎，等. 焦化废水处理中含氮化合物转化与菌群结构关系 [J]. 水处理技术，2020，46 (12)：114-118，133.

[4]　郝梦影. SMBBR 处理焦化废水效果及生物膜菌群结构响应关系 [D]. 包头：内蒙古科技大学，2020.

[5]　韩剑宏，赵倩，朱浩君，等. SMBBR 预处理发酵类制药废水 [J]. 化工环保，2015，35 (2)：169-173.

[6]　赵倩. 特异性流化生物膜（SMBBR）处理发酵类制药废水中试研究 [D]. 包头：内蒙古科技大

学，2015.
［7］ 卢雪枫. A/SMBBR 工艺处理农药含酚废水的中试研究［D］. 包头：内蒙古科技大学，2017.
［8］ 李海洋. A/SMBBR 组合工艺处理 DOP 和高纯溶剂生产废水的中试研究［D］. 包头：内蒙古科技大学，2017.
［9］ 隋秀斌. AMBBR/SMBBR 与 A/O 工艺处理石油发酵工业废水对比研究［D］. 包头：内蒙古科技大学，2017.
［10］ 时屹然. A/SMBBR 处理工业园区废水的实验研究［D］. 包头：内蒙古科技大学，2015.

第4章　交替式移动床生物膜反应器对污水处理的提质增效

4.1　交替式移动床生物膜反应器与A/O工艺的对比

4.1.1　研究背景

A/O工艺将缺氧反应器和好氧反应器串联在一起，污废水首先流经缺氧池（A池），这样污废水中的有机污染物可被缺氧池的异养反硝化菌利用，既减轻了其后好氧段的有机负荷，反硝化反应产生的碱度也可以补偿好氧池（O池）进行的硝化反应对碱度的需求；好氧池（O池）在缺氧池之后，好氧池（O池）内异养菌可进一步去除污废水中残留的有机污染物，同时亚硝化菌、硝化菌等自养菌的硝化作用将污废水中的氨氮转化成硝态氮，回流到缺氧池（A池），异养反硝化菌的反硝化作用将硝态氮还原为分子态氮，使污废水中氮得到去除。但是该工艺对废水中氨氮的去除能力较差，而且抗冲击负荷能力弱，容易引起丝状菌的大量繁殖导致污泥膨胀等一系列问题，二沉池出水水质不能稳定达标，不能满足日益严格的石化废水出水水质标准。A/O工艺流程如图4-1所示。

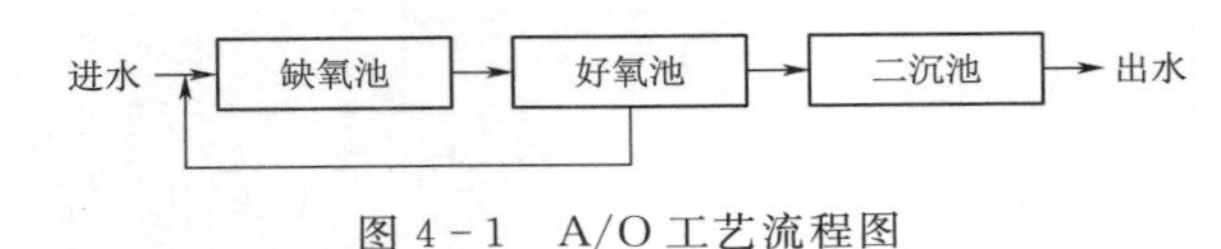

图4-1　A/O工艺流程图

4.1.2　农药含酚废水处理对比研究

1. 工艺设计

由于实验地农药厂污水站原有污水处理为A/O工艺，而本试验应用交替式移动床生物膜反应器工艺取代A/O工艺对农药含酚废水进行处理，针对农药含酚废水的特点，在相同环境和进水水质条件下，对交替式移动床生物膜反应器工艺和A/O工艺的处理效果进行对比分析。

（1）实验用水。实验用水为安徽某农药制造有限公司污水处理站综合调匀池出水，成分复杂，碳、氮、磷营养比例失调，色度高，主要污染物质有2，4-二氯苯氧乙酸，2甲基-4氯-苯乙酸，挥发酚（其中以苯酚为主要成分），甲苯。调节池出水酚浓度正常情况下保持在100mg/L以下，COD浓度小于1300mg/L。废水水质见表4-1。

表4-1　废　水　水　质　单位：mg/L

项目	COD	挥发酚	TN	TP	pH	SS
数值	627～1296	28～109	1.5～2.2	0.5～1.0	7～8.5	100～300
均值	961.5	68.5	1.85	0.75	7.75	200

（2）实验装置。此中试研究主要升级改造污水处理生化阶段，采用调节池出水作为实验用水，厌氧生物膜反应器＋沉淀池＋好氧生物膜反应器取代原有的A/O工艺，升级前后的污水处理工艺流程图分别如图4－2、图4－3所示。

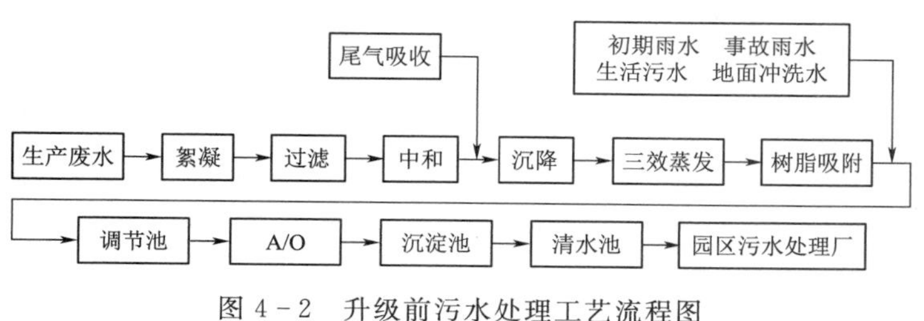

图4－2　升级前污水处理工艺流程图

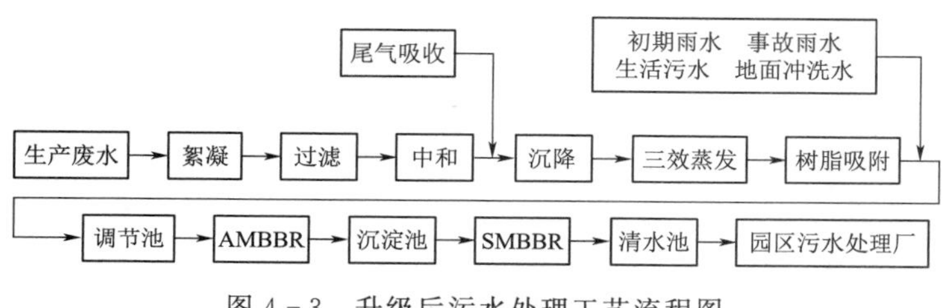

图4－3　升级后污水处理工艺流程图

2. 处理效果

（1）酚的去除效果对比。交替式移动床生物膜反应器工艺进入稳定运行期后，出水实验数据表现稳定，此时与原厂工艺出水指标进行对比研究。交替式移动床生物膜反应器工艺和A/O工艺对酚的去除效果如图4－4、图4－5所示。

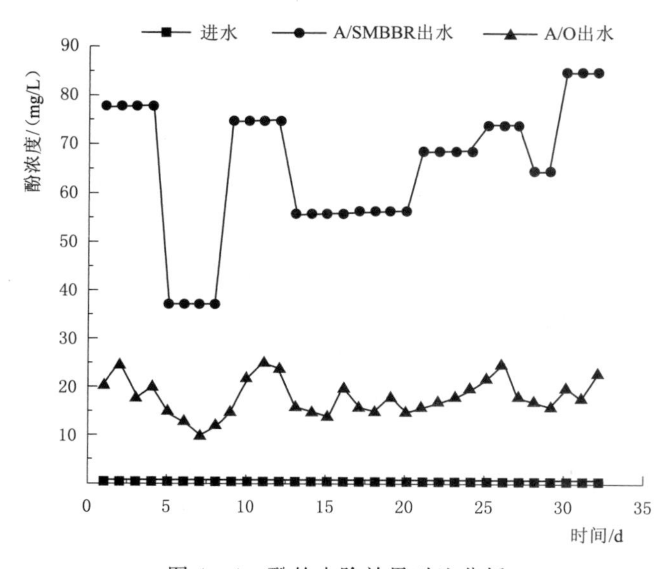

图4－4　酚的去除效果对比分析

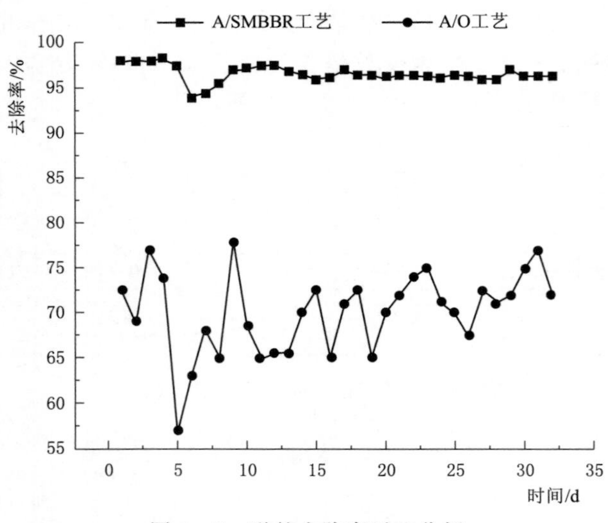

图 4-5　酚的去除率对比分析

酚的去除效果对比分析如图 4-4 所示，可以看出，进水酚浓度变化幅度为 36.7～86.6mg/L，平均值 65.9mg/L。对比发现，A/O 工艺出水酚浓度随进水指标的变化而出现较大波动，出水酚浓度指标为 11.3～25.2mg/L，平均值 18.5mg/L，远远不能满足排放标准，而升级后的交替式移动床生物膜反应器出水酚浓度始终保持在较低水平，出水酚浓度为 0.32～2mg/L，平均值为 1.0mg/L，低于三级排放标准对酚的要求（≤2.0mg/L）。运行第 5d，系统流进一股较低浓度废水，A/O 出水指标出现明显降低，第 8d，进水浓度回归正常水平，A/O 水出现明显的升高趋势，表明 A/O 工艺抗冲击负荷能力较差，适应水质变化的能力弱，且出水指标与排放标准差距较大。

酚的去除率对比分析如图 4-5 所示，可以看出，交替式移动床生物膜反应器对酚的去除率始终高于 A/O 工艺，高达 94.6%～99.6%，酚平均去除率为 98.2%；反观 A/O 工艺酚去除率保持在 57.5%～78.4%，平均去除率为 71.2%，同时波动性更大。交替式移动床生物膜反应器处理效果优于 A/O 工艺原因如下：①厌氧生物膜反应器和好氧生物膜反应器中投加了亲水性载体，可以聚集数量更大、种类更多的微生物；②厌氧生物膜反应器利用搅拌器使载体处于流化状态和废水充分混合，使反应器处于兼厌氧状态，生物膜成熟后，池内污泥减少，不存在污泥堵塞和污泥短路问题，降低了污泥负荷，而 A/O 工艺的 A 段，完全靠水流的搅动使池内的活性污泥和废水接触反应，接触次数不如搅拌方式多，且活性污泥相比于生物膜更容易老化和流失。好氧生物膜反应器相比于 A/O 工艺中的 O 段，亲水性生物载体具有更大的比表面积和粗糙的表层，易于微生物的聚集，同时，悬浮的载体更容易吸附噬酚菌，避免噬酚菌由于曝气和水流的冲刷而流失，这样反应器内食物链更长，处理挥发酚更彻底。

(2) COD 的去除效果对比。稳定期间，每天取水检测进水，A/O 工艺和交替式移动床生物膜反应器工艺出水 COD 指标，结果对比分析如图 4-6、图 4-7 所示。

COD 的去除效果对比分析如图 4-6 所示，可以看出，进水 COD 浓度为 627～1296mg/L，平均值为 812mg/L，交替式移动床生物膜反应器出水 COD 浓度为 68.8～

332mg/L，平均值为153.8mg/L，A/O工艺出水COD浓度为403～684mg/L，平均值为521.8mg/L。A/O工艺出水COD浓度始终高于同期交替式移动床生物膜反应器出水指标。COD的去除率对比分析如图4－7所示，可以看出，交替式移动床生物膜反应器对COD的去除率为71％～89％，平均值为81％。而A/O工艺对COD的去除率为14.9％～52.8％，平均值为33.3％，波动范围较大。相比于A/O工艺，好氧生物膜反应器在MBBR工艺的基础上结合亲水性载体升级而来，比常规活性污泥法的好氧池处理能力更强，尤其是对有毒、难降解有机物，因为载体上截留了更多微生物，通过曝气使这些微生物与废水充分接触，载体切割大气泡，使得气泡更加均匀，充分利用曝气，满足好氧菌生命繁殖的需要。并且好氧生物膜反应器中存在厌氧-缺氧-好氧这样的一个过程，有机物污染物更容易被反应完全。

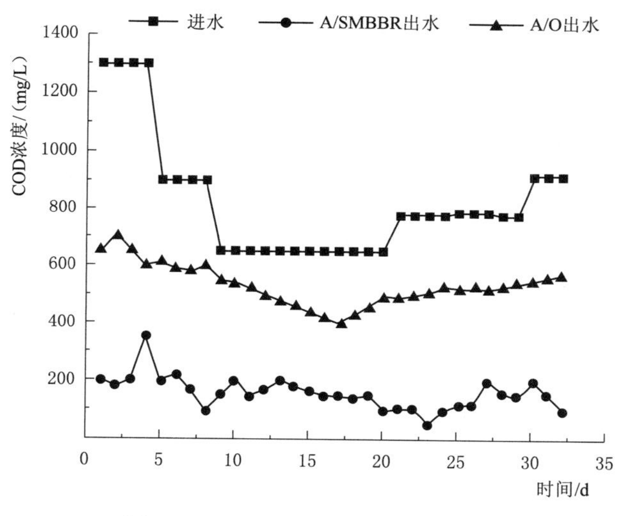

图4－6 COD的去除效果对比分析

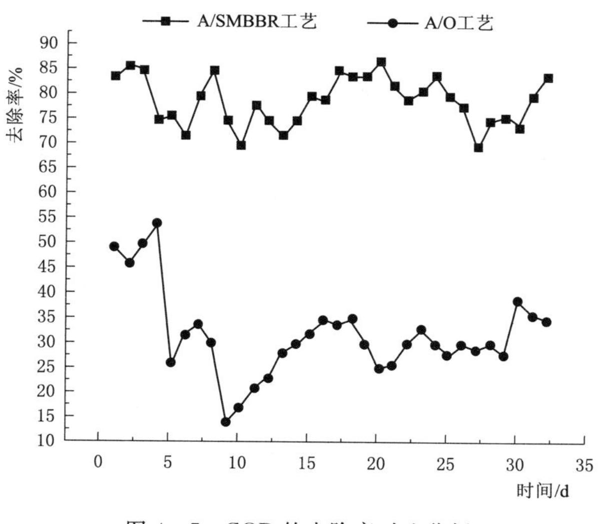

图4－7 COD的去除率对比分析

4.1.3 DOP 生产废水处理对比研究

1. 工艺设计

安徽某 DOP 生产企业，其污水处理站采用投加固定床载体的 A/O 工艺，工艺流程如图 4-8 所示。存在如下问题：

(1) 固定床载体挂膜效果不好，生化池去除污染物主要依赖活性污泥，去除效率低且产泥量大。

(2) 附着在固定床载体上的生物膜抗水力冲击能力低，在进水负荷波动大或开启回流时，生物膜极易脱落。

(3) 出水 COD 达不到《污水综合排放标准》(GB 8978—1996) 的要求。

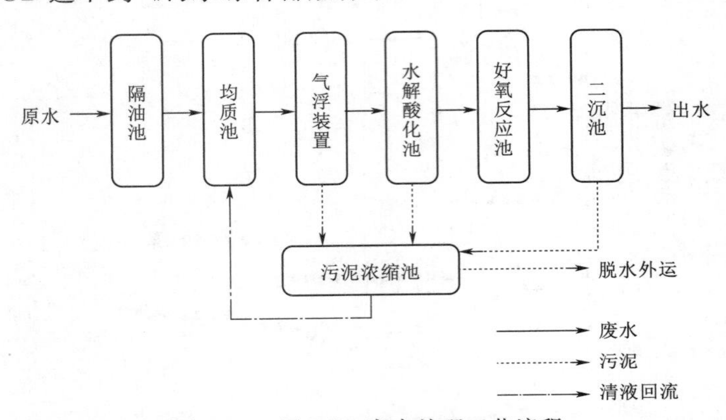

图 4-8　原 DOP 废水处理工艺流程

两种工艺进水均来自气浮出水，挂膜期间投加污泥来源相同，A/O 工艺运行期 HRT 为 7d，在交替式移动床生物膜反应器稳定运行后，通过操作条件控制，调节交替式移动床生物膜反应器 HRT 为 7d，对两种工艺处理 DOP 废水的效能进行分析研究。

(1) 进水水质。实验进水取自气浮池出水，处理后排放需执行《污水综合排放标准》(GB 8978—1996) 的三级标准，进出水水质指标见表 4-2，因分析进水指标中氮、磷含量极低，碳氮磷比例失调，因此需在试验过程中补加氮、磷元素。

表 4-2　废　水　水　质　单位：mg/L

项　目	COD	pH
进水	2500～4000	7.5
出水	500	6～9

(2) 实验装置。本着将中试实验条件完全依托于现场条件的理念，实验装置搭建在污水站气浮机附近。废水先进入厌氧生物膜反应器中，厌氧生物膜反应器中的异养型微生物以废水中的有机污染物质作为碳源，降解污染物质并合成自身细胞。通过水解酸化作用，大分子的有机物转化分解为小分子有机物，废水可生化性得到提高，利于后续好氧生物膜反应器的处理。好氧生物膜反应器通过曝气产生的水流提升作用使载体处于流化状态，在反应器整个空间均匀分布。工艺流程如图 4-9 所示。

1) 进水系统。进水管路系统由离心泵将废水从气浮沉淀池抽取至厌氧生物膜反应器，流量控制通过自制分流装置控制。

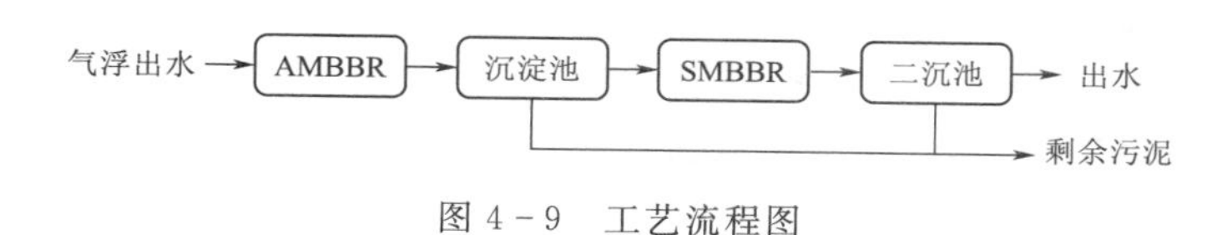

图4-9　工艺流程图

2）反应器主体。实验装置包括厌氧生物膜反应器、好氧生物膜反应器、两个东流砂式沉淀池4部分，厌氧生物膜反应器有效容积918L，好氧生物膜反应器有效容积为886L，两个沉淀池容积均为126L，总容积为2056L。池体由钢板焊接而成，厌氧生物膜反应器安装搅拌机进行搅拌，以保证载体处于流化状态，搅拌机转速为150r/min、叶轮半径为15cm；好氧生物膜反应器内曝气装置采用孔径为3mm的穿孔曝气管均匀曝气。现场装置如图4-10所示。

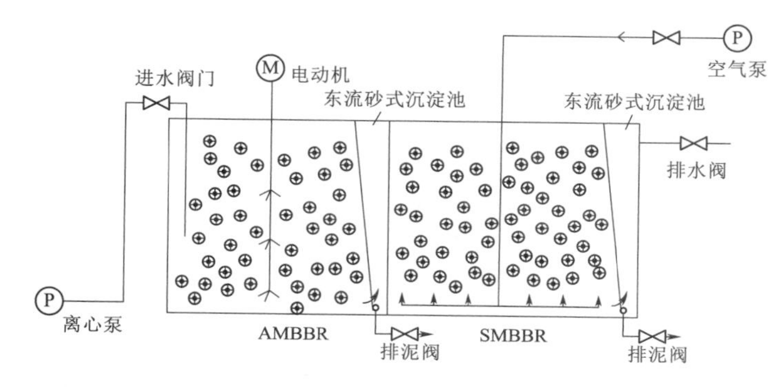

图4-10　现场装置图

3）排水系统。二沉池上清液经排水管网排到污水站综合调匀池中。

2. 处理效果

(1) COD去除效果对比。A/O和交替式移动床生物膜反应器工艺进水、出水COD浓度范围见表4-3。运行期间进水COD浓度为2500～4000mg/L，A/O系统出水COD浓度为393～1405mg/L，交替式移动床生物膜反应器工艺处理出水COD浓度为44～291mg/L，虽然出水COD浓度为都有大

表4-3　出水COD浓度　单位：mg/L

检出限	A/O出水	交替式移动床生物膜反应器出水
最高浓度	1405	291
最低浓度	393	44

幅度降低，但交替式移动床生物膜反应器处理效果要优于 A/O 工艺。交替式移动床生物膜反应器 COD 去除率稳定在 95%以上，出水稳定性较强。A/O 工艺处理出水波动较大，COD 去除率低于 75%的天数占总观察天数的1/2，出水稳定性较差。相比 A/O 工艺，交替式移动床生物膜反应器处理后 COD 平均去除率提高了 18.8%，原因是交替式移动床生物膜反应器工艺对废水进行处理时载体一直处于流化状态，厌氧生物膜反应器内载体通过搅拌作用将兼厌氧微生物和污水搅动均质，均匀布满整个反应器内，从而增强了废水与兼厌氧微生物的接触效率，也提高了水解酸化菌反应时间，而 A/O 工艺水解酸化池中微生物与废水接触主要依赖水流的推力作用，接触效率较低且接触不完全，从而厌氧生物膜反应器效果要明显优于 A/O 工艺的水解酸化阶段。好氧生物膜反应器内载体通过曝气提升作用，不断在反应器内部翻滚，载体上生物膜频繁与废水接触，对废水的接触氧化更为彻底，总体而言，不论在运行机制方面还是实际运行效果，相对 A/O 工艺，交替式移动床生物膜反应器都有较为明显的优势。此外，随着反应的进行，A/O 工艺中固定床载体上有很多悬浮杂质被截留，导致载体逐渐被生物膜和杂质布满，从而使载体的比表面积慢慢减小，也会对处理效果造成较大影响。

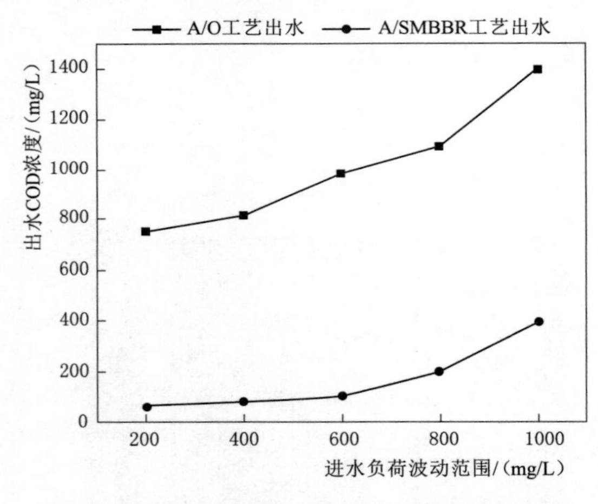

图 4－11　两种工艺抗冲击负荷性能对比

（2）抗冲击能力对比分析。交替式移动床生物膜反应器与原 A/O 工艺抗冲击能力对比分析如图 4－11 所示。分析冲击负荷对生化处理系统的影响，可把进入生化系统的水质作为输入信号，经过处理后的废水水质作为输出信号，通过分析不同的进水水质条件下系统的处理和恢复能力来表征系统抗冲击负荷的能力。由图可知，冲击负荷对水处理系统的处理效果有重要的影响，两种工艺在不同 COD 波动范围下抗冲击负荷能力趋于一致，但实际处理效果差异很大，交替式移动床生物膜反应器工艺在面对进水 COD 浓度为 1000mg/L 左右的波动时也可将废水处理到 500mg/L 以下，表现出了较好的抗冲击能力。两种工艺的去除率均随着进水负荷的增高而逐渐降低，这是因为进水负荷增高导致高分子有机物增多，短时间内进水波动会对反应器造成冲击，主要表现就是反应器内微生物遇到高浓度废水瞬时处理能力减弱甚至崩溃，经过一定适应周期适应进水条件后，反应器内微生物系统得到重新驯化，筛选出适应当前环境的菌群附着在生物载体上，生物膜上微生物即为新的优势菌群，通过自身的代谢繁殖达到水质的净化的目的。在面对进水负荷的变动时，两种处理工艺的水解酸化阶段都首当其冲，这一阶段处理系统遭到破坏的同时也为后端的好氧处理起到了一定的缓冲效果，水解酸化菌对环境的变化十分敏感，进水波动超出承受限值可导致水解酸化菌群活性的减弱甚至失活，因此部分未经处理的高分子物质进入好氧阶段，好氧阶段是在有分子氧存在的条件下，好氧微生物对有机物进行降解，但对难降解有机物的处理能力较低，当高分子难降解有机物突然增多时影响好氧反应器的去除效率，直至反应器内高分子有机物积累到一定程度不再发生明显变化，好氧反应器内菌群逐步适应新的水环境，当出水水质趋于平稳时可视为生化系统恢复完毕，但整体的处理水平通常会根据冲击负荷的不同呈现不同程度的降低。整体而言，在应对COD变化范围为1000mg/L的进水波动下，投加亲水性载体的交替式移动床生物膜反应器工艺比投加固定床载体的A/O工艺表现出了良好的抗冲击负荷能力，在受到冲击恢复后的出水水质可以做到达标排放，因此交替式移动床生物膜反应器工艺在处理有机污染物波动较大的废水具有较好的安全性。

4.1.4 石油发酵废水处理对比研究

1. 工艺设计

山东某石油发酵企业污水处理站采用传统A/O处理工艺处理公司内部石油发酵产生的提取废水、精制废水、厂区生活污水和雨水径流等经第一调节池、初沉池、中和池、第二调节池预处理的废水。

(1) 进水水质。污水厂设计处理能力15000m^3/d，其中石油发酵过程中产生废水10000m^3/d，生活污水5000m^3/d，进水中污染物质大多属于人工合成的有机物（外生有机物），一方面对微生物有较强的毒性（或抑制性）；另一方面则由于这些物质本身结构的复杂性，使自然界固有的微生物降解这些物质效果差。污水排污执行《污水排入城镇下水道水质标准》（GB/T 31962—2015）要求，具体水质见表4-4。

表4-4 《污水排入城镇下水道水质标准》一览表 单位：mg/L

项目	COD	氨氮	TP	pH值	SS
标准	≤300	≤25	<5	6.5～9.5	≤250

(2) 实验装置。污水厂按照处理流程可以分为两部分：石油发酵废水预处理和污水生化处理。A/O工艺流程如图4-12所示。

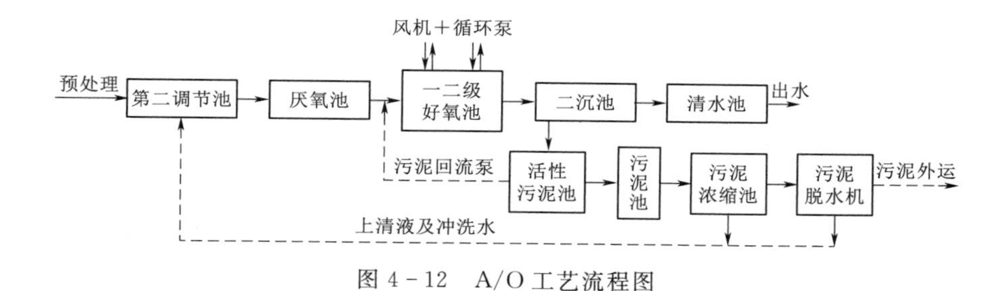

图4-12 A/O工艺流程图

该厂污水处理工程于2013年9月开始建设，2014年5月工程竣工开始调试，2014年6月底开始正式投用。现随着厂内废水量的日益增加以及计划投产一大型生产项目，该项目将会产生大量高氨氮戊二胺废水，因此水质、水量将会发生巨大变化，该厂A/O工艺存在有机物去除效果不稳定、氨氮去除能力差及产污泥量巨大等弊端日趋暴露，出水水质不能达到排放标准。而伴随国家环境保护政策的不断完善，对污水处理行业的要求越来越高，该企业水处理问题严重影响公司的效益以及二级城市污水厂的正常运行，因此，该厂努力寻求一种适合在传统工艺的基础上改造的有效处理工艺。

2. 处理效果

挂膜启动成功后，装置连续进水，每天连续检测进水、出水水质指标。同时与污水厂现有 A/O 工艺出水作对比。本中试实验交替式移动床生物膜反应器的运行参数是依据赵维电、胡友彪等关于 MBBR 运行参数的研究以及本厂实际运行的 A/O 工艺运行参数综合确定的，具体参数如下：厌氧生物膜反应器 HRT 为 1d，好氧生物膜反应器 HRT 为 5.2d。上清液回流比为 100%～200%，温度由于生产部生产的废水带有一定温度，即使在冬季废水也能保持 20～30℃，厌氧生物膜反应器 DO 浓度为 0.4～0.6mg/L，好氧生物膜反应器 DO 浓度为 2～5mg/L，为具有良好的沉降性能，间断性污泥回流保持好氧的污泥浓度为 3000～3500mg/L。A/O 工艺的工艺参数如下：厌氧反应器（A）HRT 为 1d，一级好氧池（O）HRT 为 3d，二级好氧池（O）HRT 为 2.4d、一级好氧池污泥浓度为 10000～12000mg/L，二级好氧池污泥浓度为 4000～5000mg/L，二沉池 HRT 为 6.25h。

（1）对 COD 的去除对比。进水的 COD 浓度维持在 5000～8000mg/L 时，A/O 工艺出水 COD 浓度为 85～399mg/L，平均浓度为 222.6mg/L，COD 去除率为 93.8%～98.8%，平均去除率为 96.4%，出水水质受进水水质影响大，不能稳定达标。COD 变化曲线如图 4-13 所示，可以看出，交替式移动床生物膜反应器出水在挂膜启动阶段（0～24d）出水波动较大，在稳定运行阶段，出水 COD 浓度为 86～187mg/L，平均浓度为 121.30mg/L，COD 去除率为 96.5%～98.9%，平均去除率为 98.1%，出水水质可稳定达到排放标准，A/O 工艺对 COD 的去除主要依靠好氧池活性污泥且需保持较高的污泥浓度，产泥量大，污泥的处理费用较大，而交替式移动床生物膜反应器剩余污泥的产量仅为 A/O 工艺的 1/4 左右，减少了污泥处理费用。交替式移动床生物膜反应器对 COD 的去除

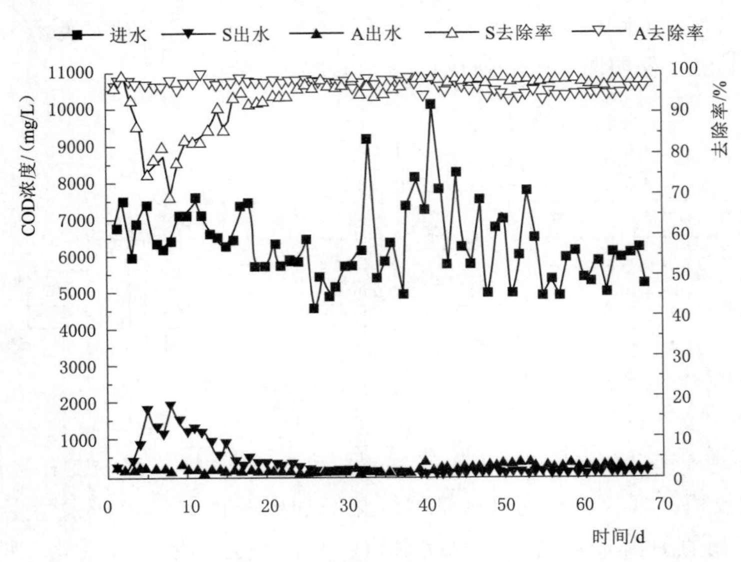

图 4-13　COD 的变化曲线

效果优于A/O工艺，这是因为好氧生物膜反应器内载体上生物膜生物相更丰富，部分不易降解的有机物也得到去除，同时二沉池上清液回流到厌氧生物膜反应器，回流液中有好氧生物膜反应器中微生物氨化、硝化作用产生亚硝态氮、硝态氮，厌氧生物膜反应器中的厌氧反硝化菌以亚硝态氮、硝态氮为电子受体，有机物直接作为有机碳源进行生命活动，减少了出水中的TN含量同时也消耗一部分有机物。

(2) 对氨氮的去除对比。氨氮的变化曲线如图4-14所示，可以看出，进水氨氮浓度变动大，平均浓度为39.34mg/L。A/O工艺出水受进水氨氮浓度影响较大，出水浓度为5.52～23.46mg/L，出水水质不稳定，存在出水不达标的风险，表明A/O工艺抗氨氮冲击能力较差。交替式移动床生物膜反应器在挂膜启动阶段（1～24d）出水氨氮浓度随进水水质上下波动，分析原因为交替式移动床生物膜反应器在挂膜启动阶段，生物膜尚未成熟，氨氮的去除主要依靠好氧生物膜反应器中的活性污泥，但为了挂膜启动阶段的快速完成，减小活性污泥中的微生物与载体上生物膜的竞争关系，需保持较低的污泥浓度，单位容积内生物量少，出水水质差。第25d，出水氨氮的浓度为2.42mg/L，氨氮去除率为97.4%，同时载体上可见一层黄褐色的生物膜，厚度可达0.5～2mm，生物膜较为成熟。开始定期地进行污泥回流，经实验得出需保持好氧生物膜反应器内活性污泥的浓度为3000～3500mg/L，此浓度下污泥沉降性能最好，出水澄澈。稳定运行阶段，交替式移动床生物膜反应器氨氮平均出水浓度为1.44mg/L，氨氮平均去除率为95.5%，可见交替式移动床生物膜反应器的除氨氮效果远远优于A/O反应器。

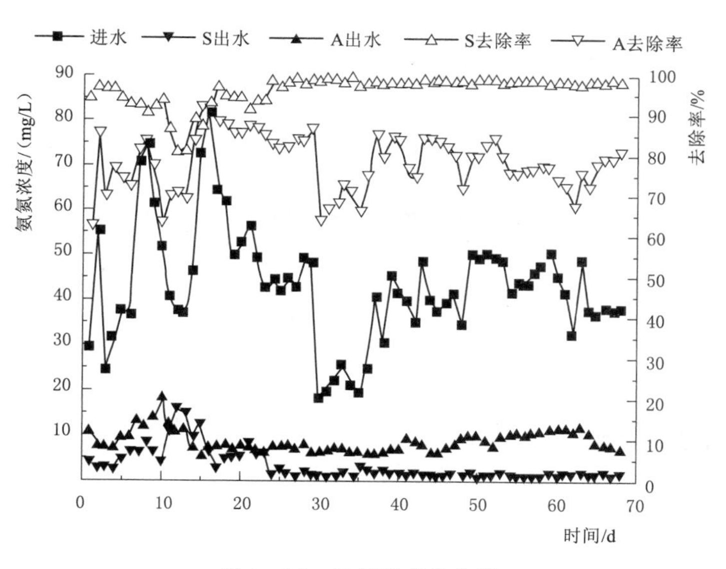

图4-14 氨氮的变化曲线

(3) 对TP的去除对比。进水TP浓度在50～200mg/L波动时，因为进水中夹杂污泥，所以在取水化验的同时也夹杂了污泥。A/O工艺对TP平均去除率为96.8%，TP的变化曲线如图4-15所示，可以看出，A/O工艺对TP的去除效果较为理想，分析原因为A/O工艺活性污泥浓度高，沉降性能好，TP随剩余污泥悉数排出。交替式移动床生物膜反应器在挂膜启动阶段对 TP 的去除率为 87.5%，此时交替式移动床生物膜反应器对 TP 的去除也有一定效果，这是由于挂膜初期阶段，载体上亲水性不断增强，微生物进入迅速繁殖阶段，磷元素是微生物生长繁殖所必须的营养物质，所以出水 TP 含量较低。进入稳定运行阶段，TP 的平均去除率为 95.9%，出水水质较挂膜启动阶段更优，分析原因如下：

1）悬浮载体不断摩擦、碰撞，生物膜不断地脱落、更新，使生物膜内部缺氧区、厌氧区成为表层的好氧区，满足了聚磷菌好氧吸磷到厌氧释磷的条件，磷会跟随活性污泥以及脱落的生物膜在排泥的时候排出系统。

2）大胆推断因为进行了上清液回流，使得出水可溶性磷酸根被还原，形成气态的 PH_3 移除水体，对于该结论有待下一步深入研究取证。

稳定运行阶段的交替式移动床生物膜反应器与 A/O 工艺对总磷的去除效果都较为理想。

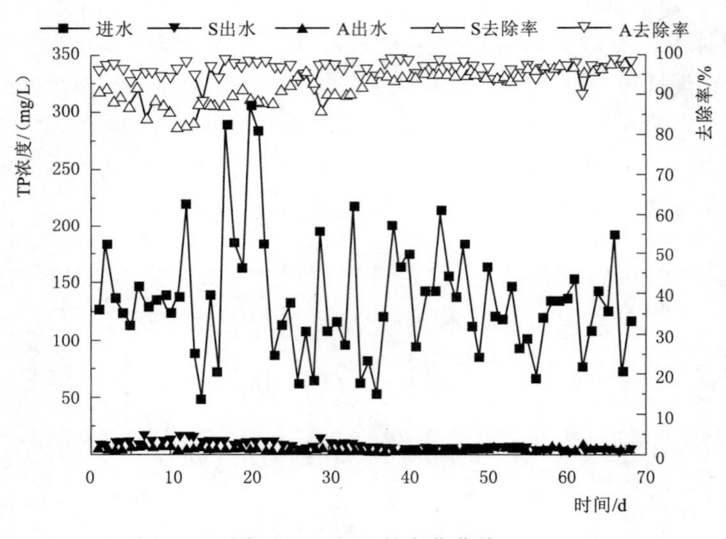

图 4－15　TP 的变化曲线

4.2　交替式移动床生物膜反应器与 A^2/O 工艺的对比

4.2.1　研究背景

A^2/O 工艺是一种常用的污水处理工艺，有同步脱氮除磷的功能，其工艺简单、投资少、运行成本低，因此，在我国污水处理中占比最大。但 A^2/O 工艺也存在脱氮与除磷过程中的功能菌污泥龄不同的矛盾，脱氮与除磷过程中的功能菌对碳源的竞争、回流液中的硝酸盐对释磷和反硝化过程的干扰等缺点；交替式移动床生物膜反应器是基于移动床生物膜法（MBBR）的改进工艺，是由亲水性载体作为载体和特定的反硝化细菌组成，有着传统流化床与生物接触氧化的优点，具有处理负荷高、耐冲击性强、节约空间、无需污泥回流、剩余污泥少等优点。

4.2.2 城市污水处理对比研究

1. 工艺设计

实验地污水厂现有工艺为 A^2/O 工艺，出水的总氮无法稳定达标排放。针对这种问题，本课题组通过改进 MBBR 工艺的交替移动床生物膜反应器处理低碳氮比城市污水的中试研究，通过调控交替式移动床生物膜反应器运行参数使其出水水质满足 GB 18918—2002 的一级 A 标准，同时使运行费用最小化，为交替式移动床生物膜反应器处理低 C/N 生活污水提供科学的方法和依据。对一直难以解决的低碳氮比生活污水脱氮不达标的问题，提出了可行方案。

（1）进水水质。本次实验地点在包头市某污水处理厂，实验进水取自该污水厂的初沉池出水，实验进水水质在实验期间的波动范围及平均值见表 4-5。实验接种的污泥取自该污水厂生化池的活性污泥。

表 4-5　水质波动范围及平均值

项目	COD/(mg/L)	氨氮/(mg/L)	BOD/(mg/L)	TP/(mg/L)	pH	TN/(mg/L)
数值	180～350	50～80	91～170	5～8	7～8	60～90
均值	255.5	57.8	128.5	6.5	7.3	75.5

（2）实验装置。实验地点是在包头市某污水处理厂，实验工艺流程如图 4-16 所示，实验装置由一级好氧生物膜反应器、厌氧生物膜反应器、沉淀池、二级好氧生物膜反应器和二沉池共 5 部分构成，建成一体式反应器。反应器由 6mm 钢板焊接而成，好氧生物膜反应器底部均设有微孔曝气盘，系统曝气有空气压缩机提供，厌氧池上部装有一台 60～80RPM 的立式搅拌机，反应器内载体处于流化状态，进水由自吸泵提供，硝化液回流的动力由蠕动泵提供。

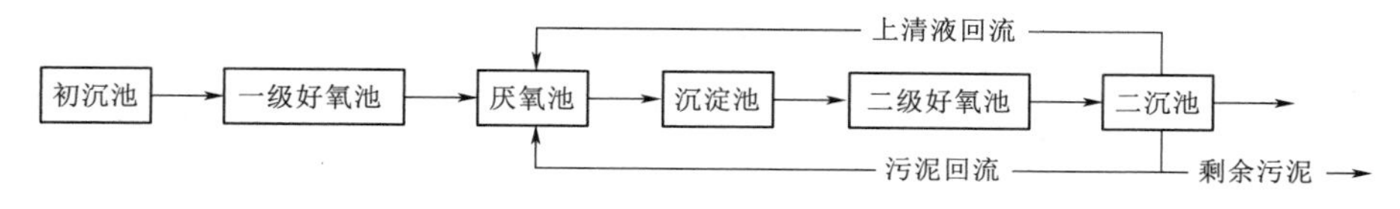

图 4-16　交替式移动床生物膜反应器流程图

2. 处理效果

（1）启动与挂膜。交替式移动床生物膜反应器挂膜启动时，先采用间歇培养方法保证污泥和载体接触充分，然后装置进行连续进水。试验接种的活性污泥取自包头市某污水处理厂生化池，污泥的 MLSS 为 4500mg/L，ρ(MLVSS)/ρ(MLSS) 为 0.56。污泥浓度较高时不利于载体挂膜，因此加入污水稀释活性污泥浓度为 2000mg/L 左右。

1）第一阶段。将接种的活性污泥和污水分别注入各级反应装置中，然后加入亲水性载体，通过充氧曝气 1h 将污泥、污水和载体充分混合，随后关闭曝气，在静止状态混合

12h，随后再闷曝 48h，使活性污泥与悬浮载体混合更加均匀，然后排放掉总体积一半的泥水混合物并注入污水厂初沉池出水。

2）第二阶段。间歇培养后，反应器内生物载体上会出现一些菌斑，然后装置开始连续进水和不间断曝气。最初以小流量进初沉池出水，待装置出水效果好转且出现少量的生物膜时再改为较大流量进水，按 2L/h 的幅度增加，进水流量从 22L/h 逐渐增加到 36L/h；好氧生物膜反应器曝气量不能过高，可以方便生物载体挂膜，厌氧生物膜反应器通过搅拌机使载体处于运动状态。

3）第三阶段。连续运行第 10d 可以观察到载体上有黄色絮状生物膜生长，第 15d 载体内部有一层相对均匀但较薄的淡黄色生物膜，并且生物膜的厚度不断增加；利用生物显微镜观察生物膜，结果发现载体上微生物种类很多，不仅有很多数量的丝状菌，而且可以观察到许多累枝虫、钟虫等原生动物，同时也会出现数量不多的后生动物如轮虫和缥体虫，说明反应器内的生物膜正在不断成熟。同时随着营养物质的不断丰富，生物膜数量越来越多，通过生物显微镜观察到载体上生物膜的厚度为 0.2～0.3mm；工艺运行后开始连续检测进出水，装置挂膜阶段的进出水 COD 和氨氮浓度和去除率的变化曲线如图 4－17 所示。随着装置的运行和生物膜的生长，在第 27d 时，出水 COD 和氨氮的平均去除率均达到 70%左右，综合生物膜镜检结果（图 4－18）可知反应器挂膜成功。

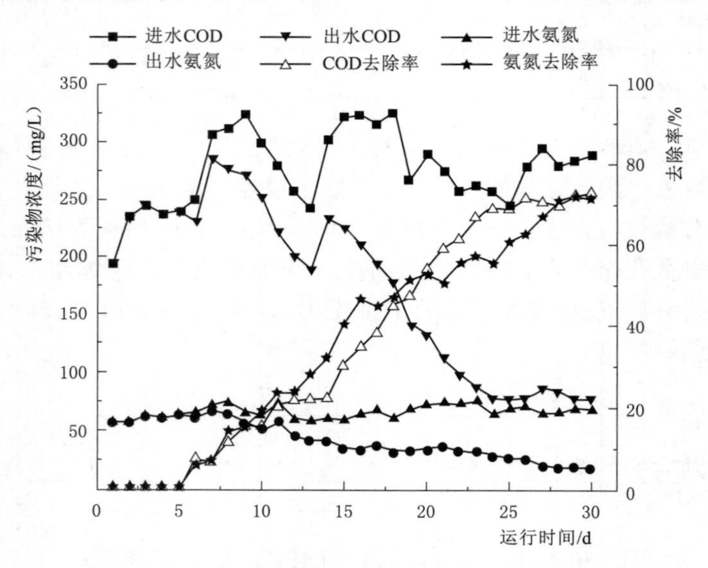

图 4－17　载体挂膜启动期 COD、氨氮变化曲线

（2）对 COD 的去除效果对比分析。交替式移动床生物膜反应器和 A^2/O 工艺对 COD 去除效果如图 4－19 所示，可以看出，进水 COD 浓度维持在 180～350mg/L，平均值仅为 255.5mg/L，浓度较低且波动较大。但两种工艺的出水 COD 浓度均满足城镇污水排放的一级 A 标准。交替式移动床生物膜反应器的出水 COD 浓度平均值为 23.1mg/L，COD 平均去除率为 90.7%；而 A^2/O 工艺出水 COD 浓度平均值为 32.99mg/L，COD 平均去除率为 86.5%。对比可知交替式移动床生物膜反应器的 COD 处理效果优于 A^2/O 工艺。由图可知，当进水 COD 浓度出现波动时，A^2/O 工艺出水 COD 浓度也会发生波动，但交替

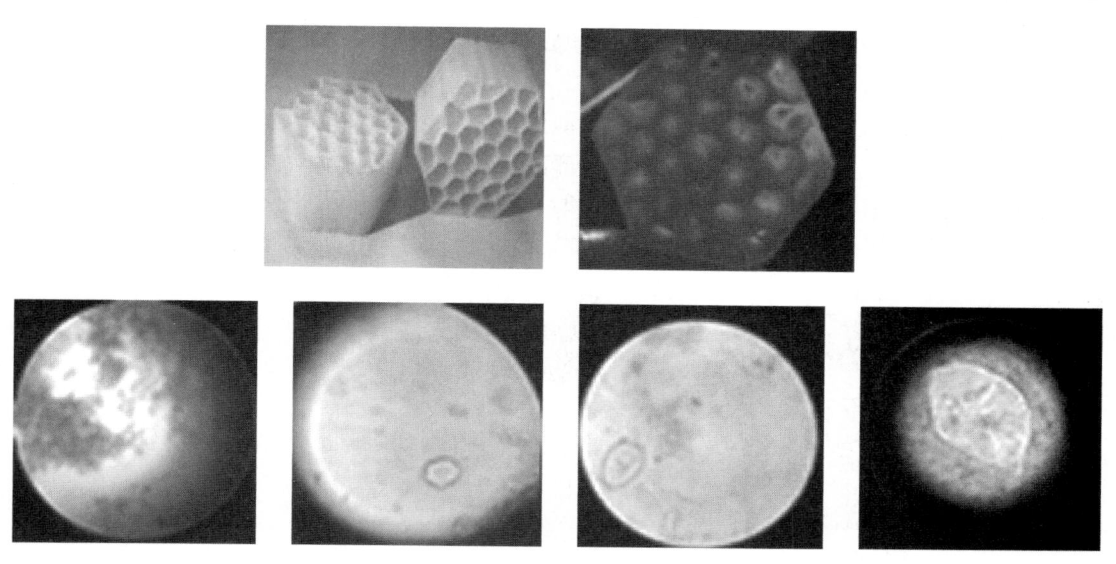

图 4-18 生物膜表观及镜检

式移动床生物膜反应器由于膜的生物量高且污泥负荷低、抗冲击能力更强而波动不明显。分析原因：交替式移动床生物膜反应器各反应器内悬浮载体表面附着大量微生物，微生物通过新陈代谢、合成新的细胞质去除污水中的碳源，从而实现 COD 的去除。与 A^2/O 工艺相比，交替式移动床生物膜反应器在处理上述低 C/N 城市生活污水过程中对 COD 的去除效果和运行稳定性方面均更有优势。

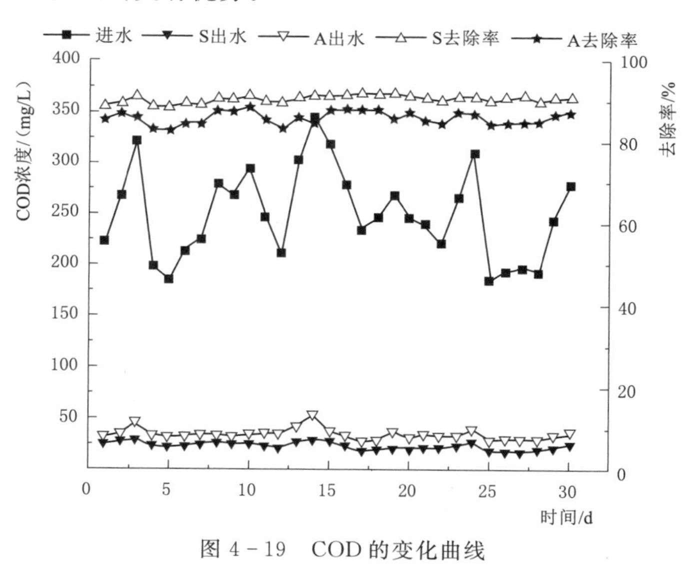

图 4-19 COD 的变化曲线

(3) 对氨氮的去除效果对比分析。交替式移动床生物膜反应器和 A^2/O 工艺对氨氮去除效果如图 4-20 所示。可以看出，交替式移动床生物膜反应器和 A^2/O 工艺处理低 C/N 城市生活污水时进水、出水氨氮的变化情况。进水氨氮浓度为 50～80mg/L（平均值为 57.8mg/L)。交替式移动床生物膜反应器和 A^2/O 工艺对氨氮的去除率均达到 90%以上，出水氨氮值均低于城镇污水处理排放的一级 A 标准（5mg/L）；但相比之下，交替式移动床生物膜反应器对氨氮的去除效果更加理想。氨氮的去除主要是在好氧环境中，氨氮被硝化细菌氧化成硝态氮、亚硝态氮，交替式移动床生物膜反应器有一级好氧生物膜反应器和二级好氧生物膜反应器均为好氧状态，其内部的悬浮载体表面硝化菌大量繁殖，硝化反应彻底，因此交替式移动床生物膜反应器硝化能力比较强。

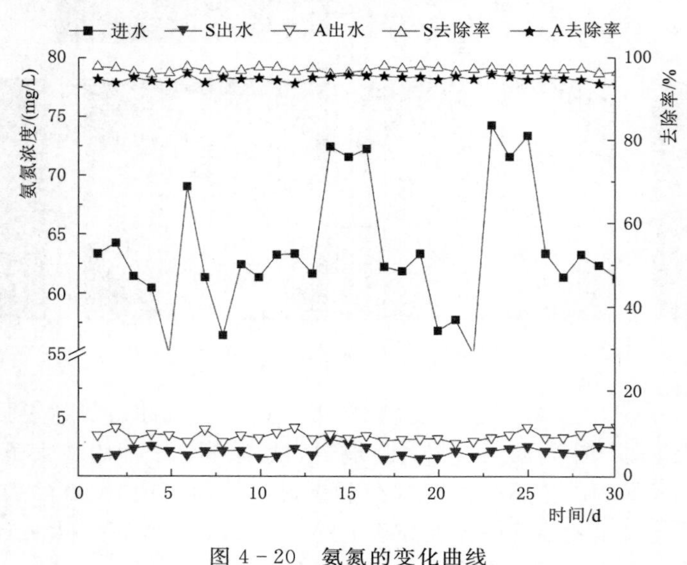

图 4-20　氨氮的变化曲线

（4）对 TN 的去除效果对比分析。交替式移动床生物膜反应器和 A^2/O 工艺对 TN 去除效果如图 4-21 所示。可以看出，A^2/O 工艺的出水 TN 平均值为 17.8mg/L，不能达到 GB 18918—2002 的一级 A 标准，TN 不大于 15mg/L。主要是因为进水是低 C/N 生活污水，其中有机物浓度较低，无法满足反硝化脱氮的碳源需求，导致出水的 TN 不能稳定达

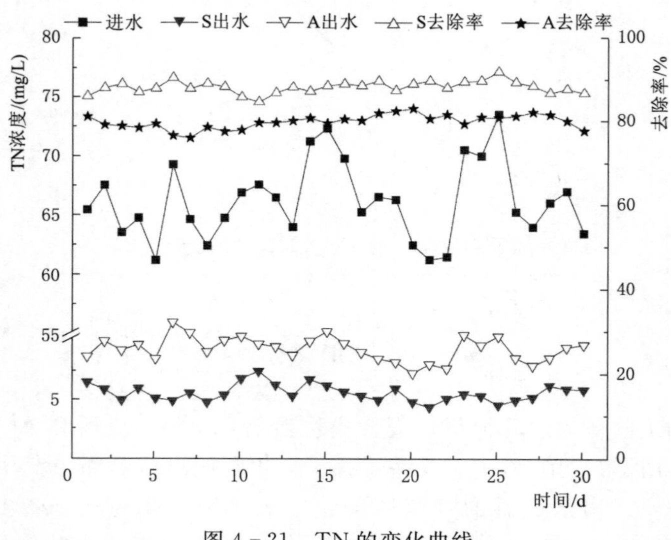

图 4-21　TN 的变化曲线

标。交替式移动床生物膜反应器的出水 TN 平均值仅为 10.2mg/L，TN 的平均去除率为 85.2%，达到城镇污水排放一级 A 标准。主要由于以下三个原因：

1）TN 在好氧生物膜反应器去除一部分，生物载体的结构比较特殊，导致载体的内部与表面会产生 DO 梯度差，同时生物膜的内外表面也存在 DO 浓度差，由于 DO 浓度高，好氧菌、硝化细菌成为生物膜表面的优势菌种，载体内部及生物膜内部由于缺氧导致反硝化菌成为优势菌种。因此载体上生物膜发生了同步硝化-反硝化反应。

2）由于设备设有二沉池回流装置，二沉池上清液回流到厌氧段，回流液中好氧生物膜反应器产生的硝态氮、亚硝态氮进入厌氧生物膜反应器发生厌氧反硝化反应，从而出水总氮降低。

3）在载体内部厌氧环境中消化分解了由于载体的黏附作用积累的悬浮的污泥以及脱落的生物膜，污泥在反应器内部能够被消解，消解反应时会释放分子量较低的有机碳源，这些有机碳源可以供给反硝化反应，促进了脱氮进程。

(5) 对 TP 的去除效果对比分析。交替式移动床生物膜反应器和 A^2/O 工艺对 TP 去除效果如图 4-22 所示。可以看出，在整个处理过程中，交替式移动床生物膜反应器的出水 TP 平均值为 2.77mg/L，平均去除率只有 58.45%，不能达到 GB 18918—2002 的一级 A 标准。主要是由于污水中磷分为溶解性磷和不可溶性磷，污水中的磷不能以气体形式排出，因而只能通过合成污泥排出；而交替式移动床生物膜反应器产生和排放的污泥很少，依靠单纯的生物除磷很难达标，必须使用化学除磷，经过絮凝沉淀的污泥直接作为剩余污泥在二沉池排除系统，使出水 TP 达到排放标准。

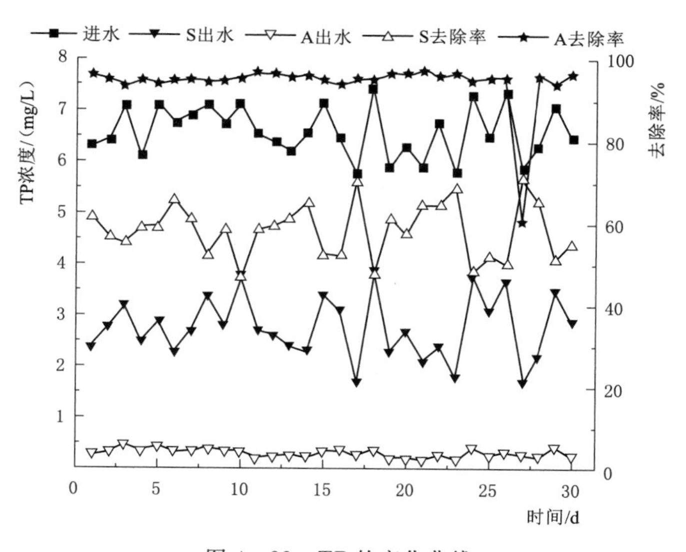

图 4-22 TP 的变化曲线

A^2/O 工艺除磷效果相对更好，主要是通过除磷微生物在厌氧环境中释放磷，在好氧环境中过量吸收磷，磷被富集到活性污泥内，随着剩余污泥的排放得到去除，因而该污水厂产泥量巨大。由于进水的低 C/N 性质，也为反硝化除磷提供了条件，在好氧条件下反硝化聚磷菌能以氧气为电子受体进行吸磷反应，在缺氧条件下其还能以 PHA 为电子供体、NO_x-N 为电子受体进行吸磷反应，同时能实现 NO_x-N 还原成 N_2，从而能实现“一碳两用”。通过增强 A^2/O 工艺通过反硝化去除磷的能力，不仅能够提高工艺碳源的利用效率，同时可以增强系统的脱氮除磷作用。

(6) 两种工艺污泥产率对比分析。目前，包头市该污水厂日处理大约 14 万 m^3 城市生活污水，每天产生 80～100t 剩余污泥，表明 A^2/O 工艺会产生大量的剩余污泥。剩余污泥中不仅有大量的重金属等难降解污染物，还存在许多致病微生物，如果对剩余污泥处理方法不合适，极易造成二次污染。研究表明污泥处理费用巨大，大概占污水处理厂所有运行费用的 25%～65%，剩余污泥的处理问题引起了广泛关注，并已成为阻碍该污水厂发展的重要因素之一。实验装置稳定运行期间，脱落的生物膜一部分以 SS 的形式在水流的推力作用下流出反应器，其他部分会在沉淀作用下滞留在反应器中。反应器出水中的 SS 主要是由从载体表面脱落下来的生物膜和污泥絮体构成的，污泥比较好的沉降性能可以保证反应器出水水质的清澈和稳定。从生物膜生长和更替的角度来分析，载体表面的生物膜脱落后，在其表层会吸附着许多有机营养物质，然后表面生长出新生物膜内的微生物具有很高的活性，在与基质营养底物的接触和传质过程中，能够高效吸附水中的污染物，同时通过其氧化还原反应降解水体中的污染物。所以如果要计算系统内部的污泥产率，实验需要考虑出水的 SS，因此不仅要测定考察时间范围内起始反应器中的混合液污泥浓度总量，还应该掌握出水排出的悬浮物变化情况。

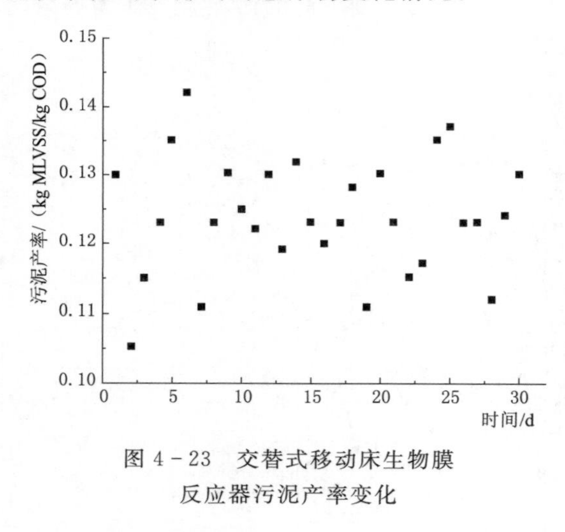

图 4-23　交替式移动床生物膜反应器污泥产率变化

交替式移动床生物膜反应器污泥产率变化如图 4-23 所示，可以看出，在交替式移动床生物膜反应器运行的初始阶段，反应器的污泥产率随着反应器容积负荷的升高也不断升高。在装置运行培养阶段，反应器的污泥产率都稳定在 0.11～0.15kg MLVSS/kg COD。根据已有的数据可知该污水厂 A^2/O 工艺的污泥产率为 0.45～0.65kg MLVSS/kg COD，两种工艺相比可知交替式移动床生物膜反应器仅为 A^2/O 工艺污泥产率的 1/4～1/5。主要是因为交替式移动床生物膜反应器内部存在交替的好氧、厌氧环境，反应器的各段形成不同的生物群落，复杂的生物群落导致系统中能量单位递减和剩余污泥的减少；同时载体由外到内形成好氧、缺氧、厌氧微环境，表面的微生物通过生物氧化反应，分解污水中溶解性有机质，污泥分解、低分子化会释放碳源，促进脱氮效果并实现高效污泥原位消减。

4.2.3　苯嗪废水处理对比研究

1. 工艺设计

使用 A^2/O 工艺和交替式移动床生物膜反应器处理含苯嗪草酮的农药废水，对比分析两种工艺对废水中的各个指标的处理能力，找出对含苯嗪草酮的农药废水处理效果更好的工艺，为该工厂的污水处理系统的提标改造提供技术支持。

（1）进水水质。农药废水取自某农药化工工厂的调节池，水质情况见表 4-6。

表 4-6　水质波动范围及平均值

项目	COD/(mg/L)	氨氮/(mg/L)	总磷/(mg/L)	pH	含盐量/(mg/L)	MLSS/(mg/L)
数值	800～1500	80～120	5～10	6～9	2700～3500	150～300

（2）实验装置。原厂 A^2/O 工艺和交替式移动床生物膜反应器的流程图分别如图 4-24、图 4-25 所示。

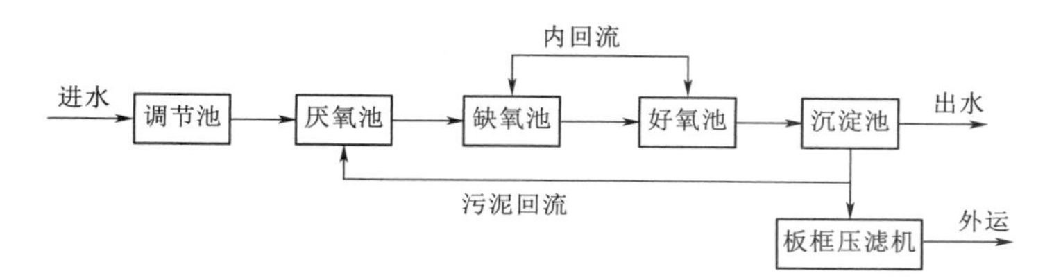

图 4-24　原厂 A^2/O 工艺流程图

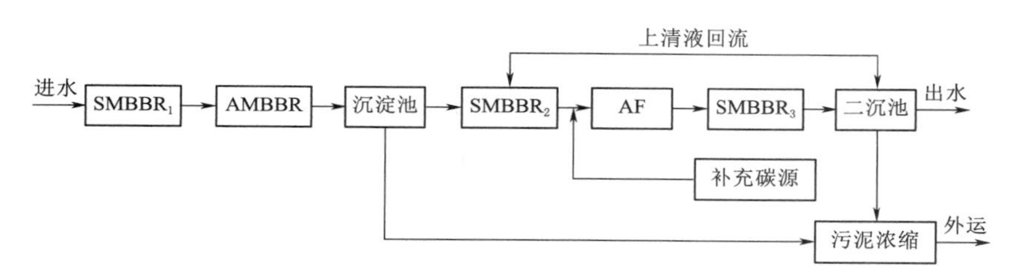

图 4-25　交替式移动床生物膜反应器流程图

2. 处理效果

（1）COD 的去除效果对比。交替式移动床生物膜反应器与 A^2/O 工艺对 COD 的去除效果的对比如图 4-26 所示。可以看出，在稳定运行过程中，两个工艺的进水 COD 浓度都处于 900～1100mg/L，此时交替式移动床生物膜反应器的出水 COD 浓度处于 200mg/L 以下，最低达到 140mg/L，COD 去除率一直稳定在 80%以上，最高达到 85.74%，而 A^2/O 工艺的出水 COD 浓度则处于 350mg/L 左右，COD 去除率处于 65%左右，且 A^2/O 工艺的出水 COD 波动较交替式移动床生物膜反应器更大。分析原因：此时交替式移动床生物膜反应器的各级反应器中生物膜已经成熟，同时，交替式移动床生物膜反应器中厌氧生物膜反应器的水解酸化反应比较彻底，使得大分子难降解有机物得到有效的分解，提高了 B/C，并由之后的好氧生物膜反应器充分反应去除，同时也因为交替式移动床生物膜反应器具有较高的 COD 负荷率和较高的空气氧利用率，使得交替式移动床生物膜反应器对 COD 的去除效果较 A^2/O 工艺更好。

（2）氨氮的去除效果对比。交替式移动床生物膜反应器与 A^2/O 工艺对氨氮的去除效果对比如图 4-27 所示。可以看出，在稳定运行过程中，进水的氨氮浓度为 95～130mg/L，

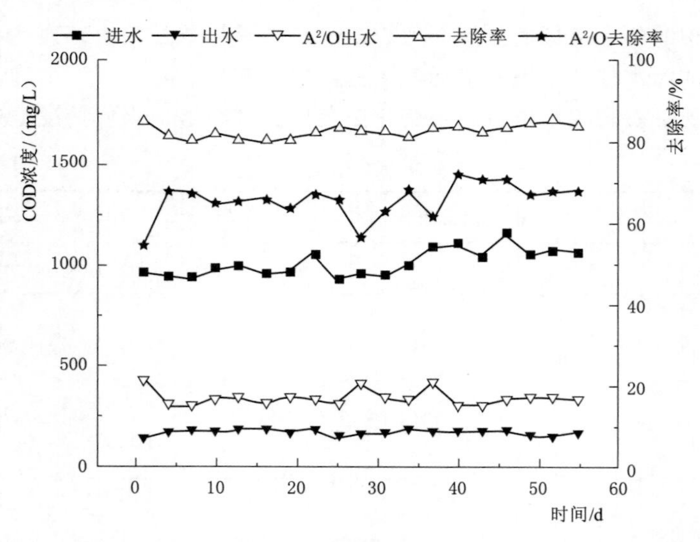

图 4-26　交替式移动床生物膜反应器与 A^2/O 对 COD 的去除效果

A^2/O 工艺和交替式移动床生物膜反应器对氨氮的去除率分别为 71.56%～76.86%和 92.02%～96.97%，氨氮平均去除率分别为 73.88%和 94.36%，这表明交替式移动床生物膜反应器的脱氮效果好于 A^2/O 工艺。分析原因：在处理系统中投加的载体是有利于高活性硝化菌和亚硝化菌的聚集，使得工艺系统有着充足的菌种进行污水处理，同时系统的生态结构在载体上保持着较稳定的动态平衡，而且从稳定运行后，开始在 AF 中外加一定量的乙醇，这使得 AF 中的反硝化菌所进行的反硝化作用更加彻底，保证了 AF 中的反硝化反应可以高效、彻底地进行。

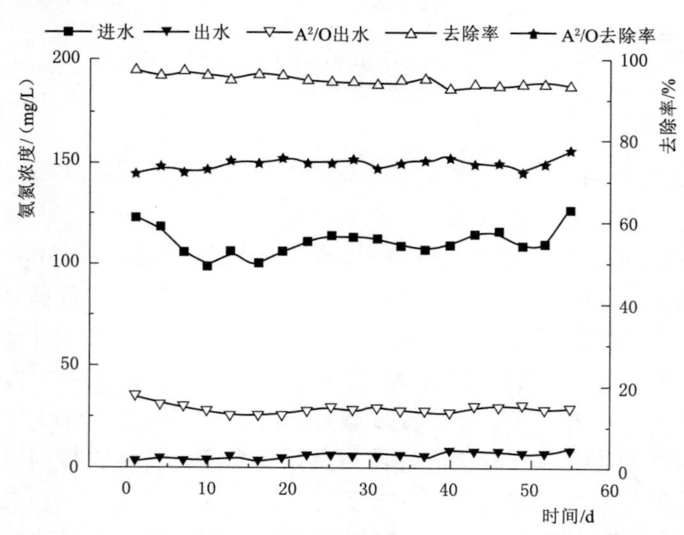

图 4-27　交替式移动床生物膜反应器与 A^2/O 对氨氮的去除效果

(3) TP 的去除效果对比。交替式移动床生物膜反应器与 A^2/O 工艺对 TP 的去除效果对比如图 4-28 所示。可以看出，在稳定运行过程中，进水的 TP 浓度为 5～6mg/L，交替式移动床生物膜反应器与 A^2/O 工艺对 TP 的去除效果都较为理想，但交替式移动床生物膜反应器对 TP 的去除效果略好于 A^2/O 工艺。分析原因：因为生物膜增长到了一定厚度，导致扩散到生物膜内部扩散的氧变得极其有限，使得生物膜的表面依然属于有氧环境，但内部则变成了缺氧甚至厌氧的环境，这样形成了厌氧-好氧的有效处理机制，同时聚磷菌也有了厌氧释磷到好氧吸磷的条件，磷会通过生物膜脱落形成污泥的过程减少；而且推断悬浮载体上可能附着有厌氧除磷功能菌（NA 菌），在 AF 的厌氧环境中发生了厌氧除磷，产生磷化氢气体，使 TP 进一步降低。

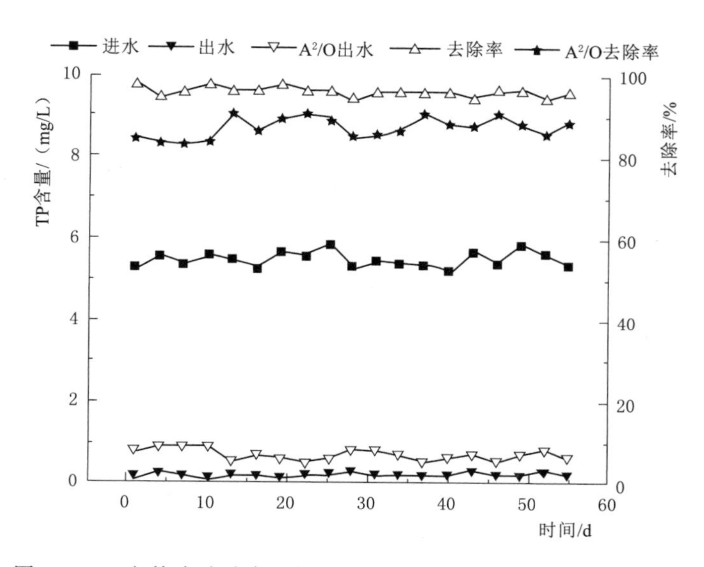

图 4-28　交替式移动床生物膜反应器与 A^2/O 对 TP 的去除效果

（4）抗冲击负荷对比。向进水中加入一定比例的氨氮含量高的废水，使得进水氨氮浓度变为原来的 1.5～2.5 倍，进水、出水水质指标见表 4-7。由表可知，在高浓度氨氮的进水冲击中，A^2/O 工艺的出水氨氮浓度在不断变大，而氨氮的去除率在进水氨氮为 218.90mg/L 时达到最大，氨氮去除率在 80%左右，交替式移动床生物膜反应器的出水氨氮在氨氮浓度增大的过程中没有太明显的变化，且去除率一直保持在 96%左右，可知交替式移动床生物膜反应器抵抗高氨氮的冲击能力强。分析原因：载体上附着的微生物多，同时载体也为微生物提供了在空间上相对独立的生长环境，使其存活能力得到提升，进而提高了系统的抗冲击能力。

表 4-7　进水、出水水质指标

倍数/倍	进水/(mg/L)	出　水/(mg/L)		去　除　率/%	
		S	A	S	A
1.5	144.42	4.53	33.68	96.87	76.68
2.0	218.90	9.95	42.45	95.45	80.61
2.5	252.05	8.24	51.26	96.73	79.66

在进水水质基本不变的情况下，即进水氨氮、COD、TP分别在110mg/L、1100mg/L、5.5mg/L时，只改变两个工艺的HRT，结果见表4-8。由表可知，在HRT为6d时，A^2/O工艺出水的各项指标发生了变化，而交替式移动床生物膜反应器出水的各项指标没有太大的变化，直到停留时间减到2d时，交替式移动床生物膜反应器出水的各项指标也开始发生变化，这表明交替式移动床生物膜反应器的抗冲击负荷的能力较A^2/O工艺更强。

表4-8 出水水质指标

停留时间/d	氨　氮/(mg/L)		COD/(mg/L)		TP/(mg/L)	
	S	A	S	A	S	A
8	3.34	27.77	208.87	356.01	0.2	0.6
6	2.51	47.45	204.73	586.28	0.3	0.9
4	2.83		196.86		0.2	
2	13.91		274.69		0.4	

4.3 交替式移动床生物膜反应器与SBR工艺的对比

4.3.1 研究背景

序批式活性污泥法（SBR）是传统活性污泥法的一种变形工艺，在反应器运行中程序化地控制进水、曝气、沉淀、排水、排泥过程，从而完成厌氧、缺氧、好氧流程。SBR工艺简单、运行费用低、不易污泥膨胀、耐冲击负荷强、自动化程度高，但废水水量较大时不宜采用，其对控制管理也有较高要求。张连凯等采用两段式SBR工艺处理石化废水，克服了传统废水处理工艺的“葡萄糖效应”，缩短了HRT，提高了有机物去除效果，在进水COD浓度为4000mg/L，SBR1和SMBR2的溶解氧和污泥浓度分别在4～5mg/L、5000mg/L和2～4mg/L、3000mg/L，温度为20℃的条件下，废水COD去除率达90%以上。SBR工艺流程如图4-29所示。

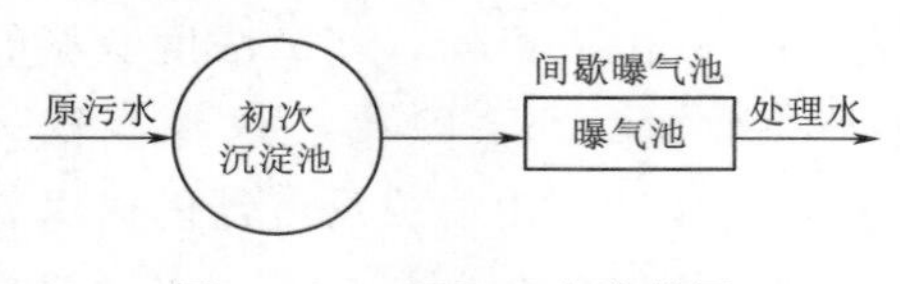

图4-29 SBR工艺流程图

4.3.2 低C/N工业废水对比研究

1. 工艺设计

(1) 进水水质。本次中试实验地点位于江西省抚州市某工业园区污水处理厂，日处理能力为1×10^4t。中试实验进水与污水厂现有SBR工艺进水相同，均为园区内管网内污水，其中包括园区内各企业生产废水，部分生活污水以及雨水径流等，可生化性差。总氮质量浓度为111～235mg/L；COD浓度为95～368mg/L；氨氮质量浓度为22～57mg/L；总磷质量浓度为1.9～8.18mg/L；SS质量浓度为15～33mg/L；pH为6.83～7.85。

(2) 实验装置。根据崔新伟等对处理低C/N生活污水的脱氮的中试研究以及实际工程中的经验，并结合实际进水情况，确定通过外加碳源的方式进行处理来保证其氮磷的去除率。在厌氧生物膜反应器内投加碳源，同时通过回流泵将末端东流砂式沉淀池内的硝化液回流至前端厌氧生物膜反应器内，提高外加碳源利用率。同时还可以根据 HRT 与各污染指标的去除率之间的对应关系以及出水 COD 的含量来控制外加碳源的添加量，在保证出水达标的基础上，降低运行成本，提高去除效率。工艺流程如图 4-30 所示，研究为中试实验，故工艺的处理单元相对简单。SBR 工艺为该厂原有工艺，所以工艺处理单元较为齐全。

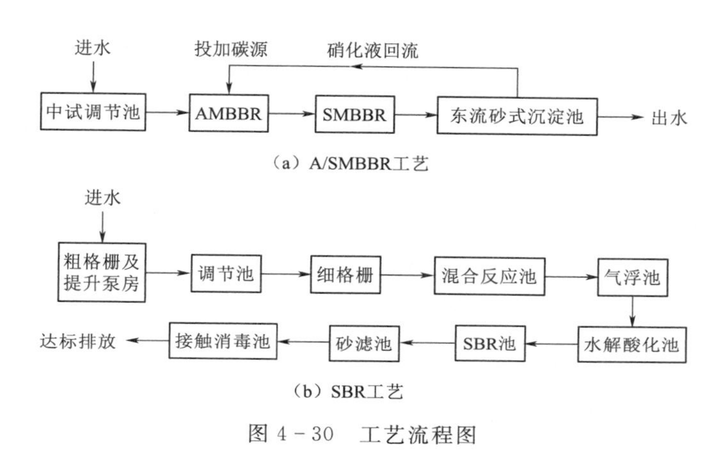

图 4-30 工艺流程图

本次实验的设计参数是依据污水厂现有 SBR 工艺的实际运行参数、传统 MBBR 工艺的运行参数以及以往实际工程中的运行参数共同拟定的。中试调节池池容 600L，厌氧生物膜反应器池容 396L，好氧沉淀池 79L，好氧生物膜反应器池容 448L，出水沉淀池 184L。设备总有效容积 1107L，设计 HRT 为 2d，反应器内载体的填充率为 40%。温度为 25～28℃。厌氧生物膜反应器内控制 DO 浓度为 0.2～0.5mg/L，好氧生物膜反应器内 DO 浓度控制在 5mg/L 左右。保证厌氧生物膜反应器内污泥浓度在 6000mg/L，乙醇投加量为 80mg/L。园区污水厂 HRT 为 2d。保证 SBR 池内污泥质量浓度在 4000mg/L，实验装置如图 4-31 所示。

2. 处理效果

(1) COD 的去除效果对比。各工艺对 COD 的去除效果如图 4-32 所示。可以看出，稳定运行过程中交替式移动床生物膜反应器工艺对 COD 的去除率平均为 75.71%，最高为 94.1%。SBR 工艺中 COD 去除率平均为 82.11%，最高为 91.03%。交替式移动床生物膜反应器和 SBR 对原水中的 COD 的去除都较理想，出水水质均满足一级 A 排放标准。因进水 COD 含量偏低，两种系统都需投加碳源来补充系统中营养物质，进而去除 TN。稳定运行 1～15d 间，碳源按 80mg/L 进行投加。实验结果对比发现交替式移动床生物膜反应器出水 COD 含量相对较高，但此时反应器内氨氮和 TN 的去除效率较高，高于 SBR 系统。第 16～30d，减少交替式移动床生物膜反应器中外加碳源量至 60mg/L，从图中可以看出，COD 去除率明显升高，出水 COD 含量低于 SBR 工艺出水。分析原因认为，本次实验所采用的交替式移动床生物膜反应器工艺通过前置脱氮（即在前端厌氧生物膜反应

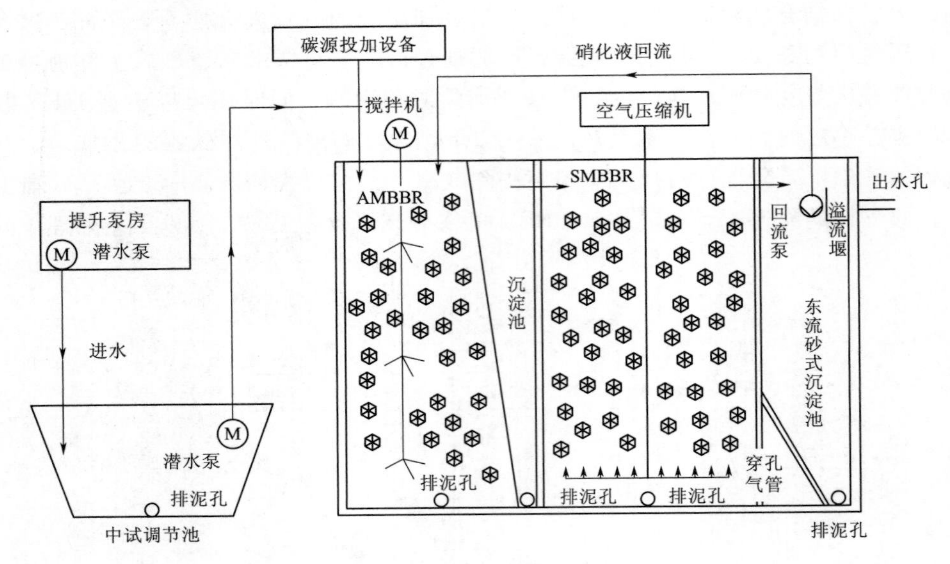

图 4-31　实验装置图

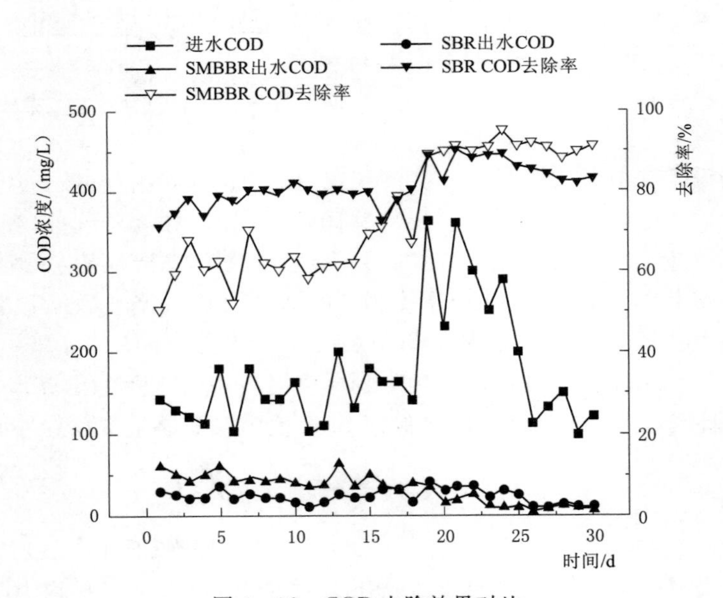

图 4-32　COD 去除效果对比

器内进行主要的反硝化脱氮反应）及硝化液回流等方法使该工艺的碳源利用率高于 SBR 工艺，且在其他工况相同，碳源投加较 SBR 少的情况下，出水水质优于 SBR 工艺。

(2) 氨氮的去除效果对比。各工艺对氨氮的去除效果如图 4-33 所示。由图可知，第 1～15d，相同情况下交替式移动床生物膜反应器中氨氮的去除效果优于 SBR 工艺。第 16～30d，改变厌氧生物膜反应器中碳量，氨氮的去除率并没有明显变化，依旧稳定在 90%左右，也证明了交替式移动床生物膜反应器工艺的碳源利用率相对较高。实验过程中交替式移动床生物膜反应器系统对氨氮的去除率逐渐升高，而 SBR 中氨氮去除率较为稳定。分析认为，交替式移动床生物膜反应器工艺在实验初期悬浮载体上的生物膜并没有完全生长成熟，导致氨氮去除率相对不高，但随着实验时间的增加，生物膜逐渐加厚，反应器内生物量和生物相逐渐增加，此阶段氨氮去除率稳步增加；SBR 工艺因调试运行成功，污泥浓度良好，各反应阶段参数相对优化，所以氨氮去除率较为稳定。同时，进水过程中，氨氮波动比较大，但两种工艺出水均未受到较大影响，说明两种工艺都有较强的抗冲击能力，但交替式移动床生物膜反应器工艺的抗冲击能力优于 SBR 工艺。

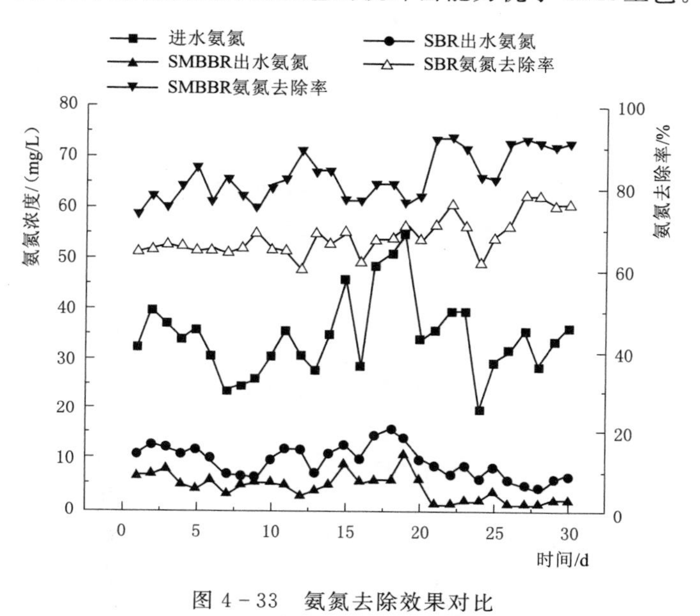

图 4-33　氨氮去除效果对比

(3) TN 的去除效果对比。各工艺对总氮的去除效果如图 4-34 所示。交替式移动床

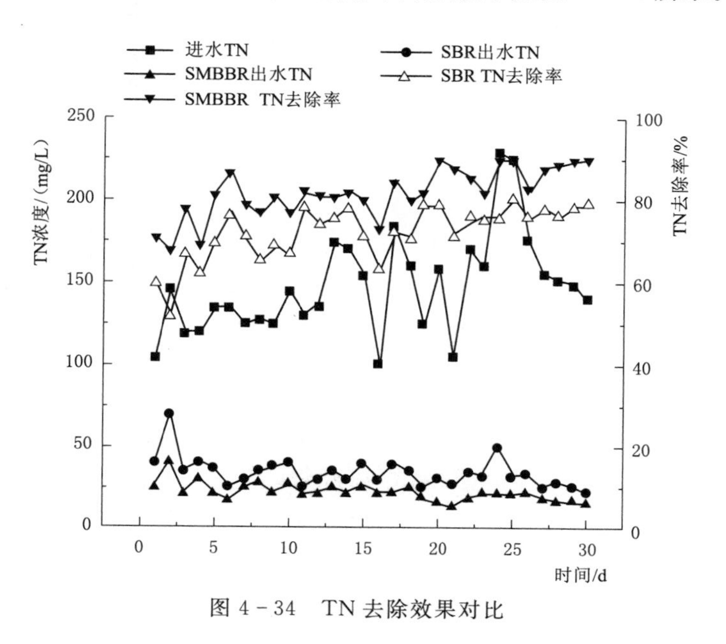

图 4-34　TN 去除效果对比

生物膜反应器工艺通过外加碳源的方式，除氮效率很高。可以看出，交替式移动床生物膜反应器工艺出水 TN 质量浓度较为稳定。后期系统对 TN 的去除率在 90%左右，出水 TN 稳定在 10mg/L 左右。而 SBR 工艺对 TN 的去除效果相对较差，TN 的平均去除率在 75%左右。污水处理厂原有 SBR 系统出水 TN 质量浓度在 40mg/L 左右，不满足规定排放标准。分析认为 SBR 工艺 TN 出水不达标，主要因为进水 COD 含量较低，SBR 反应池内碳源不足导致。因条件限制，并未对 SBR 工艺最佳碳源投加量进行研究。交替式移动床生物膜反应器工艺取得较好的脱氮效果，分析认为，通过外加碳源的方式为反应器内提供足够的营养物质，使得厌氧生物膜反应器内反硝化反应进行较完全，通过硝化液回流可以进一步消耗 COD，降解 TN，提高碳源利用率。按照中试实验结果得出结论：交替式移动床生物膜反应器工艺外加碳源（乙醇）的量在 60mg/L 时，最为经济，同时 TN 去除率最高。同时观察交替式移动床生物膜反应器工艺东流砂式沉淀池出水发现，还有部分气泡溢出，可以推断，出水进入东流砂式沉淀池后，会把部分污泥带入其中，使东流砂式沉淀底部形成厌氧环境，出水会继续进行反硝化。由此可见，交替式移动床生物膜反应器工艺仍具有改进空间。

4.4　交替式移动床生物膜反应器与 CASS 工艺的对比

4.4.1　研究背景

北方某发酵类制药厂主要生产辅酶 Q10，废水主要来源于微生物发酵产品的代谢废水和冲洗罐体废水以及部分生活污水。废水在一级水解酸化池之前的调节池进行汇合。该废水的主要特征为 COD 及氨氮浓度偏高。废水的进水水质波动偏大，平均日排污水量 $1200m^3/d$ 左右。随着国家对制药工业产生废水治理越来越重视，制药企业排污新标准的《发酵类制药工业水污染物排放标准》（GB 21903—2008）实施，该制药厂废水处理站出水的各项指标已不能达到国家的新的排放标准，为保证出水达标，现对原厂的现有工艺进行改造。原厂工艺流程如图 4-35 所示。

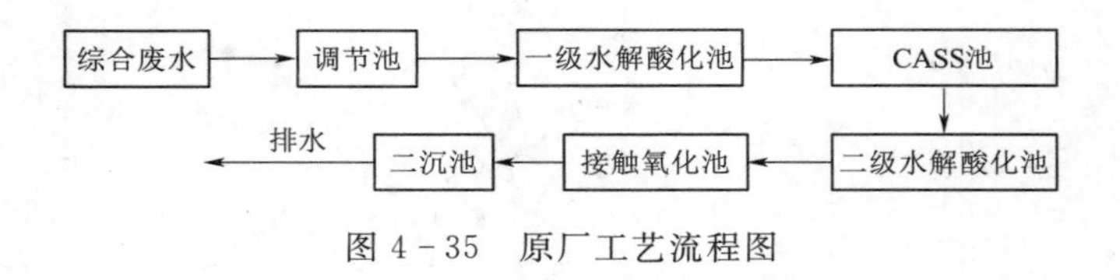

图 4-35　原厂工艺流程图

废水站各工艺段在稳定于辅酶 Q10 产品生产时运行较为稳定，各工艺段的处理能力一般。随着新标准的实施，处理效果要求的提高等带来的不确定因素会影响废水站的正常运行，另外废水站的超大生化处理容积所带来动力成本成为主要的处理成本。该废水站的主工艺为 CASS 工艺，此系统最大的动力成本在 4 个 CASS 池 2.16 万 m^3 的曝气系统，容积负荷为 $0.2kg/(m^3 \cdot d)$，动力消耗过大。因此开发一种处理效果好、基建及运行费用小的处理工艺已经成为发酵类制药废水处理迫在眉睫的任务。为了提高出水水质且节约成本，基于上述情况，决定优化的工艺流程，最终以交替式移动床生物膜反应器代替 CASS 池以期实现达标排放并且减少运行成本。

4.4.2　发酵制药废水处理对比研究

1. 工艺设计

以制药废水中具有代表性的发酵类有机废水为研究对象，通过循环式活性污泥（CASS）工艺和交替式移动床生物膜反应器对内蒙古某制药厂的发酵类制药废水进行处理，对比分析了两种工艺的各自特点以及对北方寒冷地区发酵类废水的处理效果。

（1）进水水质。原水来自某生物制药有限公司，该公司的综合废水处理采用“调节池＋一级水解酸化池＋CASS 池＋二级水解酸化池＋接触氧化池＋二沉池”工艺，本试验用水取自该公司污水处理厂的一级水解酸化池出水，一级水解酸化池的进水是经过调节池和物理处理后的出水。该公司主要生产辅酶 Q10，废水主要污染物为生物发酵剩余的营养物质、生物代谢产物等。原水的水质水量变化较大，其成分复杂，碳氮营养比例失调（氮源过剩），硫酸盐和 SS 含量高，废水带有较重的颜色和气味，易产生泡沫，含有具有抑菌作用的难降解物质。废水水质情况见表 4-9。

表 4-9　　废　水　水　质

项目	COD/(mg/L)	氨氮/(mg/L)	SS/(mg/L)	总磷/(mg/L)	pH 值	色度	温度/℃
数值	970～2000	310～370	270～630	37～50	7～8	150～200	22～26
均值	1185	333	384	41.27	7.71	179	24

（2）实验装置。CASS 工艺流程为综合废水→调节池→一级水解酸化池→CASS 池→二级水解酸化池→接触氧化池→二沉池→排水。交替式移动床生物膜反应器是基于移动床生物膜法的一种改进技术，其兼具传统流化床和生物接触氧化法两者的优点，选用亲水性载体作为载体，选用特定的具有很强的生命力和旺盛的繁殖能力，能适应各种不良的环境条件的高活性反硝化细菌作为菌种，组合成交替式移动床生物膜反应器。好氧生物膜反应器通过曝气和水流的提升作用使载体处于流化状态，提高废水与悬浮载体的接触次数，延长反应时间且动力消耗极低。升级工艺流程为综合废水→调节池→一级水解酸化池→单一好氧生物膜反应器→二级水解酸化池→接触氧化池→二沉池→排水。实验装置如图 4-36 所示。

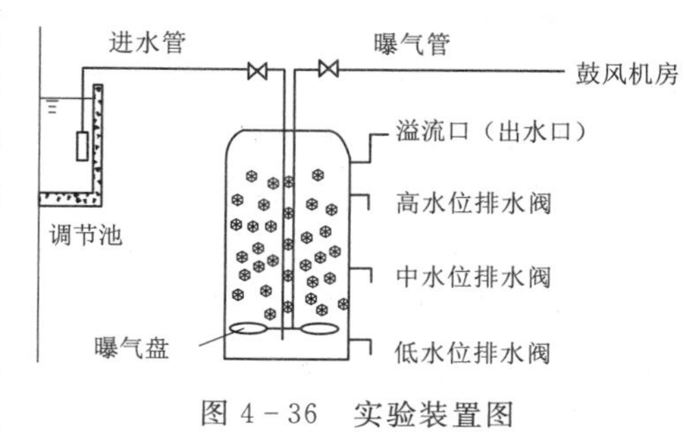

图 4-36　实验装置图

与 CASS 工艺相比，好氧生物膜反应器中单位容积反应器内微生物量为 CASS 工艺的 5～20 倍，处理能力强，对水质、水量、水温变动的适应性强；生物膜含水率比 CASS 池低，不会出现污泥膨胀现象，能保证出水悬浮物含量较低，运行管理方便；剩余污泥产量为 CASS 池的 1/4，污泥处置费用低；食物链较长，生物膜内同时存在硝化与反硝化反应，所需空间少、占地省；COD 负荷率高，空气氧利用率高，抗冲击负荷能力强，不需要设置回流，能耗较低。

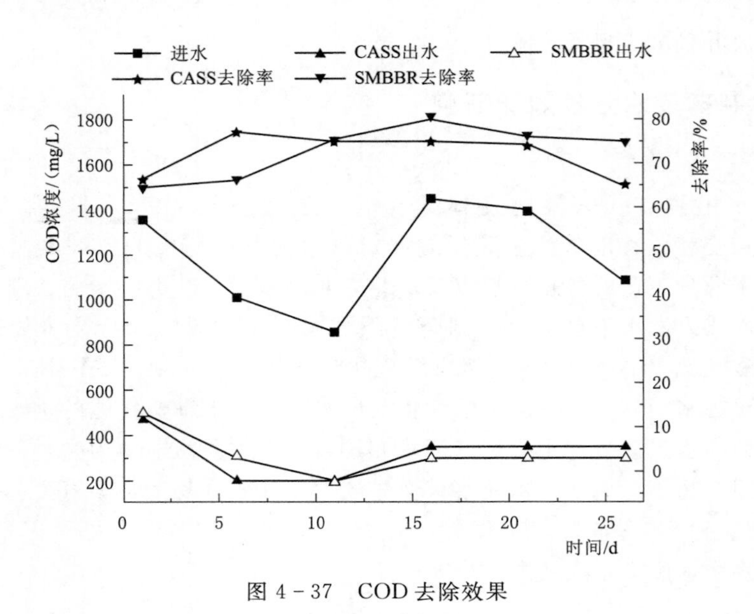

图 4-37　COD 去除效果

2. 处理效果

（1）COD 的去除效果。CASS 工艺和好氧生物膜反应器对 COD 的去除效果对比如图 4-37 所示。可以看出，进水的 COD 浓度为 970～1460mg/L，水质变化波动较大，随着反应的不断进行，CASS 和好氧生物膜反应器对 COD 的去除率分别为 65.88%～78.13% 和 63.12%～80.52%，平均去除率分别为 72.54%和 72.81%。两种工艺对 COD 的去除率相差不大，但是好氧生物膜反应器在进水 COD 较高时其对应的去除率高于 CASS 工艺，主要是因为在好氧生物膜反应器中，加大水量时，生物载体依然能够保留大量的生物膜，使好氧生物膜反应器的抗冲击性增强。在前 13d 里 CASS 池的出水效果优于好氧生物膜反应器，分析原因是进水 COD 浓度不断降低，好氧生物膜反应器中微生物降解有机物的速率较小，其降解能力不能充分发挥所致。在实验后期，随着进水 COD 浓度的不断增大，促进了好氧生物膜反应器载体上的生物膜微生物的生长，提高了降解速率，故 COD 去除率得到了提高。与 CASS 工艺相比，好氧生物膜反应器具有较高的 COD 负荷率、较高的空气氧利用率和微生物的食物链长等优势。

（2）氨氮的去除效果。CASS 工艺和好氧生物膜反应器对氨氮的去除效果对比如图 4-38 所示。可以看出，进水的氨氮浓度为 310～370mg/L，CASS 和好氧生物膜反应器对氨氮的去除率分别为 25.53%～29.77%和 29.17%～33.3%，平均去除率分别为 27.61%和 29.96%。结果表明，好氧生物膜反应器脱氮效果略好于 CASS 工艺。这两种工艺对氨氮均有一定的去除效果，但是由于进水氨氮较高，碳源不足，故二者对氨氮的去除率并不是很高。稳定运行后，好氧生物膜反应器出水的氨氮始终保持在 260mg/L 以下，最低达到 220mg/L。与 CASS 工艺相比，废水与好氧生物膜反应器载体上的生物膜接触得更加频繁，悬浮载体有利于硝化细菌的聚集，载体上含有丰富的高活性硝化菌和亚硝化菌，这些细菌极易吸附生长于亲水性载体表面，可避免因水力冲刷而流失，系统的生态结构在载体上保持着较稳定的动态平衡，故好氧生物膜反应器对氨氮的去除率高于 CASS 工艺。但是

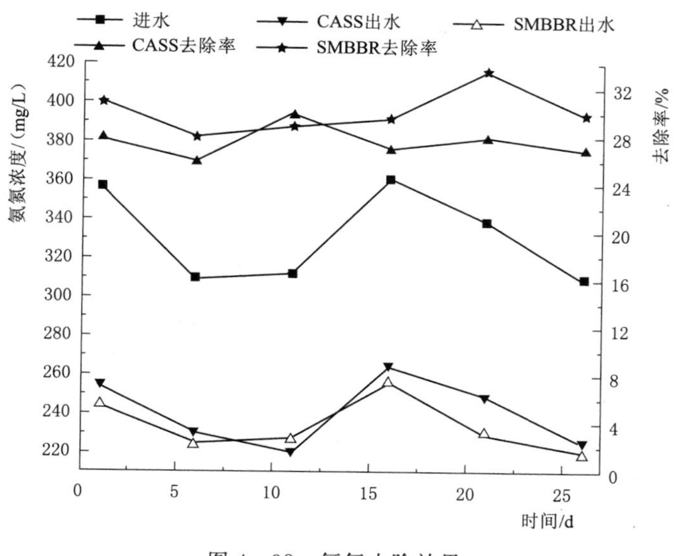

图4-38 氨氮去除效果

在第11d时，CASS工艺的氨氮去除率高于好氧生物膜反应器，分析原因是随着反应的不断进行，好氧生物膜反应器中载体的亲水性不断增强，载体呈现中间悬浮状态，动力消耗减少，曝气量相对减小，溶氧相对降低，较低的溶氧优先被活性更强的异养菌用以降解有机物，而无法满足硝化菌进行硝化反应所需，直接导致出水的氨氮较高，在重新调整曝气量后，出水的氨氮有所降低。

(3) TP的去除效果。CASS工艺和好氧生物膜反应器对TP的去除效果对比如图4-39所示。可以看出，进水的TP浓度为37.65～45.76mg/L，随着反应的不断进行，CASS和好氧生物膜反应器对TP的去除率分别为66.09%～73.60%和79.14%～

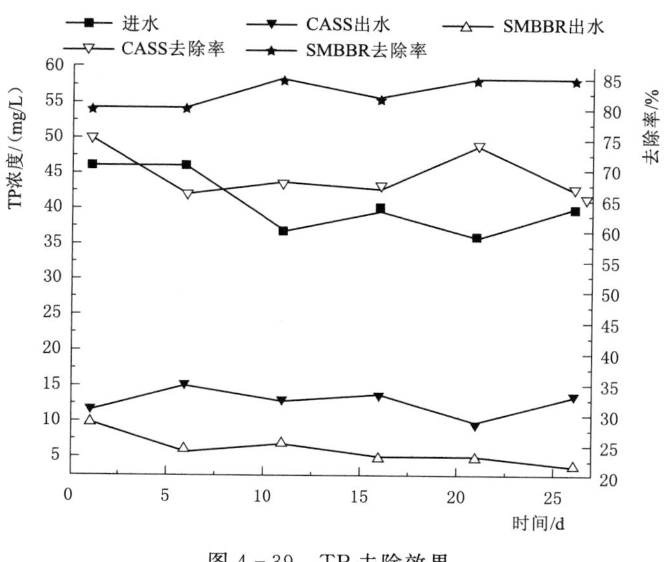

图4-39 TP去除效果

85.75%，平均去除率分别为69.27%和82.71%。从图中可以明显看出，好氧生物膜反应器对发酵类制药废水TP的去除效果优于CASS工艺。分析原因是CASS反应池内可形成厌氧、缺氧、好氧交替的环境，具有一定的脱氮除磷功能，但是CASS池回流比的大小影响了释磷菌的数量和除磷的效果，反应器在运行过程中厌氧环境出现的时间很短，厌氧阶段并不明显，只是在沉淀阶段的后期或排水阶段出现了厌氧段，而且由于可利用的溶解性有机基质不足，使得聚磷菌没有完全释磷，而厌氧段的释磷量与好氧段的吸磷量具有良好的正相关性，从而使其在下一周期中的好氧阶段吸磷效果差。而好氧生物膜反应器载体上附着生长的微生物为世代时间长、生长缓慢的细菌创造了良好的生长环境。由于聚磷菌、硝化菌、反硝化菌及多种其他的微生物共同生长在一个系统内，好氧生物膜反应器有良好的厌氧-缺氧-好氧这样的一个过程，能将聚磷微生物经过厌氧释磷后直接进入生化效率较高的好氧环境，聚磷菌在厌氧区形成的吸磷动力可以充分利用，载体上的微生物可以完整地经过厌氧-好氧环境并完成磷的厌氧释放和好氧吸收过程，使磷的去除率得以提高。正是由于这些特点，使好氧生物膜反应器的除磷效果优于CASS系统，且抗总磷冲击能力比CASS工艺更有优势。

（4）色度的去除效果。CASS工艺和好氧生物膜反应器对色度的去除效果对比如图4-40所示。发酵类制药废水色度较高，进水色度为150～200倍。CASS池出水色度为130～180倍，而好氧生物膜反应器出水色度为120～155倍，CASS工艺和好氧生物膜反应器对发酵类制药废水色度的平均去除率分别在12.45%和22.32%。对比之下，好氧生物膜反应器对色度的去除率高于CASS工艺。分析原因是因为在好氧生物膜反应器废水与悬浮载体充分接触混合，含有发色基团的大分子污染物首先被截留并被载体上附着的生物膜吸附，进而在水解酸化菌的作用下得到降解脱色，这是物理吸附与生物降解的联合作用过程，由于好氧生物膜反应器中的生物量较大，因此对色度的去除效果较稳定。但是在第11d时，由于进水色度骤然降低，CASS池的色度去除率随进水

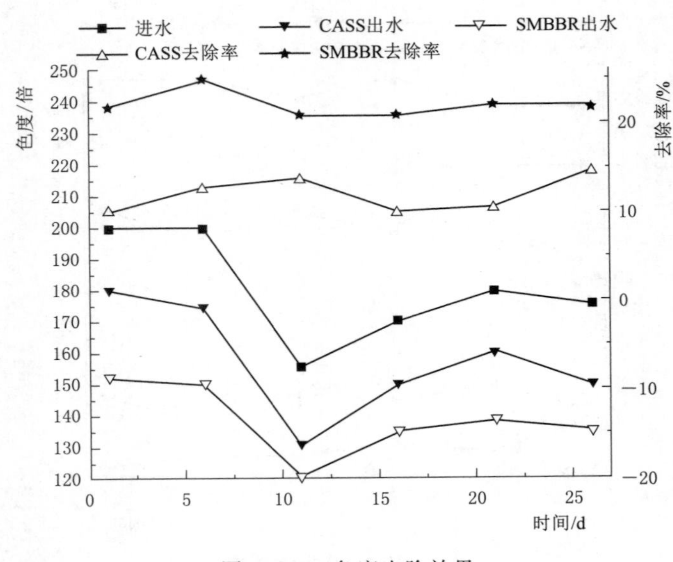

图4-40　色度去除效果

色度的降低而相对有所提高，而好氧生物膜反应器中由于载体亲水性的不断增强，相同的曝气量下对生物膜的冲刷作用相对增大，载体上的生物量有所波动，好氧生物膜反应器的色度去除率有所下降。后期通过调节曝气量，使好氧生物膜反应器的色度去除率趋于稳定。

（5）SS的去除效果。CASS工艺和好氧生物膜反应器对SS的去除效果对比如图4-41所示。发酵类制药废水的特点之一是SS含量高且随水质水量变化大。由于废水中SS主要为发酵的残余培养基和发酵产生的微生物菌体，故进水中SS含量随水质水量的变化波动较大，在270～630mg/L变化。而好氧生物膜反应器对SS的平均去除率为76.63%，高于CASS工艺的70.26%。分析原因，一方面发酵类制药废水水质水量变化大，水力负荷较大，而在CASS系统中曝气量比较大，气流和水流对污泥颗粒物有很大的冲刷作用。CASS反应池中污泥质量浓度为3500～4500mg/L，比好氧生物膜反应器高3～4倍，所以出水的SS较高。另一方面是由于好氧生物膜反应器载体的截留作用、膜的吸附作用以及膜表面沉积层的筛滤、吸附作用可将有机物截留于反应器中并继续降解，使得好氧生物膜反应器中的生物降解作用增强，SS的去除率高于CASS工艺。

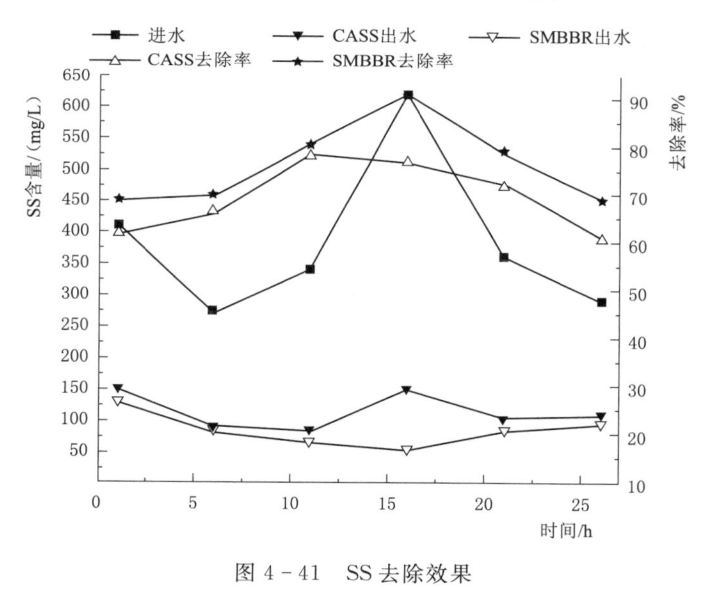

图4-41 SS去除效果

参 考 文 献

[1] 卢雪枫. A/SMBBR工艺处理农药含酚废水的中试研究［D］. 包头：内蒙古科技大学，2017.

[2] 隋秀斌. AMBBR/SMBBR与A/O工艺处理石油发酵工业废水对比研究［D］. 包头：内蒙古科技大学，2017.

[3] 唐若凯. 多级SMBBR工艺处理城市污水的效能与微生物群落结构分析［D］. 包头：内蒙古科技大学，2017.

[4] 敬双怡，杨宇杰，朱浩君，等. SMBBR工艺与A^2/O工艺处理苯嗪废水的对比研究［J］. 应用化

工，2020，49（10）：2518-2521.
[5] 敬双怡，谢者行，朱浩君，等. A/SMBBR和SBR对低C/N工业废水的处理效果对比［J］. 水处理技术，2019，45（11）：99-102.
[6] 时屹然. A/SMBBR处理工业园区废水的实验研究［D］. 包头：内蒙古科技大学，2015.
[7] 敬双怡，赵倩，韩剑宏，等. CASS和SMBBR处理发酵类制药废水对比研究［J］. 工业水处理，2015，35（11）：67-71.

第5章　交替式移动床生物膜反应器与其他工艺的耦合技术

5.1　芬顿—交替式移动床生物膜反应器工艺

5.1.1　研究背景

高级氧化技术作为深度处理工艺越来越被广泛采用，现已成为处理难降解有机物的研究热点。高级氧化技术是利用芬顿试剂在水中使 Fe^{2+} 催化 H_2O_2 生成·OH 自由基，由此获得较强的氧化能力，可降解污水中的污染物。生成的 Fe^{3+} 同时具有混凝的沉淀作用，可以去除有机物和磷酸盐。此过程中芬顿（Fenton）具有强氧化和混凝两种作用，同时不会造成二次污染。

5.1.2　有机废水处理研究

1. 工艺设计

（1）进水水质。废水水质见表5-1。

表5-1　废水水质　单位：mg/L

项目	COD	pH	氨氮	总氮
进水	568～656	6.94～7.50	31.02～56.30	52.1～77.3

（2）实验装置。中试设备主要由两部分组成：一是芬顿反应设备，二是生化反应设备。设备均采用不锈钢板制成，其中芬顿反应池有效容积 $0.432m^3$，好氧生物膜反应器1有效容积 $0.208m^3$，厌氧生物膜反应器有效容积 $0.396m^3$，好氧生物膜反应器2有效容积 $0.448m^3$。原水由污水站调节池经提升泵进入芬顿反应器中，经芬顿反应后上清液通过小型潜水泵打入好氧生物膜反应器1中，然后从好氧生物膜反应器1自流到厌氧生物膜反应器中。从厌氧生物膜反应器上端流入，经过水解酸化后，从下端流入东流砂式沉淀池，然后从其上端通过进水孔三通流入好氧生物膜反应器2底部，最后经好氧生物膜反应器2上端流入二沉池出水。出水经二沉池，可以使出水SS较低，保证出水水质。工艺流程如图5-1所示。

2. 处理效果

（1）芬顿小试。小试实验中双氧水的加药量按与进水中COD的质量浓度1∶1计算，Fe^{2+} 的加药量按与 H_2O_2 摩尔浓度1∶3的比例进行添加。H_2O_2 的浓度为30%，Fe^{2+} 试剂选用 $FeSO_4 \cdot 7H_2O$。分别取原水5份均为500mL，进行梯度实验。将原水的pH调至3.5～4，

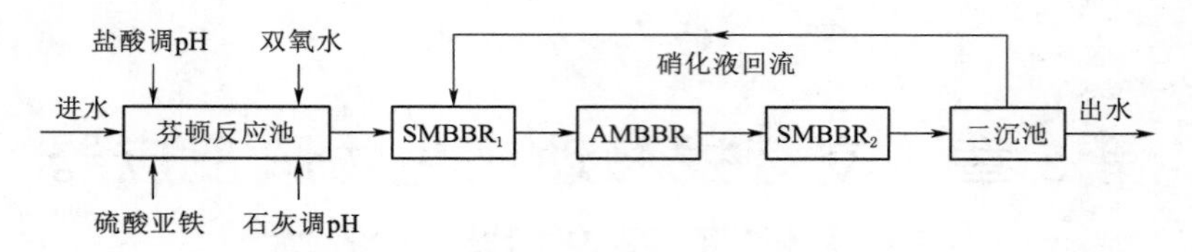

图 5－1　工艺流程图

加入芬顿试剂（先加 $FeSO_4 \cdot 7H_2O$，后加 H_2O_2），搅拌约 40min，调节 pH 值为 8～9，加入絮凝剂，实验结果见表 5－2。由表可知，H_2O_2 添加量加大，COD 含量逐渐降低，氨氮含量逐渐升高，说明进水中含有部分有机氮。当 H_2O_2 加药量大于 400mg/L 时，氨氮含量上升趋势不明显，说明此时废水中大部分有机氮氧化完成。故 H_2O_2 加药量为 400mg/L。

表 5－2　　芬顿小试实验结果

H_2O_2 添加量/(mg/L)	$FeSO_4 \cdot 7H_2O$/g	COD/(mg/L)	氨氮含量/(mg/L)	盐含量/(mg/L)
0	0	496	18.3	7104.5
300	0.4117	464	30.1	7871.5
350	0.4803	400	37.3	8034.0
400	0.5489	392	41.1	8060.0
450	0.6176	400	41.8	8145.0
500	0.6802	352	42.5	8221.0

（2）挂膜阶段。该实验在 2017 年 7 月启动，在启动阶段（第 1～34d），实验进水流量为 300mL/min，厌氧生物膜反应器的 HRT 为 1d，好氧生物膜反应器 1 的 HRT 为 0.5d，好氧生物膜反应器 2 的 HRT 为 1.5d；上清液回流比为 1∶1；厌氧生物膜反应器内污泥浓度保持在 3000～4000mg/L；溶解氧厌氧生物膜反应器为 0.2～0.5mg/L，好氧生物膜反应器为 3～5mg/L；水温为 25～28℃。启动过程中在厌氧生物膜反应器中加入反硝化菌株，投加量 50g/d。连续进水 9～11d 后，观察好氧生物膜反应器内载体，发现其内表面呈浅褐色斑点，20d 后，载体内表面生物膜厚度为 0.5～0.7mm，30d 后载体内生物膜厚度为 1.5～2mm。通过显微镜观察，发现其内表面附着较大的菌胶团，丝状菌较多，同时观察出现大量钟虫和轮虫。厌氧生物膜反应器采用完全厌氧工艺进行挂膜，相对于好氧工艺而言，厌氧降解有机物过程中微生物细胞活性不足，微生物生长缓慢，难以附着在载体表面生长，导致挂膜时间相对较长。此时观察厌氧生物膜反应器内载体，发现其内表面只存在黄色斑点状菌胶团，并未发现致密的生物膜。但厌氧生物膜反应器中 MLSS 较高，而且搅拌器和载体起到了均匀活化污泥的作用，使反应器内污泥活性极强对污染物质去除能力显著。当出水中各污染物去除率显著提高，水质趋于稳定时，表明挂膜完成，此时进入稳定运行阶段。

（3）稳定运行阶段 COD 去除效果。COD 去除效果如图 5－2 所示，可以看出，控制 HRT 为 5d 情况下，稳定运行期间组合工艺对 COD 的平均去除率为 91.45%，出水 COD 浓度为 22～120mg/L。20d 后出水稳定，期间 COD 平均浓度为 28.35mg/L。随着反应时间的增加，COD 去除率逐渐升高，说明在生化反应器内活性污泥流失的过程中，系统中微生物逐渐适应环境，随着载体上生物膜厚度的逐渐增加，整个反应器的生物量和生物相也越来越多，出水 COD 逐渐降低，COD 去除率达到峰值，并趋于稳定。

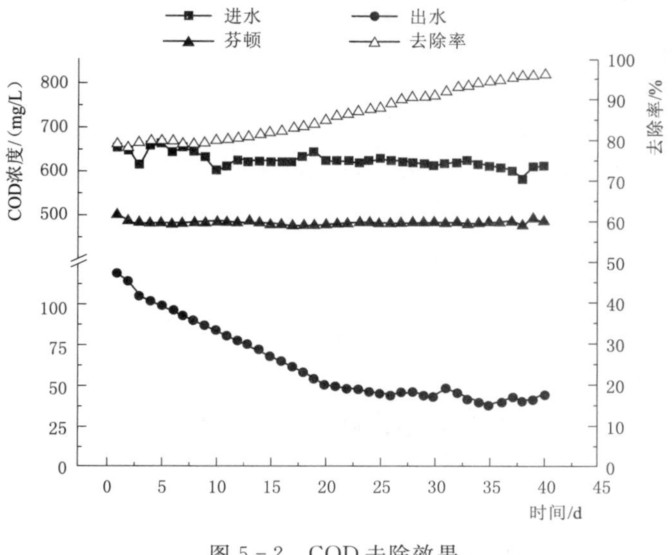

图 5-2　COD 去除效果

(4) 稳定运行阶段氨氮去除效果。控制温度 25～28℃，溶解氧分别为厌氧生物膜反应器内 3～5mg/L 和好氧生物膜反应器内 0.2～0.5mg/L，组合工艺对氨氮的去除效果如图 5-3 所示。可以看出，在 HRT 为 5d 时，氨氮平均去除率为 93.33%，出水氨氮浓度为 0.68～5.45mg/L，平均浓度为 2.5mg/L。微生物的同化作用是去除反应器内氨氮的主要方法。组合工艺取得了较好的硝化效果，主要是因为废水中的有机氮经芬顿催化氧化后转变成无机氮，废水可生化性大大提高。同时，高亲水性质载体的加入，有利于增加反应器

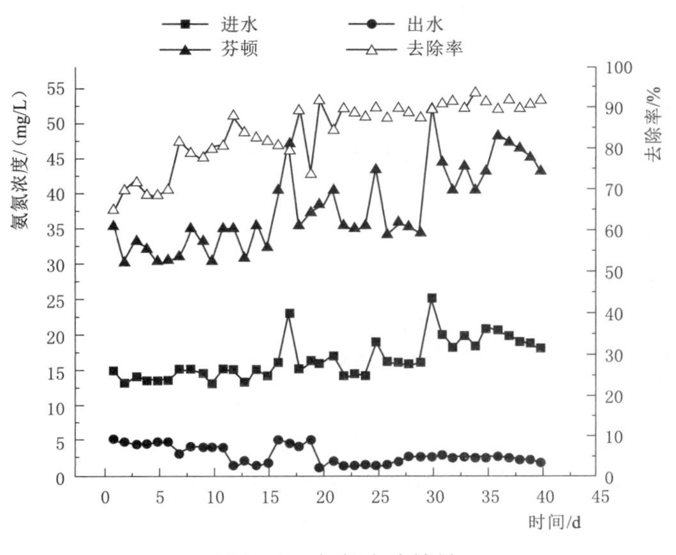

图 5-3　氨氮去除效果

内微生物的数量和富集脱氮细菌，载体上成熟的生物膜富集了大量的硝化菌，其生物量可以高达活性污泥的5～20倍，保证出水氨氮浓度的稳定。

(5) 稳定运行阶段TN去除效果。组合工艺对TN去除效果如图5-4所示。可以看出，HRT为5d时，TN的平均去除率为86.85%，出水TN浓度为5～11.5mg/L。稳定期间，TN平均浓度为7.74mg/L。随着反应时间的增加，系统内生物量及生物相开始增多，反应器内DO浓度相对降低，O_2不容易渗透到生物膜内部，载体内表面形成的兼氧环境反而适宜反硝化菌生存。生物膜上的反硝化菌与硝化菌之间的竞争作用加强，不利于硝化菌生长，总氮的去除率以平稳趋势增长。

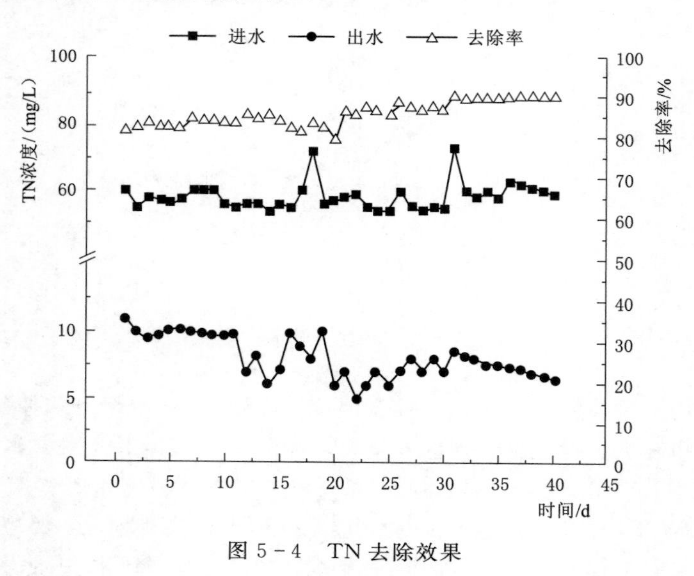

图5-4 TN去除效果

5.2 厌氧生物滤池—交替式移动床生物膜反应器工艺

5.2.1 研究背景

丁腈橡胶（NBR）是丁二烯和丙烯腈（AN）单体经自由基引发聚合制得的一种无规共聚物，其分子结构中含有不饱和双键和极性基团—CN，具有耐油性能好、物理机械性能优异、稳定性强、耐水性好、气密性及优良的粘接性能强等特点，是一种合成橡胶。与其他橡胶相比，丁腈橡胶的使用温度范围更加广泛，它的长期使用温度为120℃，同时，丁腈橡胶具有良好的耐低温性，最低使用温度可达－55℃。

由于丁腈橡胶具有良好的特性，使其得到了广泛的应用。其主要应用于耐油成品的生产，其消费量占到丁腈橡胶总生产量的一半。丁腈橡胶可以制得各种胶管，如O型环、蛇（软）皮管、垫圈等。这种胶管具有优异的耐油性，可以有效地阻碍油渗透。丁腈橡胶内部含有尼龙夹层，也可以防止有毒气体由管内渗出，有效地防止了毒气的泄漏。因其具有良好的耐油性，汽车齿轮带和飞机燃料管、耐油鞋底、橡胶手套等都使用丁腈橡胶生产。

除此之外，丁腈橡胶由于其具有气密性与良好的粘接性能还应用于密封制品的生产。

如在航天领域、电力系统、汽车、印刷、纺织等行业以及机械制造产业等都得到广泛的应用。由此可见丁腈橡胶应用之广泛，开发前景之广阔。

在丁腈橡胶的生产过程中会产生大量的废水，此废水成分复杂，有刺激性气味、可生化性极差，处理难度大。其中主要含有未回收完全的丁二烯、丙烯腈、苯乙烯等有毒有害物质，还含有乳化剂、促进剂以及防老剂等助剂。水质 COD、氨氮、浊度等指标严重超标，对环境造成极大的危害。此废水处理过程中最难处理的主要来源于腈类物质的低分子聚合物或共聚物。造成不能达标排放的主要原因就是这些聚合物在水中一般以胶体或溶解态形式存在，很难降解并被微生物吸收利用，所以得不到很好的去除。

丁腈橡胶废水中具有毒性，如果不经处理直接排放，不仅会对水体中微生物造成极大的危害，引起它们中毒死亡，还会使水体富营养化，威胁水质安全。若人类长期饮用被污染且没有经过处理的水，会出现慢性中毒。轻度临床表现为头晕、头痛、恶心、呕吐等症状。重度表现症状为胸闷心悸、烦躁不安、容易疲劳、呼吸困难、抽搐、昏迷等，若不及时治疗会导致生命危险。此外，丁腈废水若不经过专门处理而直接进入到市政污水的处理系统中，可能导致市政污水处理系统紊乱甚至崩溃，造成出水水质下降。因此，对丁腈橡胶废水的处理是水环境治理中的重中之重。

5.2.2 丁腈橡胶废水处理研究

1. 工艺设计

实验装置由 4 部分组成，即厌氧生物滤池（AF）、一级好氧生物膜反应器、一级厌氧生物膜反应器、二级好氧生物膜反应器。AF 用钢丝栅网将柱体均匀分成多层。好氧生物膜反应器内曝气装置采用孔径为 3mm 的穿孔曝气管均匀曝气。厌氧生物膜反应器中安装搅拌机进行搅拌，使载体成流化状态，搅拌机转速为 150r/min、叶轮半径为 15cm。实验装置如图 5-5 所示。

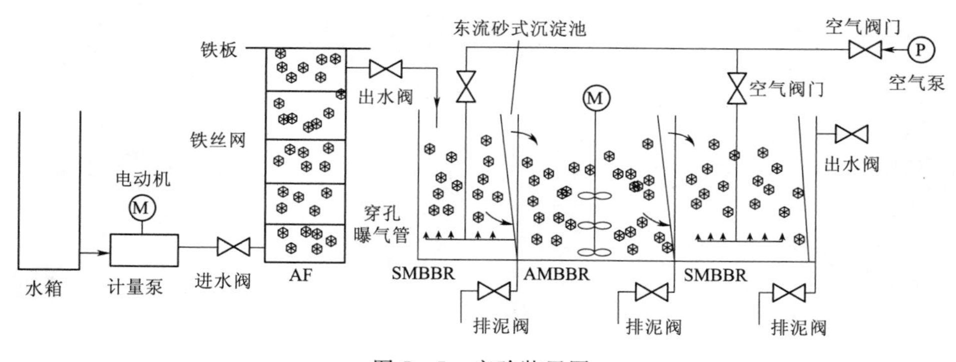

图 5-5 实验装置图

2. 处理效果

（1）挂膜启动期间生物相分析。在启动过程中，一种好的启动方式不仅可以减少挂膜时间，减少启动成本，而且也是决定试验成功的关键条件之一。目前，国内外应用较多的挂膜启动方式主要有自然挂膜法、排泥挂膜法、接种挂膜法、流量递增挂膜法等。为了减少挂膜时间，又不影响试验处理水质的效果，综合考虑，本试验中AF装置采用自然挂膜法。自然挂膜法虽然挂膜时间长，但生物膜与载体之间的黏合度更高，更加稳定。好氧生物膜反应器与厌氧生物膜反应器采用排泥法挂膜与间歇培养逐渐增加进水负荷法相结合。排泥法挂膜速度快，需要接种污泥少，随着污泥的不断排出，悬浮在污水中的微生物含量也同时减少，而进水负荷增大，载体表面的微生物则获得了大量的营养物，从而可达到快速生长、繁殖的目的。

通过观察好氧生物膜反应器中载体，发现挂膜初期载体表面并无明显变化。挂膜过程中载体变化图与观察到的生物相如图5-6所示，随着试验运行时间的增加，在第8d时发现，在载体的表面发现较薄的浅黄色生物膜，厚度为0.3mm。通过镜检观察到载体表面有大量的累枝虫，钟虫等。由于此载体的比表面积大、亲水性好、吸附能力强，水中游离的微生物极易吸附到载体表面。当启动23d时载体内壁出现浓密黄褐色绒状的生物膜，厚度为0.87mm，并大量繁殖，通过镜检观察到具有大量线虫、轮虫、游虫等级较高的后生动物，以及菌胶团和丝状菌等，标志着挂膜成功。

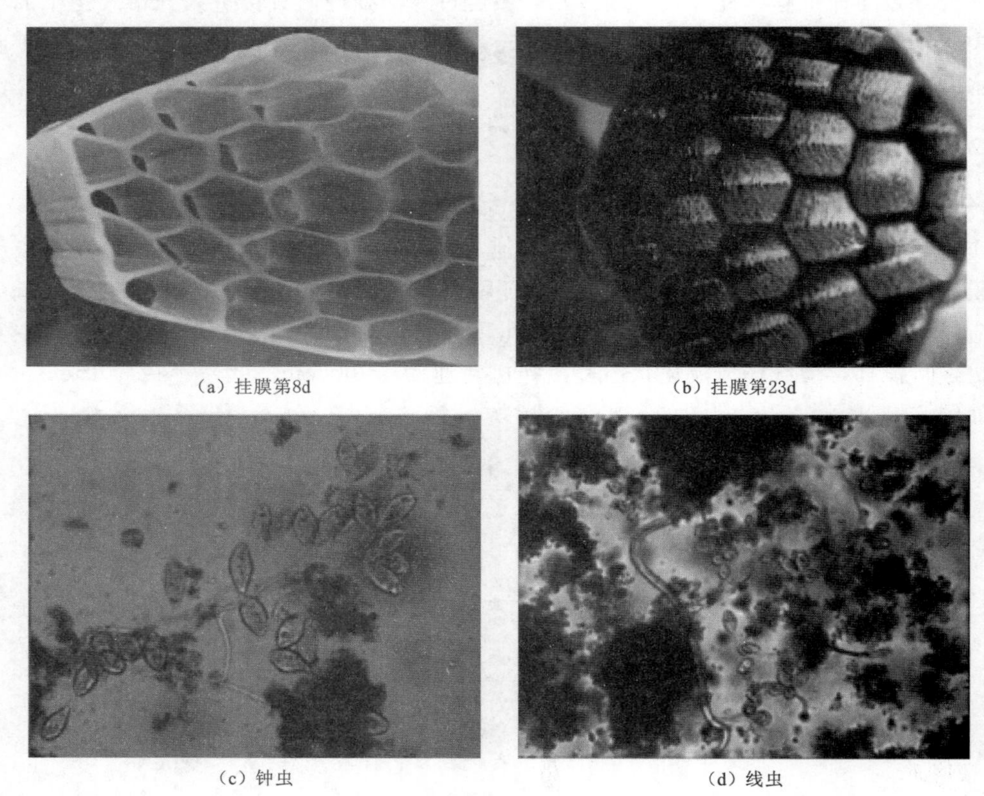

(a) 挂膜第8d　　(b) 挂膜第23d

(c) 钟虫　　(d) 线虫

图5-6　挂膜过程中载体变化图与观察到的生物相

AF、厌氧生物膜反应器中由于进水中含有有机大分子物质数量及种类较多，对多种微生物的生长繁殖起到抑制作用，所以导致相对好氧生物膜反应器挂膜周期较长。前期载体内表面上只附着带有黄色斑点状菌胶团，未形成密集的生物膜，但厌氧生物膜反应器中污泥浓度高，经过驯化、搅拌使反应器内污泥活性增强，对污染物质去除起到明显效果。

后期大量的厌氧微生物附着在载体表面，形成厌氧生物膜。

（2）挂膜启动期间对COD去除效果的研究。挂膜启动期对COD去除效果如图5-7所示。可以看出，整个挂膜过程中，进水COD浓度逐渐增大，但COD去除率一直上升。第1～5d，反应器对COD的去除率较低，在30%以下。这是由于在挂膜初期，水中的微生物对污水水质适应程度不够，此时的微生物大多都以悬浮的形式存在于污水中，载体表面的生物膜还没有形成，对水中有机物的降解和吸收的能力较弱。进水第5～21d，COD的去除率大幅增长，达到60%左右，表明微生物已经开始逐渐适应污水水质。载体表面生物数量逐渐增加，生物种类不断丰富。微生物从适应期逐渐到达对数增长期及线性增长期。第21d以后，COD去除率增长到70%。此时大量微生物已经附着在载体表面，并可以进行新陈代谢，大量繁殖，形成生物膜。生物膜降解和吸收污水中的有机物，从而达到净化水质的目的。随着进水COD浓度的不断增大，COD去除率却一直上升，体现了该组合工艺具有强大的抗冲击性。

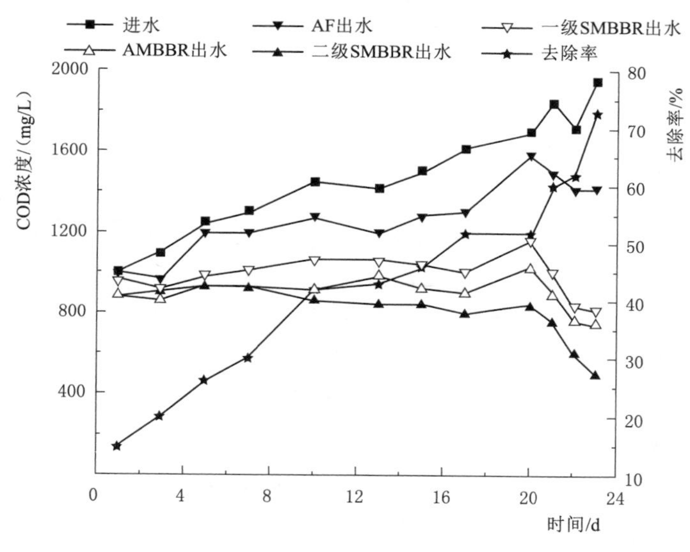

图5-7　挂膜启动期对COD去除效果

（3）挂膜启动期间对氨氮去除效果的研究。挂膜启动期对氨氮的去除效果如图5-8所示。可以看出，随着进水氨氮的浓度逐渐升高，氨氮的去除率也发生变化。污水中去除氨氮主要是通过微生物的异化作用，包括硝化细菌产生的硝化作用和反硝化细菌产生的反硝化作用。第1～5d氨氮的去除率高达30%左右，这是由于挂膜初期，反应器中含有大量的活性污泥，活性污泥自身内部存在大量的微生物，所以反应前期氨氮去除率较高。随着排出的活性污泥越来越多，第7d氨氮去除率降到10%。第8～17d氨氮的去除率开始逐渐升高。分析原因，由于异养型生物在生长初期繁殖能力强，速度快，而亚硝化细菌和硝化细菌均属于好氧自养菌，相对于异养型微生物生长周期长，竞争能力弱，硝化反应不完全。但随着试验的进行，亚硝化细菌与硝化细菌的大量生长、繁殖，使硝化反应进一步优化，氨氮的去除率逐渐增高。第20d后，氨氮的去除率迅速增高，分析原因是异养细菌已基本稳定生长，对亚硝化菌与硝化细菌的抑制作用较弱。亚硝化菌与硝化细菌吸收充足的营养物质，开始大量繁殖。载体表面形成的生物膜外表层发生好氧硝化反应，内层发生厌氧反硝化，实现了同步硝化-反硝化，提高了氨氮的去除率与去除速率。

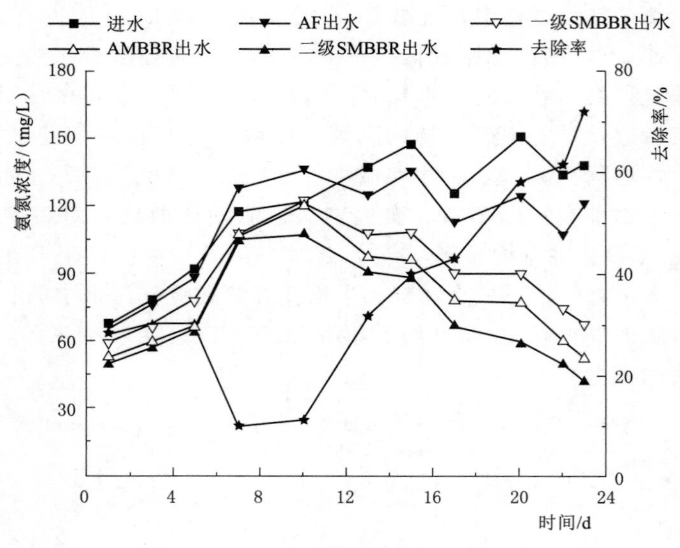

图 5-8　挂膜启动期氨氮去除效果图

(4) 稳定运行期间对 COD 去除效果的研究。挂膜成功后稳定运行阶段对 COD 的去除效果如图 5-9 所示。可以看出，进水 COD 浓度不断升高，废水中 COD 的去除率达到 80%左右，出水 COD 浓度均达到 500mg/L 以下，达到《污水综合排放标准》(GB 8978—1996) 三级排放标准的要求。废水首先进入 AF，AF 将废水中少量的小分子吸收，将大分子聚合物继续酸化和降解，把大量的大分子有机物分解成小分子，增加 B/C，然后进入一级好氧生物膜反应器。一级好氧生物膜反应器对废水中 COD 去除率达到 50%左右。此

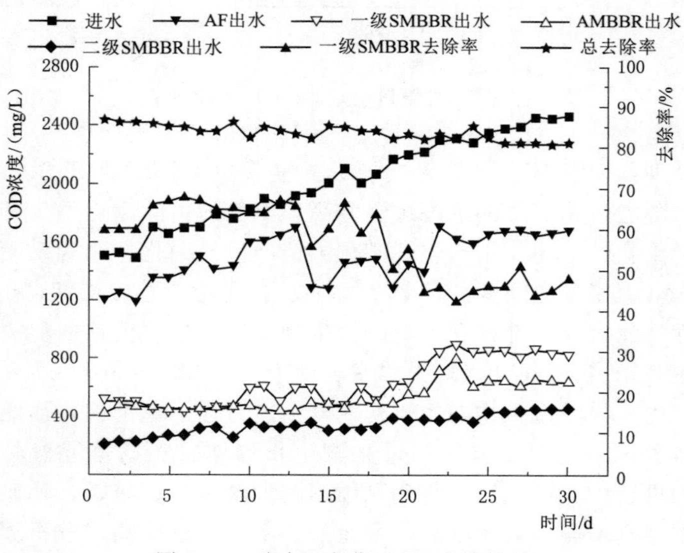

图 5-9　稳定运行期 COD 去除效果

阶段由于载体密度与水接近，亲水性强，载体流动时消耗能量低，载体上的生物膜可与废水频繁接触。因此，一级好氧生物膜反应器的COD去除率较高。之后通过厌氧生物膜反应器，此阶段对一级好氧生物膜反应器出水进行进一步水解酸化，把AF未分解完的大分子有机物继续分解，继而使二级好氧生物膜反应器继续强化处理。二级好氧生物膜反应器的COD去除率为25%，由于二级好氧生物膜反应器为深度处理，进入的水质中含有可吸收的有机物变少。因此二级好氧生物膜反应器对COD的去除率相对于一级好氧生物膜反应器对COD的去除率较低。

（5）稳定运行期间对氨氮去除效果的研究。挂膜成功后稳定运行阶段对氨氮的去除效果如图5-10所示。可以看出，随着此厂生产的运行，在实际工程中存在的不稳定因素导致进水水质波动较大（氨氮浓度为100～300mg/L）的情况下，系统出水水质均能实现很好的处理效果，出水氨氮浓度小于50mg/L，达到《污水综合排放标准》（GB 8978—1996）国家二级排放标准，氨氮平均去除率达到82.25%。废水首先进入AF，AF出水对氨氮几乎没有去除率，有时氨氮浓度反而升高。分析原因：废水进入AF，通过水解酸化作用使废水中多环和杂环化合物部分开环降解，把大分子变成小分子，产生同化氨化作用。AF出水进入一级好氧生物膜反应器。前7d发现氨氮浓度升高，7d后氨氮浓度急剧下降，出水氨氮浓度基本保持在65mg/L左右，氨氮平均去除率达到56.89%。第21～26d氨氮平均去除率较低，为26.62%。分析原因：由于硝化细菌属于自养型细菌，生长速度慢，周期长，竞争力弱。因此刚开始一级好氧生物膜反应器中硝化细菌没有达到足够的数量，硝化反应不完全。AF出水不断进入一级好氧生物膜反应器，造成氨氮的积累，所以氨氮浓度会升高。随着时间的推移，硝化细菌大量繁殖，硝化反应彻底，氨氮浓度逐渐降低并趋于稳定。第21d进水氨氮浓度较高，污水的毒性增高，对载体上的生物膜造成冲击，导致硝化细菌活性下降，因此氨氮去除率降低。但随着载体上的生物膜逐渐适应，硝化细菌继续大量繁殖，氨氮浓度逐渐降低并趋于稳定。随后废水进入厌氧生物膜反应

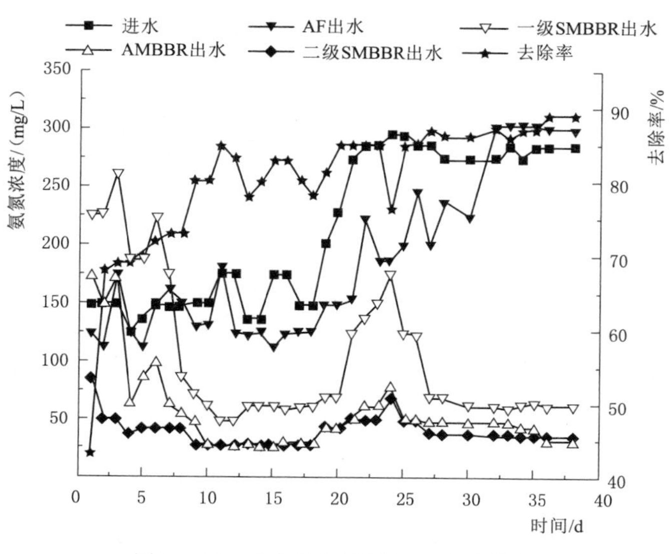

图5-10 稳定运行期氨氮的去除效果

器，把未分解完的大分子有机物继续水解酸化，使二级好氧生物膜反应器继续强化处理。二级好氧生物膜反应器对氨氮浓度平均去除率为 15.97%，由于二级好氧生物膜反应器为深度处理，进入的水质中含有可吸收利用的有机物变少。因此相对于一级好氧生物膜反应器对氨氮的去除率较低。

(6) 稳定运行期间 DO 浓度对 COD 去除效果分析。控制进入一级好氧生物膜反应器污水中 COD 浓度为 1300mg/L，pH 值为 6.5，HRT 为 3d，调节曝气大小，探究 DO 浓度对 COD 去除率的影响，结果如图 5-11 所示。可以看出，当 DO 浓度在 2～4mg/L 的范围内，COD 的去除率达到 60%左右，去除效果明显，当 DO 浓度小于 2mg/L 时，去除率与 DO 浓度大小成正比，当 DO 浓度大于 4mg/L 时，去除率与 DO 浓度大小成反比。因此，在好氧生物膜反应器中适宜的 DO 浓度为 2～4mg/L，当 DO 浓度为 3mg/L 时，去除率最大。分析原因，好氧生物膜反应器为好氧反应单元，DO 会限制附着在载体上的生物膜中微生物的代谢活动，载体上的生物膜包括内部厌氧层与外部好氧层。当 DO 浓度不足时，外部好氧层中的好氧菌的代谢活性会受到抑制，生物膜中厌氧层就会越来越厚，随之会催化厌氧层内部的反应，反应后的代谢产物增多，并向外溢出。这就使外部好氧层的生态系统遭到破坏，大大削减了生物膜附着在载体上的能力，导致生物膜脱落。当 DO 浓度过高时，过大的曝气量会大大增加生物膜表面的剪切力，对微生物附着在载体上形成生物膜产生抑制作用。同时，DO 浓度过高会促进有机物分解，加速生物膜老化、脱落。

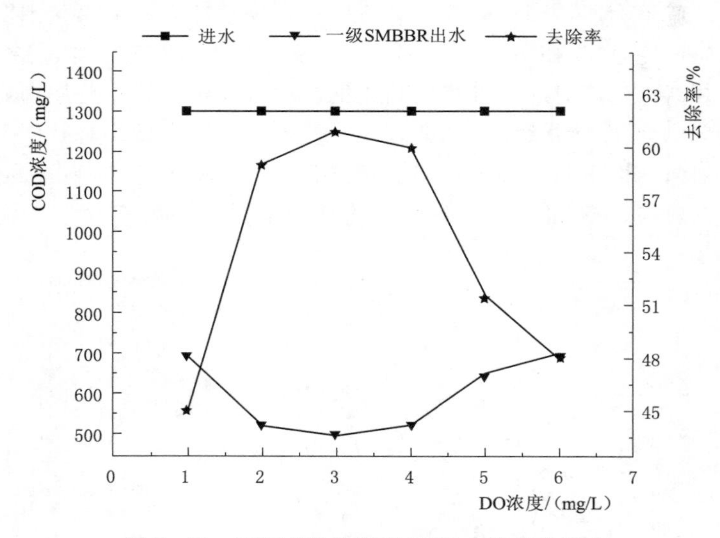

图 5-11　不同 DO 浓度对 COD 去除率的影响

(7) 稳定运行期间 HRT 对 COD 去除效果分析。稳定运行后，控制进水 COD 浓度为 2000mg/L，pH 值为 7.5，AF、厌氧生物膜反应器 DO 浓度低于 0.5mg/L，好氧生物膜反应器 DO 浓度为 3.0mg/L 左右，改变 HRT，探究 HRT 对 COD 去除率的影响，绘制其变化曲线，如图 5-12 所示。反应器 HRT 为 3～10d 时，各部分实验装置的 COD 去除率均呈上升趋势，当 HRT 为 6～10d 时，反应器出水中 COD 浓度均为 500mg/L 以下，达到《污水综合排放标准》(GB 8978—1996) 三级排放标准的要求。当 HRT 减小到 5～6d 时，出水 COD 浓度升高到 500mg/L 以上，达不到排放要求。当 HRT 减小到 5d 以下时，出水 COD 浓度急剧升高，远远超出排放标准。因此可知，HRT 越小，总去除率越低，去除效果越差。分析认为，HRT 减小，单位时间内的进水量就会增大，同时也加大了污水对生物膜的冲击，导致老化的生物膜或半老化的生物膜脱落。部分新生生物膜承受不住水的剪切力也随之脱落，以悬浮物的形态存在于水中，并随之流失。HRT 大于 10d 时，COD 去除率变化略有下降趋势，分析原因，各部分实验装置 HRT 过长，导致有机物在其内被大量消耗，进入各部分反应器的污水水力负荷降低，导致反应器内微生物由于营养不充足而降低活性。因此 HRT 越长，并不代表 COD 去除率就越高。

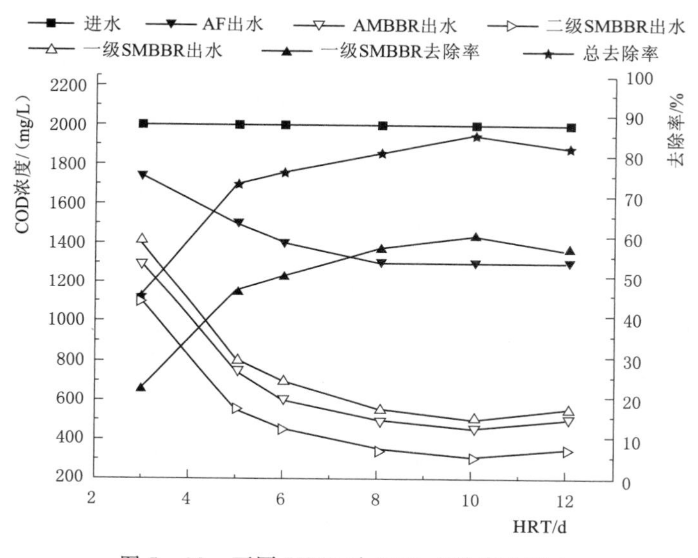

图 5-12　不同 HRT 对 COD 去除率的影响

(8) COD 恢复实验。当 HRT 为 3d 时，发现出水中的 COD 浓度急剧上升，出水水质也不达标。随后立即做了恢复性实验。把 HRT 重新调至 10d，其他条件不变，检测指标，观察其恢复状况，如图 5-13 所示。恢复一天时，各部分装置 COD 去除率明显回升，但出水 COD 浓度为 771mg/L，仍不达标。恢复第 2d 时，出水 COD 浓度为 521.3mg/L，接近排放标准，COD 去除效果仍没有恢复到之前。当恢复第 3d 时，出水 COD 浓度为 335mg/L。不仅达到排放标准，COD 去除率也接近于之前，可见恢复之迅速。分析原因，当 HRT 恢复至 10d 后，单位时间内进水流量减小，对反应器内生物膜的冲击力减小。因此，当实际应用中，即使遭受到单位时间内进水流量突然增大，此工艺也能迅速恢复，从而达到排放标准。

(9) 稳定运行期进水 COD 浓度对 COD 去除效果分析。在实际工业废水处理中，COD 浓度的突然增加会对工厂的正常运行及污水处理产生巨大的影响，因此研究不同 COD 进水浓度对 COD 去除率的影响是非常重要的。控制进水 pH 值为 6.5，HRT 为 10d，好氧生物膜反应器中 DO 浓度为 3mg/L，AF、厌氧生物膜反应器中 DO 浓度为 0.5mg/L 以下，改变进水 COD 浓度，探究进水 COD 浓度对 COD 去除率的影响，结果如图 5-14

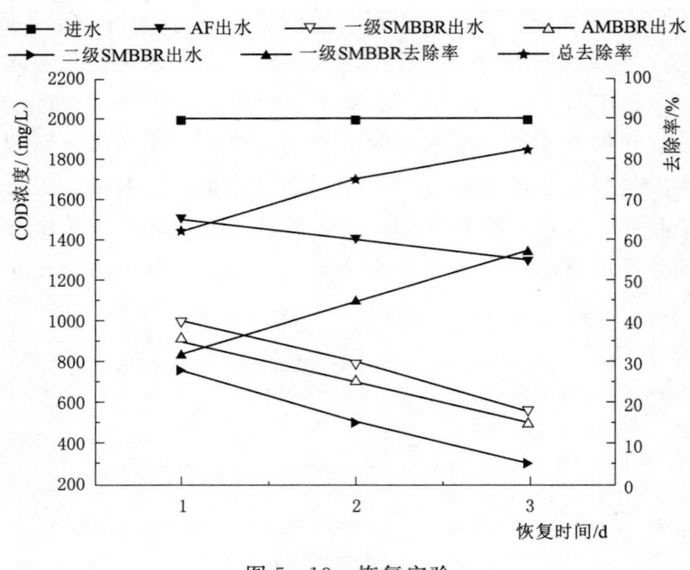

图 5-13　恢复实验

所示。可以看出，进水 COD 浓度与 COD 去除率成反比。分析原因，进水 COD 浓度越高，有机大分子就越多，水中的毒性越大，就会抑制微生物的活性，微生物的数量也会随之减少，COD 去除率降低。但出水 COD 浓度仍然保持在 500mg/L 以下，说明该工艺对处理不同浓度的丁腈橡胶废水具有很强的适应性。

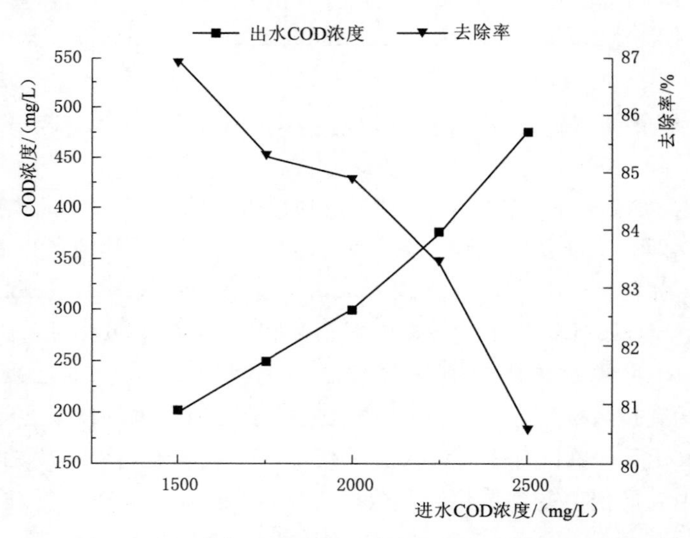

图 5-14　不同 COD 浓度进水对 COD 去除率的影响

（10）DO 浓度对氨氮去除效果分析。DO 是反应器运行中重要的控制参数之一，不同的 DO 浓度会对污水处理的效果产生重要的影响。控制进入一级好氧生物膜反应器污水中氨氮浓度为 150mg/L，pH 值为 6.5，HRT 为 3d，调节曝气大小，探究 DO 浓度对氨氮去除率的影响，结果如图 5-15 所示，当 DO 浓度为 2～4mg/L 时，氨氮的去除率达到 55%

左右，去除效果明显，当 DO 浓度小于 3mg/L 时，氨氮去除率随 DO 浓度的减小而减小，当 DO 浓度大于 4mg/L 时，氨氮去除率随 DO 浓度的增大而减小。因此，在好氧生物膜反应器中适宜的 DO 浓度为 2～4mg/L，当 DO 浓度为 3mg/L 时，氨氮去除率最大。分析原因，好氧生物膜反应器是好氧反应器，DO 浓度会限制附着在载体上的生物膜中微生物的代谢活动。根据生物膜内 DO 的浓度梯度把生物膜分为内部厌氧层与外部好氧层，当 DO 浓度不足时，异养菌会抑制硝化菌产生硝化反应，生物膜外部好氧层中的硝化菌的代谢活性下降，同时促进了生物膜内部厌氧层中的反硝化细菌的增长，导致动力不平衡，外部好氧层遭到破坏，生物膜变黑、脱落。当 DO 浓度过高时，过大的曝气量产生的水力剪切作用会抑制生物膜的生长并且阻碍了生物膜附着在载体上。同时，过高的 DO 浓度会促进有机物分解，加速生物膜老化、脱落。

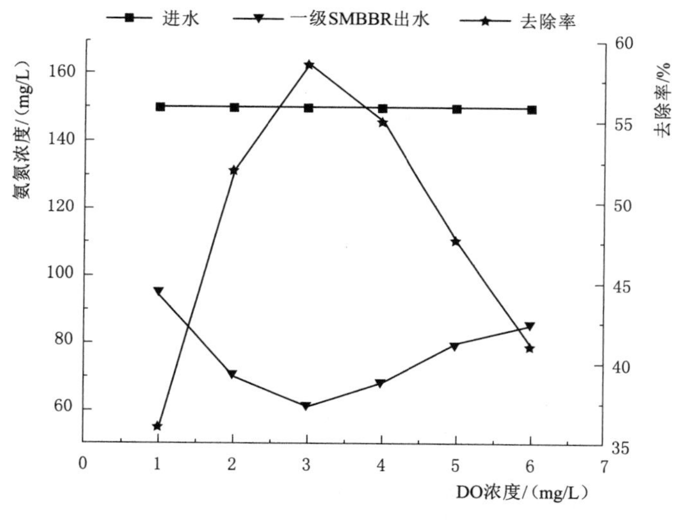

图 5-15 不同 DO 浓度对氨氮去除率的影响

(11) 稳定运行期 HRT 对氨氮去除效果分析。HRT 在工程实际运行中起到重要的作用，决定了污水的处理效率，对基建投资及运行费用产生重要的影响。稳定运行后，控制进水氨氮浓度为 200mg/L，pH 值为 7.5，AF、厌氧生物膜反应器 DO 浓度低于 0.5mg/L，好氧生物膜反应器 DO 浓度为 3.0mg/L 左右，改变 HRT，探究 HRT 对氨氮去除率的影响，如图 5-16 所示，HRT 为 3～10d 时，各反应器对氨氮的去除率随着 HRT 的增长而增大，氨氮总去除率从 52%上升到 87.5%。因此可知，HRT 越短，氨氮总去除率越低，去除效果越差。分析认为，由于 AF-S/交替式移动床生物膜反应器工艺为连续流，HRT 减小，单位时间内的进水量就会增大，反应器中水流不规则运动增加，对生物膜的冲击增大，导致老化的生物膜或半老化的生物膜脱落。且此时营养物质充足，微生物大多处于对数增长期，繁殖能力与运动能力强，不易形成荚膜与黏液层，从而不易形成微生物菌胶团附着在载体内表面，以上原因导致硝化细菌的大量减少。而 HRT 变短，硝化反应时间不足，反应不够充分。因此氨氮去除率降低。HRT 为 12d 时，各反应器对氨氮的去除率降低，总去除率为 80%。因此可知 HRT 过长，并不代表氨氮去除率越高。分析原因，HRT

过长，对反应器中的悬浮污泥的增长起到了有利作用。由于悬浮污泥属于分散态，比生物膜竞争营养物质的能力强，导致生物膜营养不足，活性降低，甚至造成生物膜变黑、脱落。

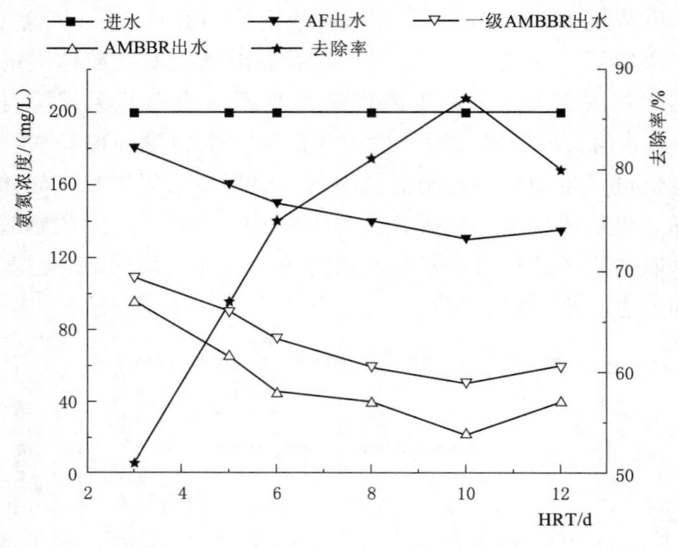

图 5-16　不同 HRT 对氨氮去除率的影响

（12）氨氮恢复实验。通过改变不同 HRT 发现，当 HRT 为 3d 时，出水氨氮浓度急剧上升，出水水质不达标。随后立即做了恢复性实验，把 HRT 重新调至 10d，其他条件不变，检测指标，观察其恢复状况，如图 5-17 所示。可以看出，恢复效果随着恢复实验的进行越来越好。当恢复实验进行到第 3d 时，出水氨氮浓度为 44mg/L，小于 50mg/L，氨氮去除率为 78%，可达标排放，可见此工艺恢复能力之强大。分析原因，当 HRT 从 3d 恢复至 10d 后，单位时间内进水量减少，对生物膜的冲击也随之减少。微生物进入稳定生

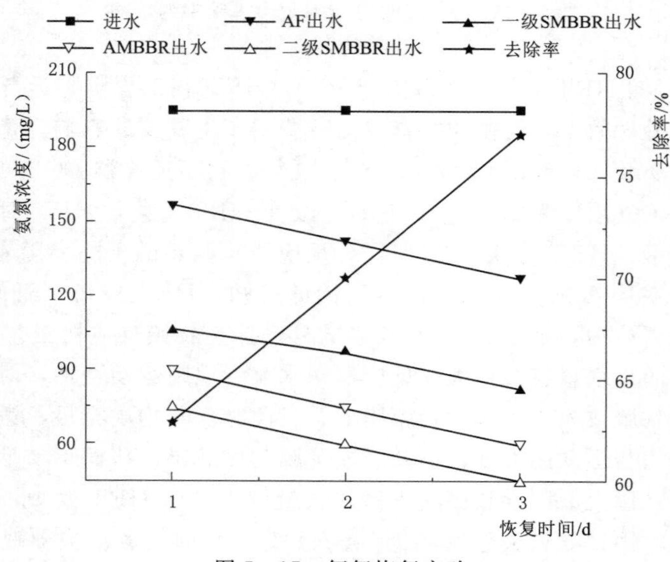

图 5-17　氨氮恢复实验

长期，形成菌胶团的能力增强，利于附着在载体内表面。因此，即使在实际工程中，遇到突然间进水量增大，此工艺也可以迅速恢复，从而达标排放。

（13）稳定运行期进水氨氮浓度对氨氮去除效果分析。在工业废水处理中，氨氮浓度的突然增加会对工厂污水处理产生巨大的影响，因此研究不同氨氮进水浓度对去除率的影响是非常重要的。控制进水 pH 值为 7，HRT 为 10d，好氧生物膜反应器中 DO 浓度为 3mg/L，AF、厌氧生物膜反应器中 DO 浓度为 0.5mg/L 以下，改变进水氨氮浓度，探究进水氨氮浓度对氨氮去除率的影响，如图 5－18 所示。可以看出，氨氮的去除率随着进水氨氮浓度的增加而减小。分析原因，进水氨氮浓度越高，有机大分子就越多，水中的毒性越大，就会抑制微生物的活性，硝化反应强度减弱。微生物的数量也会随之减少，氨氮去除率降低。但出水氨氮浓度仍然保持在 50mg/L 以下，说明该工艺对处理不同浓度的丁腈橡胶废水具有很强的适应性。

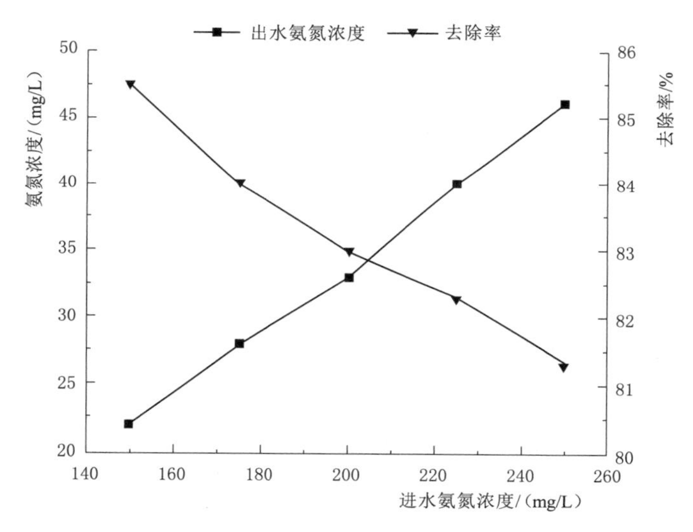

图 5－18　不同氨氮浓度进水对氨氮去除率的影响

5.2.3　高氨氮农药废水处理研究

1. 工艺设计

（1）进水水质。废水取自该农药厂污水处理站综合调匀池，废水水质情况如下：COD 浓度为 2408～7440mg/L；氨氮浓度为 160.21～433.84mg/L；TN 浓度为 208.27～537.65mg/L；TP 浓度为 20～30mg/L；MLSS 为 100～300mg/L；pH 值为 5.0～10.0。

（2）实验装置。实验装置由钢板焊接制成，主要分为一级好氧生物膜反应器（200L）、AF（1200L）和二级好氧生物膜反应器（1400L）。实验采用亲水性载体，材质为亲水性高分子材料，直径 30mm，高 10mm，壁厚 1mm，比表面积 $900m^2/m^3$。AF 中用不锈钢纱网将载体分层填充，填充率为 70%，好氧生物膜反应器中载体填充率为 45%。实验采用的菌种为粉末状高效脱氮菌剂，其中包括硝化菌、枯草芽孢杆菌、低温有机矿化菌、乳酸菌等。实验装置示意如图 5－19 所示。

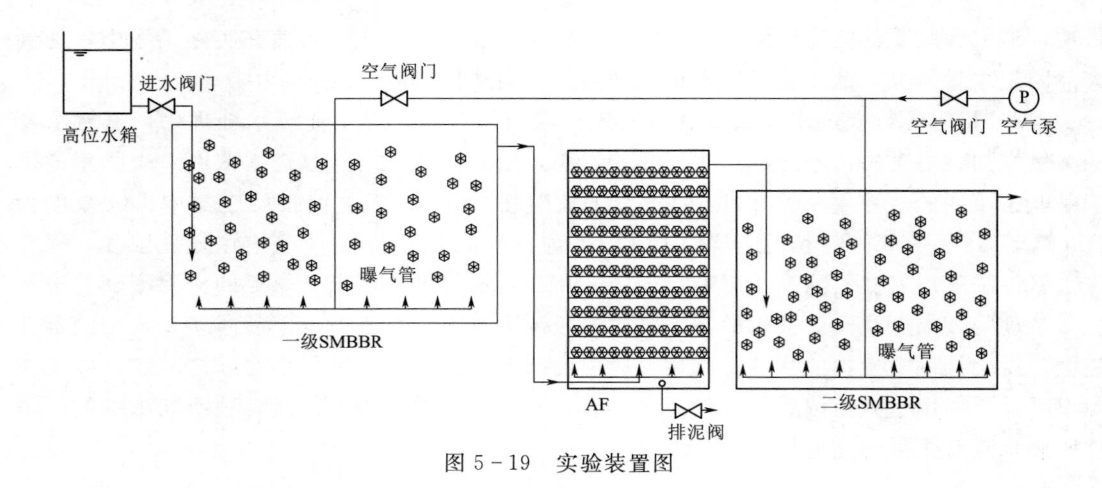

图5-19　实验装置图

2. 处理效果

(1) 挂膜启动阶段COD的去除效果。挂膜启动阶段COD的去除效果如图5-20所示。反应器运行30d时，发现好氧生物膜反应器中载体上已附着一层棕色绒状絮体，AF中载体表面也吸附了一层黑色活性污泥，同时，出水COD浓度降至350mg/L左右，COD去除率达85%以上，表明挂膜成功。

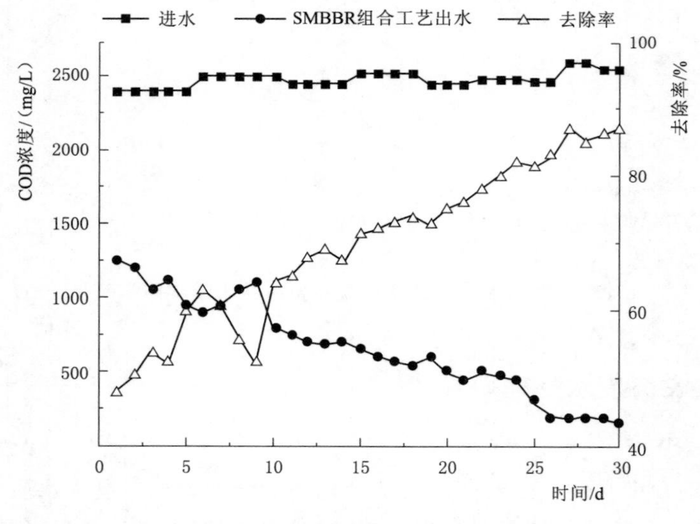

图5-20　挂膜启动阶段COD的去除效果

(2) 组合工艺与A^2/O工艺废水处理效果的对比。在进水水质相同，HRT为8d，一级、二级好氧生物膜反应器的DO浓度为3～4mg/L，AF的DO浓度小于0.5mg/L的条件下，组合工艺与A^2/O工艺的氨氮去除效果如图5-21所示。可以看出，进水ρ（氨氮）为160.21～433.84mg/L，变化幅度较大，组合工艺出水的ρ（氨氮）波动不大，总体呈下降趋势，从第51d以后，出水ρ（氨氮）在4.0mg/L以下，氨氮最高去除率为98.9%，氨氮平均去除率为89.2%；A^2/O工艺出水的ρ（氨氮）变化趋势与进水ρ（氨氮）变化趋势相近，氨氮最高去除率为52.7%，出水ρ（氨氮）平均值为200mg/L。组合工艺对氨氮去除效果好，一是因为新型载体能够附着较厚的生物膜，实现同步硝化和反硝化反应；二是好氧+厌氧+好氧的组合方式具有氨氮、总氮去除率高的优点。

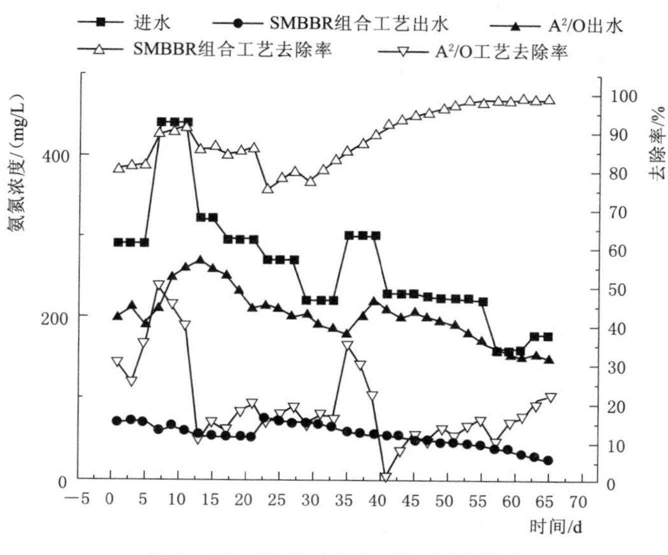

图5-21 两种工艺的氨氮去除效果

两种工艺的COD的去除效果如图5-22所示。可以看出，进水COD浓度为2408～7440mg/L，A^2/O工艺出水COD浓度为415～741mg/L，平均COD浓度为571mg/L，平均COD去除率为87.3%；S组合工艺出水平均COD浓度为342mg/L，平均COD去除率达93.0%。S组合工艺中AF内高填充率的载体能附着更多的水解酸化菌，将一级好氧生物膜反应器未处理的难降解物质分解为小分子物质，提高BOD/COD，为后续二级好氧

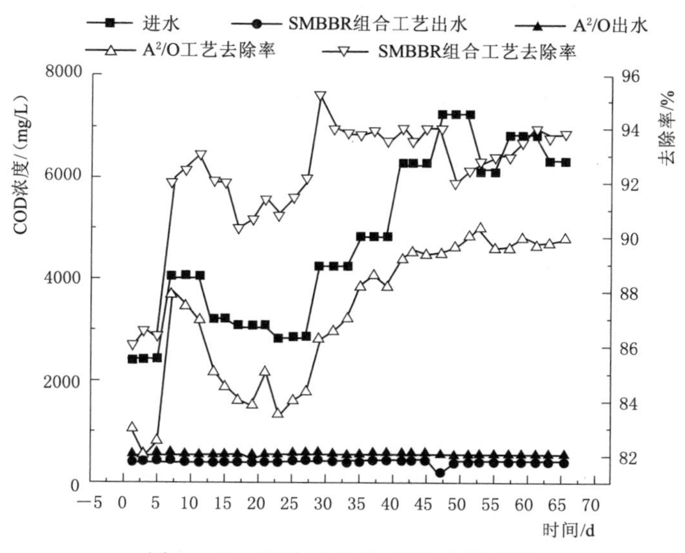

图5-22 两种工艺的COD去除效果

生物膜反应器处理提供条件。

两种工艺的 TN 去除效果如图 5－23 所示。可以看出，进水 TN 浓度为 208.27～537.65mg/L；第 1～40d，进水 TN 浓度高于正常水平，但组合工艺的平均 TN 去除率仍达到 65%；第 41～65d，进水 TN 浓度恢复到正常水平，为 200～300mg/L，组合工艺出水平均 TN 去除率达 83.0%，TN 浓度小于 50mg/L。A^2/O 工艺出水平均 TN 浓度为 215mg/L，平均 TN 去除率为 40%，远低于组合工艺。

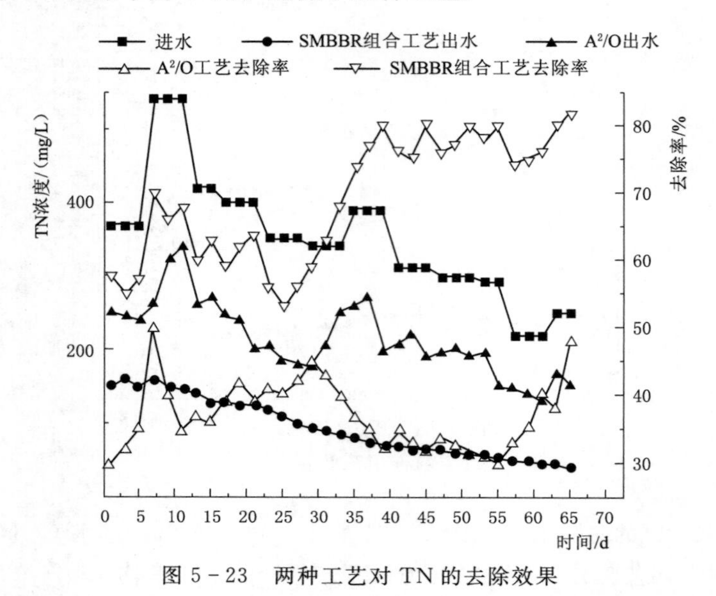

图 5－23　两种工艺对 TN 的去除效果

（3）HRT 对 COD 和氨氮去除率的影响。HRT 决定了生物膜的附着性和营养条件。在进水 COD 浓度为 6700mg/L、ρ（氨氮）为 245mg/L、pH 值为 7～9、DO 浓度为 3～5mg/L 的条件下，HRT 对组合工艺 COD 和氨氮去除率的影响如图 5－24、图 5－25 所示。可以看出，HRT 由 6d 提高到 8d 时，COD、氨氮去除率均明显升高；HRT 由 8d 提高到 10d 时，COD、氨氮去除率趋于平稳；HRT 为 7d 时，出水 ρ（氨氮）为 7.6mg/L，

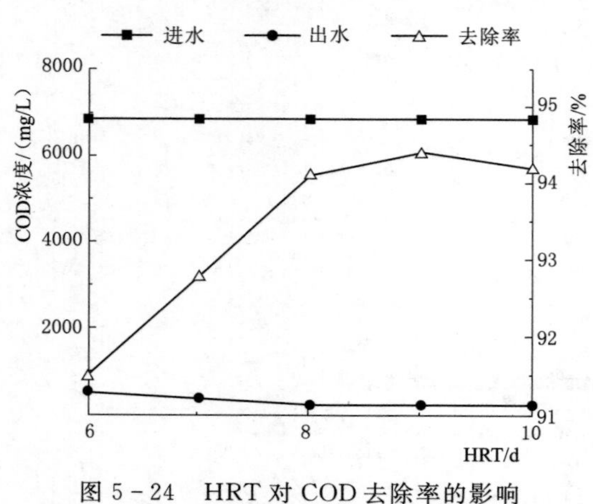

图 5－24　HRT 对 COD 去除率的影响

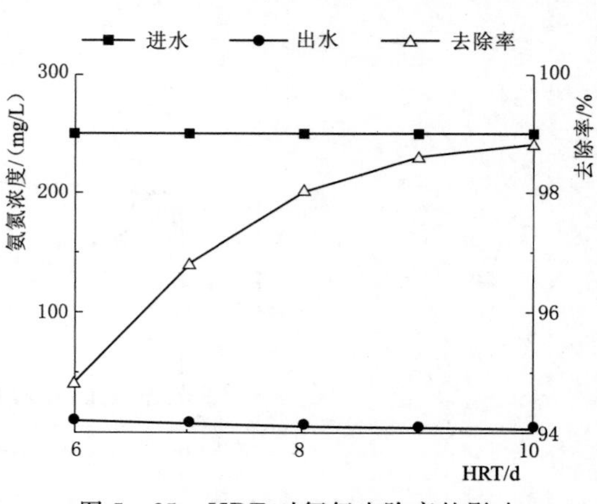

图 5－25　HRT 对氨氮去除率的影响

但 COD 浓度为 485mg/L。进水 COD 波动较大，为了能保证出水稳定达标排放，选择 HRT 为 8d，此时出水 COD 浓度为 390mg/L，ρ（氨氮）为 4.3mg/L。

（4）pH 值对 COD 和氨氮去除率的影响。pH 值是通过影响微生物作用酶的途径影响废水处理效果的，微生物去除污染物质是通过分泌的生物作用酶来实现的，生物作用酶大多属于蛋白质，而过高或过低的 pH 会使蛋白质变性失活。在进水 COD 浓度为 6000mg/L、ρ（氨氮）为 250mg/L、HRT 为 8d 的条件下，pH 值对组合工艺 COD 和氨氮去除率的影响如图 5-26、图 5-27 所示。可以看出，当 pH 值为 5～8 时，COD 去除率逐渐升高；当 pH 值为 8～10 时，COD 去除率逐渐降低；pH 值为 8 时 COD 去除率最高，为 93.3%。当 pH 值为 8 时，氨氮去除率最高，为 99.2%。这是因为硝化菌和反硝化菌生命繁殖最适 pH 值为 7.5～8.5，此区间内微生物生命活性最强。

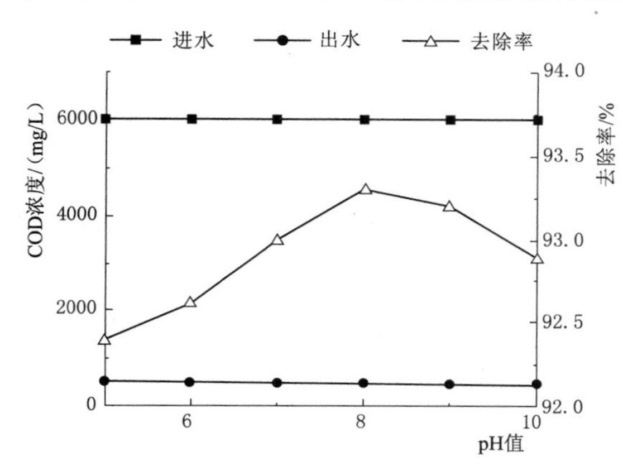

图 5-26　pH 值对 COD 去除率的影响

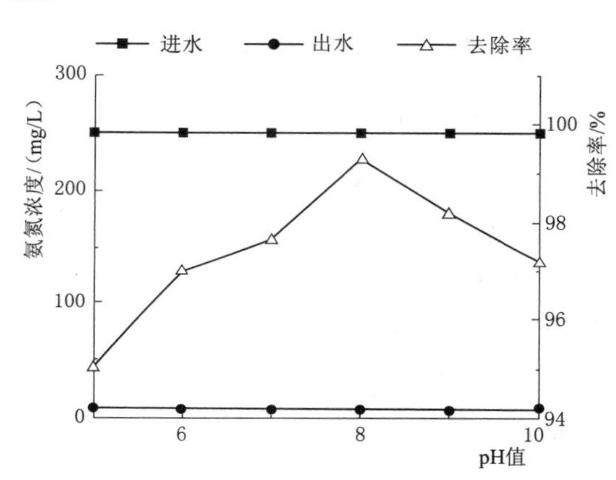

图 5-27　pH 值对氨氮去除率的影响

（5）DO 浓度对 COD 和氨氮去除率的影响。在进水 COD 为 6200mg/L、ρ（氨氮）为 245mg/L、pH 值为 8、HRT 为 8d 的条件下，DO 浓度对组合工艺 COD 和氨氮去除率的影响如图 5-28、图 5-29 所示。可以看出，当 DO 浓度为 2～6mg/L 时，COD 去除率都均较高；当 DO 浓度为 3～5mg/L 时，出水 COD 稳定在 422mg/L 以下，平均 COD 去除率达 93.0%以上。当 DO 浓度为 2～4mg/L 时，氨氮去除率逐渐升高；当 DO 浓度为

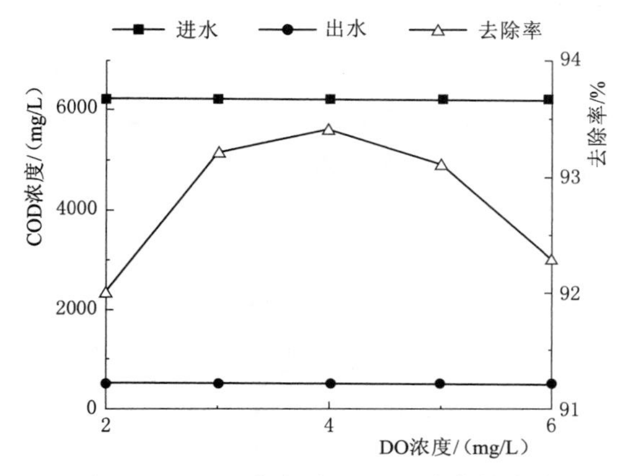

图 5-28　DO 浓度对 COD 去除率的影响

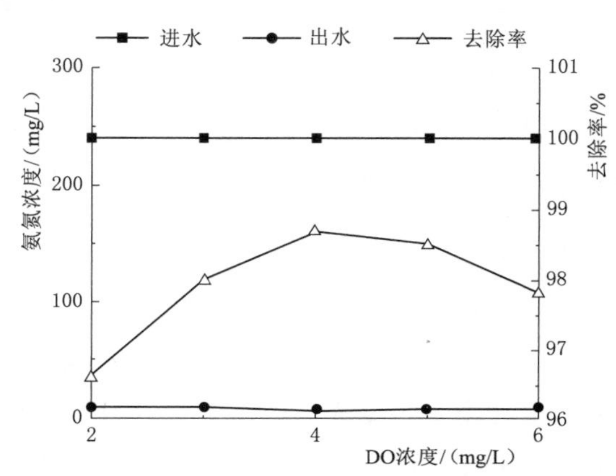

图 5-29　DO 浓度对氨氮去除率的影响

4mg/L 时，氨氮去除率最高，为 98.8%，出水 ρ（氨氮）为 2.9mg/L；当 DO 浓度为 4～6mg/L 时，氨氮去除率逐渐降低。综合考虑，本试验选择 DO 浓度为 4mg/L。

5.2.4　制浆废水处理研究

1. 工艺设计

（1）进水水质。实验用水取自安徽省池州市某造纸厂制浆废水，该厂以废旧瓦楞箱纸板（OCC）为原料生产包装纸。该制浆废水成分复杂，废水水质情况见表 5-3。系统启动运行后，对进水、各级反应器出水进行检测，主要检测的指标 COD、氨氮等均采用相关国家标准方法测定，每天检测两次，记录数据。

表 5-3　　　　废 水 水 质

COD/(mg/L)	氨氮/(mg/L)	pH 值	BOD_5/(mg/L)	SS/(mg/L)	总盐/(mg/L)	温度/℃
11000～15000	2～4	6～9	2750～3660	20600～26600	2500～3500	18～28

（2）实验装置。实验装置采用不锈钢板焊接，主要由 3 部分组成，分别为 AF、好氧生物膜反应器以及沉淀池。AF 为半径 0.5m、高度 2.0m 的密闭圆柱体，有效容积为 1.5m³，用钢丝栅网将柱体内部均匀分成多层。好氧生物膜反应器为高度 1.5m、宽度 0.6m、长度 1.35m 的长方体，有效容积为 1m³；其内部曝气装置采用孔径为 3mm 的穿孔曝气管均匀曝气。实验装置示意如图 5-30 所示。

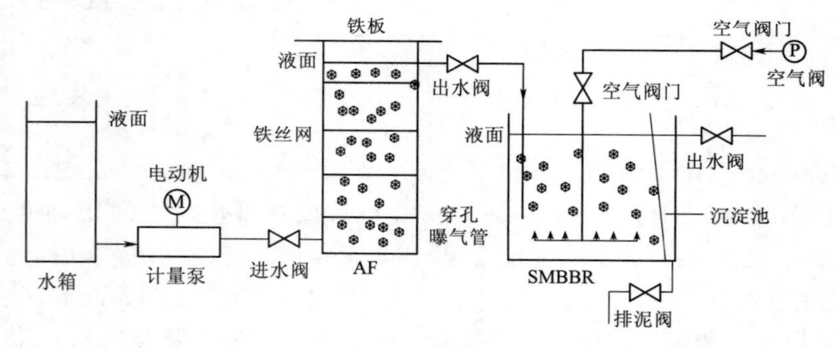

图 5-30　实验装置示意图

2. 处理效果

（1）生物相分析。AF 里由于进水中有机大分子物质数量及种类较多，对多种微生物的生长繁殖起到抑制作用，所以导致其挂膜周期较好氧生物膜反应器的长。前期载体内表面上只附着带有黄色斑点状菌胶团，未形成密集的生物膜。试验进行 38d 时，大量厌氧微生物附着生长在载体上，形成厌氧生物膜，如图 5-31（b）所示。

通过观察好氧生物膜反应器中载体上生物膜的生长情况，发现起初载体表面并没有明显变化。随着试验的运行，发现启动 5d 后载体内壁出现淡黄褐色斑点，运行 13d 后载体内壁出现较薄的浅黄色生物膜，通过镜检发现载体表面含有大量累枝虫、钟虫等。运行 20d 后载体内壁出现浓密黄色绒状的生物膜，并大量繁殖，通过镜检发现具有大量线虫、轮虫等较高级的后生动物，以及菌胶团和丝状菌等，挂膜成功。好氧生物膜反应器挂膜后的载体如图 5-31（c）所示。

（a）原始填料

（b）AF挂膜成功填料

（c）SMBBR挂膜成功填料

图 5-31 挂膜前后载体

（2）挂膜阶段。挂膜期对废水 COD 的去除效果如图 5-32 所示。可以看出，整个挂膜过程中，进水 COD 浓度逐渐增大，但 COD 去除率一直上升。前 4d，反应器对 COD 的总去除率较低，在 30%以下。这是由于在挂膜初期，废水中的微生物对废水水质适应程度不够，此时的微生物大多都以悬浮的形式存在于废水中，载体表面的生物膜还未形成，对水中有机物的降解和吸收的能力较弱。进水 5～20d，COD 的总去除率大幅增长，达到 80%左右。表明微生物已经开始逐渐适应废水水质。载体表面生物数量逐渐增加，生物种类不断丰富。微生物从适应期逐渐到达对数增长期及线性增长期。21d 以后，COD 总去除率增长到 90%。此时大量微生物已经附着在载体表面，并可以进行新陈代谢，大量繁殖，形成生物膜。生物膜降解和吸收废水中的有机物，从而达到净化水质的目的。随着进水 COD 浓度的不断增大，去除率却一直上升，体现了该组合工艺具有强大的抗冲击性。

（3）稳定运行。满足《污水综合排放标准》（GB 8978—1996）的三级排放标准要求的出水可排入城镇污水处理厂，然后进行深度处理。为了满足处理后出水 COD 浓度达到该标准，并给该造纸厂对废水处理工艺的升级改造提供关键数据，根据该造纸厂现有的生化池池容以及日需排放废水量，控制装置总 HRT 为 8d，控制好氧生物膜反应器中污泥浓度为 300mg/L 以下，挂膜成功后稳定运行阶段对 COD 的去除效果如图 5－33 所示。

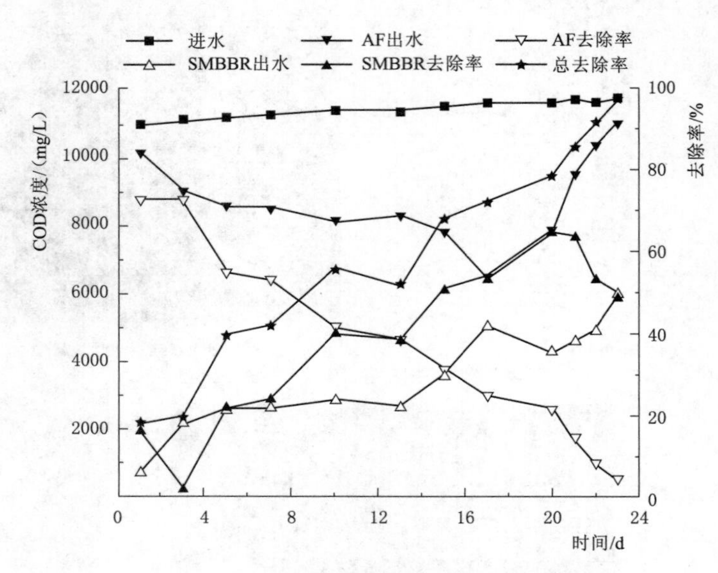

图 5－32 挂膜期对废水 COD 的去除效果

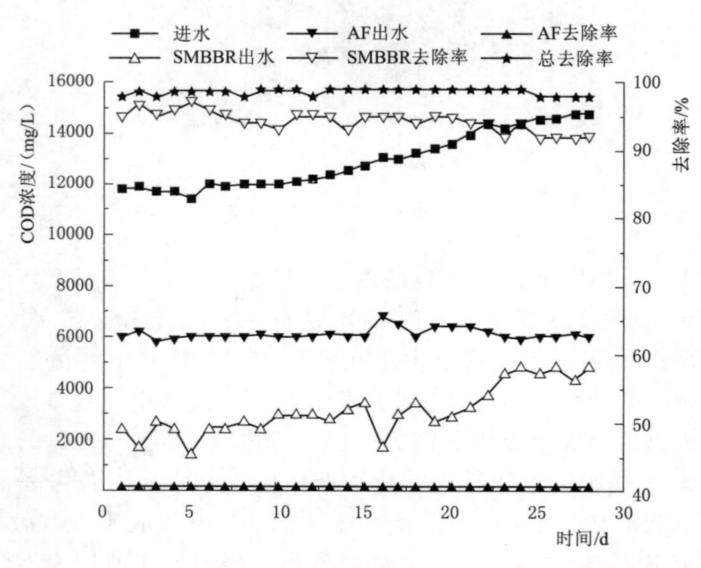

图 5－33 稳定运行期间对废水 COD 的去除效果

由于在实际生产运行中存在不稳定因素，导致进水 COD 浓度不断变化（11000～15000mg/L），但系统处理后都能达到很好的处理效果。出水 COD 浓度均为 500mg/L 以下，达到《污水综合排放标准》（GB 8978—1996）三级排放标准的要求。对废水中 COD 去除率高达 97%左右。废水首先进入 AF，AF 可吸收废水中少量的小分子有机物，并通过水解酸化作用将废水中难降解物质变成易降解物质。然后进入好氧生物膜反应器，对AF出水进行进一步处理。COD去除率达到94%左右。此阶段由于载体密度与水接近，亲水性强，载体流动时能量消耗低，载体上的生物膜可与废水频繁接触，废水中供给微生物的营养充足，大量的微生物附着在载体表面，形成生物膜。生物量高达活性污泥的5～20倍。大量的微生物可降解、吸收废水中的有机物，从而达到净化水质的目的，出水水质见表5-4。

表5-4 出水水质 单位：mg/L

COD	氨氮	BOD_5	SS
200～400	0～2	30～60	250～330

(4) 总HRT对COD去除率的影响。适当的HRT是确保废水处理效果、投资及运行经济性的重要控制因素。稳定运行后，控制进水COD浓度为12500mg/L，pH值为7.5，AF DO浓度低于0.5mg/L，好氧生物膜反应器DO浓度为3mg/L左右，改变总HRT，探究总HRT对COD去除率的影响，结果如图5-34所示。反应器总HRT为3～10d时，AF、好氧生物膜反应器对COD的去除率均随HRT增长而增大，COD总去除率从93.6%提高到97.6%。分析认为，由于HRT长短可直接影响水中有机物与生物膜的接触时间，进而影响微生物对有机物的吸附和降解的效果。试验连续进水，HRT越小，单位时间内的进水量就会增大，水流紊动程度增大，加大了水流对生物膜的冲击，导致老化的生物膜或半老化的生物膜脱落。部分新生生物膜承受不住水的剪切力也随之脱落，以悬浮物的形态存在于水中，并随之流失。且此时营养物质充足，微生物大多处于对数增长期，繁殖能力与运动能力强，不易形成荚膜与黏液层，从而不易形成微生物菌胶团附着在载体内表面。通过排放量、经济以及合理性考虑，当HRT为8d时，处理效果最优。当HRT

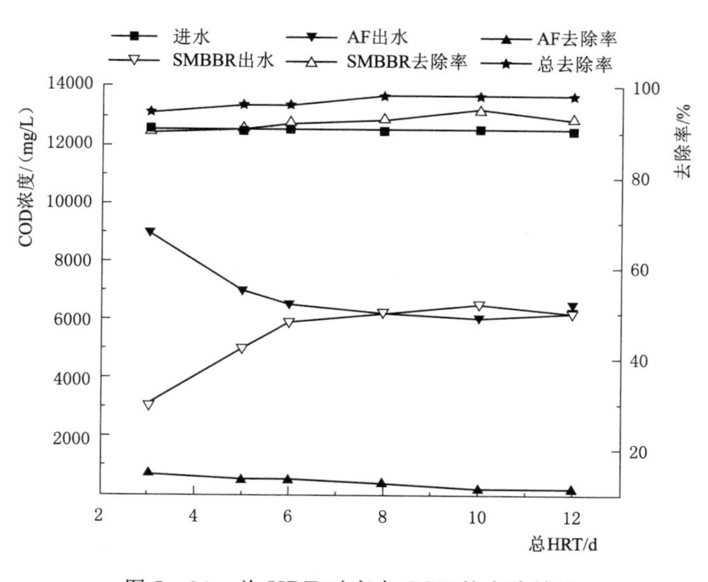

图5-34 总HRT对废水COD的去除效果

大于10d时，AF、好氧生物膜反应器对COD去除率降低。分析原因，HRT过长，废水中大量有机物被反应器中悬浮污泥消耗，对悬浮污泥增长起到了促进作用，进入反应器中的废水水力负荷降低，导致反应器内微生物由于营养不充足而降低活性，甚至变黑脱落。因此HRT越长，并不代表去除率就越高。

(5) DO浓度对COD去除率的影响。DO是反应器运行中重要的控制参数之一。不同的DO浓度会对废水处理效果产生重要的影响。控制进入好氧生物膜反应器中废水COD浓度为6000mg/L，pH值为6.5，HRT为3d，调节曝气大小，探究DO浓度对COD去除率的影响，结果如图5-35所示。可以看出，当DO浓度为3～4mg/L时，COD的去除率达到95%左右，去除效果明显。当DO浓度小于3mg/L时，COD去除率与DO浓度大小呈正比；当DO浓度大于4mg/L时，COD去除率与DO浓度大小呈反比。因此，在好氧生物膜反应器中适宜的DO浓度为3～4mg/L。分析原因，好氧生物膜反应器为好氧反应单元，DO会限制附着在载体上的生物膜中微生物的代谢活动。载体上的生物膜包括内部厌氧层与外部好氧层。当DO浓度不足时，外部好氧层中的好氧菌的代谢活性会受到抑制，生物膜中厌氧层就会越来越厚，随之会催化厌氧层内部的反应，反应后的代谢产物增多，并向外溢出。这就使外部好氧层的生态系统遭到破坏，大大削减了生物膜附着在载体上的能力，导致生物膜脱落。当DO浓度过高时，会加快有机污染物的分解，从而使微生物缺乏营养，加快生物膜的老化，使其脱落。此外，从经济上分析，曝气量过大，能耗增加，也增加了运行费用。

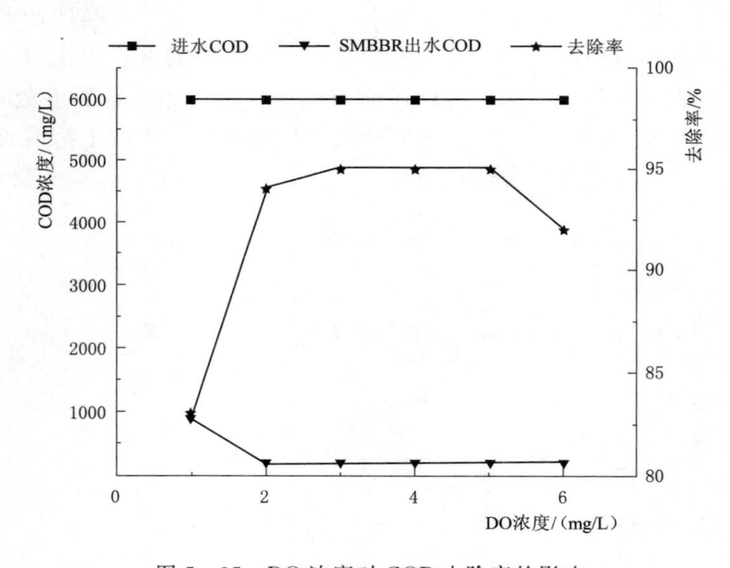

图5-35 DO浓度对COD去除率的影响

(6) 组合工艺对SS去除效果分析。组合工艺对废水中SS的去除效果如图5-36所示。可以看出，SS平均去除率高达98%，出水SS浓度小于350mg/L。分析原因：SS浓度一部分是由反应器中的载体将废水中粒径较大的悬浮状物质截留，另一部分则是生长在载体表面上的微生物的代谢活动去除的。生长在载体上的大量微生物的新陈代谢会产生如糖类、脂类等黏性物质，这些物质能通过吸附架桥作用与水中的悬浮颗粒及胶体粒子黏结

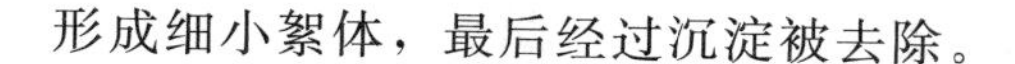

形成细小絮体，最后经过沉淀被去除。

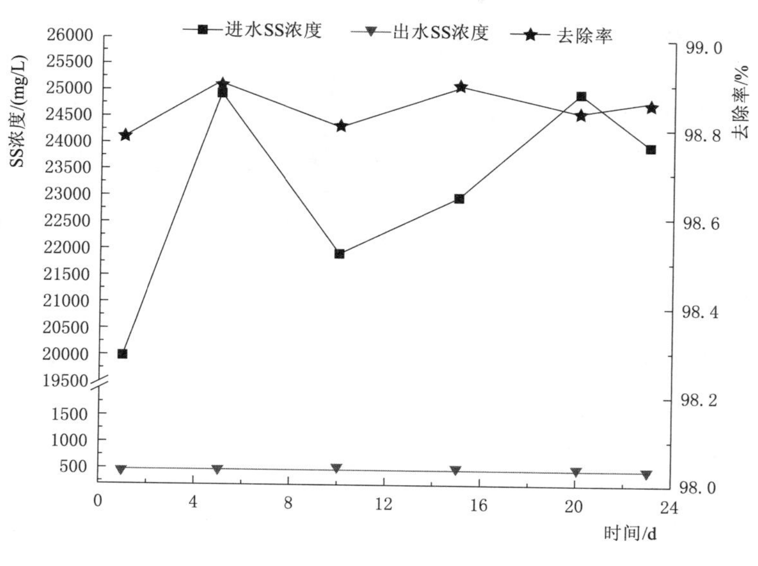

图 5-36　SS去除效果

5.3　吸附—交替式移动床生物膜反应器工艺

5.3.1　研究背景

随着我国工业化进程的加速进行，高纯溶剂在工业和实验分析中被广泛应用，我国生产高纯溶剂的企业很多，每年在生产过程中会产生大量的高浓度含酚废水，如不进行妥当处理，则会严重危害人类的生存环境，因此能够有效去除废水中高浓度、难降解污染物也成为一个不容忽视的难点。高纯溶剂生产废水挥发酚浓度高，碳、氮、磷比失衡，且可生化性极差。目前国内对环保要求不断严格，环保部门对企业排污提出了更高的标准，很多企业目前可以做到《污水综合排放标准》(GB 8978—1996) 的要求，但面对新实施的《石油化学工业污染物排放标准》(GB 31571—2015) 却无能为力，越来越多的高纯溶剂生产企业面临着污水处理工艺提标改造的难题。

此实验将交替式移动床生物膜反应器组合工艺用于处理DOP生产废水，取得了良好的效果。基于此，考虑到所处理水质指标中挥发酚浓度大于1000mg/L，设计提出了优化后的树脂吸附-S/交替式移动床生物膜反应器组合工艺对高纯溶剂生产废水进行中试规模的处理研究。树脂吸附法具有处理废水浓度高、无二次污染、可再生等优点，但吸附饱和后需要进行脱附处理，频繁脱附操作繁琐、成本高昂。当进水酚质量浓度为50～500mg/L时，生化法具有独特的处理优势。试验于2015年8月启动，通过前端的吸附处理将废水挥发酚指标降低至可进入生化处理的能力范围，之后着重考察交替式移动床生物膜反应器对废水中酚类污染物的降解能力。

5.3.2　含酚高纯溶剂生产废水处理研究

1. 工艺设计

（1）进水水质。在安徽省某特种溶剂公司污水站开展实验，要求处理后出水水质满足《石油化学工业污染物排放标准》（GB 31571—2015），该厂出水酚浓度严重超标。试验进水为萃取后以含酚废水为主的混合水，可生化性差，酚类污染物主要包括苯酚、少量甲酚、二甲酚（以挥发酚表示）等。水质指标：COD≥10000mg/L，挥发酚≥1000mg/L，TN≤5mg/L，TP≤1mg/L，pH 值为 6.0～7.5。

（2）实验装置。实验装置包括树脂吸附和生化处理两个单元。树脂吸附塔身采用玻璃钢复合材质，内衬采用 FRP 高性能材料，塔高 2m，直径 0.6m，树脂层高 0.7m，体积 360L；调节水罐总容积 $20m^3$，底部设有气体搅拌；生化单元包括两级好氧生物膜反应器、厌氧生物膜反应器、3 个东流砂式沉淀池，两级好氧生物膜反应器有效容积分别为 289L、853L，厌氧生物膜反应器有效容积 886L，3 个沉淀池容积均为 120L，总容积为 2056L。池体由钢板焊接而成，厌氧生物膜反应器安装搅拌机进行搅拌，以保证载体处于流化状态，搅拌机转速为 150r/min、叶轮半径为 15cm；好氧生物膜反应器内曝气装置采用孔径为 3mm 的穿孔曝气管均匀曝气。反应器如图 5-37、图 5-38 所示。

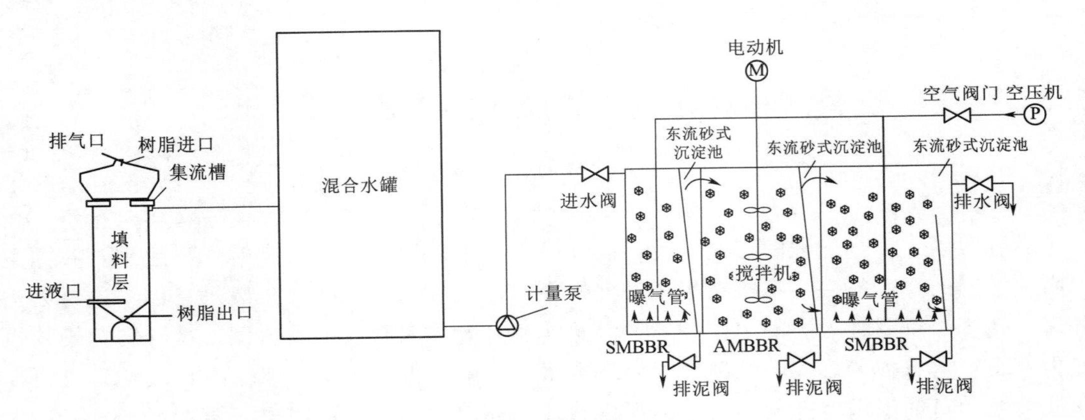

图 5-37　反应器装置图

图 5-38　中试现场实物图

2. 处理效果

(1) 树脂静态吸附实验。将 H－103 型树脂放入容器内，倒入乙醇溶液并超过树脂层 10cm，浸泡 3～4h 后反复洗涤至无乙醇气味，烘干称重后用去离子水浸泡备用。称取 1.000g 烘干后的 H－103 树脂放入碘量瓶中，倒入 100mL 浓度为 1000mg/L 的挥发酚废水中，pH 值为 6，在 26℃下恒温振荡。试验结果表明，H－103 型树脂在对含酚高纯溶剂生产废水进行吸附时，45min 之前吸附量增长幅度很快，之后增长速度放缓，1h 后几乎达到吸附平衡，平衡吸附量约为 72.3mg/g，表明 H－103 型树脂对该类含酚废水具有良好的吸附能力。

(2) 树脂动态吸附实验。在进水 pH 值为 6、温度为 24～28℃条件下对吸附塔进行动态吸附试验。当进水体积为 $7.2m^3$ (20BV) 时，考察不同上柱液流速下的动态吸附效果，结果如图 5－39 所示。可以看出，流速越低树脂吸附效果越好。分析原因：吸附流速低时废水在吸附塔的停留时间变长，吸附质分子的粒扩散和膜扩散时间延长，吸附效果较好；流速变大时，流速变大时，废水在吸附塔内的停留时间变短，缩短了树脂与溶质分子接触时间，吸附效果变差。当上柱液流速为 4BV/h 时，进水 12BV 即穿透，吸附效果最差，虽然 0.5BV/h 流速比 1BV/h 吸附效果好，但处理量增加不明显，综合考虑吸附量与吸附效果，当处理量为 20BV 时，确定 1BV/h 为处理该类含酚废水的最佳吸附流速。

(3) 树脂吸附处理效果分析-碱液脱附。因为本试验进水显弱酸性，通常采用碱性或者有机溶剂进行洗脱。试验采用 5%的氢氧化钠溶液对达到穿透点的树脂进行脱附，操作温度为 24～28℃，不同流速下脱附率如图 5－40 所示。可以看出，流速越低越有利于脱附，因为接触时间增加有利于脱附剂向颗粒微孔扩散，但过慢的速度会延长脱附周期，在 0.5BV/h 和 1BV/h 的液流速度下进入 3BV 体积的脱附液后，脱附效果能稳定在 95%以上，因此选择 1BV/h 的液流速进行脱附操作。

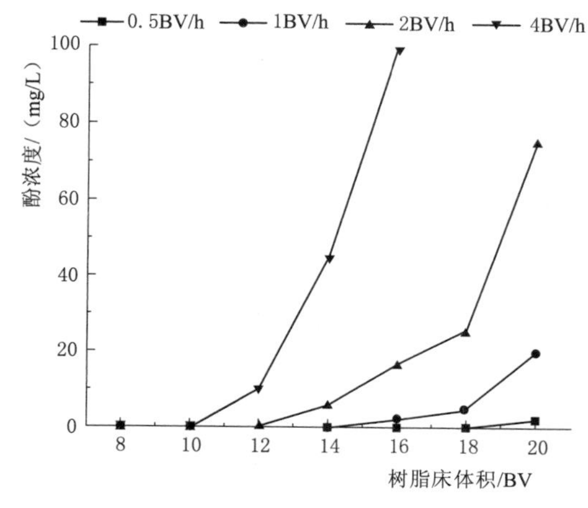

图 5－39 不同上柱液流速吸附穿透曲线

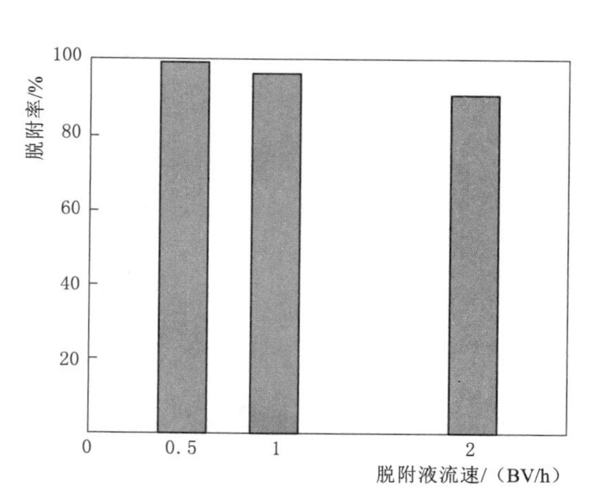

图 5－40 脱附流速对脱附效果影响

(4) 反应器挂膜阶段。为缩短系统培养周期，将好氧生物膜和厌氧污泥同时培养驯化。挂膜方式采用排泥挂膜法，将含水量 98%的活性污泥按 5000mg/L（混入该厂污水）加入反应器中，载体填充率为 45%，闷曝 24h 使污泥与载体充分接触，微生物接种在载体表面，闷曝结束后排掉1/3的混合液，开始连续进水。按照ρ(COD)∶ρ(N)∶ρ(P)=100∶5∶1补充氮磷营养物。经过3d的接种培养后，好氧生物膜反应器中载体开始出现零星细小黄色斑点。第10d载体上出现一层薄薄的黄褐色生物膜，生物膜厚约为6～8μm，膜内微生物数量较少，多以悬浮态污泥存在于反应器中。运行半个月，膜内微生物代谢旺盛，膜厚度达到0.3mm左右，通过镜检发现大量真菌、细菌，少量钟虫、轮虫等，而且去除酚的能力显著提高，平均去除率达到90%以上，认为挂膜成功。

厌氧生物膜反应器采用搅拌排泥法进行载体的挂膜，由于吸附出水有机物浓度较低，且前期酚类化合物对多种微生物的生长繁殖有抑制作用，所以厌氧生物膜反应器挂膜周期较长。载体内表面只附着有点状菌胶团，前期未形成致密的生物膜。但经过一段时间的驯化加之搅拌器和载体起到的均匀，活化污泥作用，使反应器内污泥活性极强，对污染物质去除效果明显。

（5）反应器运行阶段。挥发酚的去除效果如图5-41所示。在进水水质变化波动较大的情况下，系统保持了良好的去除效果，一级好氧生物膜反应器由于承受有机负荷较高，在生物膜逐渐成熟后表现出良好的处理能力，对酚的去除发挥了主要作用，酚平均去除率达到67.4%；厌氧生物膜反应器适应废水环境后，生化反应逐渐明显，提高可生化性的同时也实现了对部分酚的降解，为末端深度处理的二级好氧生物膜反应器提供帮助；二级好氧生物膜反应器对厌氧生物膜反应器出水进一步处理，由于负荷过低，导致载体生物膜较薄，生物量较少，但载体亲水性强，在反应器内均匀分布，在底部曝气提供的提升力作用下生物膜能够与废水频繁接触，增强去除效能，最终确保出水酚浓度始终稳定在0.5mg/L以下。总体来看，两级好氧生物膜反应器和厌氧生物膜反应器都发挥了重要作用，前者将酚降到较低水平，后者继续强化处理，确保出水酚达到规定指标。

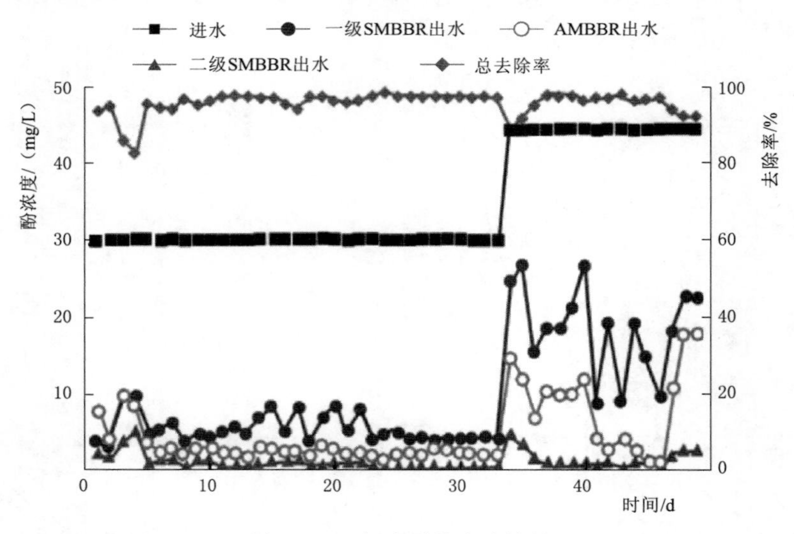

图5-41　挥发酚的去除效果

（6）HRT对挥发酚去除效果的影响。HRT对反应器的运行效率有着重要的影响，将进水酚浓度控制在45mg/L时，分别按照HRT为1d、3d、5d、7d、9d、11d对反应器进行进水，结果如图5-42所示。可以看出，HRT≥7d时，酚的去除率在99%以上，且调整至9d和11d情况下，酚几乎被完全去除；逐步缩短HRT，酚去除效率大幅度下降，分析认为：过大的水力负荷会对反应器造成冲击，导致半老化、老化生物膜脱落，同时挥发酚的增多抑制了生物膜活性，从而出现酚去除率下降和降解不彻底现象。将HRT缩短至3d以下时，一级好氧生物膜反应器出水呈淡黄色，且色度随HRT减小而加深，普遍认为，在苯酚（大部分）的降解过程中经羟化酶作用转化为邻苯二酚，邻苯二酚开环后经一系列酶的作用转化为二氧化碳和水，其中某些中间产物在水中呈现黄色，由于生化接触时间缩短，一级好氧生物膜反应器微生物不能对中间产物进行良好的降解，使水体产生色度。当HRT≥9d时，二级好氧生物膜反应器的酚去除率有所降低，分析原因：HRT过长，导致厌氧生物膜反应器在降解挥发酚的同时也消耗了大量的有机物，二级好氧生物膜反应器在深度处理过程严重缺乏营养，微生物活性降低，酚去除效果有所下降。

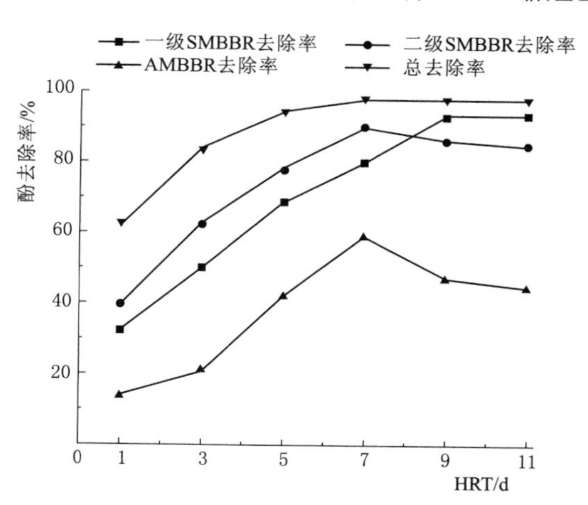

图5-42　不同HRT对酚去除率的影响

（7）进水酚浓度对挥发酚去除效果的影响。稳定运行后，调整调节水罐含酚浓度分别为15mg/L、30mg/L、45mg/L、60mg/L、90mg/L对生化系统进行进水，各浓度进水稳定后维持一个周期（7d），以保证生化系统有足够时间适应负荷增加，并计算酚平均去除率，如图5-43所示。结果表明，当进水酚浓度小于30mg/L时，交替式移动床生物膜反应器工艺几乎可以实现完全降解，增长至45mg/L时酚去除率也在99%以上，出水均可达到规定排放指标。但酚去除率随进水酚浓度升高不断降低，下降幅度越来越明显，分析原因，由于酚类化合物对微生物具有毒害作用，含酚浓度过高会抑制生物膜微生物活性，严

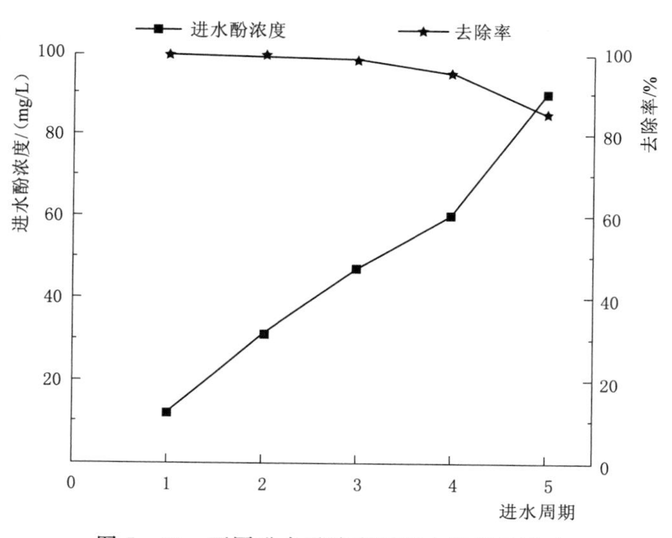

图5-43　不同进水酚浓度对酚去除率的影响

重会造成微生物死亡；且由于挥发酚并非唯一碳源，生化系统微生物种群里只有部分特定微生物能通过一系列生化反应实现对酚的降解，进水酚浓度偏高，酚降解的中间产物随之增多，有些中间产物的毒性会比原有机污染物更大，同样抑制了整个系统微生物的代谢能力。将进水酚浓度提高至90mg/L时，出水虽超出排放规定，酚去除率仍然保持在85%以上，表明该工艺对含酚废水具有较强处理能力。

(8) 冲击负荷对挥发酚去除效果的影响。实际工程中，进水酚浓度和进水量的变化都会导致正常运行的生化系统受到冲击，因而研究生化系统对冲击负荷的应对能力是必要的。试验分别考察了水力冲击负荷和有机冲击负荷对生化系统运行的影响，设定进水酚浓度45mg/L，HRT为7d。有机冲击负荷如图5-44所示，可以看出，进水酚突变至90mg/L时，出水酚浓度急剧升高，持续进水后，出水酚浓度逐渐增加；之后将进水酚浓度恢复至45mg/L，出水酚浓度逐渐降低，最终恢复正常水平。水力冲击负荷如图5-45所示，可以看出，出水酚浓度随进水流速加倍快速上升，当HRT恢复至7d时，出水酚浓度很快降低，并在一个周期内回归正常。两种冲击试验表明，生化系统都能在冲击后一个周期内恢复至正常水平，因此交替式移动床生物膜反应器具有较强的抗冲击负荷的能力，在实际工程中应对各类复杂进水形式都有着良好的应对能力。

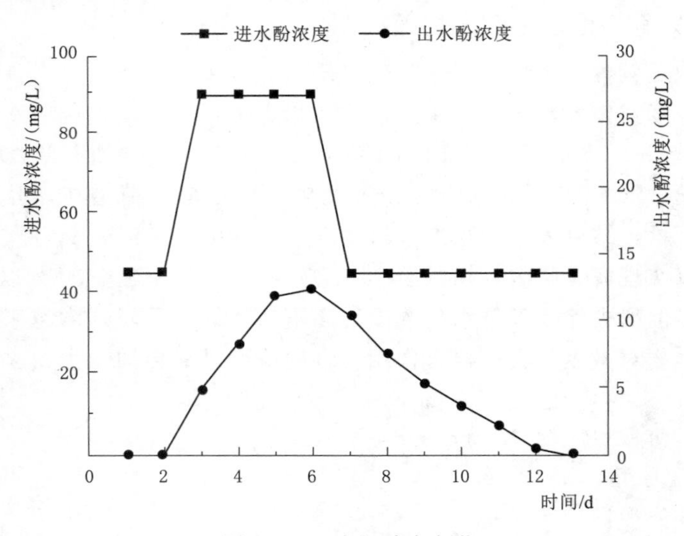

图5-44　有机冲击负荷

(9) 微生物降解分析。研究表明，好氧生物反应器内微生物对酚的降解方式一般为羟基化、羧基化途径，通过一系列反应和酶的作用使酚类化合物得到降解，一部分被微生物利用合成自身细胞物质，另一部分分解成二氧化碳和水。酚类化合物的厌氧降解一般为在厌氧或兼性厌氧微生物体内的酶促反应下，经过一系列得失后，最终转化为甲酸类化合物。交替式移动床生物膜反应器中微生物以悬浮污泥和附着于载体上的生物膜两种形态存在，通过检测得知，在生物膜和悬浮污泥中都有真菌、细菌的存在，对酚类化合物具有较强开环能力的酵母菌在真菌里占较大比重，当含酚废水进入反应器后，推测其生物降解过程：酵母菌经酶促反应实现对酚类化合物的开环，开环后中间产物被各类真细菌进一步降解，最后小部分细菌完成彻底矿化和降解。因此，废水中的酚完全转化和降解是反应器内微生物共同作用的结果。

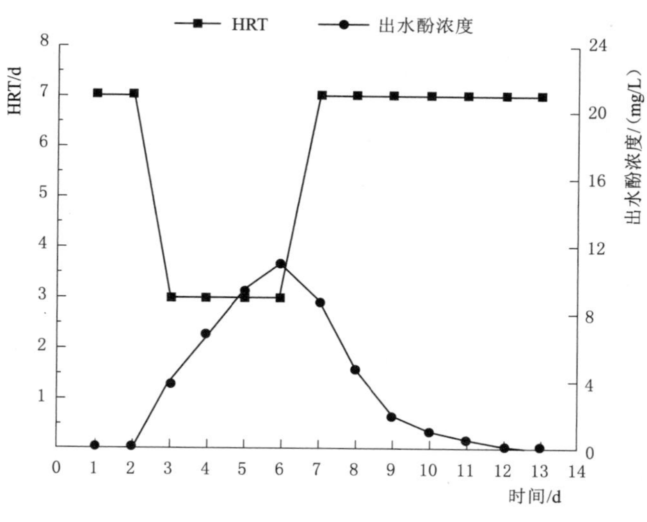

图 5-45　水力冲击负荷

参　考　文　献

[1] 敬双怡，谢者行，朱浩君，等. Fenton+SMBBR组合工艺对有机废水的中试研究［J］. 应用化工，2019，48（4）：860-862，869.

[2] 杨海燕，卢雪枫，朱浩君. SMBBR-AF-SMBBR组合工艺处理高氨氮农药废水［J］. 化工环保，2018，38（3）：323-327.

[3] 于治豪. AF-S/A/SMBBR组合工艺处理丁腈橡胶废水的中试研究［D］. 包头：内蒙古科技大学，2017.

[4] 杨海燕，卢雪枫，朱浩君. SMBBR-AF-SMBBR组合工艺处理高氨氮农药废水［J］. 化工环保，2018，38（3）：5.

[5] 敬双怡，于治豪，朱浩君，等. AF-SMBBR组合工艺处理制浆废水中试试验研究［J］. 中国造纸，2017，036（7）：25-30.

[6] 敬双怡，李海洋，韩剑宏，等. 吸附-S/A/SMBBR工艺处理含酚高纯溶剂生产废水［J］. 中国给水排水，2018，34（7）：113-117，123.

第6章　重金属及金属氧化物胁迫下交替式移动床生物膜反应器性能及菌群演替研究

6.1　重金属离子胁迫下交替式移动床生物膜反应器性能及菌群演替研究

6.1.1　研究背景

交替式移动床生物膜反应器在市政污水、电镀、焦化及制药等工业废水处理工程实践中均取得了良好的处理效果。工业废水中常见的重金属在污水生物处理单元中可不断累积从而对微生物形成胁迫，但不同种类不同浓度重金属胁迫对交替式移动床生物膜反应器工艺处理性能及微生物群落影响研究尚浅。为模拟重金属浓度变化对交替式移动床生物膜反应器运行的影响，并考虑到不同工艺中表现“低促高抑”现象的重金属胁迫浓度不同，不同类型重金属对微生物的毒性不同，选取在工业中应用广泛、不同毒性的重金属镍和铜作为研究目标，开展不同浓度镍、铜对交替式移动床生物膜反应器性能及微生物菌群影响研究。由低到高分别设置5个不同 Ni^{2+}、Cu^{2+} 浓度胁迫实验，开展 Ni^{2+}、Cu^{2+} 胁迫下交替式移动床生物膜反应器（一级厌氧+一级好氧）的生物膜特性、污染物去除性能及微生物群落结构响应，为该系统进水中的重金属浓度控制及高浓度重金属污水处理系统有效应急管理提供理论支撑。

6.1.2　重金属对交替式移动床生物膜反应器性能的影响研究

1. 工艺设计

（1）进水水质。实验进水采用人工模拟配制废水，碳源为 $C_6H_{12}O_6$，氮源和磷源分别为 NH_4Cl 和 KH_2PO_4，利用 $NaHCO_3$ 将模拟生活污水的pH值调至7.5左右，使COD浓度保持在400mg/L左右，氨氮浓度保持在50mg/L左右，原水水质指标见表6-1。本实验的接种污泥取自鹿城水务公司污水厂回流井。

表6-1　原水水质指标

项目	COD/(mg/L)	氨氮/(mg/L)	TP/(mg/L)	pH值	温度/℃
范围	300～600	28～50	5～10	7.5	20

（2）实验装置与运行。实验室MBBR反应器由8mm有机玻璃制成，在MBBR基础上采用缺氧与好氧交替式运行，用于开展 Ni^{2+}、Cu^{2+} 胁迫实验。各反应池通过重力流连

通，高差30cm，缺氧池尺寸分别为长×宽×高＝0.4m×0.4m×0.35m，有效容积为50L，搅拌机转速为30r/min；曝气池尺寸为长×宽×高＝0.4m×0.4m×0.5m，有效容积为80L，装置底部设有4个外径为215mm的曝气盘进行曝气。在实验过程中，控制好氧池中DO浓度在4～6mg/L范围内，温度为20～35℃，pH值为7.5～8.5，硝化液回流比为1∶2，沉淀池污泥回流至厌氧池。反应器内投加特异性磁性填料，填充率为40%。挂膜阶段采取闷曝排泥方法，填料填充后浸泡24h，加入污泥并闷曝48h，排掉1/3的上清液，进水闷曝12h后开始连续进水。控制进水流量为30mL/min，挂膜启动过程中每2d排掉1/3底泥，并加入回流井污泥，以确保MBBR中的MLSS在500～1000mg/L之间。待生物膜均匀分布于填料表面，内部厚度达到2mm左右，外部厚度在1mm左右且结构致密，镜检观察到大量的固着型纤毛虫、菌胶团、钟虫等，有少量轮虫，还有菌丝很长的丝状菌时，表示挂膜成功。开始驯化阶段，分别加入1mg/L硫酸铜和硫酸镍，当出水中污染物去除率保持在90%左右时，启动重金属胁迫实验。两套反应器进水中Ni^{2+}和Cu^{2+}浓度分别为1mg/L、5mg/L、10mg/L、20mg/L以及50mg/L，各浓度实验持续7d，胁迫结束后采用不含重金属的模拟污水培养2d，使微生物恢复活性后，进入下一阶段胁迫实验，在此过程中每天取样检测进出水中的COD、氨氮和重金属离子（Ni^{2+}、Cu^{2+}）浓度，实验装置如图6-1所示。

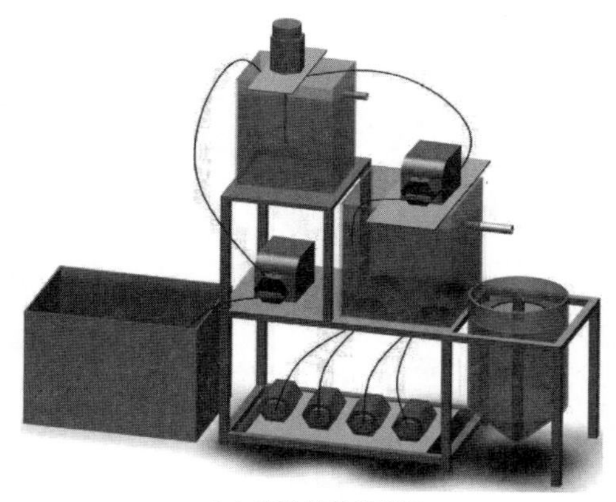

(a) 实验装置模拟图

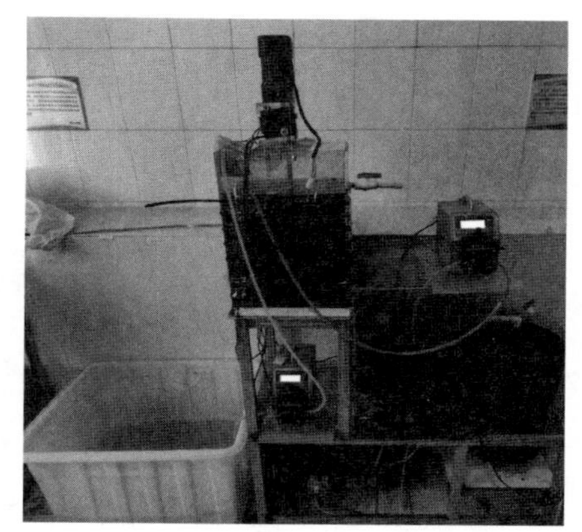

(b) 实验装置运行图

图6-1 实验装置图

2. Ni^{2+}对处理效果的影响

不同浓度Ni^{2+}周期性胁迫下，各实验阶段交替式移动床生物膜反应器中进出水COD浓度及去除率随时间变化如图6-2所示，各Ni^{2+}胁迫阶段平均去除率和相较于驯化阶段的去除抑制率如图6-3所示。各阶段胁迫实验反应器进水COD平均浓度分别为508.81mg/L、492.14mg/L、457.71mg/L、519.14mg/L、560.11mg/L、547.54mg/L、443.90mg/L；各阶段平均出水COD浓度分别为50.37mg/L、34.83mg/L、43.40mg/L、36.10mg/L、40.51mg/L、66.34mg/L、143.34mg/L。

挂膜成功后稳定运行阶段，COD去除率逐渐稳定在89.98%左右，通过浓度为1mg/L

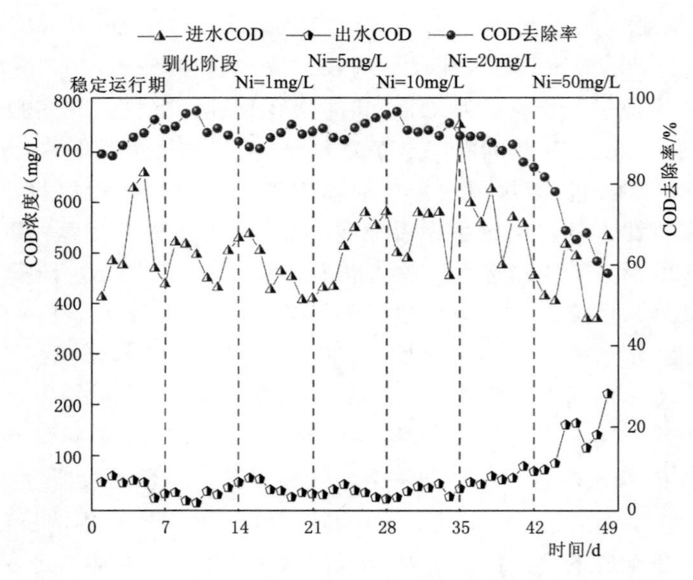

图 6-2　Ni^{2+} 胁迫对 COD 去除效果的影响

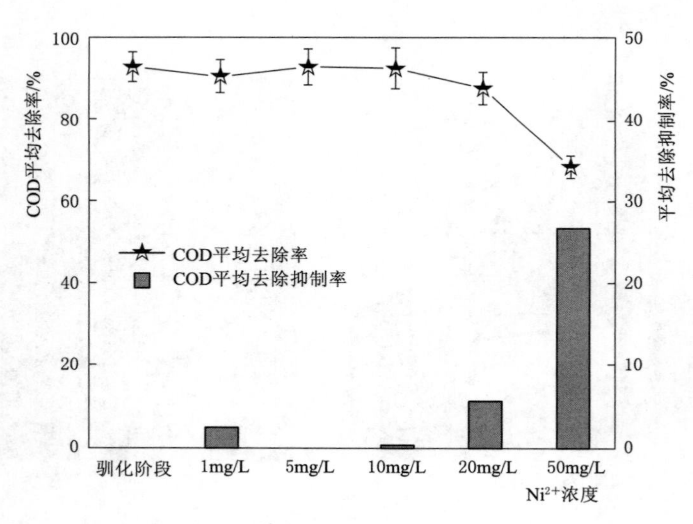

图 6-3　Ni^{2+} 胁迫对 COD 去除的抑制效果

的 $NiSO_4$ 对反应器中微生物进行驯化，COD 去除率略有降低后随即稍有上升并保持稳定，可以发现在低浓度 Ni^{2+} 胁迫下，微生物能利用自身的新陈代谢活动把有毒重金属转变成无毒的重金属，从而提高交替式移动床生物膜反应器中微生物对重金属离子的耐受性。随着 Ni^{2+} 浓度增至 5mg/L，COD 平均去除率由第一阶段的 90.59%增至 92.89%，去除抑制率无明显变化，表明微生物经驯化后有了一定的抵抗能力，且重金属被胞外聚合物迅速吸附。本研究结果与前期研究结论一致，即低浓度重金属离子可以刺激微生物数量增加，从而增强工艺出水效果。当 Ni^{2+} 胁迫浓度从 10mg/L 增加至 50mg/L 时，COD 去除率从 92.89%降至 68.08%，在 20mg/L 和 50mg/L 去除抑制率分别为 5.62%和 26.73%。随着

Ni^{2+}浓度增加，Ni^{2+}通过吸附或摄取等方式进入细胞内部，通过与酶的活性或非活性中心结合，从而抑制了微生物降解有机物的相关酶活性，因此对工艺中有机物的去除抑制作用开始逐渐增强。

不同Ni^{2+}浓度胁迫下，交替式移动床生物膜反应器进出水氨氮浓度和去除率随时间变化如图6-4所示，氨氮平均去除率和相比于驯化阶段的各阶段去除抑制率如图6-5所示。各阶段氨氮平均进水浓度分别为66.53mg/L、66.81mg/L、57.77mg/L、46.67mg/L、58.25mg/L、58.63mg/L、57.46mg/L，平均出水浓度为6.04mg/L、4.36mg/L、3.80mg/L、2.15mg/L、5.20mg/L、9.55mg/L、25.19mg/L。

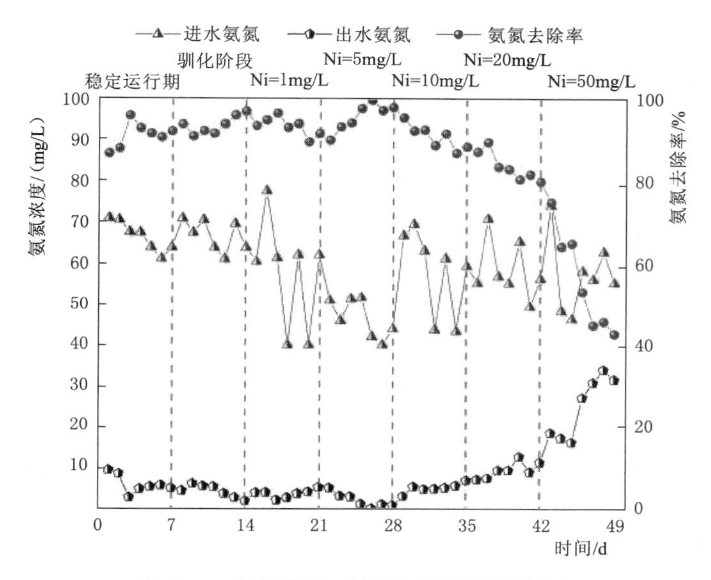

图6-4 Ni^{2+}胁迫对氨氮去除效果的影响

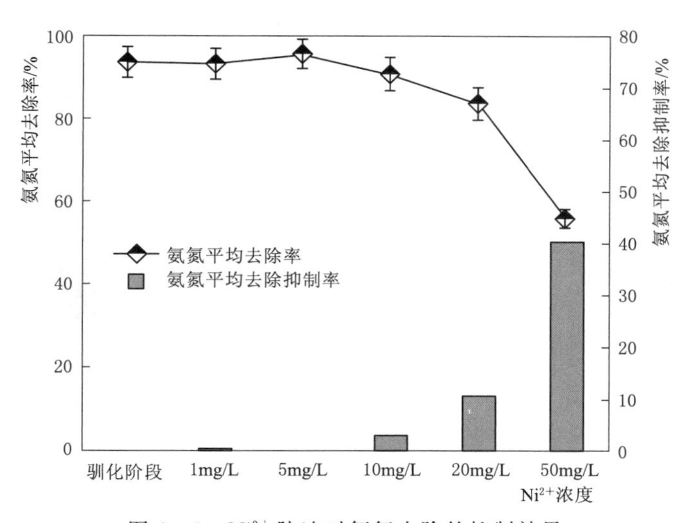

图6-5 Ni^{2+}胁迫对氨氮去除的抑制效果

进水中 Ni^{2+} 浓度分别为 1mg/L 和 5mg/L 时，出水氨氮平均去除率为 93.15%和 95.56%，说明短期内低浓度 Ni^{2+} 对交替式移动床生物膜反应器脱氮性能无显著影响。研究表明，不同微生物种群对重金属的敏感程度不同，因此对不同污染物去除性能影响不同。当浓度增至 5～20mg/L 时，氨氮去除率开始呈下降趋势，去除率由 95.56%降至 83.55%，去除抑制率相较于驯化阶段升至 10.63%。可能是随着反应器的持续运行，Ni^{2+} 在微生物体内积累产生毒性，对微生物生长及生化活性产生抑制，从而影响工艺中氨化反应进程。当浓度继续增加至 50mg/L 时，Ni^{2+} 对氨氮去除抑制作用显著增强，其平均去除率降至 55.85%，去除抑制率达到 40.26%。也有研究表明，当水中重金属的浓度较高时，会使微生物细胞内的蛋白质结合发生变性，使微生物死亡，抑制硝化与反硝化过程，水质急剧变差。

3. 生物膜中 Ni^{2+} 的累积量

Ni^{2+} 在生物处理工艺中对微生物产生毒性，从而抑制微生物的新陈代谢过程。各阶段交替式移动床生物膜反应器生物膜中 Ni^{2+} 累积量变化如图 6－6 所示。各阶段 Ni^{2+} 累积量分别为 286.29mg、1537.97mg、4135.62mg、9776.94mg 和 18553.41mg。在交替式移动床生物膜反应器中重金属累积方式主要有胞内吸附、胞外沉淀、生物转化和生物累积等方式。在 Ni^{2+} 低浓度胁迫下（1～5mg/L），可能是低浓度 Ni^{2+} 能迅速进入细胞内，与细胞生成的有关生物活性物质（金属硫蛋白、谷胱甘肽等）螯合从而吸附。且在 5mg/L 时，短时间内低浓度 Ni^{2+} 作为微量元素，一部分进入微生物体内，会刺激其生长，从而提高了工艺对各项污染物的去除效果。研究表明，一部分重金属在细胞内不同区域，合成重金属结合肽，减小了重金属对微生物的毒性作用。随着 Ni^{2+} 胁迫浓度的持续提高，出水中的 Ni^{2+} 浓度也随之逐渐增大，重金属废水中有机污染物会与重金属之间形成络合物，有研究细胞色素的代谢过程会产生活性氧，降低微生物的活性，从而降低了交替式移动床生物膜反应器的污染物去除效率。在 Ni^{2+} 浓度为 50mg/L 时，Ni^{2+} 会在微生物内大量累积，当达到一定阈值后，破坏了蛋白质结构，导致细胞死亡。Ni^{2+} 在生物膜中的累积量为耐受阈值判定及微生物群落结构的改变提供了数据支撑。

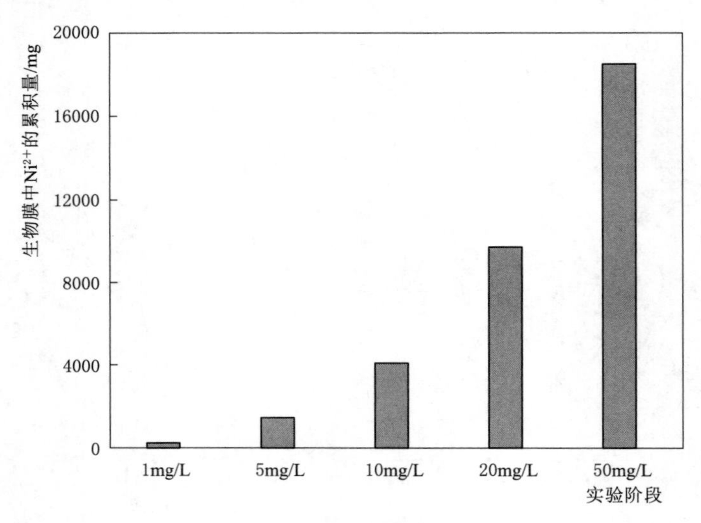

图 6－6　生物膜中 Ni^{2+} 的累积量

4. Cu^{2+} 对处理效果的影响

通过重金属 Cu^{2+} 不同浓度周期性胁迫，各实验阶段交替式移动床生物膜反应器进出水 COD 浓度及去除率随时间变化如图 6-7 所示，各 Cu^{2+} 胁迫阶段平均去除率和相较于驯化阶段的去除抑制率如图 6-8 所示。胁迫试验交替式移动床生物膜反应器进水中 COD 各阶段平均浓度分别为 484.11mg/L、523.43mg/L、442.43mg/L、474.14mg/L、503.54mg/L、514.10mg/L、473.59mg/L，各阶段平均出水 COD 浓度分别为 43.06mg/L、46.79mg/L、40.57mg/L、51.40mg/L、41.37mg/L、73.17mg/L、165.60mg/L。

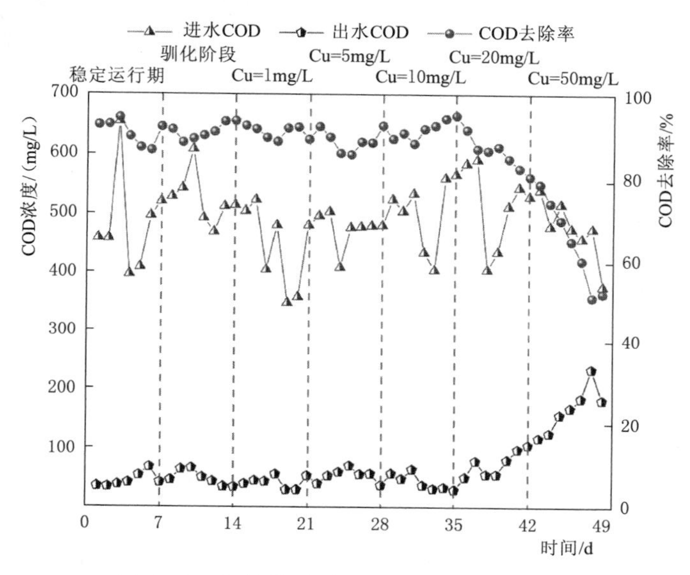

图 6-7 Cu^{2+} 胁迫对 COD 去除效果的影响

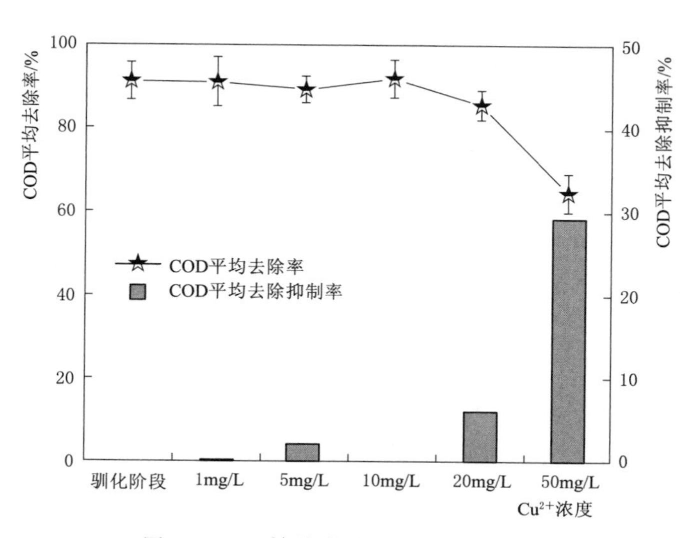

图 6-8 Cu^{2+} 胁迫对 COD 的抑制效果

经驯化后，在进水 Cu^{2+} 浓度为 0～10mg/L 时，出水 COD 平均去除率分别为 90.87%、89.06%和 91.75%，在该阶段，Cu^{2+} 对有机物去除无明显影响。可以看出经驯化后交替式移动床生物膜反应器具有了一定的抗 Cu^{2+} 冲击负荷能力，因此在低浓度 Cu^{2+} 胁迫下，对有机物去除影响较小。在 Cu^{2+} 浓度为 10mg/L 时，强化了交替式移动床生物膜反应器对 COD 的去除效果，有研究发现球孢白僵菌表面可以络合 Cu^{2+} 形成草酸盐沉淀，使重金属的活动性得到降低，达到在细胞体外降解毒性的作用。COD 去除抑制率相较于驯化阶段减少了 0.70%。Cu^{2+} 浓度为 20mg/L 时，COD 的去除率在 85.74%以下。随着进水中 Cu^{2+} 浓度持续升高，COD 的去除率开始明显下降，Cu^{2+} 为 50mg/L 时，COD 平均去除率降到 64.54%，COD 去除抑制率为 29.17%，且工艺中污泥出现上浮现象。有研究表明，当金属离子浓度太高，若超出微生物的需求量，过多的金属离子会与其他离子竞争结合氧，破坏蛋白质结构，破坏渗透压平衡，并引起中毒症状。因此高浓度 Cu^{2+} 胁迫对微生物的潜在毒性及对工艺中有机物的去除的影响应予以重视。

图 6-9 为各胁迫阶段交替式移动床生物膜反应器进出水氨氮浓度及去除率随时间变化，图 6-10 为氨氮平均去除率和相比于驯化阶段的各阶段氨氮去除抑制率。氨氮各阶段进水平均浓度分别为 46.48mg/L、61.94mg/L、49.47mg/L、61.21mg/L、63.60mg/L、67.26mg/L、56.93mg/L，出水平均浓度为 4.61mg/L、7.49mg/L、6.65mg/L、8.48mg/L、5.17mg/L、12.79mg/L、28.49mg/L。

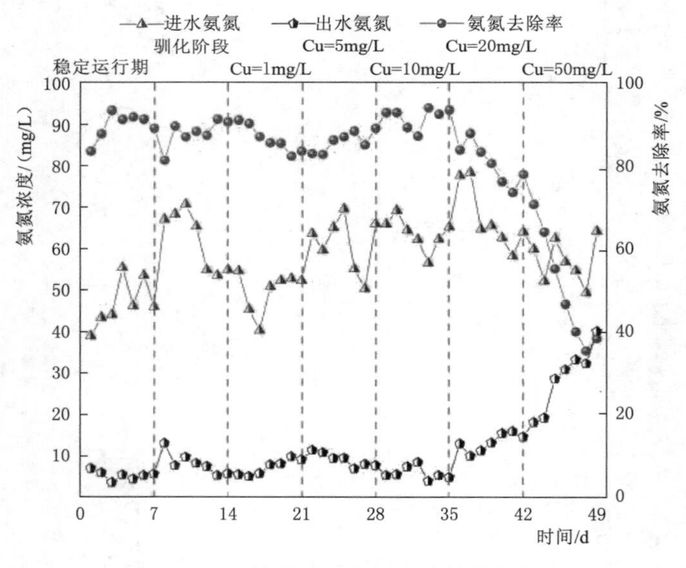

图 6-9 Cu^{2+} 胁迫对氨氮去除效果的影响

可以发现，当 Cu^{2+} 浓度低于 10mg/L 时，出水氨氮浓度处于较低水平，当 Cu^{2+} 浓度升至 10mg/L 时，氨氮去除率较驯化阶段提高 3.79%，去除抑制率降低 4.30%。表明低浓度 Cu^{2+} 刺激微生物中部分细菌和真菌生长，对含氮有机物进行降解，增强了对氨氮的去除效果。也有研究表明青霉属产生的代谢产物甘油可以使细胞排出过量的 Cu^{2+}，减少对微生物的毒害。随着 Cu^{2+} 浓度的增加，出水氨氮浓度开始增大，Cu^{2+} 对工艺中硝化过

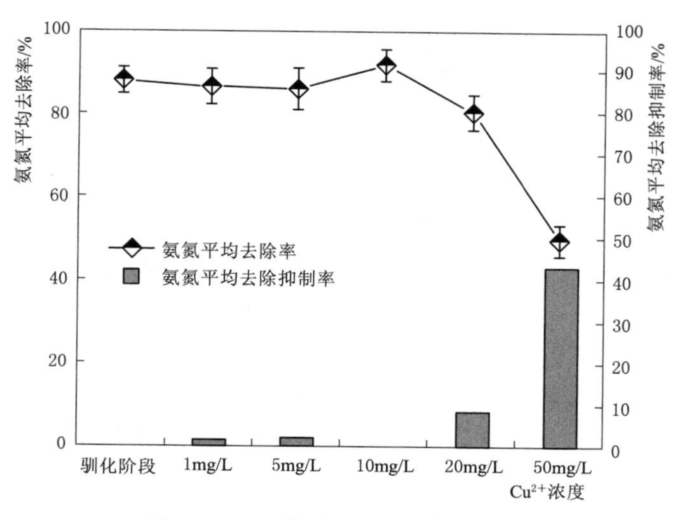

图 6-10 Cu^{2+}胁迫对氨氮抑制效果

程有关微生物的毒性开始体现。Cu^{2+}浓度越大，对氨氮的抑制作用越强。在Cu^{2+}浓度为50mg/L时，其平均去除率降为49.78%，去除抑制率达到43.48%。有研究表明，重金属离子与酶有类似的结构，当在微生物体内累积，会氧化生物大分子，使蛋白质、核酸等结构遭到破坏，从而对工艺硝化性能产生不可逆的抑制影响。

5. 生物膜中Cu^{2+}的累积量

各胁迫阶段交替式移动床生物膜反应器生物膜中Cu^{2+}累积量如图6-11所示。Cu^{2+}胁迫各阶段生物膜中含量分别为280.82mg、1588.67mg、4821.32mg、10605.52mg和18909mg。重金属离子一方面在微生物表面会发生氧化还原反应而去除，另一方面会结合生成沉淀而去除。随着在Cu^{2+}浓度的增加，累积于生物膜中的Cu^{2+}含量越来越多。在低浓度时，微生物通过分泌EPS来形成保护膜，或者通过螯合沉淀，阻隔重金属进入细胞

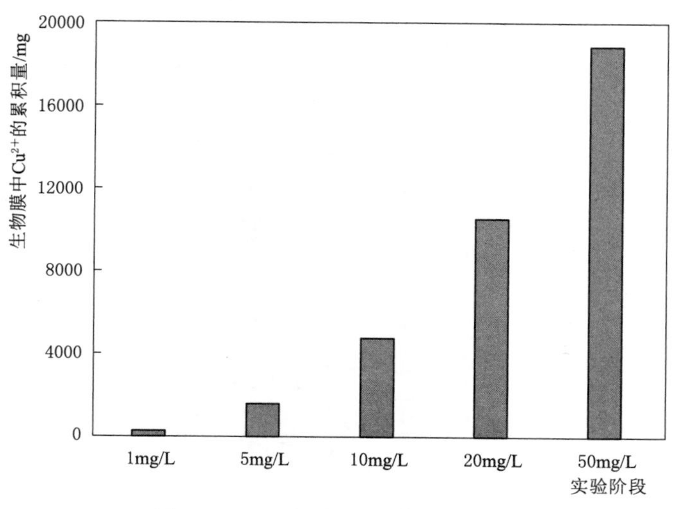

图 6-11 生物膜中Cu^{2+}的累积量

内产生毒性，EPS 可与重金属离子形成金属配立体，导致重金属离子环境化学行为的改变，减少其对微生物的毒害。Cu^{2+} 浓度处于 20～50mg/L 时，重金属累积量开始出现明显增加。此时重金属有可能是由于 Cu^{2+} 与硫化物和磷酸盐等代谢产物或者细胞表面的—COOH结合生成沉淀。但随着此阶段下 Cu^{2+} 浓度的增加，在微生物体内累积量变大，对微生物的毒害作用更加明显，使其失活。与 Ni^{2+} 在交替式移动床生物膜反应器中累积量对比发现，Cu^{2+} 进入微生物体内累积量更多，对微生物的毒害更强。

重金属离子胁迫下，对交替式移动床生物膜反应器性能研究发现，系统中微生物分别在 1mg/L Ni^{2+} 和 Cu^{2+} 胁迫下具有了一定抗冲击负荷能力，其中 Ni^{2+} 浓度为 5mg/L、Cu^{2+} 浓度为 10mg/L 时，可促进微生物生长，从而提高 COD 和氨氮去除效率，而随着胁迫浓度的增加，不同重金属和不同浓度下对交替式移动床生物膜反应器污染物去除性能产生不同程度的影响。Ni^{2+} 在 10mg/L、Cu^{2+} 在 20mg/L 时，对污染物去除的抑制作用明显增强，污染物去除所指示交替式移动床生物膜反应器的 Ni^{2+} 、Cu^{2+} 耐受阈值分别为 4135.62mg 和 10605.52mg。随着重金属离子浓度的持续升高，微生物对所能承受的 Ni^{2+} 浓度要低于 Cu^{2+} 。此外，重金属离子胁迫对污染物去除效果的影响表明，氨氮去除更易受高浓度重金属影响。也有研究发现在 SBR 系统中，Ni^{2+} 胁迫浓度在 20mg/L 对 COD 和氨氮的去除率在 70%左右，其抑制率分别为 11.70%和 41.60%。有研究表明在 Cu^{2+} 胁迫浓度为 10mg/L 时，氧化沟工艺中各水质指标都有不同程度的下降，其中 COD 去除率为 76.31%，TN 去除率为 48.21%，氨氮去除率在 89%～91%之间。通过与以上活性污泥法研究对比可以发现，生物膜工艺对重金属的耐受性更好，抗冲击负荷能力更强。

6.1.3　重金属对生物膜生长特性的影响研究

1. Ni^{2+} 对生物膜比耗氧呼吸速率的影响

Ni^{2+} 胁迫对微生物呼吸作用的影响如图 6－12 所示。由图可知，交替式移动床生物膜反应器稳定运行期间，微生物比耗氧速率值为 57.62mg/(L・h)。在驯化阶段和 Ni^{2+} 胁迫浓度为 5mg/L 时，耗氧速率并无显著变化。说明生物膜致密且稳定，大部分重金属离子

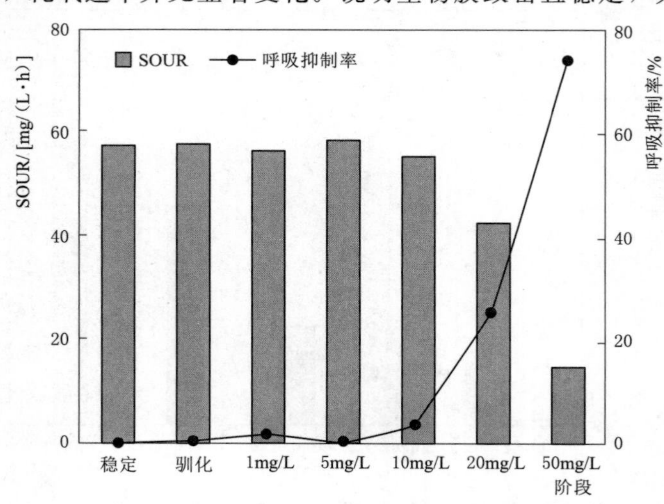

图 6－12　Ni^{2+} 胁迫对微生物呼吸作用的影响

无法进入被保护在膜结构内层的微生物体内，从而免受外界条件侵害。且在 Ni^{2+} 浓度为5mg/L，耗氧速率略有提升，表明低浓度 Ni^{2+} 刺激，使微生物量有所增加，一些微量的重金属是微生物生长活动所必须的，促进微生物的呼吸作用。而在10～20mg/L Ni^{2+} 胁迫下，好氧速率呈下降趋势，其比耗氧速率值骤减至42.84mg/(L·h)，抑制率相较于稳定运行阶段降至25.65%，表现出对工艺中微生物活性的抑制，且 Ni^{2+} 浓度越大，抑制作用越强。研究表明，吸附于活性微生物表面的重金属被细菌通过主动运输方式转运至细胞内，当胞内累积量达到一定程度时，对微生物活性产生抑制作用。当 Ni^{2+} 浓度为50mg/L时，比耗氧速率值降为14.90mg/(L·h)，抑制率达到74.14%，这与系统的污染物处理性能相对应。

2. Ni^{2+} 对胞外聚合物的影响

交替式移动床生物膜反应器中厌氧和好氧反应的生物膜中L-EPS、T-EPS和总EPS随 Ni^{2+} 浓度的变化情况如图6-13、图6-14所示。经过对比，好氧反应器中EPS各组分含量均大于厌氧反应器的，可能是 Ni^{2+} 先经过厌氧反应器，其中一部分重金属与厌氧生物膜EPS中的羟基等结合，而对好氧反应器中EPS相比受影响程度较小。当进水 Ni^{2+} 浓度为5mg/L时，促进了微生物的代谢活动，进而增加了生物膜中EPS的分泌量，总EPS分泌量自115.86mg/g SS增至134.88mg/g SS，厌氧反应器中EPS从91.69mg/g SS增至107.16mg/g SS。随着 Ni^{2+} 浓度逐增至50mg/L时，好氧反应器中T-EPS含量基本维持在57.95mg/g SS，而L-EPS含量从29.34mg/g SS降至10.87mg/g SS，厌氧反应器中T-EPS含量基本维持在46.70mg/g SS，而L-EPS含量从19.40mg/g SS降至9.42mg/g SS。可以发现L-EPS更容易受 Ni^{2+} 胁迫影响，T-EPS受影响程度较小，可能是T-EPS位于内层并与细胞结合紧密，而L-EPS结构疏松且具有流动性所致。

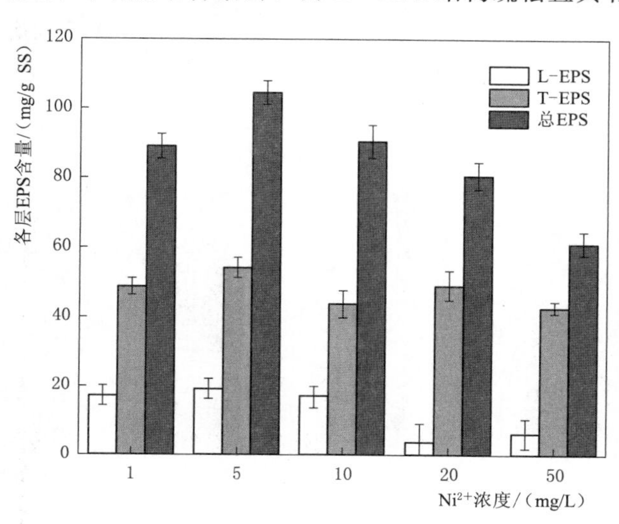

图6-13 Ni^{2+} 胁迫下厌氧阶段EPS含量

采用三维荧光对 Ni^{2+} 胁迫前和20mg/L胁迫后的胞外聚合物成分进行分析，结果如图6-15所示。EPS中同类物质的荧光强度存在差异，这主要是由于聚合物中所含物质的浓度不同。从光谱中可以看出，在厌氧反应器中，胁迫前存在两个明显的峰，均为类色氨酸

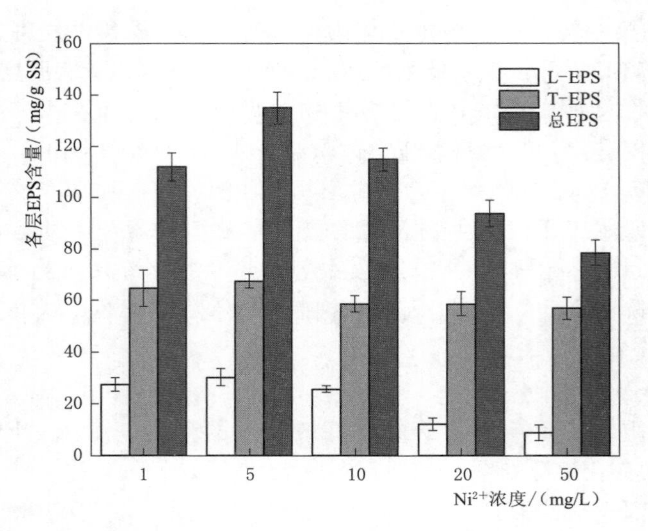

图 6-14　Ni^{2+} 胁迫下好氧阶段 EPS 含量

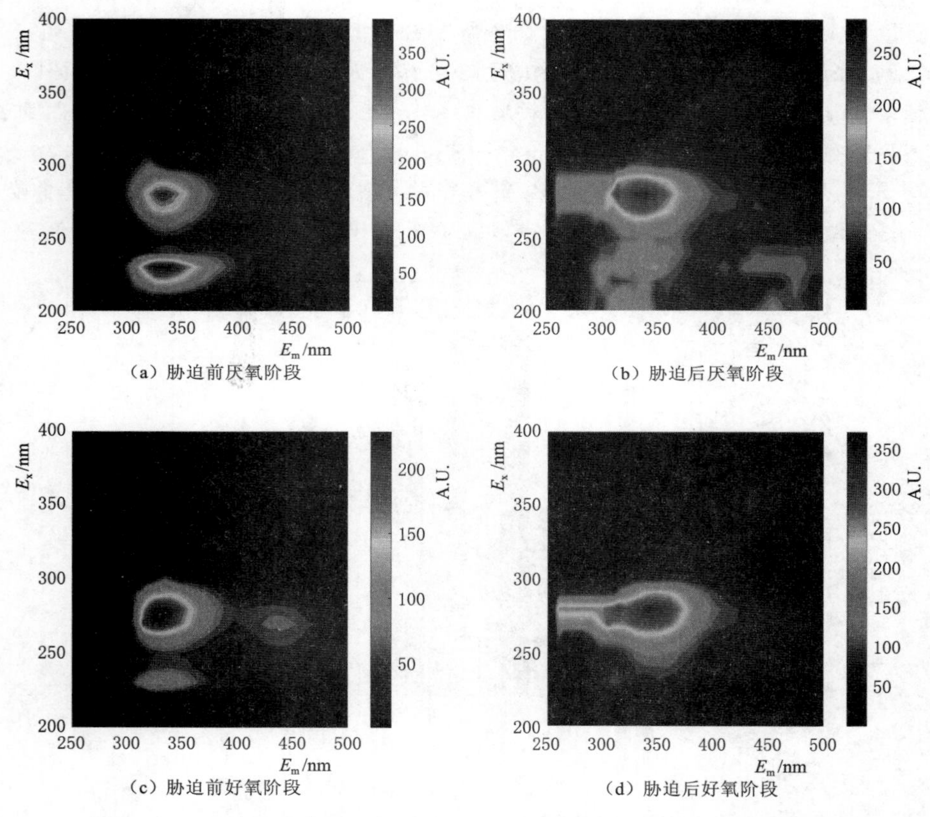

图 6-15　Ni^{2+} 胁迫前后厌氧/好氧反应器中 EPS 的三维荧光等高线谱图

峰；在 20mg/L Ni^{2+} 胁迫后，类色氨酸峰减弱，出现类酪氨酸峰。在好氧反应器中，胁迫前存在两个峰，均为类色氨酸峰，在 20mg/L Ni^{2+} 胁迫后，类色氨酸峰减弱，出现类酪氨酸峰。研究发现，MBBR工艺中，厌氧和好氧阶段中EPS组分相似，且类色氨酸峰都为主峰，而蛋白质荧光强度与色氨酸和酪氨酸浓度有关，主要来源于微生物的内源溶解性有机代谢产物，这些游离或固定态氨基酸很难被降解。在Ni^{2+}胁迫下，类色氨酸峰有不同程度的降低且位置红移增强了类酪氨酸峰。

3. Cu^{2+}对生物膜比耗氧呼吸速率的影响

Cu^{2+}胁迫对微生物比耗氧呼吸速率的影响如图6-16所示，稳定运行阶段微生物比耗氧呼吸速率值为58.87mg/(L·h)，10mg/L以下浓度的Ni^{2+}对比耗氧呼吸速率无明显抑制作用，可能是微生物分泌的EPS结合重金属形成沉淀，从而减轻了重金属毒性作用，有研究发现，青霉属产生的代谢产物柠檬酸作为螯合剂使重金属活化，促进微生物对其进行富集，减少对微生物的毒性。在Cu^{2+}浓度为10mg/L时，对微生物活性表现出一定的促进作用，当Cu^{2+}浓度增至20mg/L时，抑制了微生物的呼吸作用，抑制率为30.59%，进而影响底物的转化。当进水Cu^{2+}浓度为50mg/L时，对微生物活性产生明显的抑制，比耗氧呼吸速率降为9.14mg/(L·h)，抑制率达到84.47%，可能是重金属作为蛋白质的沉淀剂，使微生物中酶蛋白变性，导致微生物活性受到严重抑制，这与工艺中污染物处理性能相对应。

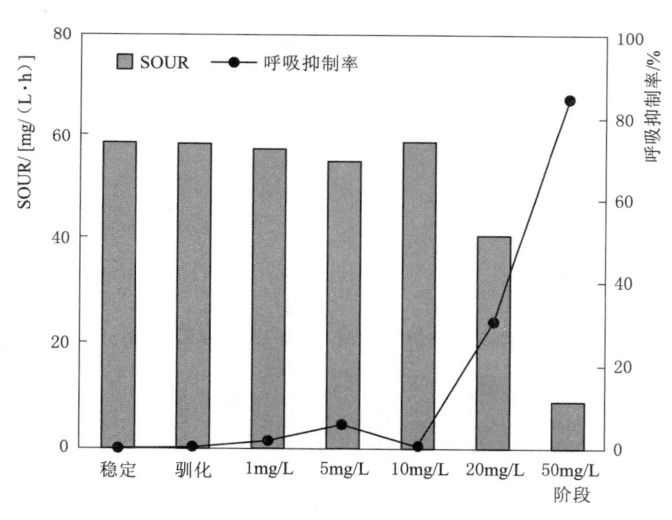

图6-16 Cu^{2+}胁迫对微生物呼吸作用的影响

4. Cu^{2+}对胞外聚合物的影响

交替式移动床生物膜反应器生物膜中L-EPS、T-EPS和总EPS随不同浓度Cu^{2+}胁迫的变化情况如图6-17、图6-18所示。同Ni^{2+}胁迫类似，好氧反应器中EPS各组分含量均大于厌氧反应器的，同样是进水先流经厌氧反应器，更高浓度的重金属抑制了反应器中EPS分泌所致。Cu^{2+}浓度较低时，EPS含量无明显变化，说明Cu^{2+}刺激生物膜分泌EPS没有明显的促进作用，且对环境具有良好的适应性，随着Cu^{2+}胁迫浓度增至10mg/L时，好氧反应器中L-EPS、T-EPS和总EPS含量分别升至17.99mg/g SS、71.49mg/g SS和118.52mg/g SS，厌氧反应器中L-EPS、T-EPS和总EPS含量分别升至12.70mg/g SS、59.79mg/g SS和111.95mg/g SS，微生物EPS分泌量增大，使其免受毒性物质的伤害，从而使微生物能够适应恶劣的环境。当 Cu^{2+} 浓度增至 50mg/L 时，EPS 各层中蛋白质和多糖的含量开始下降，好氧反应器中 L－EPS、T－EPS 和总 EPS 含量分别自 11.33mg/g SS、42.22mg/g SS、71.65mg/g SS 降至 5.30mg/g SS、41.40mg/g SS 和 74.80mg/g SS，厌氧反应器中 L－EPS、T－EPS 和总 EPS 含量分别降至 2.01mg/g SS、28.03mg/g SS 和 53.39mg/g SS。高浓度的 Cu^{2+} 使生物膜中微生物细胞结构遭受破坏，此时部分生物膜开始脱落，生物膜系统处理性能急剧下降。

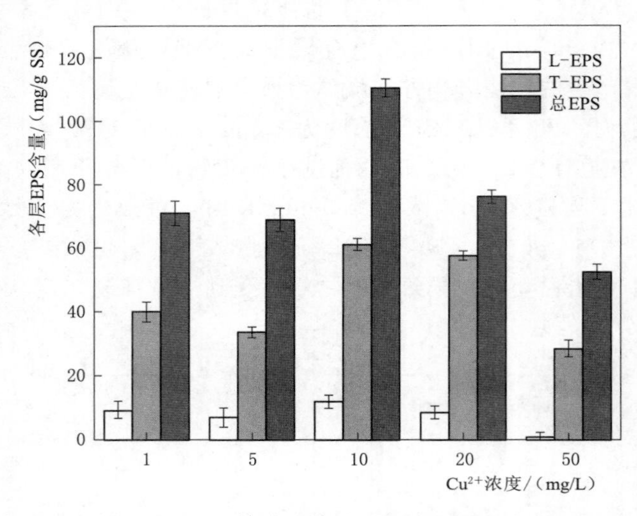

图 6－17　Cu^{2+} 胁迫前后厌氧阶段 EPS 含量

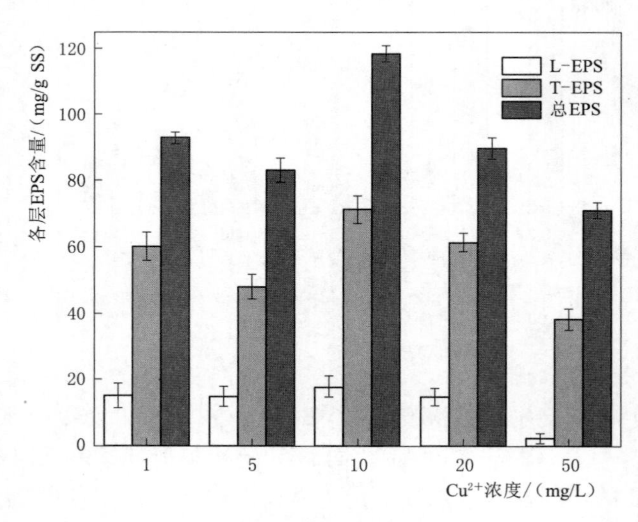

图 6－18　Cu^{2+} 胁迫前后好氧阶段 EPS 含量

利用三维荧光光谱仪对胁迫前和 20mg/L Cu^{2+} 胁迫后厌氧和好氧反应器中 EPS 进行分析，结果如图 6－19 所示。EPS 中同类物质的荧光强度不同，主要是由于 EPS 中所含物质的浓度差异所致。从光谱图中可以看出，在厌氧反应器中，重金属胁迫前 EPS 存在两个明显的峰，均为类色氨酸峰，20mg/L Cu^{2+}胁迫后，存在类色氨酸峰减弱而类酪氨酸峰增强。在好氧反应器中，重金属胁迫前存在两个峰，均为类色氨酸峰，20mg/L Cu^{2+}胁迫后，类色氨酸峰减弱，出现类酪氨酸峰和类富里酸峰。即Cu^{2+}胁迫后，厌氧和好氧反应器中的类色氨酸峰均有不同程度的降低，在好氧反应器中，微生物通过新陈代谢降解了类色氨酸峰，生成了类富里酸峰和类酪氨酸峰。

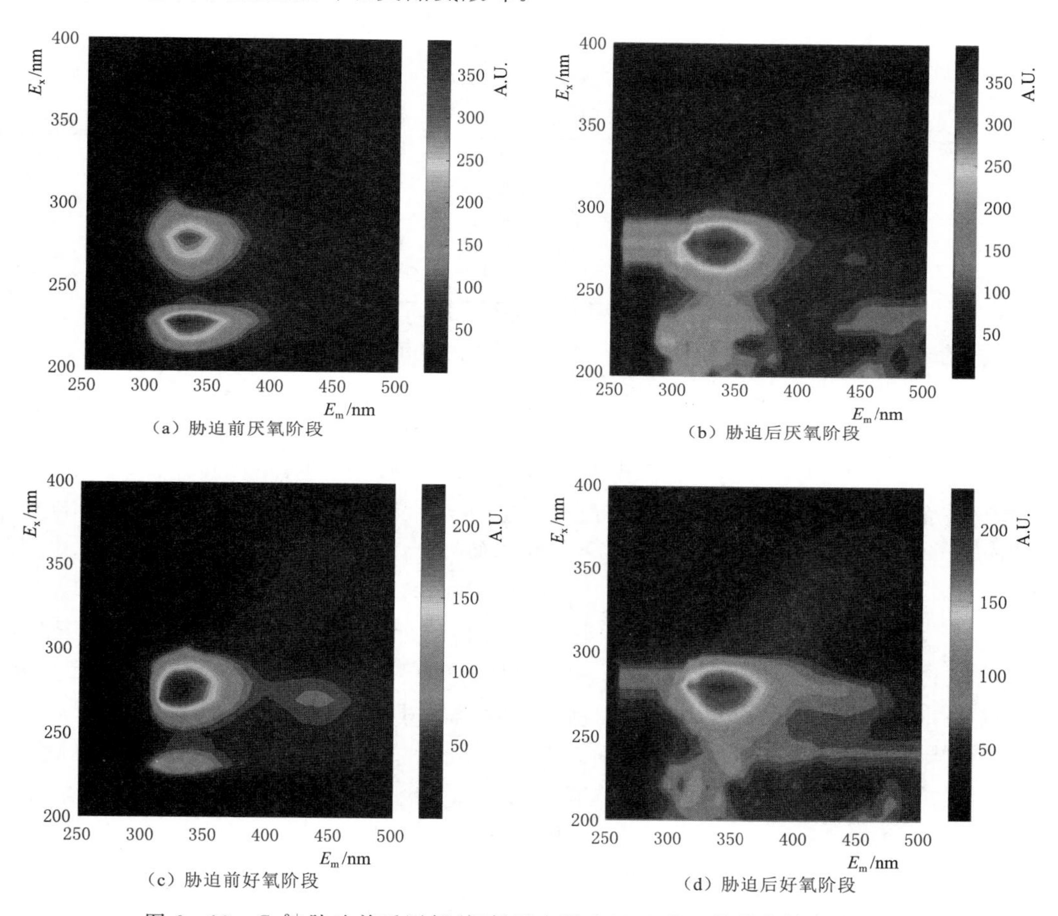

图 6-19 Cu^{2+}胁迫前后厌氧/好氧反应器中EPS的三维荧光等高线谱图

6.1.4 重金属对生物膜微生物群落结构的影响研究

在Ni^{2+}和Cu^{2+}胁迫前及20mg/L Ni^{2+}和Cu^{2+}胁迫实验结束后，从交替式移动床生物膜反应器的好氧池内随机选取3个载体进行生物膜分离，将样品记录为对照组（CK）、Ni^{2+}实验组（NiUD）、Cu^{2+}实验组（CuUD）进行微生物群落测定。

1. 微生物群落多样性分析

（1）Alpha多样性分析。CK组、NiUD组和CuUD组三个样本多样性指数见表6-2。OTU聚类结果显示，分别投加Ni^{2+}和Cu^{2+}后，系统中OTU数由2848分别减至2115和1987。Coverage指数反映了物种覆盖度，其值均大于0.97，表明测序结果可以反映样品中微生物的真实情况。系统中污染物去除性能受微生物群落丰富度和多样性的影响。Shannon 和 Simpson 指数反映了群落多样性，Chao1 和 ACE 反映了物种的丰富度。相较于 CK 组，NiUD 组和 CuUD 组的 Shannon 指数从 5.59 分别降为 5.11 和 5.45，群落多样性降低；Simpson 指数从 0.01 分别增至 0.03 和 0.02。从结果可知，CK 组微生物群落丰富度和多样性均大于 NiUD 组和 CuUD 组，说明 Ni^{2+} 和 Cu^{2+} 的胁迫均降低了系统中微生物群落的多样性与丰富度。这与前期研究结果一致，即重金属会极大程度地降低微生物的丰度，同时改变了微生物的群落结构。

表 6-2　多样性指数表

样本	OTU 数	Shannon	Chao1	Simpson	ACE	Coverage
CK	2848	5.59	1944.36	0.01	1944.36	0.98
NiUD	2115	5.11	1724.32	0.03	1724.32	0.99
CuUD	1987	5.45	1853.93	0.02	1853.93	0.98

共有功能类群的 Venn 图如图 6-20 所示，韦恩图可以直观有效地表现胁迫前、Ni 胁迫下和 Cu 胁迫条件下，样品中 OTU 数目组成的相似性和重叠性，并用不同颜色标记了不同的样品，图中的数字分别代表 CK 组、NiUD 组和 CuUD 组样品间共有的 OTU 数量。其中 CK 组和 NiUD 组共有的 OTU 数为 1456，占总 OTU 数的 46.46%，而 CK 组和 CuUD 组共有的 OTU 数为 1444，占总 OTU 数的 48.78%，说明在 CK 组、NiUD 组和 CuUD 组生物膜的微生物群落结构具有一定的相似性。

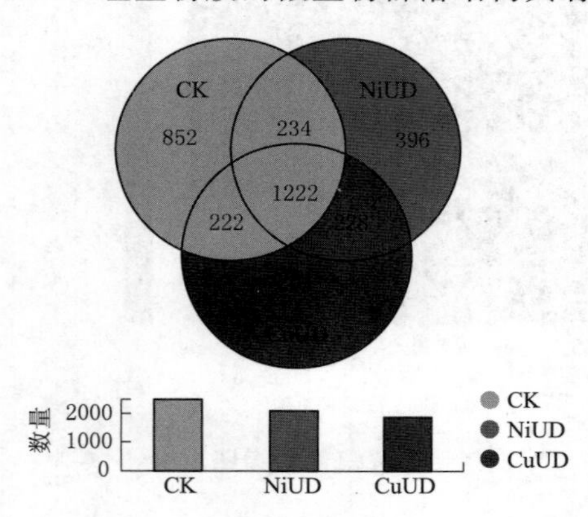

图 6-20　共有功能类群的 Venn 图

（2）Beta 多样性分析。通过对比 Ni^{2+}、Cu^{2+} 胁迫后与胁迫前反应器中微生物之间的相似度，进行了样品的层级聚类分析和 NMDS 分析，微生物群落的聚类树如图 6-21 所示。左侧树之间的长度代表样本间的距离，右侧为样本中优势物种的组成情况，呈现不同样本的群落组成相似或差异程度。从图中可以看出，与 CK 组相比，NiUD 组和 CuUD 组距离更近，表明两组之间具有更加相似的群落结构，可以发现在 Ni^{2+}、Cu^{2+} 胁迫下，对微生物的群落结构都有不同程度的影响这一结论。NMDS 分析如图 6-22 所示，stress 为 0.027，小于 0.05，表明样本三组样本具有很好的代表性。通过按次序分析法能较好地反映出不同群体构成，样品均以次序图为主。CK 组以第一、第三、第四象限为主，NiUD 组以第一象限为主，CuUD 组以第二、第三象限为主。可以看出，CuUD 组与 CK 组的间隔较远，而 NiUD 组与 CK 组相对较近，表明在 Ni^{2+} 胁迫下，微生物的群落结构变化程度小于 Cu^{2+} 胁迫。

2. 微生物群落结构分析

交替式移动床生物膜反应器在 Ni^{2+} 和 Cu^{2+} 胁迫下，门水平微生物群落结构变化如图 6-23 所示，由图可知，优势菌门的相对丰度发生了显著变化。其中优势菌群集中在变形

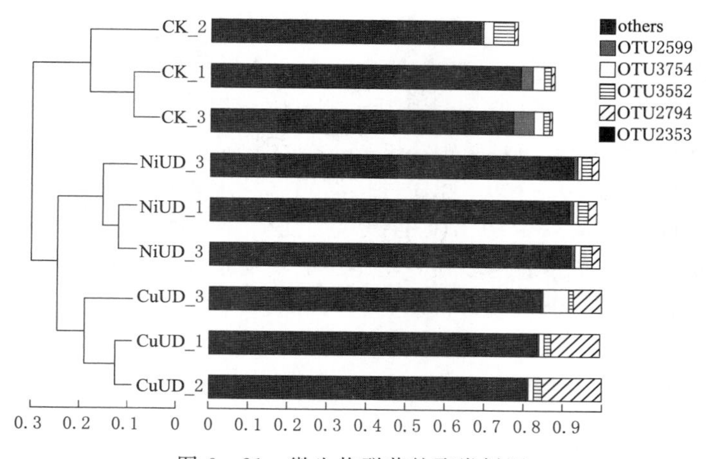

图 6-21 微生物群落的聚类树图

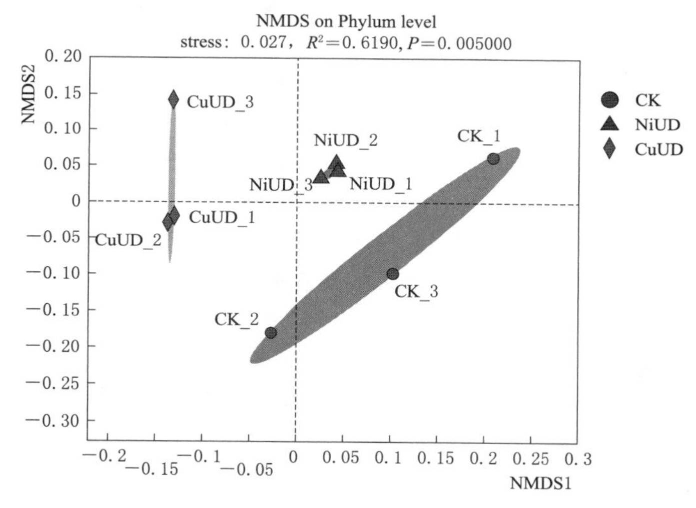

图 6-22 微生物群落的 NMDS 分析图

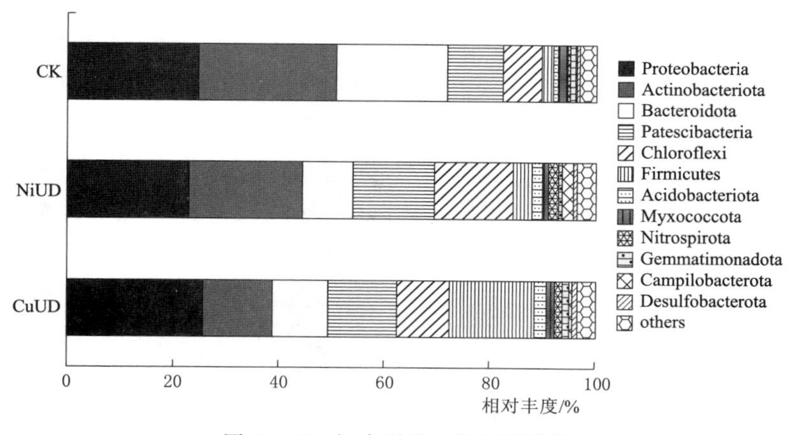

图 6-23 门水平微生物群落结构

菌门（Proteobacteria）、放线菌门（Actinobacteriota）、拟杆菌门（Bacteroidota）和髌骨菌门（Patescibacteria）等。在重金属离子胁迫下，优势菌群类别未有较大变化，但是优势菌群的占比已经发生变化，重金属的胁迫作用对微生物的群落结构已经具有选择性。作为优势菌的变形菌门和拟杆菌门均是污水处理系统中广泛存在的一类微生物并已有相关报道。在本书的样品中，无论是否受到重金属的胁迫，变形菌门仍具有较高丰度，说明本书交替式移动床生物膜反应器中生物膜微生物与其他研究中活性污泥的群落结构具有相似性。变形菌门种类极其丰富，遗传多样性决定了它具有广泛的生理代谢类型。很多研究表明，变形菌门在污水处理系统中最为常见，它可降解多种有机污染物，减轻污染物所引起生理毒性。

拟杆菌门和绿弯菌门作为污水处理系统中微生物的重要组成部分，其占比对胞外多糖的合成分解有重要意义。在本书中，Ni^{2+}、Cu^{2+}胁迫后拟杆菌门由21.12%分别降至9.48%和10.51%，Cu^{2+}对拟杆菌门表现出较为明显的抑制作用，这与较多研究所报道的电镀废水重金属对微生物的影响结果一致。拟杆菌门作为污水脱氮的重要贡献者，拥有很强的营养物质代谢能力，其附着型生长的生长特性，使其在生物膜上有了较好的生存环境。它可以将复杂有机物降解为小分子有机物，其相对丰度降低，导致其出水中有机物浓度逐渐增大。绿弯菌门拥有合成胞外多糖的作用，而且可以通过丝状网络增强生物膜的结构。本书中随着Ni^{2+}、Cu^{2+}胁迫浓度增加至20mg/L时，绿弯菌门的作用下刺激了胞外多糖的合成，使其含量显著增加。

髌骨菌门（Patescibacteria）是一种常在污水处理的好氧处理阶段出现的微生物。随着重金属离子的胁迫作用的加强，微生物多样性和丰富度随之下降，微生物的比耗氧速率降低，环境中溶解氧相对增多，使得髌骨菌门相对丰度略有增加。同时反映了髌骨菌门在Ni^{2+}和Cu^{2+}胁迫条件下的高耐受性，也可能是变形菌门和髌骨菌门中存在可以抵御较高浓度重金属离子的菌种所导致的。放线菌门（Actinobacteriota）相对丰度都显著降低，与CK组相比，Ni^{2+}胁迫使得放线菌门相对丰度由25.74%降至21.47%，Cu^{2+}胁迫使得放线菌门相对丰度降至13.09%。放线菌门拥有丰富的次生代谢产物，而其相对丰度减少，说明在20mg/L时，生物膜中有关微生物数量减少，从而降低分泌EPS，导致重金属离子进入细胞内部，对其产生危害。

CK组、NiUD组和CuUD组属水平相对丰度大于2.0%的优势菌属如图6-24所示。由图可知，在Ni^{2+}和Cu^{2+}分别胁迫下，微生物组成相较于CK组有了不同的演替。优势菌群集中在*norank _ f _ norank _ o _ Saccharimonadales*、*Candidatus _ MIcrothrix*、*Trichococcus*、*norank _ f _ Caldilineaceae*、*Tetrasphaera* 和 *Omithinibacter* 等。*norank _ f _ norank _ o _ Saccharimonadales* 属于髌骨菌门，在厌氧环境下能够显著影响着反硝化过程。其在系统中一直作为优势菌属且相对丰度保持稳定，说明它在生物膜微生物群落中的地位十分重要，因为生物膜内层为厌氧层，这种环境下更适宜其生长。Ni^{2+}和Cu^{2+}对其生长无抑制作用，其对Ni^{2+}和Cu^{2+}的耐受力较强，是重金属废水处理系统中的优势菌。也有研究发现，*norank _ f _ norank _ o _ Saccharimonadales* 是活性污泥样品中丰度较高的微生物，与本实验结果类似。微丝菌属（*Candidatus _ Microthrix*）与脱氮和有机物去除有关，在Ni^{2+}和Cu^{2+}的胁迫下相对丰度由14.77%分别降至2.21%和1.18%，表

明 Ni^{2+} 和 Cu^{2+} 的胁迫对丝状菌类有抑制作用，导致系统中脱氮和有机物处理效果下降。*Candidatus _ Microthrix* 属是活性污泥中常见的微丝菌属，常与污泥膨胀有关。该菌属比表面积大的生理特征有利于细胞摄取低浓度底物，减弱水流对细胞的冲刷作用。*Candidatus _ Microthrix* 在悬浮载体中的存在对生物膜骨架结构的构成有重要作用，能够为微生物提供附着生长的场所。*Candidatus _ Microthrix* 对水体中氨氮及硝酸盐氮具有较好的去除作用，在 Ni^{2+} 和 Cu^{2+} 胁迫下其相对丰度的骤降，可能是导致处理系统中氨氮平均去除率降低的原因。明串珠菌属（*Trichococcus*）可通过降解大分子物质产生越来越多的小分子物质，可能是重金属离子胁迫时加入 $NiSO_4$ 和 $CuSO_4$ 使其相对丰度有所上升。四球虫属（*Tetrasphaera*）在 Ni^{2+} 胁迫后相对丰度有所增加，可能是能够利用废水中的糖类和氨基酸，不循环利用 PHAs 和储存胞内 Gly，表明在浓度 20mg/L 时，Ni^{2+} 胁迫下对系统除磷效果有所增强。*Norank _ f _ Saprospiraceae* 相对丰度由 3.13%分别降至 1.44%和 1.43%，其与城市污水中有机物的蛋白质代谢有关，对有机物去除强于某些菌属和藻类。表明虽然微生物具有一定的对重金属离子抗冲击能力，但随着进水中重金属离子浓度升高，对系统的污染物处理性能抑制作用逐渐增强。

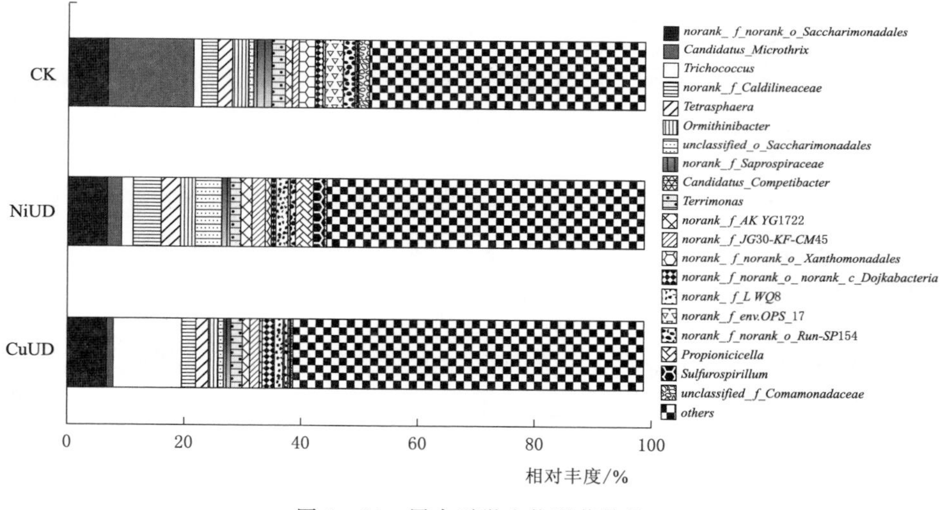

图 6-24 属水平微生物群落结构

6.2 纳米 ZnO 胁迫下交替式移动床生物膜反应器性能及菌群演替研究

6.2.1 研究背景

人工纳米材料的发展为日常生活及工业产品等各领域带来重大变革，其中纳米金属及其氧化物应用最为广泛。越来越多金属纳米颗粒随着生活污水和工业废水不可避免地排放至污水处理厂，且排放量逐年增加。经过污水处理流程，一部分溶解性金属离子通过吸附或被摄取进入细胞内部，金属纳米颗粒大部分（59.8%～70.2%）累积在污泥中。金属纳米材料在污泥中的累积，使污泥中金属纳米材料的浓度远高于进水。因此，开展高浓度金属纳米材料对污水处理工艺的胁迫试验，模拟其在污泥中的累积对污水处理性能影响研究尤为迫切。以应用广泛的纳米 ZnO 为研究目标，研究其在交替式移动床生物膜反应器（一级间歇式）污泥中的累积对污水处理性能及微生物群落结构影响，探究生物膜处理系统对纳米 ZnO 的耐受阈值，为生物膜处理系统进水中的纳米 ZnO 浓度控制及含高浓度纳米 ZnO 污水处理系统有效应急管理提供理论支撑。

6.2.2　纳米 ZnO 对交替式移动床生物膜反应器性能的影响研究

1. 工艺设计

（1）进水水质。实验进水为人工配置模拟生活污水，$C_6H_{12}O_6$、NH_4Cl 和 KH_2PO_4 分别作为碳源、氮源和磷源，采用 $NaHCO_3$ 和 HCl 将其 pH 值调至 7 左右。COD 和氨氮分别保持在 500mg/L 和 50mg/L 左右。本实验的接种污泥取自包头某污水厂回流井。实验用水水质：COD 浓度为 400～600mg/L；氨氮浓度为 30～80mg/L；SOP 浓度为 5～10mg/L。为模拟进水纳米 ZnO 负荷变化对系统污染物去除性能及微生物群落的影响，纳米 ZnO 冲击阶段，以自配的含不同浓度纳米 ZnO 模拟生活污水作为进水（纳米 ZnO 浓度分别为 1mg/L、5mg/L、10mg/L、15mg/L、20mg/L、30mg/L、40mg/L 和 50mg/L）。

（2）实验装置与运行。实验用生物膜反应器由直径 6.5cm，高 75cm 的有机玻璃制成，有效容积为 13L。添加磁性生物载体，填充率为 40%。采用曝气泵进行曝气，由转子流量计控制曝气量，使水中 DO 浓度保持在 2～4mg/L。实验操作温度在 23℃左右。HRT 为 24h，采用间歇式进出水。反应器采用厌氧-好氧交替方式运行，共运行 78d，每天运行 2 个周期，挂膜启动阶段（22d），将接种污泥与实验用水按体积 1∶4 混合加至反应器后闷曝 24h，静置 0.5h 排出上清液；补充实验用水，开始运行，每天运行两个周期，每周期为在厌氧、好氧阶段分别运行 3h 和 8h，沉淀 0.5h 后排水。待观察到填料表面出现黄色菌斑，填料孔隙内有一层相对均匀的淡黄色生物薄膜，且生物膜逐渐变厚（约为 0.3mm），通过显微镜观察，若生物膜上存在钟虫、累枝虫等原生动物和轮虫等后生动物，表明生物膜正在逐渐趋于成熟，同时反应器中出水氨氮、COD 等浓度保持稳定表明挂膜成功，可进入下一阶段。冲击负荷阶段（45d），每个浓度持续 5d。在每个阶段进水后，每隔 1h、2h、3h、4h、6h、8h 取反应器内水样，采用 0.45μm 针管滤膜过滤后，用紫外分光光度法测定纳米 ZnO 的浓度。每个浓度阶段结束后，利用自配生活污水培养 0～2d，使微生物恢复活性，再进入下一浓度冲击实验。实验过程中定期取样测定进出水氨氮、COD 等水质指标。

2. 纳米 ZnO 对处理效果的影响

各实验阶段反应器进出水 COD 浓度如图 6－25 所示。在进水纳米 ZnO 浓度小于 10mg/L 时，纳米 ZnO 对有机物的去除无明显影响，且浓度在 5mg/L 时，强化了对 COD 的去除，可能是由于系统中微生物在少量的纳米 ZnO 刺激下具有了一定的抵抗能力。有研究表明，金属纳米颗粒未影响与有机物去除相关的异养生物的生长。当纳米 ZnO 浓度自 15mg/L 增至 50mg/L 时，COD 去除率从 94.48%降至 67.76%，可能是累积于生物膜中的纳米 ZnO 增多，其中部分纳米 ZnO 溶解后释放 Zn^{2+}，通过吸附或被摄入进入细胞内部。研究表明，它可以增加细胞内 ROS 的产生，进而通过氧化胁迫等方式对系统中微生物产生毒性，导致了细胞死亡。有研究指出，吸附在污泥中的纳米氧化物在细胞接触中会产生活性氧，从而增加细胞膜的过氧化反应。脂肪、蛋白质、多糖等也会过氧化而损伤，从而抑制了细胞的代谢。

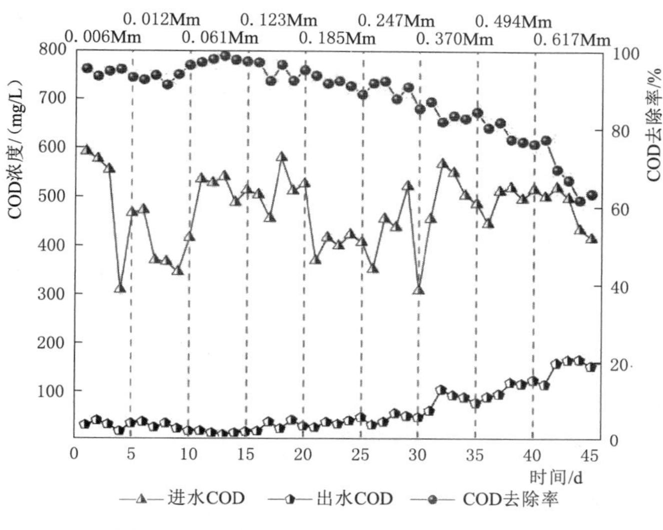

图 6-25　纳米 ZnO 对有机物去除的影响

各实验阶段反应器进出水氨氮浓度如图 6-26 所示。在纳米 ZnO 浓度小于 10mg/L 时，氨氮平均去除率无明显变化趋势，说明短期内低浓度纳米 ZnO 颗粒对系统脱氮性能并无显著影响。当冲击浓度自 10mg/L 增至 15mg/L 时，氨氮平均去除率由 94.77%降至 89.04%。可能是随着纳米 ZnO 在生物膜中的积累，进入微生物体内产生毒性，开始在反

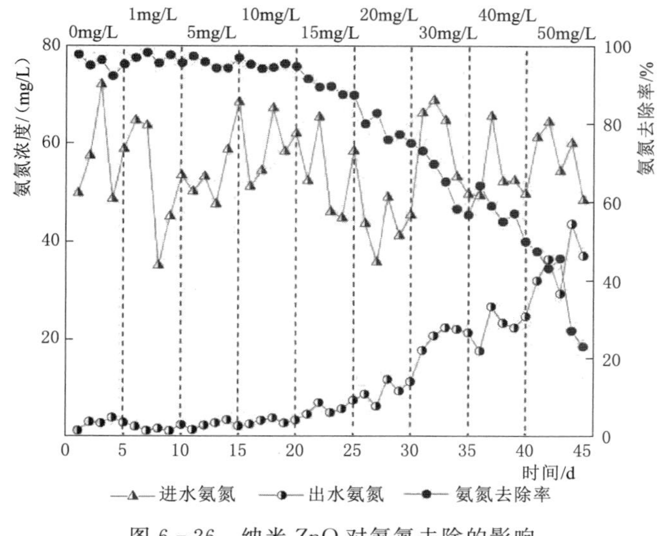

图 6-26　纳米 ZnO 对氨氮去除的影响

应器中影响氨化反应的进程。在冲击浓度达15mg/L前，氨氮去除率较稳定，表明微生物经驯化后，可以适应较高浓度的纳米ZnO环境。而浓度高于30mg/L时，抑制了氨氮的去除，也有研究表明纳米金属对氨氧化微生物的毒性与释放的金属离子密切相关，使氨氧化过程减缓。随着浓度的提高，抑制作用增强。可能是由于纳米ZnO的毒性胁迫导致ROS明显增高，造成细胞内的ROS过量累积，破坏了细胞内ROS的防御机制，即机体内正常的氧化和抗氧化水平失衡，对细胞的结构和组分产生破坏，从而对微生物脱氮产生抑制。

各实验阶段反应器进出水SOP浓度如图6-27所示。由图可知，纳米ZnO浓度在0～10mg/L之间时，SOP平均去除率均在80%以上，说明除磷菌对纳米ZnO的存在敏感性较低，在此浓度范围内对系统除磷效能并无显著影响。而随着纳米ZnO浓度逐渐增大，对SOP去除出现明显的抑制。随着浓度的增加，纳米ZnO对系统中除磷相关微生物的毒性开始体现。在纳米ZnO浓度为15～20mg/L时，SOP去除率从83.05%逐渐降低至74.50%，可能与纳米金属释放的金属离子进入聚磷菌体内抑制了磷代谢相关的酶。浓度增加至50mg/L时，SOP去除率大幅下降至39.81%，推测是高浓度的纳米ZnO能够引起ROS的产生，抑制胞外多聚磷酸酶活性所致。相比于对氨氮的去除抑制（95.29%～37.46%），纳米ZnO的胁迫对SOP的去除抑制影响偏弱。

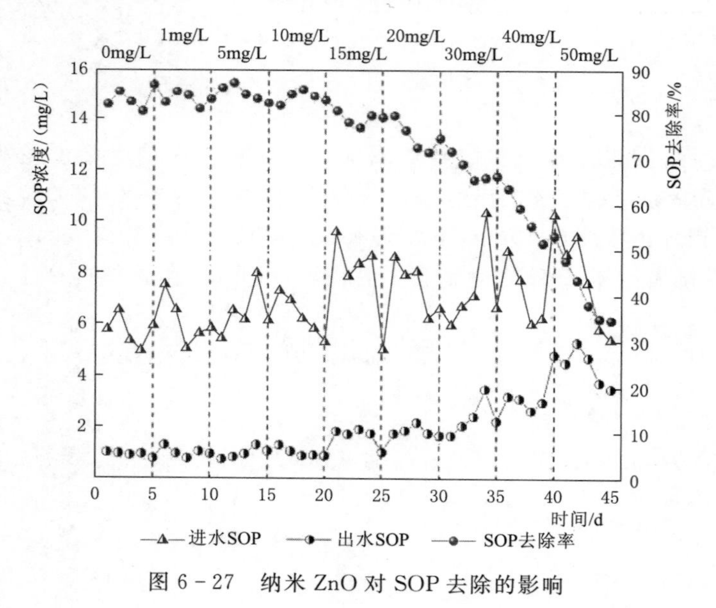

图6-27　纳米ZnO对SOP去除的影响

3．生物膜中ZnO的累积量

随着进水纳米ZnO浓度递增累积在生物膜中的纳米ZnO含量如图6-28所示。结果表明，随着纳米ZnO浓度增加，纳米ZnO累积于生物膜中的量越来越多。在纳米ZnO浓度为15mg/L和20mg/L时，累积于生物膜中的纳米ZnO分别为579.83mg和911.49mg。当浓度增至50mg/L时，纳米ZnO的累积量达3023.58mg。纳米ZnO在生物膜中的累积量将为后续耐受阈值判定及微生物群落结构变化提供数据支撑。

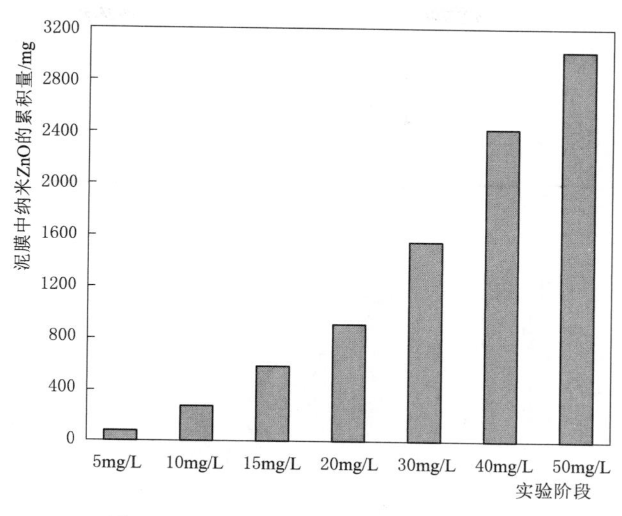

图 6-28 生物膜中纳米 ZnO 的累积量

综上所述，纳米 ZnO 浓度在 1～10mg/L 范围内，对 COD、氨氮、SOP 的去除无显著影响，随着浓度的升高，各污染物去除率出现下降趋势。纳米 ZnO 浓度在 15mg/L 时，氨氮平均去除率下降了 6.25%；SOP 平均去除率下降了 4.49%。纳米 ZnO 浓度增至 50mg/L 时，COD、氨氮、SOP 去除率分别下降 26.45%、57.83%和 43.50%，从对氨氮和 SOP 去除影响程度可判断，该工艺对纳米 ZnO 的耐受阈值为 579.83mg。当纳米 ZnO 浓度增至 20mg/L 时，COD 平均去除率下降了 4.80%，因此从对 COD 去除影响判定，该工艺对纳米 ZnO 的耐受阈值为 911.49mg。COD 与氨氮、SOP 所指示该工艺的纳米 ZnO 耐受阈值有所不同。纳米 ZnO 的胁迫对工艺中 COD 去除性能影响较小，而对氨氮影响较大。

6.2.3 纳米 ZnO 对生物膜生长特性的影响研究

1. 纳米 ZnO 对生物膜量的影响

采用 MLSS、MLVSS 表征生物膜量，纳米 ZnO 对生物膜量的影响如图 6-29 所示，随着纳米 ZnO 浓度的增加，MLSS 值自 3316mg/L 逐渐增至 3478mg/L，又降低至 2662mg/L。MLVSS 值从 2388mg/L 递增至 2643mg/L 后又减至 1411mg/L。在纳米 ZnO 浓度小于 1mg/L 时，MLVSS/MLSS 值并未出现明显变化，对系统中的微生物无显著影响。当纳米 ZnO 浓度增加至 5mg/L 时，MLVSS/MLSS 值从 0.73 升为 0.75。结合污染物去除效果，纳米 ZnO 低浓度（0～10mg/L）下，纳米 ZnO 胁迫对系统中有机物、氮、磷去除无显著影响。在纳米 ZnO 浓度为 5mg/L 时，增强了对 COD 的去除效果，去除率增至 97.56%。分析原因为低浓度的纳米 ZnO 溶解产生 Zn^{2+} 刺激了微生物生长，促进了微生物的新陈代谢和生物活性。

纳米 ZnO 浓度为 10～50mg/L 时，随着浓度的逐渐增加，明显抑制了生物量和增殖速率，此时 COD 去除率降至 67.76%，对氨氮和 SOP 的去除抑制作用明显增强。可能是纳米 ZnO 的累积，对微生物有毒害作用，对细胞的结构和组分产生破坏；或由于纳米粒子的抑菌性，这会阻断细胞的营养输送途径，抑制微生物的活性和增殖，甚至可能导致微生物的死亡。

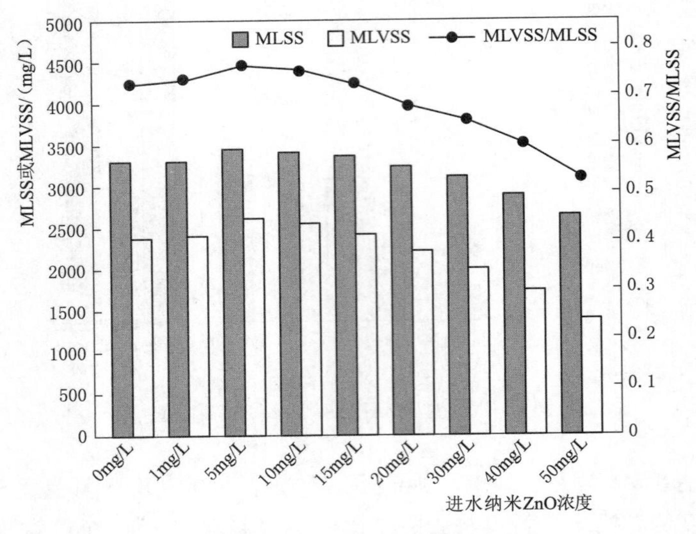

图 6－29　纳米 ZnO 对生物膜量的影响

2. 纳米 ZnO 对比耗氧呼吸速率的影响

比耗氧速率反应微生物的代谢速率和酶活性变化情况如图 6－30 所示。由图 6－30 可知，未投加纳米 ZnO 时，微生物比耗氧速率值为 40.36mg/(L·h)；在 5mg/L 纳米 ZnO 胁迫下略升至 43.08mg/(L·h)；而在 10～30mg/L 纳米 ZnO 胁迫下，SOUR 逐渐下降，直至 40mg/L 后骤减至 16.77mg/(L·h)。在 10mg/L 内，微生物新陈代谢受到一定的抑制，但是生物量有所增加，活性污泥的总体效能未发生明显变化，即对 COD 去除率没有

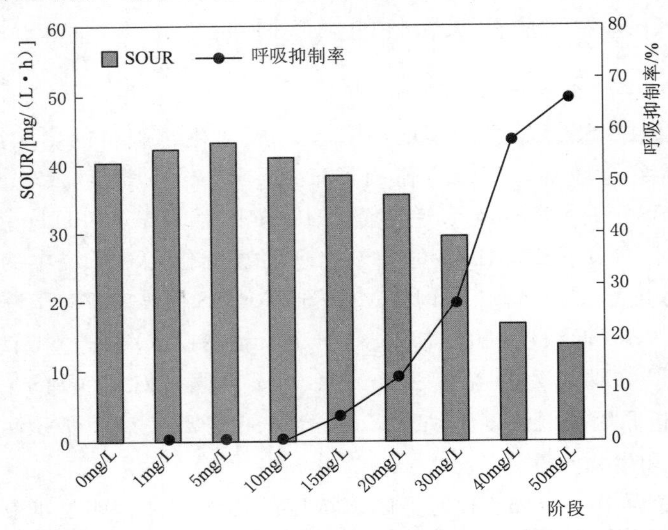

图 6－30　纳米 ZnO 对比耗氧呼吸速率的影响

影响。当纳米 ZnO 浓度增至 15～50mg/L 时，表现出对系统比耗氧速率的抑制，但抑制率（67.64%）低于王树涛等研究所得纳米 40mg/L ZnO 对活性污泥比耗氧速率的抑制率（79.00%）。

6.2.4 纳米 ZnO 对微生物群落的影响研究

1. 微生物群落多样性分析

CK、UD20 两个样本多样性指数见表 6-3。OTU 聚类结果显示，投加 20mg/L 的纳米 ZnO 后，系统中 OTU 数由 1671 减至 1082。Coverage 指数均大于 0.97，表明测序结果能反映了样品中的微生物真实情况。Shannon 与 Chao1 指数与群落多样性呈正相关，而 Simpson 指数与群落多样性呈负相关。由表 6-3 结果可知，CK 组微生物群落丰富度和多样性均大于 UD20 组。说明纳米 ZnO 的胁迫降低了系统中微生物群落的多样性和均匀性。

表 6-3 多样性指数表

样本	OUT 数	Shannon	Chao1	Simpson	ACE	Coverage
CK	1671	5.13	1422	0.03	1433	0.99
UD20	1082	3.70	808	0.08	820	0.99

2. 微生物群落结构分析

门水平微生物群落结构如图 6-31 所示。在纳米 ZnO 胁迫下，系统内的微生物组成也随之进行演替。投加纳米 ZnO 后，优势菌群集中在髌骨菌门（Patescibacteria）、放线菌门（Actinobacteria）、变形菌门（Proteobacteria）、拟杆菌门（Bacteroidota）等。在 20mg/L 纳米 ZnO 胁迫下，髌骨菌门相对丰度由 9.33%突增至 56.64%，体现出绝对优势，说明髌骨菌门中存在可以抵御较高浓度纳米 ZnO 的菌种。有研究表明髌骨菌门相对丰度随着金属离子浓度增大而增大，对有机物、重金属和抗生素有较好的去除效果。这也可能是纳米 ZnO 浓度增加，而对有机物去除影响较小的原因。

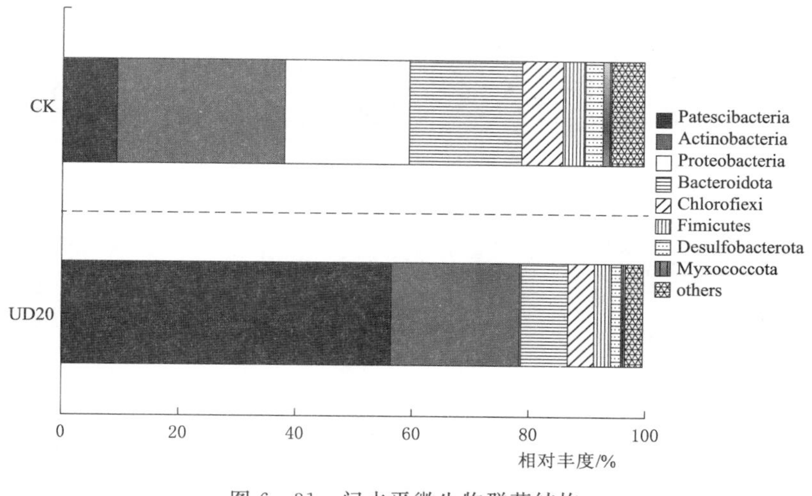

图 6-31 门水平微生物群落结构

变形菌门（Proteobacteria）中包含常见的反硝化功能菌，相对丰度由21.09%降至8.00%，绿弯菌门（Chlorofiexi）不仅具有降解水中碳水类化合物的作用，同时也有助于反硝化过程，相对丰度由7.03%降至2.60%，表明系统中纳米ZnO对其产生抑制作用，导致脱氮性能变差。拟杆菌门（Bacteroidota）具有将复杂有机物降解为小分子有机物的能力，其相对丰度由CK组19.59%降至4.87%，所以系统出水中有机物浓度逐渐增大。厚壁菌门（Firmicutes）具有降解毒素的功能，在UD20组中，相对丰度略有降低，说明此时系统内微生物对纳米ZnO产生的毒性仍有抵抗能力。

CK组和UD20组属水平相对丰度大于1.5%的优势菌属如图6-32所示。可以看出，在投加纳米ZnO后，优势属及其丰度发生显著变化。UD20组中，*norank _ f _ norank _ o _ Saccharimonadales*、*TM7a*、*Nakamurella* 和 *norank _ f _ LWQ8* 属的相对丰度明显升高，占比分别为26.64%、14.19%、13.67%、13.54%。推测可能是在纳米ZnO胁迫下，造成系统内微生物菌群间的竞争压力减小，更利于其生长。*Nakamurella* 可以分解有机物，为脱氮除磷菌提供条件，但进水中的纳米ZnO浓度的升高，限制了其他氮循环菌的生长，虽然微生物具有抗冲击负荷能力，但氨化反应进程仍然受到一定程度的抑制，使得脱氮效率逐渐降低。*norank _ f _ norank _ o _ Saccharimonadales* 菌属耐盐和有机物，对废水净化有着重要的作用。系统中该菌属一直作为优势菌属，相对丰度有所提高，说明纳米ZnO的胁迫对其生长繁殖具有促进作用。在20mg/L纳米ZnO胁迫下，微丝菌属（*Candidatus _ Microthrix*）相对丰度由12.07%降至0.32%，其相对丰度与总氮和有机物的去除率呈正相关。表明累积的纳米ZnO对丝状菌类有抑制作用，导致系统脱氮效果变差。微单孢菌属（*Micropruina*）是一种脱氮除磷菌，属于在恶劣条件下可以积累能量和化合物的耐毒类微生物，它不仅积累细胞聚磷酸盐，而且在厌氧或有氧条件下均能储存和使用各种糖类物质。在15～20mg/L时，其相对丰度略有提高，在纳米ZnO冲击下，SOP去除效率逐渐降低后又有一定的恢复，*Micropruina* 起到一定积极作用。

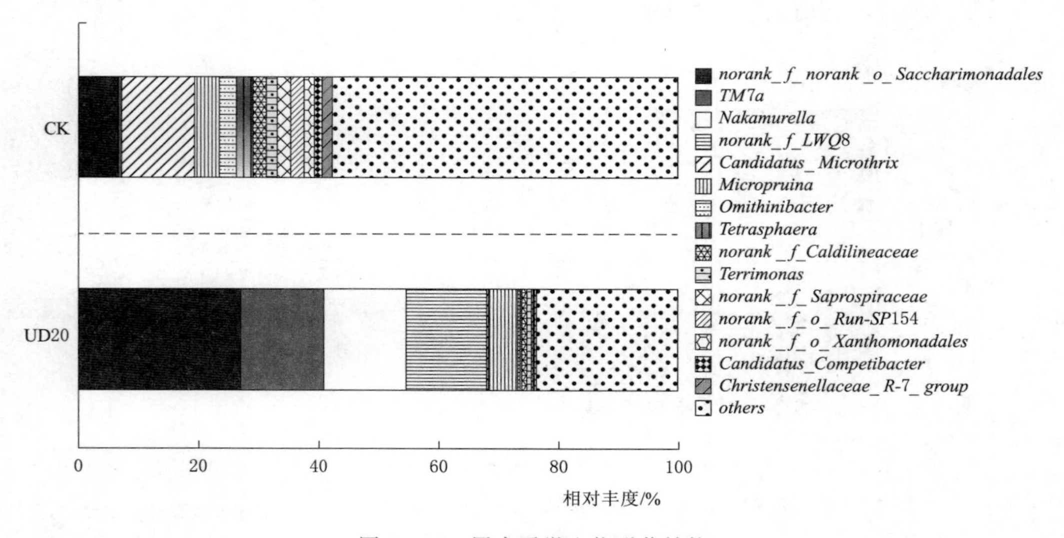

图6-32　属水平微生物群落结构

参 考 文 献

[1] 高静湉，胡鹏，蔡怡婷，等. 纳米 ZnO 胁迫下 SBBR 污染物去除性能及微生物群落响应 [J]. 中国环境科学，2022，42 (8)：3658 - 3665.

[2] 张凯. 废水中铁离子浓度对活性污泥产量的影响研究 [D]. 兰州：兰州理工大学，2020.

[3] 彭永臻，王鸣岐，彭铁，等. 四种碳源条件下城市污水处理厂尾水深度脱氮的性能与微生物种群结构 [J]. 北京工业大学学报，2021，47 (10)：1158 - 1166.

[4] Lu G R，Xie B H，Cagle Grace A，et al. Effects of simulated nitrogen deposition on soil microbial community diversity in coastal wetland of the Yellow River Delta [J]. Science of the Total Environment，2021，757：143825 - 143832.

[5] Lin Z Y，Wang Y M，Huang W，et al. Single - stage denitrifying phosphorus removal biofilter utilizing intracellular carbon source for advanced nutrient removal and phosphorus recovery [J]. Bioresource Technology，2019 (277)：27 - 36.

第7章　二级出水深度脱氮技术—生态沟渠

随着我国《水污染防治行动计划》“水十条”的颁发，许多污水处理厂将排放标准提至GB 18918—2002一级标准的A标准。但是目前我国城镇污水处理厂排水的指标不能稳定于“A标准”，并且GB 18918—2002的A标准仅相当于GB 3838—2002的“劣V类”。即使稳定达标排入地表水标准较高的水域时，也会对其造成一定的污染负荷冲击，可能导致水体富营养化、威胁饮用水安全等危害。因此城镇污水处理需要达到同级排入（与排入水体环境质量指标相同），此时就需要对二级出水进行深度处理，以减轻污染负荷，减少水体再污染的风险。

就城镇污水厂二级出水的污染物而言，TN（氨氮、亚硝酸盐氮和硝酸盐氮）是最容易导致水体富营养化、破坏水体生态平衡的污染物之一，所以脱氮是城镇污水深度处理的一项主要目标。

近年来，随着社会经济快速发展、城市化建设步伐的加快，频繁的人类活动和多变的自然气候使得我国水体富营养化问题日益加重，生态沟渠技术是近几年来随着生态水力环境的发展而提出的一种遵循近自然原则的生态修复工程，经过实践证明，其可作为一种有效的富营养化水体修复技术展开实际应用，但在我国北方寒旱地区，由于高寒、降雨少、蒸发强等原因，导致土壤和水体碱化严重，不利于沟渠系统植物和基质的正常发挥，从而限制了生态沟渠技术的应用。

本课题组针对寒旱地区气候条件、地表富营养化水体的特点及治理需求，开展了多介质复合生态沟渠技术的研究和示范，采用室内模拟试验和野外示范工程相结合的方法，从植物和基质的优化配置角度，分析不同载体组合、不同植物搭配方式对氮磷的去除效果，优化确定了适合寒旱地区生态沟渠系统的载体组合和植物搭配方式。并在此基础上以赛汗塔拉湿地公园进水沟渠为研究对象建立生态沟渠示范工程，通过对工程的运行效果、环境效益和经济效益进行分析评价，探索其实际应用的可行性，以期设计出适合寒旱地区控制面源污染的生态沟渠，为交替式移动床生物膜反应器出水深度脱氮提供一种高效率、低耗能、无二次污染的处理方式。

7.1　生态沟渠概述

生态沟渠是由植物-底泥-微生物所组成的独特的半自然生态系统，通过植物吸收、微生物降解等方式将溶解或吸附在土壤颗粒表面的污染物随沟渠径流迁移转化，使进入受纳水体中的氮、磷等污染物浓度削减。

1. 植物吸收

水生植物对沟渠系统中污染物的去除发挥了重要的作用。它通过提高沟渠的粗糙度和阻力，从而降低水流速度，拦截泥沙，促进悬浮物的淤积，增加水深和 HRT，进而提高沟渠对污染物的去除潜力，还可以直接吸收上覆水以及底泥间隙水中的氮、磷、重金属以及部分毒素等污染物，这些污染物通过植物根系进入植物体内，一部分作为营养物质用于植物生长，另一部分则被吸收富集。由于植物自身的吸收作用在植物根区形成的浓度梯度，打破了营养物质在泥-水界面原有的平衡，加快了污染物进入底泥的速度，增强了系统对污染物的截留能力。研究发现，有植物的生态沟渠氮、磷的截留效率均在 30%以上，而自然沟渠的截留效率为 20%～30%。同时，由于各水生植物对氮磷的去除能力不同，因此其对沟渠底泥的理化性质也会产生不同的影响。

2. 底泥吸附

沟渠底泥主要是由农田流失的土壤和自然形成的底泥两部分组成，它作为沟渠系统的基质和载体，不仅为微生物和水生植物提供了生长的载体和营养物质，自身也对水体中的氮磷等污染物质有净化作用。

3. 微生物降解

植物根系和底泥表面会因大量微生物附着而形成一层生物膜，为周围水体中流经氮磷及其他大分子有机污染物提供降解条件。由于植物自身光合作用可以为植物根部提供氧气，使得围绕根系的水域形成一定的氧化微环境，使得根系周围连续呈现出好氧、缺氧及厌氧状态，有利于硝化和反硝化作用在沟渠系统中同时进行，从而达到脱氮作用。

基于生态沟渠系统处理污水的功能，本课题组对生态沟渠基质筛选、植物筛选、基质对氮、磷的吸附组合筛选、植物优选进行了试验研究。前期对生态沟渠系统基质和植物研究，后期对包头市赛汗塔拉湿地公园原始草原湿地生态系统进行了生态沟渠示范工程研究，并研究了好氧-缺氧型生态沟渠在寒旱区城市水体面源污染防治中的应用效果。

7.2 基质对氮、磷的吸附组合筛选

底泥吸附作用对氮、磷的去除贡献很大但底泥的吸附性能容易受到外界环境的影响，因此为了强化沟渠对氮、磷等污染物质的去除效果和稳定性，可以在沟渠中添加人工载体。载体对水体的净化主要通过物理截留、化学沉淀、吸附、离子交换等作用。最常见的人工湿地载体包括沸石、活性炭、粉煤灰、砾石、火山岩、炉渣、砖块、钢渣、陶粒等。每种基质材料都有各自优缺点，对人工湿地基质进行选择时，应该根据实际所需要处理水体的性质和经济条件将多种基质混合配比组成，充分发挥它们之间的相互作用以提高污染物去除效果。基质的组合配比选择十分重要，作为沟渠湿地系统的核心部分，它决定了整个湿地体系对污染物的去除效果，正确选择组合基质是提高污染物质的去除效果，避免系统堵塞，提高运行周期、降低运行成本的基础不同，研究者对载体的选择及载体配比不同，所得出的结论也有所差别，因此在实际研究中应根据实际情况筛选出合适的载体。

7.2.1 单一基质对氮、磷吸附特性研究

根据不同氨氮、磷溶液浓度下各基质对氨氮和磷的吸附量和平衡浓度，绘制等温吸附

曲线，如图 7-1 所示。可以看出，各基质对氨氮和磷的吸附量随着氨氮、磷溶液初始浓度增加而增加。天然沸石对氨氮的吸附量大于其他 4 种基质，其饱和吸附量为 0.84mg/g 是吸附量最小的无烟煤的 1.3 倍。不同磷浓度下，炉渣对磷的吸附量均比其他 4 种基质大，而天然沸石、麦饭石、废砖块、无烟煤对磷的吸附量差别不大。从总体上看，废砖块对低浓度氨氮的去除效果明显优于天然沸石，炉渣对磷的吸附显著优于其他基质，这一现象可能是由于炉渣中大量的 Ca^{2+} 与磷酸根离子反应生成磷酸盐沉淀，使磷得以去除。

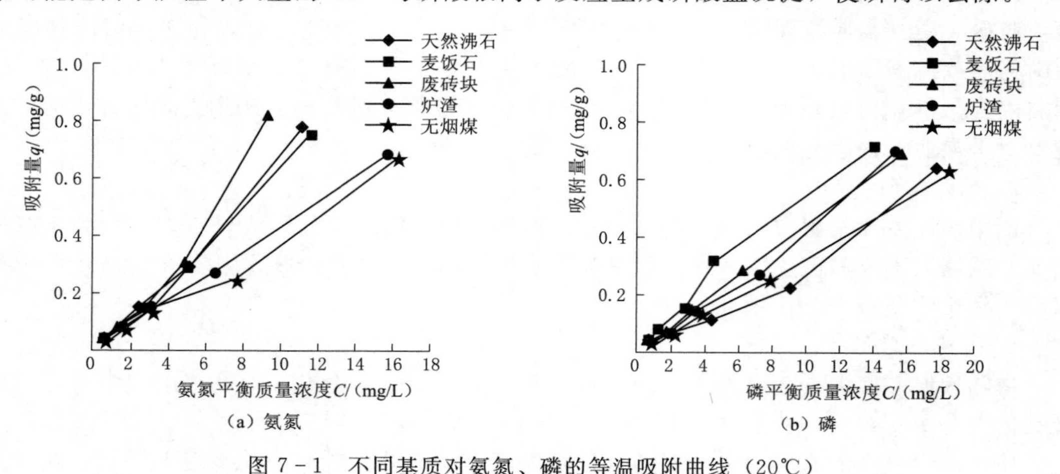

图 7-1　不同基质对氨氮、磷的等温吸附曲线（20℃）

7.2.2　组合基质配比对氮、磷的去除效果

由于北方寒旱地区地表富营养化水体氨氮浓度范围是 2.45～4.69mg/L，总磷浓度范围是 0.27～0.86mg/L。同时结合前期实验水样测定的氨氮和总磷浓度，故组合基质实验中氨氮浓度为 5mg/L 的 NH_4Cl 溶液和总磷浓度为 2mg/L 的 KH_2PO_4 溶液（pH 值为 7）。

通过单一基质等温吸附实验选择对氨氮、磷吸附量较大的 3 种基质，按照不同比例（表 7-1）配制成组合基质，分别称取 5g 不同比例的混合基质于 250mL 的锥形瓶中，再分别加入配置好的 NH_4Cl 溶液和 KH_2PO_4 溶液 100mL，加 2～3 滴三氯甲烷以防止微生物活动对试验结果的影响。锥形瓶置于温度为 20℃、转速为 150r/min 的恒温摇床中振荡，分别测定 12h、24h、48h 氨氮、磷的吸附量和去除率。

表 7-1　　组合基质比例表

基质组合	组合代号	组合质量比例
废石块：天然沸石：炉渣	FTL111	1∶1∶1
	FTL112	1∶1∶2
	FTL113	1∶1∶3
	FTL211	2∶1∶1
	FTL311	3∶1∶1
	FTL121	1∶2∶1
	FTL131	1∶3∶1

不同组合基质对氨氮、磷的吸附量和去除率如图 7-2 所示，可以看出，不同基质组合不同吸附时间氨氮和磷的去除效果也不相同，各组合基质在吸附 24h 时对氨氮和磷的吸附量和去除率均优于 12h 和 48h。各组合基质对氨氮的吸附量差异不大，FTL113 对于氨氮的吸附效果最好，氨氮吸附量达到 0.091mg/g，去除率为 90.73%，较单一基质去除效果最好的天然沸石相比去除率提高了 14.57%。FTL113 对磷的吸附量和去除率明显优于其他组合基质，磷吸附量达到 0.039mg/g，去除率为 94.29%，较单一基质去除效果最好的炉渣相比去除率提高了 15.2%，这可能是因为 FTL113 中炉渣占比高，而炉渣中含有丰富的 Ca、Fe、Mg、Al 等氧化物，这些氧化物溶解后释放的 Ca^{2+}、Fe^{3+}、Mg^{2+}、Al^{3+} 与磷酸根离子反应生成磷酸盐沉淀，使磷得以去除。综上所述，在后续的研究中选择 24h 对氨氮和磷去除效果最好的基质组合 FTL113 进行影响因素试验。

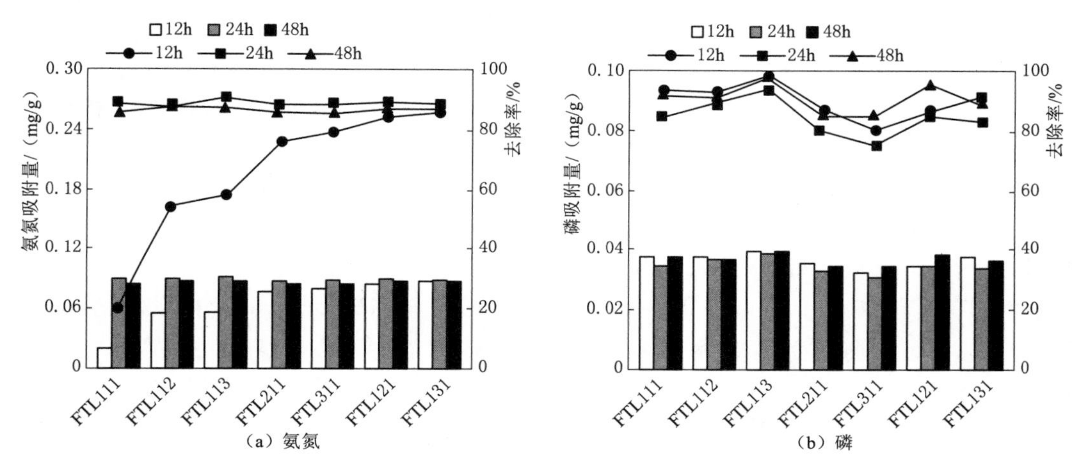

图 7-2 不同组合基质对氨氮、磷的吸附量和去除率

7.2.3 组合基质去除氮、磷效果的影响因素实验

1. *温度对最优基质组合去除氮、磷的影响*

不同温度对氨氮和磷的吸附量和去除率如图 7-3 所示，可以看出，随着温度升高 FTL113 对磷的吸附量而增加，在 25℃时磷的去除率达到最大（94.29%），较 5℃、10℃、15℃、20℃分别增加了 7.15%、5.77%、6.6%、1.38%。FTL113 对氨氮的吸附量随着温度升高而降低，5℃时达到最优去除效果（94.23%），而不同温度下氨氮和磷的吸附量差异不大。综上所述，FTL113 对磷的吸附属于吸热反应，适当地提高温度导致溶液中离子运动加快，有利于磷的去除。FTL113 对氨氮的吸附属于放热反应，适当地降低温度可以加快氨氮与溶液中离子发生离子交换反应，有利于氨氮的去除。由于寒旱地区气候影响导致水温变化明显，试验期间水温变化范围在 7.63～23.58℃之间，由实验结果可知试验选取的基质组合可以很好地对寒旱地区的地表富营养化水体进行净化处理。

2. *pH 值对最优基质组合去除氮、磷的影响*

不同 pH 值对氨氮和磷的吸附量和去除率如图 7-4 所示，可以看出，FTL113 对磷的去除效果受 pH 值影响较大，随着 pH 值升高而降低。pH 值从 5 到 9，FTL113 对磷的去

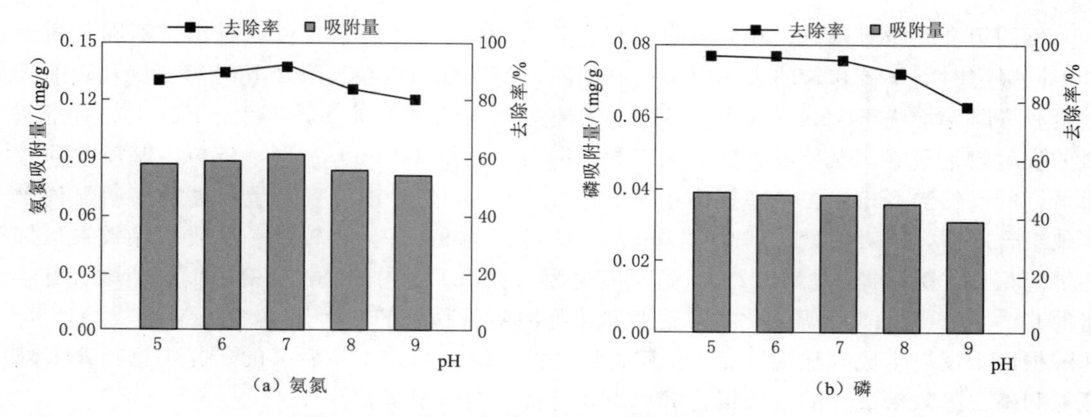

(a) 氨氮　　(b) 磷

图 7-3　不同温度对氨氮和磷的吸附量和去除率

除率从 96.76%降至 78.35%，这是由于 pH 值升高，抑制了溶液中易于磷酸盐反应的金属离子的析出，OH^- 浓度的增加，与 PO_4^{3-} 形成竞争且吸附剂表面静电排斥作用增大导致对磷的吸附作用减弱。随着 pH 的升高 FTL113 对氨氮的去除率先升高后降低，在 pH 值为 7 时去除效果最好，去除率为 91.78%，这是由于在酸性条件下，基质表面结构和化学特性被 H^+ 改变，使得基质表面活性吸附位点数量和形态发生变化，NH_4^+ 与基质表面静电排斥作用增强，降低了材料对 NH_4^+ 的结合力，随着 pH 值升高，排斥作用减弱，吸附量也随之升高并至最大值；在碱性条件下，溶液中 NH_4^+ 与 $NH_3 \cdot H_2O$ 会存在转化，OH^- 浓度升高，导致平衡右移 NH_4^+ 浓度减少，与基质内部阳离子的交换能力被削弱，氨氮吸附量减小。富营养化水体水的 pH 值一般为 7～9，试验期间水体 pH 值变化范围为 7.48～9.26，水质偏碱性。由上述试验结果可知，最优基质组合 FTL113 在富营养化水体的治理中均能对氨氮和磷进行有效去除。

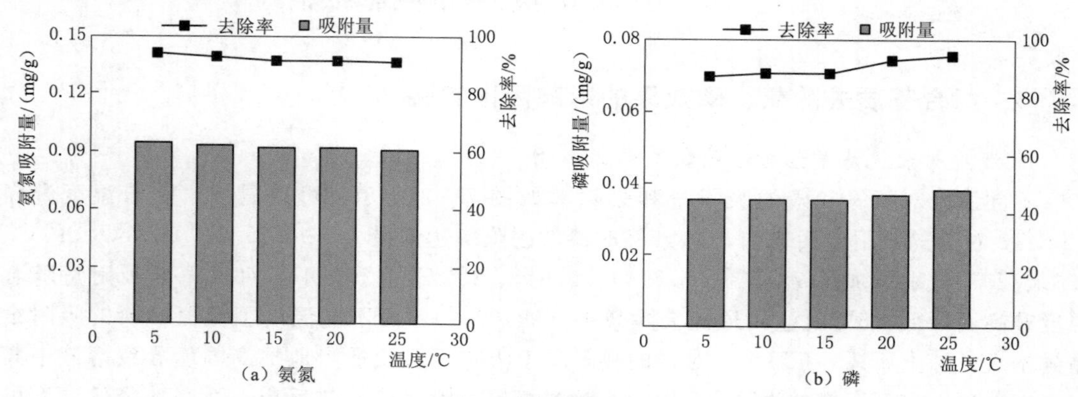

(a) 氨氮　　(b) 磷

图 7-4　不同 pH 对氨氮和磷的吸附量和去除率

3. 盐度对最优基质组合去除氮、磷的影响

不同盐度对氨氮和磷的吸附量和去除率如图 7-5 所示，可以看出，FTL113 对氨氮和总磷的吸附效果均随着溶液盐度的升高而下降。在溶液盐度低于 1%时，FTL113 对溶液中氨氮的去除效果下降幅度并不明显，均在 3%左右，而在盐度达到 2%时，氨氮的去除率仅有 68%，比盐度为 0%时的去除率（92%）降低了 24%。不同盐度对 TP 的去除效果

和氨氮相似，在盐度低于1%时影响不大，当盐度为2%时，磷的去除率降为77.25%。出现这一现象的主要原因在于，基质对氨氮的吸附包括离子交换和物理吸附作用，溶液中Na^+、K^+、Ca^{2+}等的存在，会与NH_4^+产生竞争吸附作用，从而抑制基质对氨氮的吸附作用。而基质对磷的去除主要是化学吸附作用，其吸附能力受pH影响较大，溶液中离子浓度的升高对其吸附效果影响较小，同时高盐度溶液中盐分附着在基质表面，Cl^-也会腐蚀基质表面，导致基质的微孔数量和比表面积减小，同时单位表面的吸附位点减少，从而使基质对氨氮和磷的吸附能力下降。根据寒旱地区土壤盐分含量调查分析和试验前期的采样测量结果得知，野外生态沟渠试验基地的土壤含盐量在0.2%～0.7%，属于中度盐碱化，水体盐度为0.53‰～0.74‰，因此盐度对于最优基质组合去除富营养化水体中氮、磷的影响很小，可以忽略。

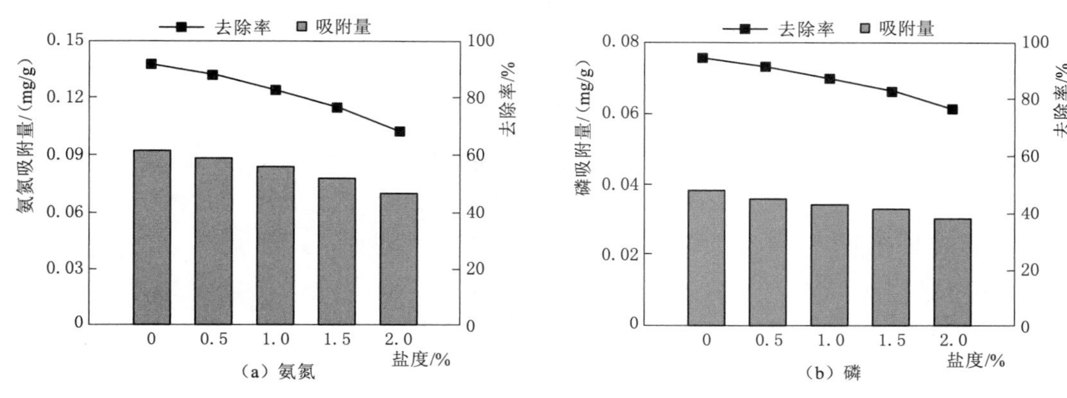

图7-5 不同盐度对氨氮和磷的吸附量和去除率

7.3 植物配置方案优选实验

由于寒旱地区降水量少且相对集中、蒸发剧烈等特点，导致土壤和水体中的含盐量较高，同时，常年风大，因此生态沟渠中植物的选择对于植物适应能力和韧性的要求相对较高，通过对成活率、生长情况、景观效果以及植株对水体的适应能力等方面综合分析，最终选择香蒲、千屈菜和鸢尾作为生态沟渠栽种植物。

7.3.1 单一基质对氮、磷吸附特性研究

单一植物对氨氮和磷去除率如图7-6所示，可以看出，各植物对水中氨氮和磷均有不同程度的净化作用，3种植物对氨氮的去除率均达到25%以上，香蒲处理效果最好，去除率为30%，千屈菜对磷的净化效果最优，去除率为18%。在试验刚开始时，种植植物的处理系统与空白对照组的去除效果差异不大，随着试验时间的增长，植物对氮磷吸收能力增强，处理效果明显高于空白对照组。这是由于水体中氮磷的去除是依靠植物自身吸收同化和微生物共同作用。与无植物空白组相比，随着植物生长稳定自身对氮磷的需求量增加，同时，根系越发繁密，为依附根系的微生物提供良好的生存环境，促进了系统对氮磷的去除。

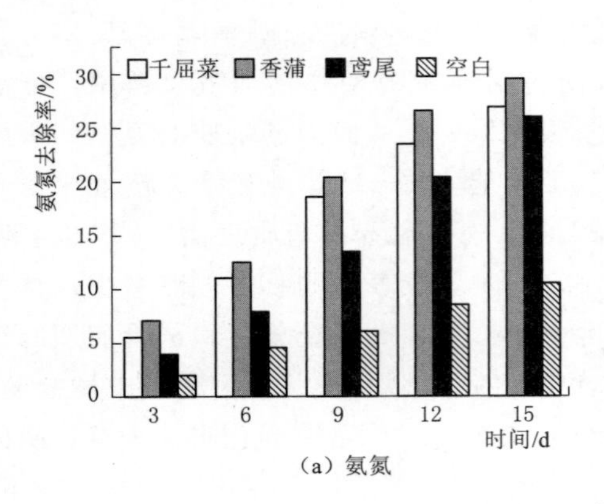

(a) 氨氮

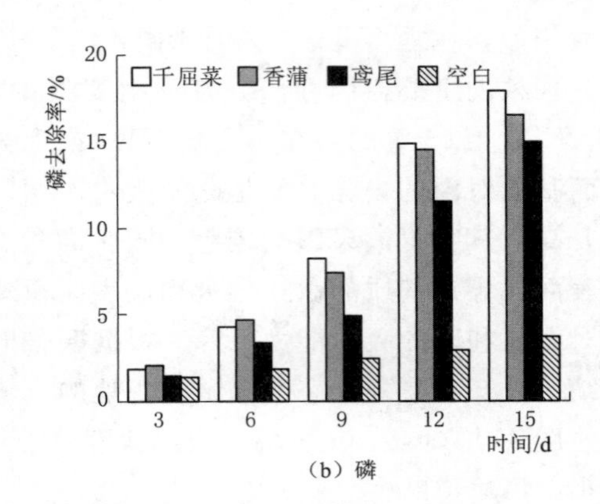

(b) 磷

图 7-6 单一植物对氨氮和磷去除率

7.3.2 混合植物对氮、磷去除效果实验

混合植物对氨氮和磷去除率如图 7-7 所示，可以看出，实验前 3d，受植物生长影响，4 种混合植物系统对氮磷的净化效果不明显，实验持续到第 6d 以后，各处理系统对氮磷的净化效果出现明显变化。经过 15d 的试验处理，千屈菜＋香蒲＋鸢尾混合系统对氨氮的去除率为 34.5％，对磷的去除率为 21.2％；千屈菜＋香蒲混合系统对氨氮的去除率为 31.3％，对磷的去除率为 18.6％；千屈菜＋鸢尾混合系统对氨氮的去除率为 29.3％，对磷的去除率为 19.2％；鸢尾＋香蒲混合系统对氨氮的去除率为 32.1％，对磷的去除率为 17.8％。通过对去除率的比较发现，3 种植物混合组成的处理系统对氮磷的去除效果要优于两种植物组成的系统和单一植物系统，这是因为 3 种植物混合使得植物间交互作用增强，更有利于每一种植物自身的生长，并且 3 种植物混合的根系更为发达，微生物的生存环境会更好，这就大大加大了系统对氮磷的去除能力。对 3 个两种植物组合的去除效果比较发现，千屈菜＋鸢尾和千屈菜＋香蒲的植物组合对磷的去除率要高于鸢尾＋香蒲的植物组合，可能是由于千屈菜自身对磷的处理效果最好，使带千屈菜的组合的去除效果要优于无千屈菜的组合。

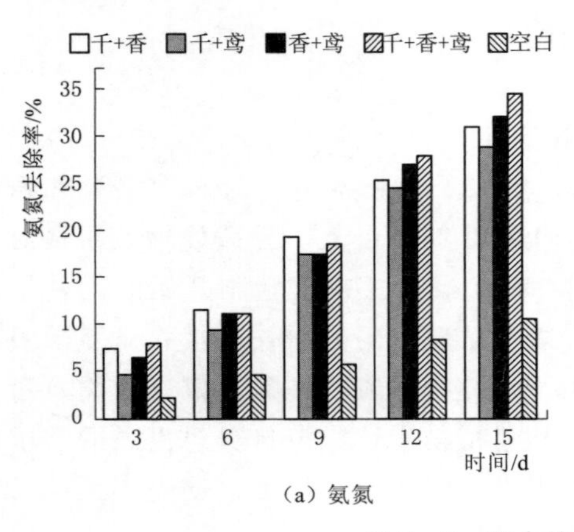

(a) 氨氮

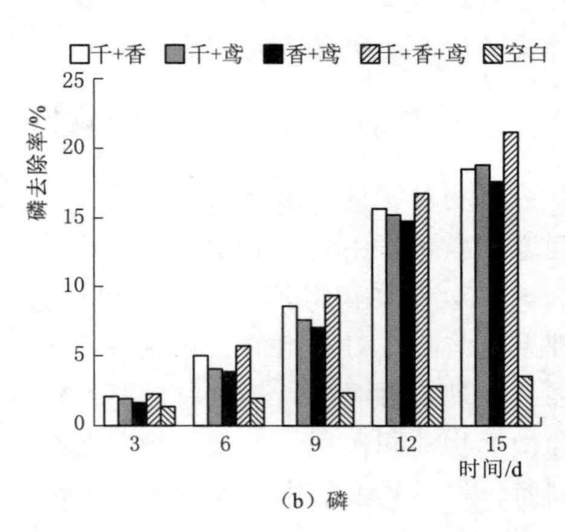

(b) 磷

图 7-7 混合植物对氨氮和磷去除率

综上所述，在后期野外生态沟渠实验中，选择千屈菜、鸢尾、香蒲3种植物混合搭配的方式栽种。

7.4 生态沟渠示范工程

7.4.1 研究区域概况

1. 地理概况

包头市赛汗塔拉湿地公园位于我国内蒙古自治区包头市5个城区之间，是全国城市中最大的天然草原园区。作为包头市区原始草原湿地生态系统，其不仅具有重要生态学价值，更具有景观效果。园区总面积770hm^2，水体面积9.4hm^2，园西靠近万青路呈带状台地，南北狭长，约4.1km，由北向南渐缓降低，高差8～10m，东西跨度约2.2km，海拔高度1034.00～1058.00m，内部大部分是天然草滩，500多公顷，其间四道沙河穿园而过，形成了独具特色的天然草原湿地。赛汗塔拉湿地公园俯瞰图如图7-8所示。

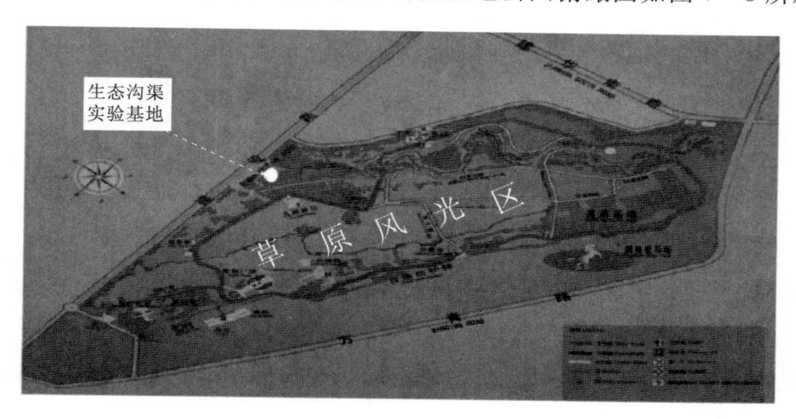

图7-8 赛汗塔拉湿地公园俯瞰图

2. 气候概况

赛汗塔拉湿地公园属于典型半干旱中温带大陆性季风气候，光照强度大，降雨量少且相对集中，蒸发量较大，冬季时间长且冷，夏季时间短且热。年均气温8.3℃，春、秋两季气温变化剧烈且风大，全年1月最冷，平均气温为-11℃，极端最低气温可达-20℃以下，7月最热，平均气温为23℃，极端最高气温可达39℃。年平均降雨量不足400mm，雨季主要集中在6—8月，占全年降雨量80%，年蒸发量约2300mm，光照充足，年日照时数2960.2h。

3. 水质概况

由于园区以四道沙河降雨泄洪水及大气降水为主要补水来源，导致园区内的水体普遍受到面源污染的影响，入园水质指标见表7-2，根据《地表水环境质量标准》(GB 3838—2002)，入园水质属于劣Ⅴ类。因此，为促进赛汗塔拉湿地公园园区水体的改善而研发有效的拦截措施，减少临近区域向地表水体过量迁移氮磷等污染物质十分必要。

表 7-2　　河　道　水　质　　单位：mg/L

水质指标	总　氮	氨　氮	总　磷	COD
进水浓度范围	3.301～10.376	1.187～3.375	0.169～0.404	48.20～76.70
平均值	5.286	2.128	0.243	55.21

7.4.2　工程概况

1. 工艺流程

在实验室模拟实验的基础上，选择赛汗塔拉湿地公园构建示范工程，该示范工程建设选址在四道沙河入园河道东侧，结合地势和汇流特征，由于河道泥沙大，为避免大量泥沙造成沟渠堵塞，用泵将河水引入蓄水池中进行初沉，同时也保证生态沟渠连续进水，经过管道流入生态沟渠中进行处理，最后返回至湖体，其工艺流程如图 7-9 所示。

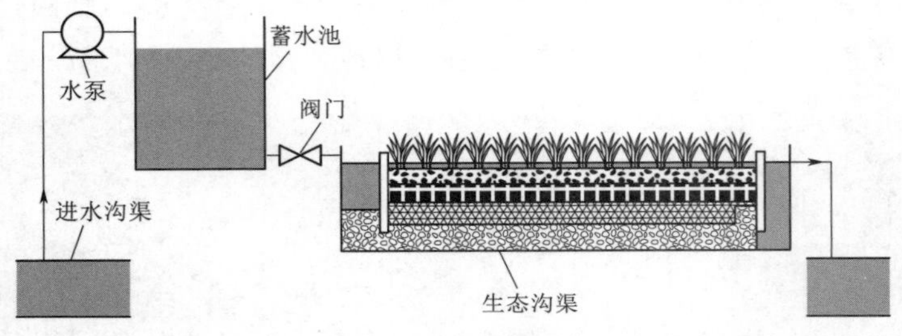

图 7-9　工艺流程图

2. 示范工程建设及相关设计

本示范工程主要构筑物为生态沟渠和蓄水池。生态沟渠铺膜前后对照图如图 7-10 所示，综合现场情况、经济效益和水力特性将生态沟渠设计为倒梯形，上口宽 1m，下口宽 0.5m，深 1m，长度为 15m [图 7-10 (a)]，由于河道边是泥沙土，土质松散，为防止渠体塌陷在生态沟渠底部用复合防渗膜作为防渗层，在防渗膜上铺设土工布防止基质将其损坏 [图 7-10 (b)]。蓄水池体积 $9m^3$，生态沟渠建成后，在其底部将废砖块、天然沸石、

(a) 铺膜前　　(b) 铺膜后

图 7-10　生态沟渠铺膜前后对照图

炉渣按照 1∶1∶3 质量比铺设，在铺设方式上分为水平和垂直两个方向对铺设粒径进行布置。在垂直方向上，从沟渠底部向上依次铺设废砖块（ϕ15～30mm）、天然沸石（ϕ10～15mm）、炉渣（ϕ5～20mm）。为防止进水处发生堵塞和保持出水通畅，水平方向在进水口 50cm、出水口 30cm 的距离内主要铺设大粒径的基质。由于寒旱地区，年、日温差大，导致气温变化明显，在基质上层铺 30cm 厚的土用于植物种植，尽可能地减少温差变化对生态沟渠系统处理效果的影响，沟渠基质铺设剖面如图 7-11 所示。为了保证生态沟渠的景观效果以及良好的水里条件，生态沟渠植物种植从前到后依次为千屈菜、鸢尾、香蒲，栽种密度为 25 株/m²。生态沟渠施工完工照和生态沟渠实景图如图 7-12、图 7-13 所示。

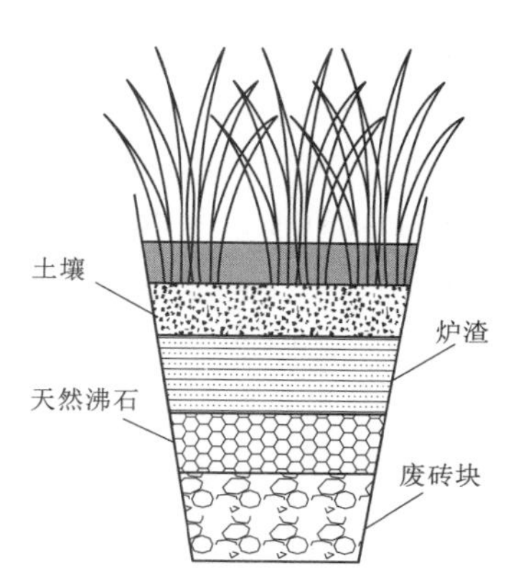

图 7-11　生态沟渠剖面图

图 7-12　生态沟渠施工完工照

图 7-13　生态沟渠实景图

7.4.3　示范工程对污染物的去除效果分析

本示范工程于 2019 年 4 月中旬动工建设，2019 年 6 月中旬完成了生态沟渠系统的植物种植，经过半个月的调试运行，于 7 月初开始正常运行。为了全面反应该示范工程对面源污染的处理效果，2019 年 7 月 3 日至 9 月 30 日，定期采集沟渠进出水口水样进行 COD、TP、TN、氨氮等指标的检测，采样频率为 3d。

1. TN 的去除效果

TN 去除效果如图 7-14 所示，可以看出，进水中 TN 平均浓度为 5.286mg/L，系统出水 TN 平均浓度为 2.992mg/L，试验期间 TN 平均去除率为 42.2%，出水 TN 浓度明显低于进水 TN 浓度。在生态沟渠运行初始阶段，由于植物处于对实验环境的适应期，故生长较为缓慢，同时 HRT 较短，因此水体 TN 的去除效果不明显，平均去除率为 23.6%。实验 15d 后，随着气温升高，植物进入迅猛生长期，长势明显，微生物数量和活性逐渐增强，TN 去除率随之提升，生态沟渠对 TN 的去除效果稳定，维持在 45.5%，最高达到

59.1%。到9月初即实验连续运行60d后，各植株对氮素的吸收相继进入饱和阶段对含氮营养物质需求量减少，随着气温的降低，植物根系对营养物质的黏附作用有所削减，此时水体中TN的去除已由植物吸收逐渐向微生物吸附降解转化，低温也影响了微生物活性和植物的新陈代谢，导致TN去除率增速趋于稳定，仍维持在50%以上。因此，该生态沟渠对入园水体中TN有较好的去除效果。

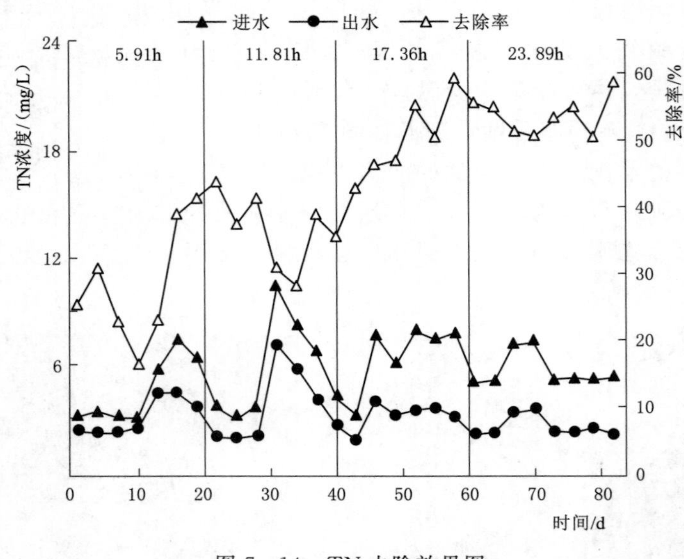

图7-14　TN去除效果图

2. 氨氮的去除效果

氨氮去除效果如图7-15所示，可以看出，在试验期间中，生态沟渠系统进水、出水氨氮浓度波动较大，进水平均浓度为2.128mg/L，系统出水氨氮平均浓度为1.319mg/L，

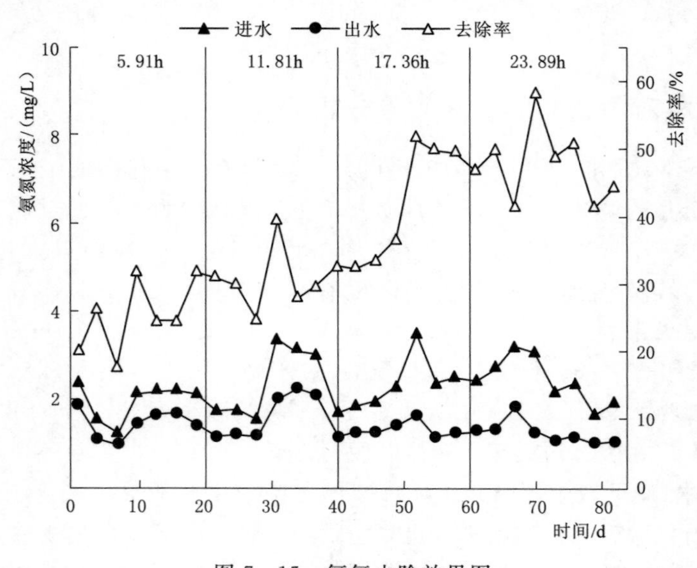

图7-15　氨氮去除效果图

达到了《地表水环境质量标准》(GB 3838—2002) Ⅳ类水的要求，生态沟渠对氨氮平均去除率为36.7%。在生态沟渠运行前期，由于HRT短，微生物和植物的生长状况不理想，系统对氨氮的去除主要依赖于载体吸附和蒸发作用，去除效果不明显，平均去除率为23.3%，等载体吸附饱和之后，沟渠系统对氨氮的去除率下降到17.8%。在7月中旬至8月初，系统对氨氮的去除率增速不明显，是由于沟渠中植物和微生物的生长刚趋于稳定，对氨氮的吸收转化能力较弱，因此对于氨氮的去除效果提升不是很大。随着气候变暖，微生物活性提高，植物生长迅猛，植物自身光合作用增强导致根部泌氧能力增强，植物根区附近会有大量的氧气，使得系统内基质表面区域属于好氧区，而在基质表面的生物膜内则处于缺氧、厌氧区，同时植物根部可以附着更多的微生物，增加了硝化细菌和反硝化细菌的生存空间，如果条件合适，则会形成脱氮、除磷所需的硝化-反硝化微环境。当污水流经众多的基质颗粒时，相当于形成许多串联或并联的同步硝化-反硝化处理单元，使得氨氮的去除效果越来越好。9月份，氨氮去除率波动大，但维持在40%以上，出水能够达到地表Ⅳ类水。

3. TP的去除效果

TP去除效果如图7-16所示，可以看出，在实验期间，进水TP平均浓度为0.243mg/L，系统出水TP平均浓度为0.148mg/L，达到了《地表水环境质量标准》(GB 3838—2002) Ⅲ类水的要求，生态沟渠对TP平均去除率为39.5%。生态沟渠运行初始阶段，由于系统载体的吸附作用较强，所以沟渠系统对TP的去除率维持在37.7%，随着实验的进行，基质的吸附量趋于饱和对水体中磷的吸附效果减弱，去除率降到21.6%。实验中期，植物分蘖繁殖速度加快，植物根系发达，为根系微生物提供更多的生存空间，间接促进了根系微生物的生长，由于植物自身的吸收需要和植物的光合作用及呼吸作用交替进行，根系改善了系统中的水力条件，使污水能与基质接触更充分，同时植物根区附近的好氧环境也有利于根系聚磷菌对水体中的磷进行超量吸收，去除率达到41.1%。实验后期，植物和基质对磷的吸收进入饱和，由于气温降低，微生物活性随之降低，导致沟渠系统对

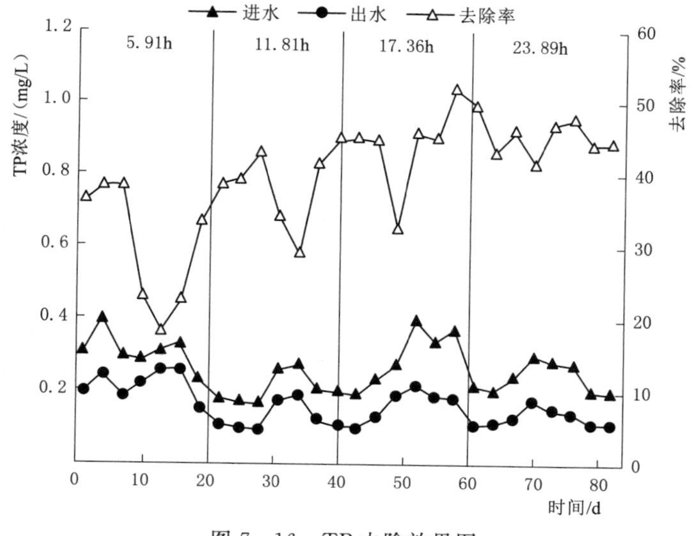

图7-16 TP去除效果图

磷的去除效果降低。

4. COD的去除效果

COD去除效果如图7-17所示，可以看出，实验期间，进水COD的平均值为55.214mg/L，系统出水COD平均浓度为36.697mg/L，满足《地表水环境质量标准》(GB 3838—2002) Ⅴ类水的要求，生态沟渠对COD平均去除率为38.4%。生态沟渠运行初始阶段，系统对COD的去除效果不太明显，去除率为21.1%，这是因为系统进水COD浓度很低，再加上COD的去除主要是依靠附着在基质和植物根系中的微生物代谢过程来完成，而前期植物和微生物的生长状况不好，只能依赖于系统载体对COD的吸附作用，所以生态沟渠对COD的去除优势难以体现。7月中旬至9月初，COD的去除效果明显变好，出水COD含量最低达29.8mg/L。从第65d开始，COD出水浓度出现上浮，去除率降低，这是因为在运行过程中，没有来得及刈割的枯落物及残留的根，在沟渠系统内堆积和腐烂会释放出一部分有机物质，系统基质载体吸附作用趋于饱和出现不同程度的堵塞，同时随着温度的下降，微生物活性和植物的吸收作用减弱，从而引起生态沟渠系统中COD浓度的增加。

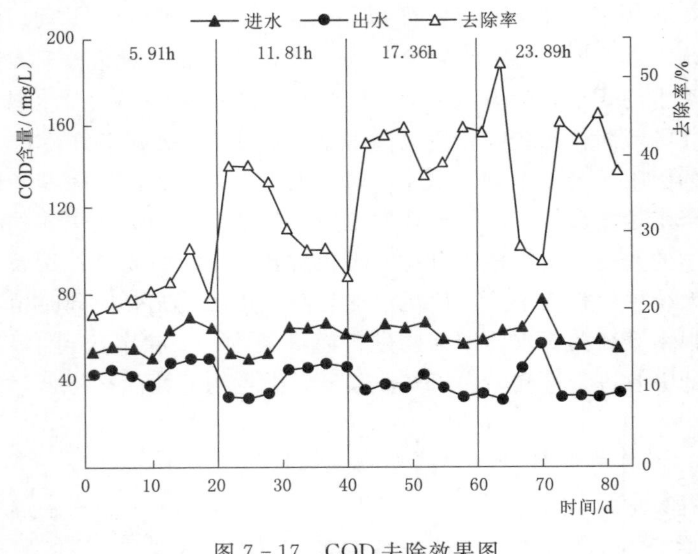

图7-17　COD去除效果图

7.4.4 生态沟渠处理效果影响因素分析

对比生态沟渠对污染物的去除效果图发现，虽然各污染物的去除效果都比较明显，但去除率波动较大，因此有必要分析实验期间的温度变化、天气状况以及HRT对水体中污染物去除效果产生的影响，以期为提高人工湿地对污水的净化效果提供参考。

1. 温度对生态沟渠处理效果的影响

研究表明，微生物通过硝化和反硝化作用实现氮磷的去除过程受温度影响较大。一般来说，硝化反应的适宜温度为20～30℃，反硝化反应的适宜温度为20～40℃。根据实验期间记录的温度数据可知，从7月3日到9月初，积温有效率高，生态沟渠水温几乎都在

16℃以上，在此期间沟渠对TN、氨氮、TP、COD的去除增长率分别为134.35%、147.59%、42.32%、128.86%。9月10日之后，由于沟渠系统内部基质和植物对污染物质的吸收相继进入饱和阶段对其需求量减少，水体中污染物的去除已由植物吸收向微生物吸附降解转化，同时，由于寒旱地区独特的气候条件导致昼夜温差大，对硝化细菌、反硝化细菌、聚磷菌等微生物的生长繁殖及正常代谢过程不利，致使试验后期生态沟渠系统对TN、氨氮、TP、COD的去除增长率下降，分别为98.79%、106.6%、20.83%、97.94%。即使在温度变化明显的9月，该生态沟渠对TN、氨氮、TP、COD的去除率均达到40%。综合来看，该生态沟渠能够很好地应对寒旱地区独特的气候条件，对其地表富营养化水体进行净化处理。

2. 降雨对生态沟渠处理效果的影响

降雨对污染物去除效果的影响也很大，相关研究表明，降雨径流可以为多种污染物质提供了大量的悬浮颗粒物作为载体，从而污染水体。总氮的去除效果在7月15日、7月19日、7月23日、8月6日、8月10日、8月25日、9月9日、9月12日均下降，是因为在这8次采样前后均出现连续下雨情况，为验证这几次降雨对生态沟渠处理富营养化水体的净化能力是否产生影响，我们结合上一节分析发现，氨氮、TP、COD的去除率均出现下降，波动时间与这几次降雨的时间基本吻合，由此可见，生态沟渠系统对污染物的处理效果随着天气情况波动。

一般情况下，水中污染物的浓度会由于雨水的稀释而降低，但该生态沟渠在这几次降雨期间的处理效果反而不如平时，分析认为，这是由于四道沙河泄洪水携带大量的氮磷等污染物，导致在降雨期间各污染物浓度几何倍数增长，同时，由于水量过大，将沟渠系统与河道淹没为一体，一方面超过了沟渠系统的最大处理负荷，另一方面水流太急将沟渠系统形成的生物膜冲碎，大量微生物被冲走，破坏了原有的微生物生长环境，导致处理效果下降。由于降雨将大量氮磷等面源污染物通过地表径流汇聚到四道沙河中，通过进水沟渠进入赛汗塔拉湿地公园中，导致各污染物进水浓度上涨，但该生态沟渠在7月3次降雨中对TN、氨氮、TP、COD的平均去除率分别为26.13%、26.91%、21%、24.38%，同时，随着各污染物进水浓度的增大，去除率越高。这是因为各污染物浓度与生态沟渠基质之间的浓度梯度差随着进水浓度的增加而增加，较大的梯度差促进基质对污染物的吸附作用。8月3次降雨过程，各污染物的平均去除率均在30%以上，这是因为8月，植物的生长和微生物活性均处于活跃期，对污染物的去除能力强。9月的两次降雨均为小到阵雨，因此降雨对生态沟渠系统处理效果的影响可以忽略。综合来看，该生态沟渠在寒旱地区的雨季运行状况良好，能够很好地对寒旱地区富营养化水体进行净化处理。

3. HRT对生态沟渠处理效果的影响

大量研究表明，在实际的水体污染处理过程中HRT是影响污染物去除效果的重要因素，在实验运行期间对生态沟渠的HRT做了4次调整，分别为5.91h、11.81h、17.36h、23.89h。不同HRT下系统对污染物的去除效果如图7-18所示，可以看出，HRT对系统处理效果有较大的影响，且HRT越长，系统对污染物的处理效果越好。当HRT为5.91h时，TN、氨氮、TP、COD的去除率为4个时间段中最低的，分别是23.60%、24.13%、

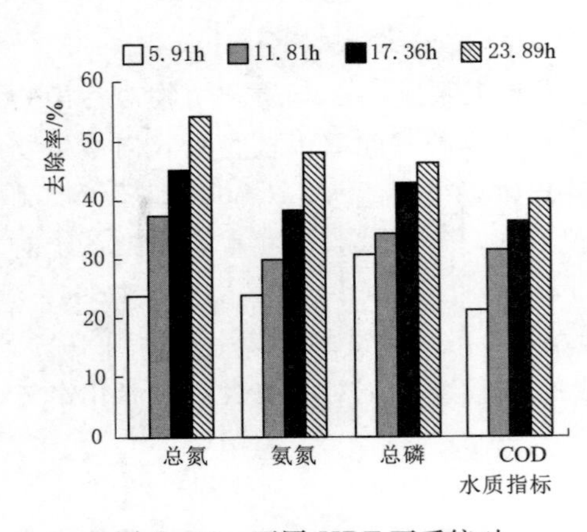

图7-18　不同HRT下系统对污染物的去除效果

30.73%、21.05%。随着HRT增长到23.89h，TN和氨氮的去除率分别达到54.15%和47.89%，TP和COD的去除率也分别达到了45.98%和40.04%，这是由于系统对氮的去除主要依靠植物吸收和微生物硝化-反硝化作用去除，随着HRT的增长，使水体中的氮素与微生物的接触时间更充足，有利于充分发挥其效能，并且此时植物长势良好，植物根系加强了对氮素的吸收，从而使更多的氮被生态沟渠系统截留下来，同时也增加了水体中的磷与载体的接触时间以及聚磷菌和植物对磷的吸收时间，还能增加载体中Fe^{3+}、Al^{3+}和Ca^{2+}等金属离子与污水中PO_4^{3-}的反应时间，从而使更多的磷通过物理或化学作用被湿地基质截留下来。也有研究表明，HRT不能过长，否则在某些条件下可能会打破系统氮磷反应的动态平衡发生逆反应使污染物再次被释放出来。由于本实验组合系统的HRT最长不超过24h，因此并没有发生这种逆反应。综合系统对污染物去除效果考虑，该生态沟渠的最佳HRT为24h左右。

7.4.5　环境、经济效益分析

1. 环境效益分析

多介质复合生态沟渠处理寒旱地区地表富营养化水体，强化了生态沟渠脱氮除磷能力，弥补了传统生态沟渠脱氮除磷不完全和处理效果不稳定的不足。生态沟渠运行后对赛汗塔拉湿地公园进水沟渠的氮、磷以及有机物等污染物质有一定的削减作用，在实验期间削减TN 2.277kg、氨氮0.823kg、TP 0.108kg、COD 19.639kg，系统出水氨氮、TP、COD可分别达到《地表水环境质量标准》(GB 3838—2002)Ⅳ类、Ⅲ类、Ⅴ类水的要求，具有良好的环境效益。

2. 经济效益分析

本示范工程建设和运行总费用为5367.75元，其中土建费用为1451.25元，设备费用为550元，材料费为3366.5元，占总工程费用62.7%。本工程设施建造成本低，操作管理便捷，日常只需1人进行维护，运行费用低，按照试验时间计算处理成本约为4.5元/m^3。

7.5　好氧-缺氧型生态沟渠

鉴于生态沟渠内DO变化对水体微生物的脱氮除磷及有机质等去除效果具有较大影响，必须在传统沟渠合适的渠段内进行人工改造，调节渠道内溶解氧分布位置，进而有效提高生态沟渠对污染物的处理效果，降低氮、磷等污染物质向下游水体的排放。针对现有生态沟渠研究的不足，可选择采用前置好氧区提高DO水平，使好氧微生物在沟渠好氧区顺利进行硝化反应并降解有机质，而将沟渠后端作为缺氧区促进反硝化作用，从而有效提高生态沟渠系统处理效率。以往的生态沟渠技术大多以组合基质搭配植物以达到控制污染物的目的，但由于在组合基质中设置好氧区需要使用曝气装置，并且需要从基质底层铺设曝气管道，在实际应用中工程规模较大，基质的厚度、粒径大小、曝气的强度等均对DO水平影响较大，且基质的堵塞容易造成曝气不均匀，氧扩散效率降低，系统DO分布不均，导致温室气体 N_2O 的排放量增加等问题，因此要采用构造简单且不易堵塞的处理系统作为沟渠的好氧区，而复合浮床系统由于去污性能较佳，且调节DO水平较为简单，在选择传质布气效果好的生物载体情况下既可以减少基质填充规模，又可以提高好氧微生物活性，适宜作为生态沟渠系统的好氧区。组合基质型沟渠由于自身存在易堵塞特性，其缺氧环境容易形成，故组合基质作为缺氧区使用较为合适，并且DO对组合基质吸附、沉淀磷污染物的性能影响较小，易于实现沟渠内同步脱氮除磷。因此，基于课题组前期研究成果，通过使用好氧型生态沟渠组合缺氧型生态沟渠的技术，对好氧-缺氧型生态沟渠协同控污技术进行系统性探讨，并将其应用于城市面源污染防治中，以期为生态沟渠技术的进一步推广应用奠定理论基础。

7.5.1 研究区域概况

研究区域的地理位置、气候条件同第6.4节。目前，其进水沟渠主要接纳上游四道沙河蓄水期的溢流水与降雨期的地表汇集雨水，四道沙河蓄水期溢流排水流量较小，湿地草原补水水源不足，进水沟渠水流流速缓慢，水体发黑发臭；降雨初期地表径流从城市雨水管道汇集至四道沙河，继而排入赛汗塔拉城中湿地草原进水沟渠，大量地表污染物通过沟渠进入湿地草原，水质浑浊，属于典型的城市面源污染；其进水大多为《地表水环境质量标准》(GB 3838—2002) 劣Ⅴ类水，实验期间具体水质指标见表7-3。

表7-3　沟渠进水水质

指标	TN/(mg/L)	COD/(mg/L)	氨氮/(mg/L)	TP/(mg/L)	DO/(mg/L)	pH值
实验范围	3.125～10.376	48.0～66.4	0.412～3.473	0.134～0.404	5.36～6.34	8.31～8.69

7.5.2 沟渠的构建

该生态沟渠位于湿地草原进水沟渠源头端，在湿地草原进水沟渠旁侧新建集水池与实验沟渠，实验用水取自赛汗塔拉城中湿地草原进水沟渠，实验所用填充基质、植物、等如图7-19所示，其均经过本课题组前期筛选，经配比选择后的组合基质去除氮磷性能较好，所用鸢尾植物景观效果好，耐寒性佳。试验沟渠包括集水池与生态沟渠，根据水力特性、经济效益等分析，确定生态沟渠总长15m，过水断面形状为倒梯形，上、下口宽分别为0.85m和0.5m，沟深1.2m，水深为0.7m，沟渠底部铺设PE防渗膜和土工布。实验沟渠分为两段：第一段（即第一单元）为好氧（Oxic）单元，长7m，使用浮床（为减小浮床对水体复氧的影响，每14块浮板链接为一个浮床，中间留有间隔），下方捆绑螺旋形辫带式生物载体，浮床上方种植植物，并在水中加入缓释氧颗粒；第二段（即第一单元）为缺氧（Anoxic）单元，长7m，铺设红砖（粒径10～20mm，质量0.3t）、天然沸石（粒径 4～6mm，质量 0.3t）、炉渣（粒径 2～5mm，质量 0.9t）按照质量比 1∶1∶3 组成的组合基质，充分混合后铺设，厚度为 0.4m，其上覆土 0.1m 用于种植植物；第一单元与第二单元之间使用透水坝连接。在实验沟渠最前端设进水口、最后端设出水口，长度均为 0.5m，使用透水坝与沟渠连接。为了使沟渠具有景观性，整个实验沟渠种植植物均为北方耐寒水生景观植物黄花鸢尾，种植密度为 27 株/m^2，具体实验沟渠如图 7-20 所示。

(a) 天然沸石　(b) 碎砖块　(c) 炉渣　(d) 螺旋形辫带式生物填料

图 7-19　实验材料图

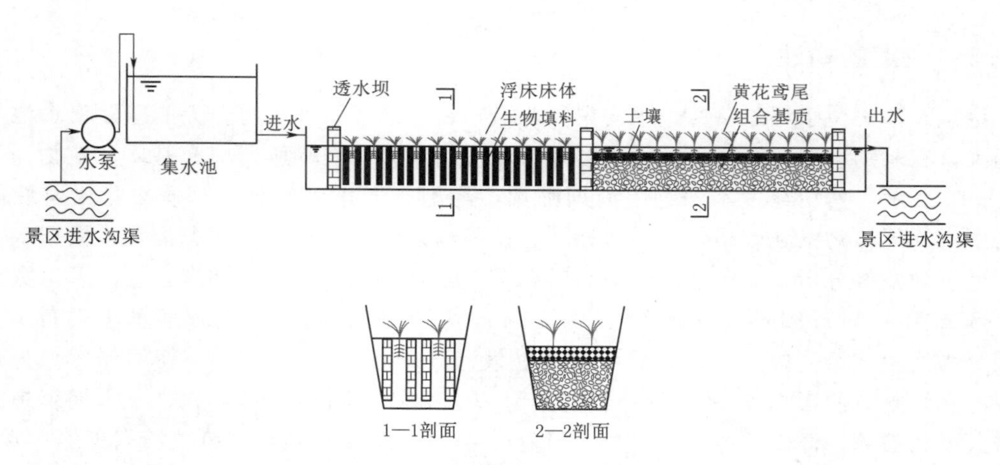

图 7-20　好氧-缺氧型生态沟渠示意图

6月15日至7月4日，为了减少影响因素，在生态沟渠各取样点（图7-21）的水面以下30cm处使用聚乙烯瓶各取水样500mL，开展前期运行参数确定实验。待生态沟渠稳定运行后，自7月5日至9月30日，每一个进出水周期取样1次。

图7-21 好氧-缺氧型生态沟渠取样布点图

7.5.3 不同运行参数下生态沟渠对污染物的阻控作用

1. HRT对污染物去除影响

（1）实验设计。选用赛罕塔拉进水沟渠表层底泥为微生物种原进行挂膜启动，为了确定沟渠运行参数，考虑到HRT对微生物硝化与反硝化反应、降解有机质等方面影响较大，在进水沟渠水质较稳定的情况下开展不同HRT（HRT分别为24h、48h、72h）实验，实验期间生态沟渠氨氮、TN、COD、TP进水浓度范围分别为2.049～2.265mg/L、4.832～5.426mg/L、51.2～57.6mg/L、0.238～0.300mg/L，在生态沟渠取样点1号、2号、3号、4号、5号处设置取样断面采集沟渠水样，测定动态条件下生态沟渠中污染物沿程浓度。

（2）不同HRT情况下各污染物沿程变化如下：

1）不同HRT氨氮沿程变化。动态条件下生态沟渠沿程氨氮的质量浓度及去除率随HRT的变化如图7-22所示。氨氮的去除主要靠微生物的硝化作用与基质的吸附作用，由图可知，生态沟渠在不同HRT情况下，其去除效果也存在差异性。

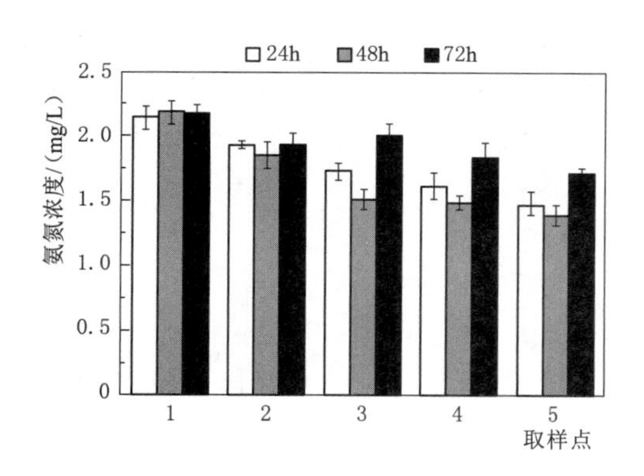

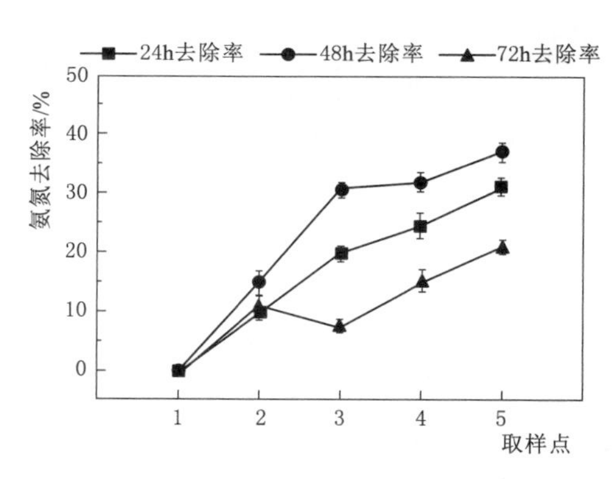

图7-22 不同HRT下氨氮沿程变化

在氨氮进水浓度范围为2.049～2.265mg/L，HRT为24h、48h时，生态沟渠对氨氮的处理效果较好，其氨氮质量浓度分别可以降低到1.474mg/L、1.372mg/L，去除率分别为30.99%和37.04%，去除效果稳步提高。并且在取样点3号时，HRT为24h、48h时的氨氮去除率分别已经占各自总去除率的62.98%、82.51%，表明生态沟渠进水中的大多氨氮污染物在第一单元DO含量较高的情况下经好氧微生物作用顺利的发生硝化反应转化为硝态氮。

而当HRT为72h时，生态沟渠对氨氮污染物去除率仅为20.80%，并且由图可知，氨氮质量浓度在取样点3号呈现较大幅度上升，这是由于HRT较长，第一单元的DO被消耗后无法得到及时有效补充，硝化反应受到抑制，并且底泥、载体等对氮污染物的吸附反应大多是物理吸附，其吸附是可逆性的，当水中氮污染物浓度较低且HRT较长时被吸附的氮污染物将会重新释放到水中。综上所述，针对降低氨氮浓度的生态沟渠最佳HRT选择为48h较为合适。

2）不同HRT下TN沿程变化。在生态沟渠系统中，氮污染物的去除与HRT密切相关。动态条件下生态沟渠沿程TN的质量浓度及去除率随HRT的变化如图7-23所示，可以看出，在不同HRT下生态沟渠中TN浓度整体上呈下降趋势。

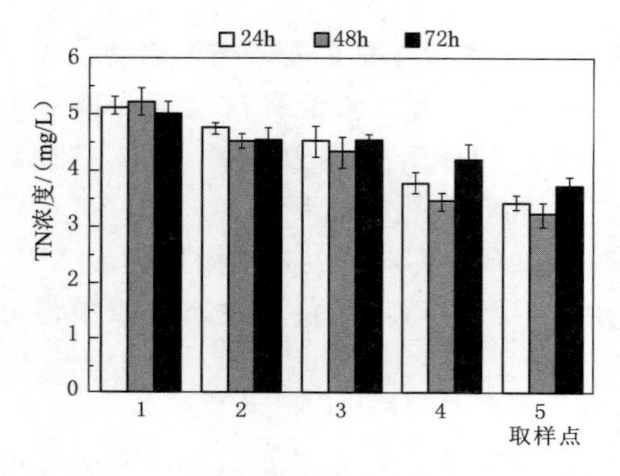

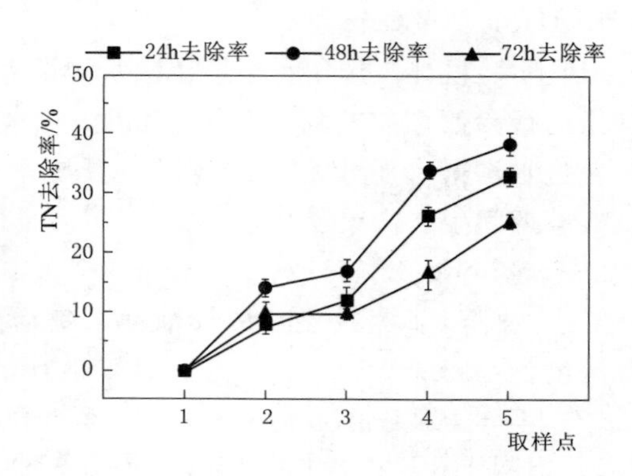

图7-23 不同HRT下TN沿程变化

在TN进水浓度范围为4.832～5.426mg/L的情况下，HRT为24h的生态沟渠TN出水质量浓度为3.531mg/L，去除率为31.14%，而在HRT延长至48h时，生态沟渠出水TN质量浓度为3.215mg/L，去除率达38.36%，其去除TN效果得到提高，表明较小的HRT不利于TN的去除，分析认为这是由于HRT较短，水体中大多硝态氮尚未被微生物反硝化即排出沟渠，造成HRT为24h的生态沟渠脱氮效果劣于HRT为48h的生态沟渠。

HRT为72h的生态沟渠对TN去除效果较差，TN出水质量浓度为3.742mg/L，去除率仅为25.34%，表明长时间的HRT不利于TN的去除。并且其在取样点3号出现了TN浓度几乎无变化的现象，分析认为这主要是由于载体等吸附的氨氮出现反释引起TN浓度上升。因此，针对降低TN浓度的生态沟渠HRT选择为48h较合适。

3）不同HRT下COD沿程变化。动态条件下生态沟渠沿程COD的质量浓度及去除率随HRT的变化如图7-24所示。可以看出，生态沟渠在COD进水浓度为51.2～57.6mg/L的情况下，HRT为24h、72h时，虽然生态沟渠对COD的去除效果整体上呈上升趋势，但最终去除率均较低，出水COD浓度分别为37.2mg/L、39.6mg/L，去除率分别为32.61%、27.21%，处理效果较差。这是因为在HRT为24h时，由于反应时间过短，大量有机质尚未被分解利用就已经排出沟渠，故COD去除效果相对较差，而在HRT为72h时，由于生物载体中吸附的有机质脱落以及死亡微生物、植物残体在高温下的分解，造成水体 COD 浓度升高，使其整体上 COD 去除效果较差。HRT 为 48h 时生态沟渠出水 COD 浓度为 31.6mg/L，去除率达 41.04%，对 COD 的去除效果较好。一方面是由于植物吸收、载体吸附拦截作用，其中螺旋形生物载体在常温低填充比条件下的传质布气效果较好，促使了有机质去除效果增强；另一方面则是在较为合适的 HRT 情况下，异养型反硝化菌以硝酸盐作为最终的电子受体，通过消耗大量的有机质作为碳源和能源使其生长繁殖，因此，针对降低 COD 浓度的生态沟渠水力停留时间选择为 48h 较合适。

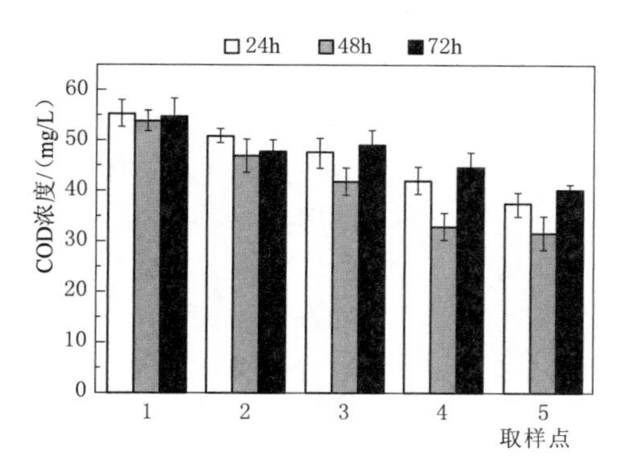

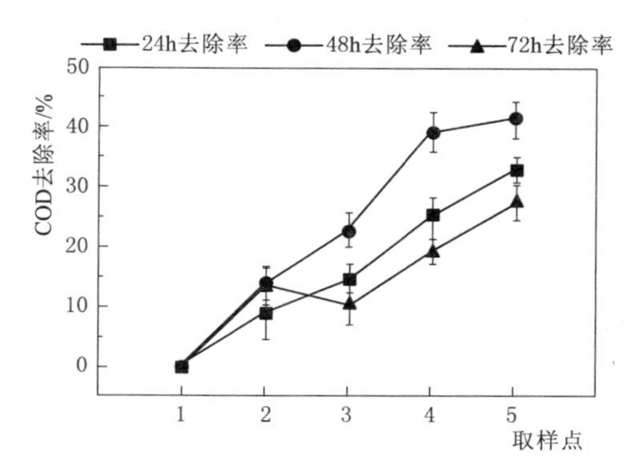

图 7-24 不同 HRT 下 COD 沿程变化

4）不同 HRT 下 TP 沿程变化。水体中磷的去除主要通过基质吸附共沉淀、微生物代谢、植物吸收以及沉积截留作用，其中，基质是除磷的主要原因。动态条件下生态沟渠沿程 TP 的质量浓度及去除率随 HRT 的变化如图 7-25 所示。可以看出，生态沟渠中第一单元对 TP 的去除效果较差，其在取样点 3 号的平均 TP 去除率占总去除率的 30%左右，而第二单元对 TP 去除效果较好，表明组合基质在对水体磷污染物的去除过程中起到主要作用。其中，HRT 为 72h 与 48h 的生态沟渠对 TP 去除效果较好，差异较小（$p>0.05$），最终去除率分别为 40.89%、39.23%，而 HRT 为 24h 的生态沟渠对 TP 的处理效果相对较差，去除率为 34.22%，可见较短的 HRT 不利于生态沟渠对 TP 的处理效果。

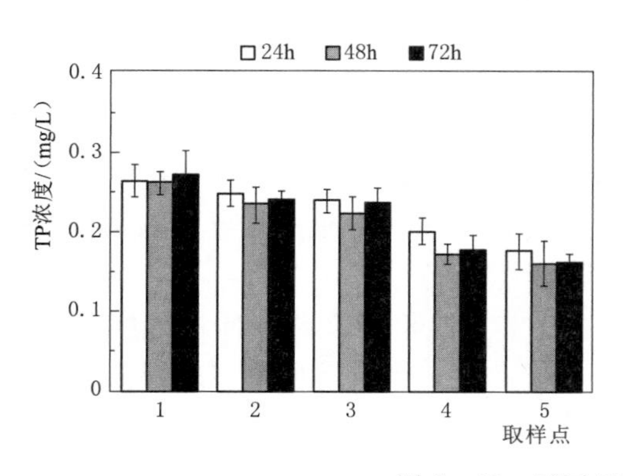

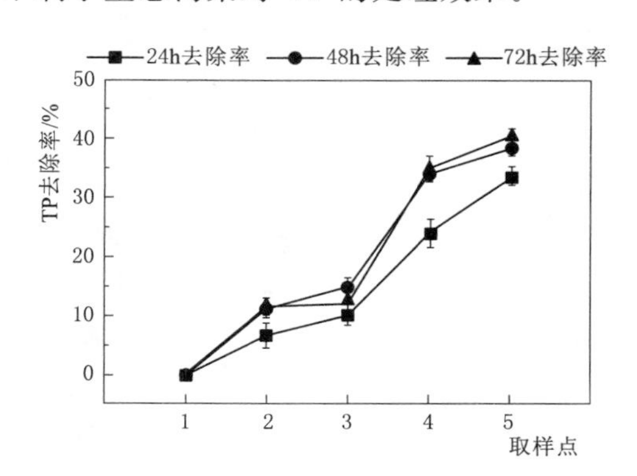

图 7-25 不同 HRT 下 TP 沿程变化

2. 水位高度对污染物去除影响

（1）实验设计。在 HRT 为 48h 时，生态沟渠对 TN、氨氮、有机质及 TP 污染物去除效果较好，因此确定生态沟渠 HRT 为 48h，为了进一步明确沟渠运行参数，在进水沟渠水质较稳定的情况下开展不同水位高度（H=0.7m、0.9m、1.1m）实验，实验期间沟渠进水氨氮、TN、COD、TP 进水浓度范围分别为 2.116～2.337mg/L、5.105～5.510mg/L、52.8～62.6mg/L、0.266～0.279mg/L，考虑到水深对生态沟渠氧传递效率的影响，故选择在沟渠水面以下 10cm 处、沟渠底部以上 10cm 处以及各水位高度的中层处采集沟渠水样，测定动态条件下生态沟渠中污染物沿程平均浓度。

（2）不同水位高度情况下各污染物沿程变化。

1）不同水位高度氨氮沿程变化。动态条件下生态沟渠沿程氨氮的质量浓度及去除率随水位高度的变化如图 7-26 所示。可以看出，生态沟渠在水位高度不同的情况下，其对氨氮处理效果也不相同，在氨氮进水浓度为 2.116～2.337mg/L 时，水位高度为 0.7m 的生态沟渠氨氮出水浓度为 1.343mg/L，总去除率为 40.00%，去除效果较好，其中生态沟渠第一单元对氨氮去除效率较高，在取样点 3 号时去除率已达到 27.35%，占生态沟渠氨氮总去除率的 68%左右，表明第一单元的生态条件有利于微生物的硝化作用。

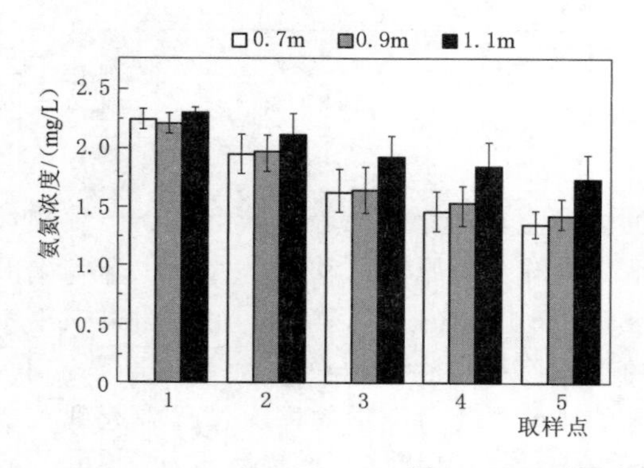

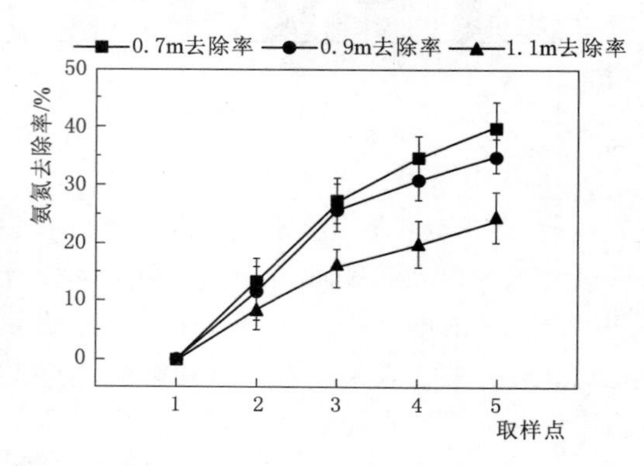

图 7-26　不同水位高度下氨氮沿程变化

水位高度为 0.9m 的生态沟渠对氨氮的去除趋势与水位高度 0.7m 的生态沟渠相似，但处理效果相对较差，出水氨氮浓度为 1.429mg/L，去除率为 35.13%。水位高度为 1.1m 的生态沟渠对氨氮处理效果较差，出水氨氮浓度为 1.731mg/L，去除率为 24.44%。该结果表明，随着水位高度的升高，氨氮处理效果反而变差，这是由于随着水深加大，生态沟渠底层区域 DO 无法得到及时有效补充，缺氧状况加重，造成微生物硝化反应受到限制，导致氨氮去除率降低。因此，针对降低氨氮浓度的生态沟渠水位高度选择为 0.7m 较合适。

2）不同水位高度 TN 沿程变化。动态条件下生态沟渠沿程 TN 的质量浓度及去除率随水位高度的变化如图 7-27 所示，可以看出，生态沟渠在水位高度不同的情况下，其对 TN 的最终处理效果差异较大（$p<0.05$）。由于水位越高，生态沟渠中缺氧部分越多，硝化反应成为去除氮污染物的限制步骤，造成水位高度为 0.9m 和 1.1m 的生态沟渠对 TN 的处理效果相对于 0.7m 的生态沟渠较差。在水位高度为 0.7m 时，生态沟渠第一单元与第二单元对 TN 的去除效果均较好，且在进入第二单元以后，由于水位较低，大气复氧与植物泌氧可以继续为基质层提供氧气来源，使得第二单元具有较好的好氧-缺氧-厌氧环

境，故其出水 TN 浓度为 3.017mg/L，总去除率为 43.52%。水位高度为 0.9m 的生态沟渠，其对 TN 的去除效果在取样点 2 号之前与水位高度 1.1m 的生态沟渠相似，去除率为 13%左右，但随后对 TN 处理效果相对于水位高度为 1.1m 的生态沟渠较好，其最终出水 TN 浓度为 3.328mg/L，去除率为 36.21%。水位高度为 1.1m 的生态沟渠对 TN 处理效果相对较差，出水浓度为 3.819mg/L，去除率为 29.40%。因此，针对降低 TN 浓度的生态沟渠水位高度选择为 0.7m 较合适。

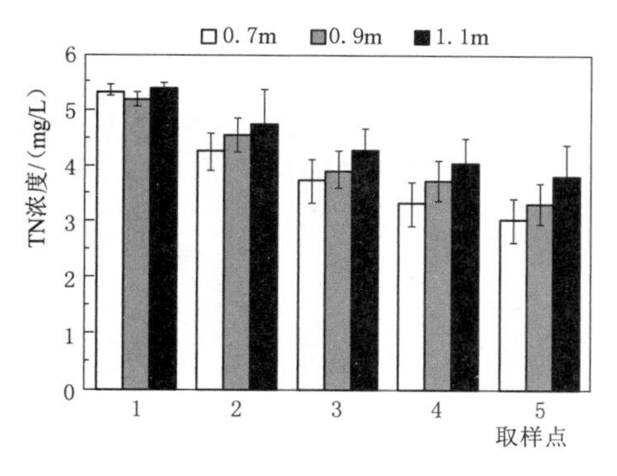

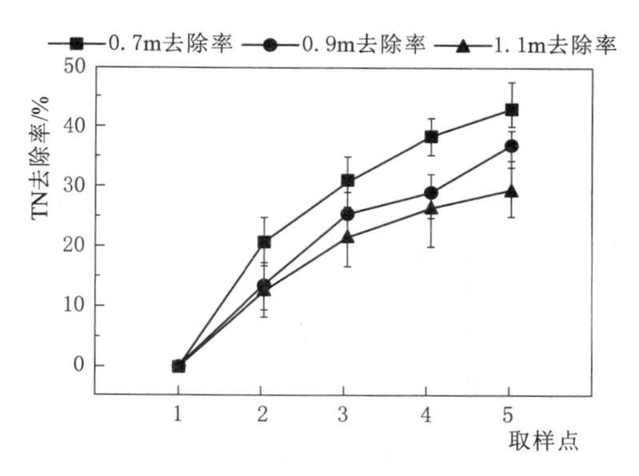

图 7-27　不同水位高度下 TN 沿程变化

3）不同水位高度 COD 沿程变化。水体中 COD 的去除与微生物的生长代谢状况有关，动态条件下生态沟渠沿程 COD 的质量浓度及去除率随水位高度的变化如图 7-28 所示。可以看出，水位高度为 0.7m 的生态沟渠对 COD 去除效果较好，出水 COD 浓度为 32mg/L，去除率为 44.45%，表明生态沟渠中好氧菌、兼氧菌、厌氧菌代谢能力较强，生存环境较好，可以顺利完成对有机质的分解及氮磷污染物的去除。而水位高度为 0.9m 和 1.1m 的生态沟渠对 COD 处理效果较差，出水 COD 浓度分别为 33.2mg/L、36.4mg/L，COD 去除率分别为 40.71%、38.85%，这是由于氧环境的限制造成部分微生物对有机质的降解受到了抑制。研究表明，在未曝气的湿地系统中，大气复氧和植物根系泌氧可以使湿地表层保持合适的 DO 水平，保证了表层有机质的降解，但在湿地中下层区域，有机质降解过程所需的 DO 缺少，使湿地系统随深度的增加有机质降解效果渐差，因此，针对降低 COD 浓度的生态沟渠水位高度选择为 0.7m 较合适。

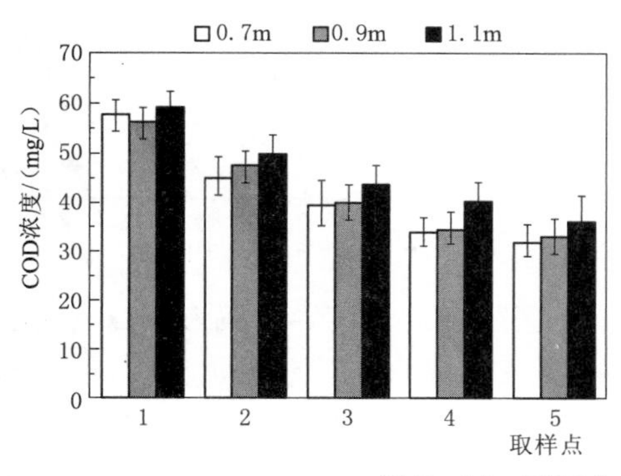

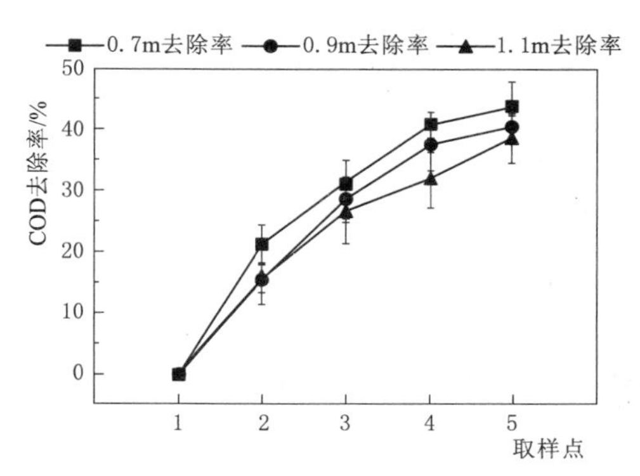

图 7-28　不同水位高度下 COD 沿程变化

4）不同水位高度TP沿程变化。动态条件下生态沟渠沿程TP的质量浓度及去除率随水位高度的变化如图7-29所示，可以看出，水位高度对去除TP的影响较小，且总体上生态沟渠第一单元相对于第二单元对TP的去除作用较小，其对TP去除量仅占总量的30%左右，这是由于基质作为生态沟渠中的重要组成部分，是生态沟渠去除磷污染物的主要途径，并且目前基质已由单一基质向组合基质转变，组合基质中的各类基质可以形成对污染物的吸附优势叠加互补，所以第二单元对TP的去除率升高较明显。在生态沟渠水位高度为0.7m、0.9m、1.1m时，其出水TP去除率分别为40.44%、38.71%、37.97%，水位高度为0.7m的生态沟渠对TP的去除效果相对较好。

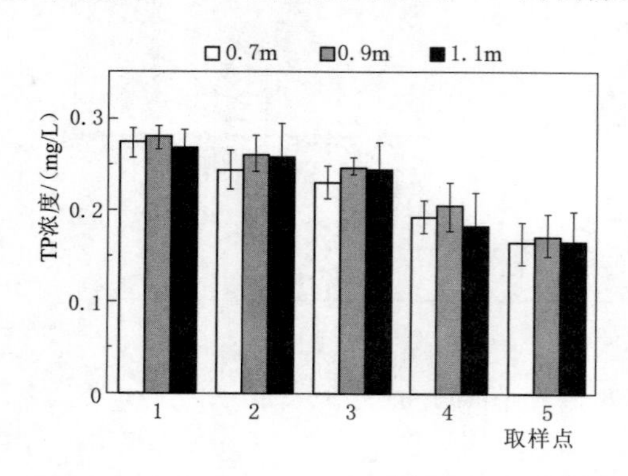

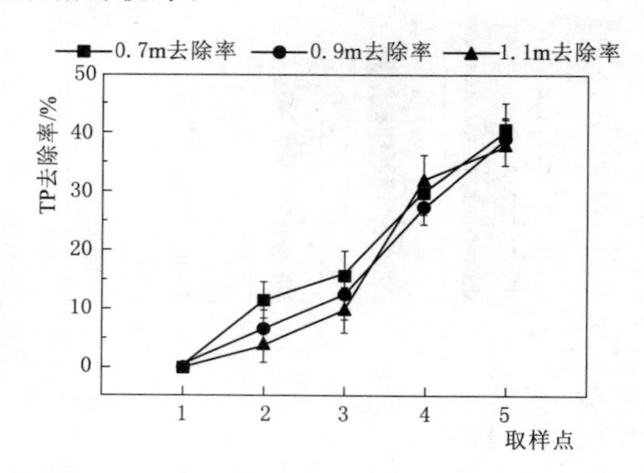

图7-29　不同水位高度下TP沿程变化

7.5.4　好氧-缺氧型生态沟渠工程控污性能

在确定渠沟渠HRT为48h，水位高度0.7m的情况下，为了明确好氧-缺氧型生态沟渠工程控污能力的稳定性与可持续性，从2019年7月5日至9月30日，综合分析进水水质特征、污染物处理效率等后确定试验参数，具体工程参数设计见表7-4，工程现场如图7-30所示。对于生态沟渠好氧单元的增氧方式可以选择机械曝气等传统曝气方法，也可选择投加释氧材料以达到补充DO的目的，本研究使用常见的缓释氧颗粒作为增氧手段，在好氧-缺氧型生态沟渠第一单元每3d投加定量缓释氧颗粒（250g）以达到沟渠所需要的好氧条件（DO>2mg/L）。

表7-4　好氧-缺氧型生态沟渠工程设计参数表

进水流量/(m^3/h)	有效水深/m	有效长度/m	有效断面面积/m^2	有效容积/m^3	表面水力负荷/$[m^3/(m^2\cdot d)]$	HRT/h
0.123	0.70	14	0.42	5.88	0.33	47.80

1. 好氧-缺氧型生态沟渠对氨氮的去除效果

好氧-缺氧型生态沟渠进出水污染物质量浓度及去除率受温度、降雨和DO等外界因素影响而出现较大幅度波动，好氧-缺氧型生态沟渠对氨氮的处理效果如图7-31所示，可以看出，试验期间氨氮进水质量浓度范围为0.412～3.473mg/L，大部分时间进水为劣Ⅴ类水，经好氧-缺氧型生态沟渠处理后的污染物出水浓度变化范围为0.510～1.991mg/L，

图 7-30 好氧-缺氧型生态沟渠工程现场图

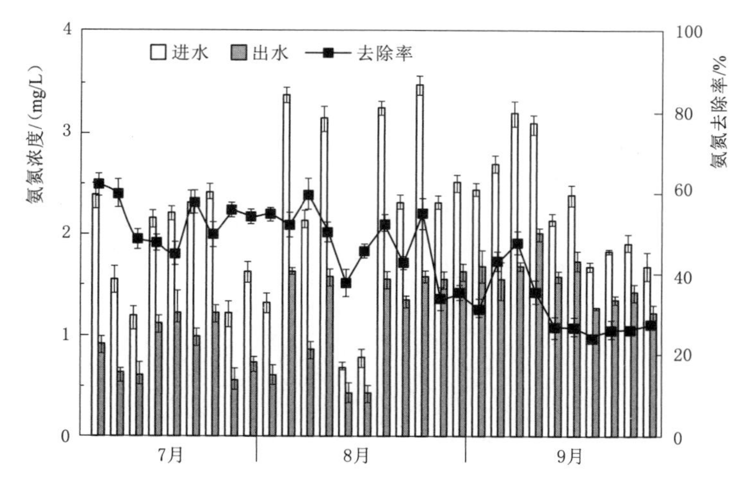

图 7-31 好氧-缺氧型生态沟渠对氨氮的处理效果

氨氮7月平均去除率为53.28%，8月平均去除率为47.11%，9月平均去除率为31.49%，总平均去除率为43.75%。其中，7月初至9月中旬，在寒旱区的特殊气候条件下，降雨期城市地表径流中大量氮、磷污染物及有机质被冲刷后通过排水管道等进入排水河道，继而进入湿地草原沟渠系统，非降雨期温度较高，水体中微生物活性较高，部分污染物在进入沟渠系统之前已被去除，因此造成进水污染物质量浓度波动幅度较大。

从结果可以看出，在氨氮进水污染物浓度值达到3.473mg/L时，其去除率为54.82%，高于氨氮污染物平均去除率，而氨氮进水污染物浓度值为0.691mg/L时，其去除率仅为37.48%，且氨氮的去除率整体上随着氨氮进水浓度变化，表明好氧-缺氧型生态沟渠对寒旱区城市遭受高浓度氨氮污染的水体处理效果较好。这是由于基质的外部环境条件如污染物浓度、pH值、温度、DO、生物和水文气象条件等以及基质自身的粒级分布、重金属含量等内部条件都会对氨氮的吸附产生影响，且除了外源的氨氮污染负荷和相对应的外界环境条件等，水动力特性也影响着基质-水界面氨氮的吸附效果，而生态沟渠中基质-水界面存在高氨氮浓度梯度差的情况下，较大的压力差促使基质对氨氮吸附性能的增强。因此好氧-缺氧型生态沟渠对高浓度氨氮去除效果较好。

2. 好氧-缺氧型生态沟渠对TN的去除效果

好氧-缺氧型生态沟渠对TN的去除主要通过植物吸收、基质吸附和微生物的硝化与反硝化的共同作用，其中微生物的硝化与反硝化作用是去除水体TN的重要原因，其去除的氮污染物含量达到去除总量的70%左右。好氧-缺氧型生态沟渠对TN的处理效果如图7-32所示，可以看出，TN进水质量浓度变化范围分别为3.125～10.376mg/L，进水含氮污染物超过地表Ⅴ类水标准，经好氧-缺氧型生态沟渠对寒旱区景观水处理后，TN浓度变化范围分别为0.775～4.691mg/L，TN 7月平均去除率为58.92%，8月平均去除率为66.17%，9月平均去除率为36.43%，TN平均去除率为54.08%。其中，生态沟渠在7月、8月对TN污染物的处理效果较好，最高去除率达76.59%，大部分时间达到地表Ⅴ类水标准，而进入9月后生态沟渠对TN污染物的处理效果相对较差，最低去除率仅为21.79%，去除效果显著下降（$p<0.05$），未达到地表Ⅴ类水要求，一方面是因为沟渠运

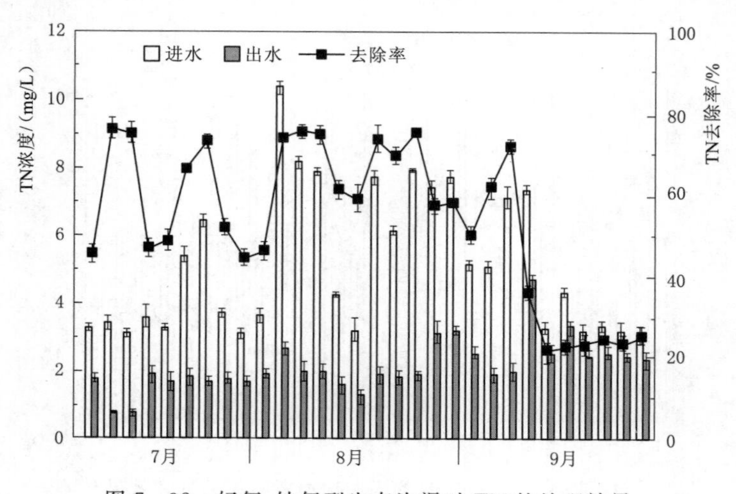

图7-32　好氧-缺氧型生态沟渠对TN的处理效果

行监测期间，7月、8月水温大多在17℃以上，但由于寒旱区独特的气候条件，8月末以后北方寒旱区逐渐进入秋季，水温下降为12℃左右（图7-33），而TN等污染物出水浓度与水温呈极显著负相关（$r=-0.634$，$p<0.01$），随着温度降低，部分微生物的生长代谢活性降低，降低了微生物对氮污染物的代谢转化效率；另一方面是由于植物逐渐停止生长，对氮元素的吸收减少，造成氮污染物去除效果不佳。

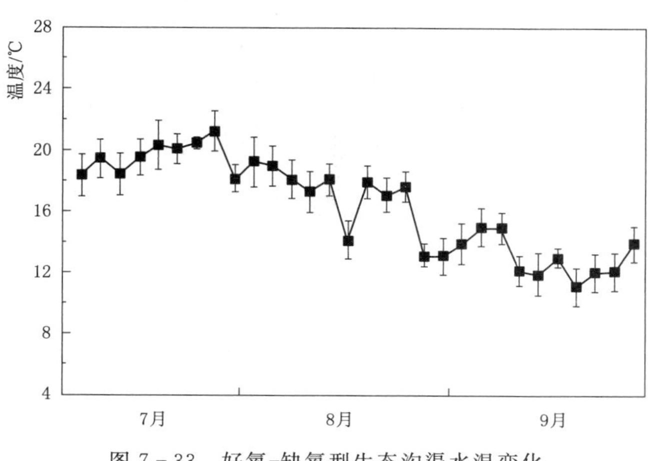

图7-33　好氧-缺氧型生态沟渠水温变化

3. 好氧-缺氧型生态沟渠对COD的去除效果

有机污染物可以经过植物的细胞膜进入植物中，少数小分子量的有机污染物可以经植物挥发而从植物叶片部位释放去除，部分不易挥发有机污染物可以经螯合作用降解或者酶分解，但植物并不能通过直接吸收有机污染物作为生长繁殖所需的碳源。由于水生植物能在根部区域形成厌氧、微好氧、好氧区，所以其为微生物的生长代谢提供了适宜微环境，植物根系表面附着的各种微生物通过对污染物质的吸收代谢转化，对污水中的有机质具有一定的去除能力，这种能力和附着在根系表面的微生物生物量和群落结构关系紧密，因此，好氧-缺氧型生态沟渠各单元独特的微生物群落结构对降解有机物提供了有利条件，有效降解了有机污染物。好氧-缺氧型生态沟渠对COD的处理效果如图7-34所示，可以看出，COD进水质量浓度变化范围为48.0～66.4mg/L，进水含氮污染物和有机污染物质量浓度大多超过地表Ⅴ类水标准，经好氧-缺氧型生态沟渠对寒旱区城市水体处理后，其出水浓度变化范围为24.0～36.8mg/L，达到地表Ⅴ类水以上标准，满足一般景观用水要求，COD 7月平均去除率为49.63%，8月平均去除率为52.42%，9月平均去除率为41.51%，总平均去除率为47.95%。其在7月、8月对COD的去除效果较好，但在9月上旬以后，由于试验地点天气转冷，气温降低，部分水处理微生物因生存环境改变，生长代谢活性减弱，进而造成对COD的去除效果渐差，COD的去除率下降较为明显（$p<0.05$）。

4. 好氧-缺氧型生态沟渠对TP的去除效果

基质作为人工湿地中的重要组成部分，是人工湿地去除磷污染物的主要途径，目前湿地基质已由单一基质向组合基质转变，组合基质中的各类基质可以形成对污染物的吸附优势叠加互补，基质的不同性质可以为微生物的生长提供多样的生存环境，这可以较好地提

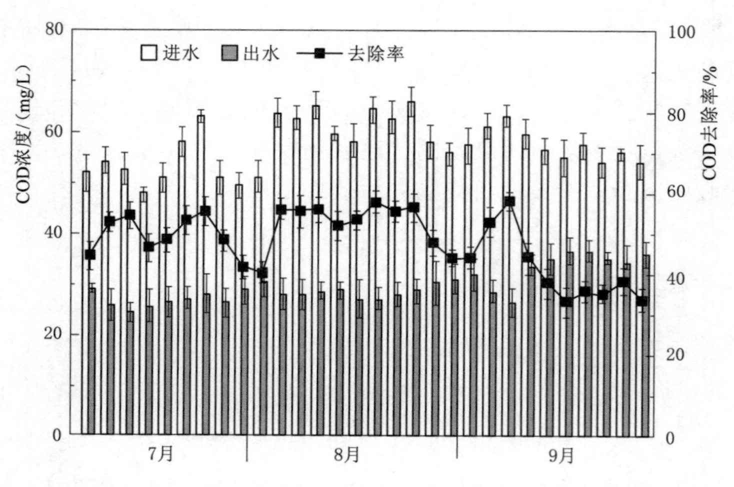

图7-34　好氧-缺氧型生态沟渠对COD的处理效果

高氮磷污染物的去除效果。而水生植物对磷污染物的去除方式可分为直接去除与间接去除，直接去除是植物以吸附、吸收和富集的方式直接去除水体中的磷，间接去除则以植物根茎泌氧、增加与维持人工湿地的水力传输、影响其HRT为去除磷污染物方式，并且通过植物根系的泌氧能力为大量微生物生长繁殖创造适宜环境以达到磷污染物的去除。好氧-缺氧型生态沟渠对TP的处理效果如图7-35所示，可以看出，TP进水浓度变化范围为0.134～0.404mg/L，其出水浓度变化范围为0.059～0.209mg/L，进水TP浓度大多未超过地表Ⅴ类水标准，且好氧-缺氧型生态沟渠对TP去除效果较好，TP 7月平均去除率为44.72%，8月平均去除率为49.61%，9月平均去除率为25.99%，总平均去除率为40.27%。

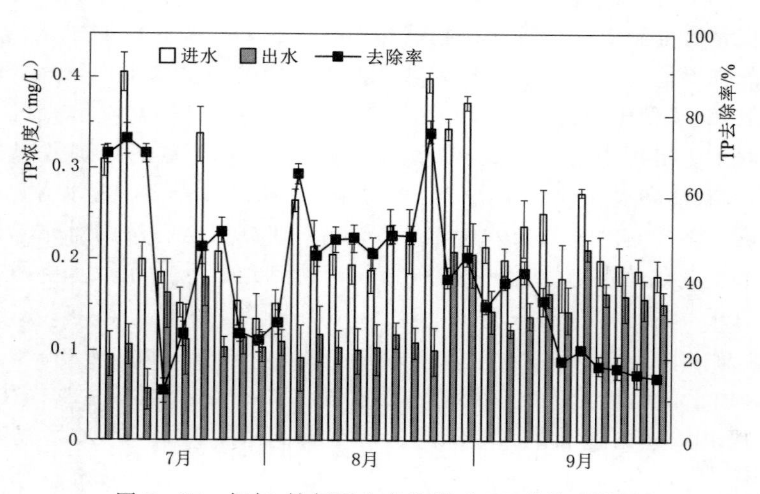

图7-35　好氧-缺氧型生态沟渠对TP的处理效果

研究发现，在富营养化水体生态修复措施中，植物对吸收富营养物质虽然存在一定的去除效果，但植物对磷元素的吸收作用受植物吸收能力的限制，主要是以微生物及沉积物在去除水体磷污染物过程中发挥作用，这是由于一方面磷元素是微生物生长繁殖所必需的营养元素，通过微生物对磷的富集、降解作用可以达到除磷目的；另一方面沉积物对磷的吸附固定也可以有效减少水体中磷污染物，其他作用如曝气、光照等对磷的去除率几乎为0，影响较小。并且由好氧-缺氧型生态沟渠运行期间磷污染物的去除效果可以看出，沟渠磷污染物的去除存在前期除磷效果较好，在7月中旬去除效果出现显著下降，后期磷污染物去除率又逐渐回升的情况。该变化趋势表明前期基质内外存在较大的磷污染物压力差，吸附沉淀作用为除磷主要因素，后期由于除磷微生物附着于含有大量磷污染物的基质表面，并逐渐繁殖增生，使生物除磷占据除磷主导地位。

5. 工程污染物削减分析

通过好氧-缺氧型生态沟渠每个进出水周期内测定进出水的TN、氨氮、COD和TP浓度，并计算其污染物含量与其污染物削减量。测定结果如下，在HRT为2d，处理水量2.94m^3/d的情况下，好氧-缺氧型生态沟渠在7—9月监测期间总计拦截TN、氨氮、COD和TP污染物量分别为532628.04mg、169361.64mg、4915680.00mg和17886.96mg，平均TN、氨氮、COD和TP污染物去除量分别为8877.134mg/d、2822.694mg/d、81928.000mg/d和298.116mg/d。

6. 工程经济性分析

构建生态沟渠总长15m，深1.2m，基建及运行费用共计5850.8元。根据好氧-缺氧型生态沟渠对TN、氨氮、COD和TP污染物的削减量计算出其处理成本比分别为0.011元/mg、0.034元/mg、0.001元/mg和0.327元/mg，经济效益较高。

参考文献

[1] 刘宗杨，程庆锋，刘盛余. 城镇二级出水深度脱氮研究进展[J]. 水处理技术，2021，47(12)：8-12，18.

[2] 王志超，王战，李卫平，等. 寒旱地区生态沟渠基质去除氨氮和磷最优配比筛选及影响因素[J]. 水土保持学报，2020，34(1)：262-267.

[3] 王志超，王高强，杨文焕，等. 寒旱区不同类型沟对非点源污染氮磷拦截效应及相关影响因素研究[J]. 节水灌溉，2020(7)：13-18.

[4] 王志超，吕伟祥，李卫平，等. 复合生态净化系统阻控入湖水体污染物效果分析[J]. 灌溉排水学报，2020，39(5)：127-137.

[5] 王志超，吕伟祥，李卫平，等. O/A型生态沟渠对寒旱区景观水的控污性能研究[J]. 水处理技术，2021，47(8)：109-113.

附录1 MBBR工艺相关专利汇总

附表1-1 悬浮生物载体的相关专利

序号	专利名称	授权（申请）公布号	授权（申请）公布日	类型
1	一种用于污水及废气生物处理的叠片展开式生物载体	CN215559253U	2022.01.18	实用新型
2	一种易挂膜的MBBR悬浮载体	CN214880513U	2021.11.26	实用新型
3	一种污水生化处理用悬浮载体包	CN215161349U	2021.12.14	实用新型
4	一种组合式MBBR悬浮载体	CN214880512U	2021.11.26	实用新型
5	一种实现稳定亚硝化用球形悬浮载体	CN214734830U	2021.11.16	实用新型
6	一体化污水处理设备弹性立体悬浮载体	CN214611866U	2021-11-05	实用新型
7	一种MBBR悬浮生物载体	CN212609798U	2021..02.26	实用新型
8	一种多孔悬浮生物载体	CN210030184U	2020.02.07	实用新型
9	一种污水处理用移动床生物膜悬浮载体	CN210133930U	2020.03.10	实用新型
10	一种悬浮生物载体	CN209940585U	2020.01.14	实用新型
11	一种MBBR工艺用高效悬浮生物载体	CN209507717U	2019.10.18	实用新型
12	一种用于生物废水处理的悬浮生物载体	CN209338202U	2019.09.03	实用新型
13	一种多孔多棱角悬浮生物载体	CN09143801U	2019.07.23	实用新型
14	一种新型悬浮生物载体	CN207619120U	2018.07.17	实用新型
15	一种新型悬浮生物载体	CN207468280U	2018.06.08	实用新型
16	一种具有复合碳纤维的城市污水处理用生物载体	CN210438478U	2020.05.01	实用新型
17	一种活性悬浮载体	CN210313718U	2020.04.14	实用新型
18	一种对聚氨酯海绵载体的改性方法及改性得到的亲水聚氨酯海绵载体	CN109399788B	2021.10.26	发明专利
19	一种新型水处理用生物磁性悬浮载体的制备方法及设备	CN110127860B	2021.07.30	发明专利
20	一种MBBR磁性悬浮生物载体及其制备方法	CN106219731B	2019.05.28	发明专利
21	一种微污染水用聚丙烯基悬浮生物填料的制备方法	CN109179632B	2021.10.26	发明专利

续表

序号	专利名称	授权（申请）公布号	授权（申请）公布日	类型
22	一种双亲性硅基生物载体及制备方法及应用	CN110451634B	2021.12.21	发明专利
23	一种蒙脱石-硫铁矿复合生物载体材料及其制备方法和应用方法	CN111875052B	2021.11.30	发明专利
24	用于污水处理的脱氮除磷活性生物载体及其制备方法	CN110407332B	2021.10.19	发明专利
25	一种用于厌氧生化处理的电子介体型生物载体	CN110304720B	2021.08.10	发明专利
26	一种菌种预埋型生物悬浮载体及其制备装置、制备方法	CN113479996A	2021.10.08	发明专利
27	一种MBBR悬浮生物载体及其制备方法	CN111439830A	2020.07.24	发明专利
28	一种利用黄铁矿尾矿生产悬浮生物载体的制备方法	CN10803759A	2020.02.18	发明专利
29	一种利用褐铁矿生产悬浮生物载体的制备方法	CN110803760A	2020.02.18	发明专利
30	一种亚硝化工艺用的改性磁性悬浮生物载体制备方法	CN113213617A	2021.08.06	发明专利
31	一种石墨烯MBBR悬浮载体及其制备方法	CN111849051A	2020.10.30	发明专利
32	自组装净水污泥挂膜悬浮载体及其制备方法与应用	CN111689572A	2020.09.22	发明专利
33	一种高性能MBBR生物载体及其制备工艺	CN113735251A	2021.12.03	发明专利

附表1-2　MBBR改良工艺的相关专利

序号	专利名称	授权（申请）公布号	授权（申请）公布日	类型
1	一种用于突发城市景观水污染应急处理装置	CN215249865U	2021.12.21	实用新型
2	一种组合式上向分流多介质生物膜反应器	CN215327184U	2021.12.28	实用新型
3	纯膜MBBR耦合碳捕获的自养脱氮系统	CN215288415U	2021.12.24	实用新型
4	MBBR一体化污水处理设备	CN215327189U	2021.12.28	实用新型
5	一种小型一体化生活污水处理集成设备	CN209507900U	2019.10.18	实用新型
6	一种用于处理低浓度氨氮河道水的AOMBBR装置	CN209338336U	2019.09.03	实用新型
7	一种级数可调的多级AO-MBBR工艺污水处理装置	CN209210490U	2019.08.06	实用新型

续表

序号	专　利　名　称	授权（申请）公布号	授权（申请）公布日	类型
8	一种分布式 MBBR 污水处理集装箱模块反应器	CN209178085U	2019.07.30	实用新型
9	一种户用分散式生活污水处理装置	CN211847623U	2020.11.03	实用新型
10	一种基于 MBBR 生物膜的污水处理设备	CN215403653U	2022.01.04	实用新型
11	一种氧化沟＋MBBR 的一体化污水处理设备	CN211445417U	2020.09.08	实用新型
12	一种一体化分散式生活污水处理装置	CN210001653U	2020.01.31	实用新型
13	一种基于 A^3O＋MBBR 工艺的一体化污水处理装置	CN214991009U	2021.12.03	实用新型
14	一种基于 AO－MBBR－电感耦合滤池的污水处理系统及处理方法	CN113772890A	2021.2.10	发明专利
15	一种向生物移动床工艺中投加 AHLs 信号分子的强化同步硝化反硝化工艺	CN110540292B	2021.08.20	发明专利
16	一种硝化功能型与反硝化功能型悬浮载体联用的同步硝化反硝化工艺	CN110803766B	2021.05.11	发明专利
17	一种基于沸石改性高分子悬浮生物载体的废水强化硝化工艺	CN110092464B	2021.07.16	发明专利
18	一种基于 MBBR 的高效自养脱氮系统及快速启动方法	CN109354169B	2021.08.17	发明专利
19	基于生物膜的两段式强化半短程硝化耦合厌氧氨氧化处理城市生活污水的装置和方法	CN110217889B	2021.10.22	发明专利
20	一种冬季寒冷地区农村水厕废水的原位净化处理方法	CN113772891A	2021.12.10	发明专利
21	一种氨氧化生物膜反应器驯化及运行的调控方法	CN113772807A	2021.12.10	发明专利
22	一种改性悬浮生物载体及其制备方法和污水处理方法	CN113735260A	2021.12.03	发明专利
23	一种改性 MBBR 生物膜载体及应用该载体的零排放养殖污水处理系统	CN113666485A	2021.11.19	发明专利
24	一种用于 IFAS/MBBR 悬浮载体的熟化装置及其使用方法	CN113501578A	2021.10.15	发明专利
25	一种具有碳源自给的分散式 EGA 污水处理系统及方法	CN113480085A	2021.10.08	发明专利
26	一种污水 AW/MBBR 处理工艺及其系统	CN113461163A	2021.10.01	发明专利
27	一种改良型 MBBR 工艺的污水处理方法及装置	CN113307456A	2021.08.27	发明专利
28	一种基于 MBBR 耦合厌氧-好氧工艺一体化的农村生活废水处理装置与方法	CN113184994A	2021.07.30	发明专利
29	一种采用 MBBR 载体的芬顿高级氧化的方法	CN113184974A	2021.07.30	发明专利

续表

序号	专利名称	授权（申请）公布号	授权（申请）公布日	类型
30	一种提标升级 MBBR 生化处理设备及其方法	CN112978902A	2021.06.18	发明专利
31	一种基于 MBBR 的铁基自养脱氮除磷系统及运行方法	CN112811593A	2021.05.18	发明专利
32	一种小型分散式污水处理系统及其运行方法	CN112777729A	2021.05.11	发明专利
33	一种 MBBR 与 MBR 耦合装置与方法	CN112759069A	2021.05.07	发明专利
34	基于电驱动旋转曝气的缺氧-好氧 MBBR 一体化装置	CN112678956A	2021.04.20	发明专利
35	现场自适应 MBBR 处理装置及应用其的污水处理方法	CN110981086B	2021.01.12	发明专利
36	一种 A/O 耦合 MBBR 高效处理焦化废水的工艺方法	CN110759594A	2020.02.07	发明专利
37	基于 IFAS/MBBR 工艺的厌氧/缺氧池	CN110734130A	2020.01.31	发明专利
38	一种具有强化除磷功能的 A^2/O - MBBR 污水处理装置	CN110550811A	2019.12.10	发明专利
39	一种新型合建式 MBBR - MBR 反应器	CN110451659A	2019.11.15	发明专利
40	一种通过反硝化氨氧化 MBBR 工艺实现深度脱氮的方法	CN109761454A	2019.05.17	发明专利
41	一种厌氧-好氧复合床生物膜反应器及其工艺	CN109553196A	2019.04.02	发明专利

附录2　污水处理领域国家科学技术奖汇总

国家科学技术奖励大会（以下简称“国奖”）是政府主持的科技界最高奖励和年度盛事，“国奖”成为理工类科研院校实力和成果的集中展示、也是院士增选的重要考核之一。其中的通用“三大奖”，国家自然科学奖授予在基础研究和应用基础研究中阐明自然现象、特征和规律，做出重大科学发现的个人；国家技术发明奖授予运用科学技术知识做出产品、工艺、材料、器件及其系统等重大技术发明的个人；国家科学技术进步奖授予完成和应用推广创新性科学技术成果，为推动科学技术进步和经济社会发展做出突出贡献的个人、组织。水处理领域相关的国家科学技术奖统计见附表2－1。

附表2－1　2015—2020年污水处理领域国家科学技术奖汇总表

序号	项目名称	主要完成人	奖项	年度
1	污水深度生物脱氮技术及应用	王爱杰、彭永臻、程浩毅、梁斌、邵凯、侯锋	国家技术发明二等奖	2020
2	强化废水生化处理的电子调控技术与应用	全燮、张耀斌、周集体、陈硕、权伍哲、金若菲	国家技术发明二等奖	2020
3	城镇污水处理厂智能监控和优化运行关键技术及应用	俞汉青、李志华、盛国平、侯红勋、王冠平、王广华、史春海、张静、赵忠富、石伟	国家科学技术进步二等奖	2020
4	农田农村退水系统有机污染物降解去除关键技术及应用	王沛芳、王超、饶磊、陈娟、任洪强、钱进	国家技术发明二等奖	2019
5	面向制浆废水零排放的膜制备、集成技术与应用	邢卫红、李卫星、汪勇、杨刚、崔朝亮、范益群、陈强、丁晓斌、张荟钦、汪效祖	国家科技进步二等奖	2019
6	大型污水厂污水污泥臭气高效处理工程技术体系与应用	张辰、周琪、朱南文、谭学军、张欣、谢丽、邹伟国、王磊、王逸贤、董磊	国家科技进步二等奖	2019
7	淮河流域闸坝型河流废水治理与生态安全利用关键技术	李爱民、安树青、徐洪斌、买文宁、何争光、李洁、谭云飞、李睿华、谢显传、刘福强	国家科技进步二等奖	2019
8	城市污水处理过程控制关键技术及应用	乔俊飞、郑江、韩红桂、苑明哲、杨庆、阜崴、于广平、李文静、杨翠丽、常江	国家科技进步二等奖	2018
9	城市集中式再生水系统水质安全协同保障技术及应用	胡洪营、蒋勇、姚向阳、李艺、刘书明、李魁晓、吴乾元、吴光学、白宇、王佳伟	国家科技进步二等奖	2018

续表

序号	项目名称	主要完成人	奖项	年度
10	全过程优化的焦化废水高效处理与资源化技术及应用	曹宏斌、李玉平、韩洪军、李海波、薛占强、盛宇星、谢勇冰、宁朋歌、付晓伟、杨志超	国家科技进步二等奖	2018
11	功能性吸附微界面构造及深度净水技术	刘会娟、刘锐平、兰华春、赵赫、曲久辉、王万寿	国家技术发明二等奖	2017
12	填埋场地下水污染系统防控与强化修复关键技术及应用	席北斗、李广贺、姜永海、李鸣晓、魏丽、张列宇、张益、刘军、张广胜、何亮	国家科技进步二等奖	2017
13	膜集成城镇污水深度净化技术与工程应用	黄霞、文剑平、文湘华、俞开昌、梁鹏、陈亦力、李锁定、薛涛、肖康、陈春生	国家科技进步二等奖	2017
14	造纸与发酵典型废水资源化和超低排放关键技术及应用	王双飞、阮文权、宋海农、覃程英、李文斌、樊伟、缪恒锋、黄福川、陈国宁、潘瑞坚	国家科技进步二等奖	2016
15	难降解有机工业废水治理与毒性减排关键技术及设备	李爱民、刘福强、双陈冬、吴海锁、买文宁、陆朝阳、戴建军、龙超、杨维本、王津南	国家科技进步二等奖	2016
16	基于纳米复合材料的重金属废水深度处理与资源回用新技术	潘丙才、张炜铭、张全兴、马宏瑞、吕路、吴军	国家技术发明二等奖	2015